U0226985

# 波动力学基础

高光发　编著

科学出版社
北　京

# 内 容 简 介

"波动力学基础"是爆炸与冲击动力学学科的核心专业基础课程，也是兵器科学与技术学科等相关学科的核心课程。本书主要针对应力波理论中的一维问题展开分析讨论，主要包含一维杆中的弹塑性波的传播与演化、一维冲击波和一维爆轰波的产生及其传播与演化、其他几类工程中重要典型应力波传播问题三个方面内容。本课程虽然是专业基础课程，但是其中许多结论和方程能够直接应用于解决相关工程问题或给相关领域的研究提供直接参考。

本书可以作为爆炸力学、冲击动力学、弹药工程、兵器科学与技术、爆破工程、防护工程等涉及爆炸和高速冲击问题的相关专业和学科的本科生或研究生教材；也可作为以上相关学科领域的研究人员以及国防科研院所中相关领域如装备、弹药、人防等研究人员的专业参考书。

**图书在版编目(CIP)数据**

波动力学基础/高光发编著. —北京：科学出版社，2019.5
ISBN 978-7-03-061124-6

Ⅰ. ①波… Ⅱ. ①高… Ⅲ. ①波动力学 Ⅳ. ①O413.1

中国版本图书馆 CIP 数据核字(2019) 第 082521 号

责任编辑：李涪汁 曾佳佳／责任校对：杨聪敏
责任印制：赵 博／封面设计：许 瑞

科学出版社 出版
北京东黄城根北街 16 号
邮政编码：100717
http://www.sciencep.com

北京富资园科技发展有限公司印刷
科学出版社发行 各地新华书店经销
\*

2019 年 10 月第 一 版 开本：787×1092 1/16
2025 年 4 月第八次印刷 印张：18
字数：426 000
**定价：79.00 元**
(如有印装质量问题，我社负责调换)

# 前言

## PREFACE

从物理学角度上讲，波是物理信号传播过程所具备的本质特征，如光波、电磁波、声波等，这些光、电磁和声等物理信号皆是以波的形式进行传播的，介质中的应力/应变扰动信号的传播也遵循这一物理规律。"波动力学"又可称为"应力波理论"，是一门研究应力/应变扰动信号在介质中传播，应力波在传播过程中由于受到边界条件和介质内在物理力学性能影响而产生的各类演化以及应力波之间的相互作用等问题的基础课程。

科学问题的研究与发展总是符合这一过程：从大自然中发现科学问题，提取核心科学问题，科学问题的演化与发展分析，掌握科学问题的规律与机制，利用科学问题进一步了解大自然并将其应用于大自然的改造。因此，提取科学问题并建模是其关键步骤之一，由易到难、由粗糙到精细、由定性到定量，这是模型演化过程的必然趋势，力学问题也不例外。"杠杆原理"是我在力学学习初期印象最深刻的一个重要原理，尤其是"给我一根足够长的杆和一个支点就能撬起地球"当时让我深信不疑，也让我感受到力学知识的强大，当时日常生活中有太多的问题都是利用这一原理的。后来，又学习了牛顿三大定律、物体相互碰撞的动量守恒定律等，然而，多次木棍的压断、冰球摔到地上直接碎裂而并没有反弹等一系列问题让我认识到这些原理应该有前提条件，即刚性假设；进入大学后，学习了材料力学，认识到材料是由强度限制的，而且学习了在受到外力作用下如何计算材料内部的应力分布；之后，进一步学习了弹性力学、塑性力学和连续介质力学。从而，我们能够一步一步地越来越细观精确地分析受力状态下材料内部应力的分布与材料的内在力学行为，假设条件也逐渐从多到少，对问题的解也越来越准确，越来越贴近生产生活实际应用，让我们能更深入更准确地认识和改造自然。科学问题的分析总是如此，在大量的假设前提下，建立最核心的简单模型；在之后的发展过程中，随着数学工具和科技的进步，逐步排除这些假设，从简单到复杂、从宏观到细观，让模型逐渐接近真实情况，模型的解逐渐接近真实解。经典力学知识能够解决当前人们生产生活中的绝大多数问题，其重要性毋庸置疑；然而，在爆炸或高速冲击过程中，典型的例子就是碎甲弹的破坏现象，在金属表层爆炸作用下，厚金属板整体没有出现明显破坏，而在内表面却出现大量的拉伸破坏而产生大量的高速破片，为何出现外荷载为压力的条件下在介质中同时存在压应力和拉应力？这个问题利用经典的力学无法解释，因此在此类问题上，传统的经典力学无法直接应用。研究发现，这主要是由经典力学中介质应力瞬间均匀假设而导致的。事实上，任何材料都具有可变形性和惯性，当其受到外部载荷的扰动时，其变形不可能瞬间均匀完成，而是有一个传播过程，这个应力扰动信号的传播行为即为本书的研究对象。

从最初的简单力学理论到应力波理论，从本质上讲，问题的核心构架一直没有改变，只是在发展过程中不断改进、不断完善，逐渐减少人为假设，让物理模型逐步解决实际问题；问题研究的尺度也不断改变，从宏观逐渐到微观，从大尺度结构逐渐到微米、纳米甚至分子层级。应力波理论在某种意义上是经典静力学理论的本质与基础，而静力学理论是应力波理论的现象和简化，前者的重要性不容置疑。当然，并不是所有问题都需要应用应力波理论来解决，相对于经典力学而言，应力波理论无论是其复杂程度还是其成熟程度皆不足，对于应力均匀时间远小于荷载作用时间尺度的大多数问题而言，采用经典力学即静力学知识来进行分析和求解既简单又足够准确。但是，对于荷载作用时间足够短，扰动信号足够剧烈，以至于应力波在荷载作用时间内的传播空间尺度与介质或结构处于同一个尺度或更小尺度，此种情况下应力波传播引起的效应不可忽视，此时，利用应力波理论来解释、分析、推导和解决问题在某种意义上讲是当前唯一可行可信的理论途径了。

我第一次接触"波动力学"知识是在中国科学技术大学近代力学系攻读博士学位期间，当时该课程的学习对我来说是一种考验，也对我的力学知识有一个较大的冲击；由于应力波理论研究的时间尺度和所涉及的空间尺度很难用肉眼直接观测，并不在我们日常生活的尺度范围内，因此，不像学习经典静力学期间经常可以参考日常可以看到和接触到的类似科学或工程案例来加深理解，应力波理论中许多结论一般只能从唯象结果或理论推导来"脑补"，即使有试验能够给出部分直观观测结果，也是"杯水车薪"了，这也是"波动力学"课程学习的难点之一。国内当前具有独立思路和特色的应力波理论教材有王礼立教授主编的《应力波基础》和李永池教授主编的《波动力学》等。我学习应力波理论知识时使用的参考教材就是《应力波基础》，该教材是我国公开出版的第一部系统讲授应力波理论知识的教材，该教材开阔了我的力学视野，让我感受到爆炸力学的魅力并对参与国防科技研究产生了浓厚的兴趣，在此对王礼立先生表示衷心的感谢。老先生年过八十还一直在应力波科研一线，对我国爆炸力学学者是一个极大的鞭策和鼓舞，也在很大程度上持续推动了我国爆炸力学学科的发展。如果说王老师的《应力波基础》将我领进了应力波理论的大门，另一部教材《波动力学》真正让我走进应力波理论并能够深切感受与初步应用应力波理论。该教材与我也有极大的渊源：《波动力学》的主编是我的博士生导师李永池教授，是我最尊敬的老师，是他帮我加强了我原本薄弱的力学基础，并带我领略了应力波理论在前沿科技上应用的风光，让我初步理解了什么是真正的科研、如何搞科研，他老人家至今还是我的科研指导人。在李永池教授撰写《张量初步和近代连续介质力学概论》和《波动力学》期间，本人几乎全程参与这两部教材图文的编写工作，在编写《波动力学》教材过程中，我深刻感受到李永池教授对力学问题把握的深度和对语言逻辑性的严谨，通常一段文字要反复修改几天，在推导表达式过程中，李老师也给我很多指点；从某种意义上讲，相当于李老先生手把手地教我这两部教材的内容很多遍，而且反复修改的过程让我对其中细节核心有了更深的理解。在此再次向李永池教授表示由衷的感恩。

　　波动力学中应力波理论知识无论在固体力学等力学理论中还是工程应用中皆具有不可替代的核心基础作用，其重要性毋庸置疑。可以说，没有波动力学知识我们无法开展任何爆炸力学相关研究。在当前工业生产过程中，如地质断层探测、煤矿中瓦斯治理、隧道与地下巷道的掘进、材料无损探伤、工程爆破等诸多的应用中，应力波理论是其直接和根本的指导理论；在航空航天中也是如此，如鸟撞飞机、太空微尘撞击飞行器、火箭发射过程中的诸多核心问题等，应力波理论知识也是其不可或缺的指导理论；特别地，在国防科技的研究和设计、优化与生产过程中，无论是武器的设计与优化，还是各类防护装甲和防护结构的设计与优化、各类防护工程的设计与优化都离不开应力波理论的指导。就像中国科学技术大学原校长侯建国院士所说"无用之用，实堪大用"，理论是原始创新的源泉，没有理论的创新很难做到从源头开展革命性的创新，没有理论的指导很容易出现科研过程中方向性的偏移；然而，令人遗憾的是，当前在国防研究相关领域的很多高校与科研院所中学生和科研人员的应力波理论基础不尽如人意，这在很大程度上限制了相关科研的原创性和开拓性步伐。从多年的教学和科研交流来看，本人认为造成这个问题的主要原因有三点：首先，相对于传统经典静力学知识而言，波动力学知识更为抽象，很多情况下无法从现实生活中直观地感受其过程，日常生活中感受的力学问题的空间尺度和时间尺度大多处于经典静力学范畴，因而，波动力学的学习相对难度更大，其对读者的数学和力学理论根底要求相对较高，这无形中提高了学习的门槛；其次，在爆炸力学、兵器科学和防护工程等领域，特别是国防工业领域，当前我国相关科技成果已走到世界前列，各类因素要求我们必须进行原创性、"颠覆性"的研究，此时我们才会重视理论基础，而在过去的数十年内虽然取得了巨大的进步，但主要以仿制和技术创新为主，科学原创性内容并不多，无论是科研人员还是学生课程设置对波动力学的重视程度虽然逐渐提高但还不够，应力波理论的系统性学习还远远不足；再次，前述两部教材的主编王礼立教授和李永池教授皆是应力波领域的领头人，具有极深的理论根底，两部教材各有千秋，深度和广度皆无可置疑，然而，两部教材都出自中国科学技术大学近代力学系，其授课对象为本系的本科生、硕士研究生、博士研究生，该系本科课程体系中数学和力学相关课程设置非常完备，与其他高校或其他专业如弹药工程、兵器科学、防护工程等相比，其对学生的数学和力学根底要求更高，因此，这两部教材相对于弹药工程、兵器科学等相关领域内学生和科研人员而言门槛过高，而且，其中三维特征线理论等更加深入的理论知识更难理解且实用性并不理想。

　　值得庆幸的是，在爆炸与冲击动力学相关领域，一维应力波理论在大多数情况下能够给出指导性的结论甚至给出足够准确的结果，而且一维应力波理论所推导的解析解及其推导过程能够让读者更深刻地理解相关知识。本书即立足于此，针对弹药工程、兵器科学、防护工程和爆炸与冲击动力学等相关专业或学科，主要以一维假设为前提，以高等数学与材料力学为基础，阐释一维弹性波、弹塑性波、冲击波和爆轰波相关理论与应用。全书分为 5 章，为让读者更容易阅读和理解，在编写本书过程中，本人没有直接复制上课时的讲义，而是通篇逐字逐句地一一输入电脑，书中每一个表达式、图表也是重新推导或重新绘制的，以保证全书语言风格和解决问题思路的一致性。

　　本书是在南京理工大学何勇教授的鼓励和支持下开始编写的，在此表示感谢。本书是作者在进入南京理工大学机械工程学院工作数年内完成的，由于科研任务较重，因此编写工作都是在下班后开展的。在没有出差时和无特殊情况下，几乎每天下班回家后都花大量的精力推导公式、绘制图表和编写文字，若没有我妻子齐敏菊的无私奉献和支持，我不可能完成本书的编写，在此特别向她表示深深的感谢；过去两年多繁重的科研任务和编写任务，让我几乎没有时间陪女儿出去旅行甚至在市内游玩过，在此向我女儿高玉涵表示歉意。

　　由于水平限制，本书不足之处在所难免，望各位读者指出并指导。希望本书能够给国防科技工作者和相关专业的学生提供理论参考，为提高我国国防科技中兵器科学与防护工程等相关领域的原创性研究水平提供助力！

　　最后，感谢国家自然科学基金 (11772160, 11472008, 11842022, 11202206) 和国防科技创新特区项目的资助和支持。

高光发

2018 年 11 月于南京

# 目　录
CONTENTS

# 绪　论
INTRODUCTION

　　波是自然界中最普遍和最重要的现象之一，也是最基本的概念之一，如声波、电磁波、微波等。从本质上讲，当介质中由于某种状态量出现变化时，会同时向相邻介质发出某种扰动信号，这种扰动信号也会引起相邻介质状态量发生改变，以此类推，这种扰动信号会由此及彼由近及远传播，这种扰动信号的传播即形成波。常见的例子有：光信号的传播形成的光波，电磁扰动信号传播形成的电磁波，声压扰动信号传播形成的声波，爆炸产生的高温高压对周围物质作用导致的压力扰动信号形成的冲击波，等等。广义地来讲还有：洪水产生的势能扰动信号传播形成的洪水波，由于交通信号控制和路面情况变化引起车流、人流扰动信号的传播形成的波，等等。这些波传播规律的物理定理可能不同，但其控制方程类似。应力波也是一种常见的波，它是指介质中应力扰动信号的传播而形成的波，爆炸冲击波、爆轰波、声波等都属于常见的应力波。然而，波在传播过程中也会受到各种内在或外在因素的影响而改变其特性与强度，这个过程常称为波的演化。本书针对应力波，特别是固体介质中的应力波，研究其在介质中传播与演化的特性。

　　本质上讲，任何力学问题实际上都是动力学问题，静态问题只是相对的，与时间完全无关的所谓静力学问题在严格意义上是不存在的。任何材料都具有可变形性和惯性，当其受到外部载荷的扰动时，其变形并不是一蹴而就的，而是应力波传播、反射和相互作用的结果。也就是说，任何应力扰动速度不可能是无限的，其在介质中的传播过程是有一个时间过程的，只是传播速度的快慢和持续时间的长短不同而已。当所研究的或所观察的时间尺度相对于应力波传播持续时间已足够大时，即介质中的应力可视为瞬间平衡或均匀，此时材料或结构中的力学问题主要发生在应力平衡后的阶段，因而，可以忽略应力波传播所带来的影响，而着眼于应力平衡后的力学问题，即将问题视为静力学问题进行分析。例如对于一般金属材料而言，其应力波波速为每秒数千米，当其加载时间尺度为秒时，若其空间尺度为米这一量级，在外载荷作用时，其应力波往返了数千次，此时材料受力的绝大部分过程中的应力基本均匀，其应力波传播的影响可以忽略而不予考虑，而且也可以利用更加简单的静力学分析方法得到足够准确的解。然而，对于很多物理现象而言，如爆炸载荷，其在毫秒、微秒甚至纳秒时间尺度上扰动信号极大，且总持续时间极短，此时应力波的传播所带来的影响不可忽视，反而起着关键作用。如钢中弹性纵波波速约 5190m/s，假设爆炸脉冲加载时间约 2μs，此时整个作用时间内，应力波传播路程仅仅约为 10mm，也就是说在相对较厚的装甲和防护工程中高达吉帕级的脉冲荷载作用下，材料的主要力学响应在应力远没有均匀前已经完成，此时仅仅利用准静态力学相关知识进行分析很难得到准确的解，甚至无法解释一些现象。例如，碎甲弹对坦克装甲的破坏问题中，碎甲弹爆炸产生瞬间高压，其对装甲外表面所施加的作用力为压力，但明显可以看出，其破坏为内表面的拉伸破坏；又如，当以较高速度捶打钢杆一端时，我们可以看到钢杆并不像静力学所解出的均匀变形，而是在受力一端出现明显更大的塑性变形,等等。这类问题中,我们可以看到外载荷的作用时间尺度与介质中的应力波速 (包含弹性波和塑性波及相关应力波等) 的乘积与材料或结构的空间尺度在一个量级或前者量级更高,此时应力波传播、演化与相互作用应予以考虑。

对于考虑时间相关性的动力学问题而言,一般可以将其分为两类:第一类是材料的局部惯性效应起着主导作用的波动力学问题;第二类是结构的总体惯性效应起着主要作用的结构动力系问题;前者是后者的基础与依据,两者互为因果。因此,从本质上讲,波动力学是固体动力学的理论基础。从材料动态本构关系上看,材料中应力波的传播与其动态本构关系是密不可分也是相互耦合的。一方面,应力波的传播是以科学准确的材料本构关系为基础的;另一方面,获得材料的动态力学性能和动态本构关系又必须以应力波传播理论来指导测试与分析。因此,波动力学是材料动态本构关系的研究基础,也是连续介质力学的基本理论支柱之一。

波动力学在工程力学以及相关学科的科研工作上具有极其重要的作用,尤其在爆炸与冲击动力学、兵器科学与技术等相关学科领域的研究中起着不可或缺的作用。从某种程度上讲,没有波动力学知识,要解决爆炸与冲击动力学相关问题是根本不可能的。特别地,在兵器科学与技术、防护工程等国防科研和航空航天、新材料加工制备等高新技术领域,波动力学也有着非常重要的科学意义和应用价值。核爆炸、化学爆炸、物理爆炸等爆炸行为及其破坏效应,应力波传播与演化是其中关键的问题;高速冲击如穿甲弹、破甲弹、碎甲弹、钻地弹等对目标靶板的高速冲击问题也是以波动力学理论为基础进行研究分析的;防护工程如掘开式人防工程、机库顶板防护工程、地下人防工程、机场跑道加固工程等所涉及的问题更是波动力学理论直接应用的问题;装备防护工程如坦克装甲、轻型装甲车、运兵车、武装直升机等防护结构也离不开波动力学理论的指导;航空航天中太空垃圾对航天器的高速撞击破坏效应、飞鸟对飞机的碰撞损坏效应等,也涉及大量的应力波传播与破坏效应问题。在工业生产过程中,波动力学的应用也非常广泛,如煤矿地下地质构造断层的探测技术,就是基于爆炸产生的应力波在地质材料中的传播理论发展出来的;又如煤矿地下冲击地压探测与防治技术,也是利用波动力学相关知识开发出来的;等等。

一般而言,涉及时间效应的问题皆比较复杂,波动力学问题也是如此,三维甚至大多数二维波动问题极其复杂,当前极难或很多情况下根本无法给出其解析解。值得庆幸的是,利用一维假设能够给出很多典型问题的解析解,通过这些一维问题的推导和解析过程我们能够对应力波的传播与演化有着更加深入透彻的理解,而且,一维假设所给出的解析解在大多数情况下足够准确。因此,本书主要针对一维问题,从动量守恒定律、质量守恒定律、能量守恒定律出发,考虑材料的本构关系和状态方程,分别推导应力波 (含弹性波、弹塑性波、冲击波、爆轰波等) 在一维条件下的传播与演化过程,给出其解析解,并结合一些实例,对解析解的科学合理性和准确性进行验证以及应用推广。

本书共 5 章,分为 3 个部分内容。第一部分为一维杆中单纯弹塑性应力波的传播,包含第 1 章一维杆中单纯弹性波的传播和第 2 章一维杆中弹塑性波的传播;分别讲述空间坐标与物质坐标的概念、一维弹性介质中的运动方程、波阵面上的守恒方程、弹塑性双波结构、弹性波和弹塑性波的相互作用、弹性波和弹塑性波在交界面上的透反射问题等内容,并对杆中应力波弥散效应、一维杆中特征线方法也进行了初步介绍。第二部分也是本书中仅有不是完全讲述一维假设条件下的应力波传播的内容，将其放入本书的主要原因是这些典型的弹性波的传播与演化在实际科研和生产活动中非常常见且非常重要，其对应书中第 3 章内容；主要讲述无限介质中线弹性波传播的基本特征、平面弹性波的斜入射问题、Rayleigh 波、Lamb 波和流体中的波传播等内容。第三部分为冲击波或爆轰波的传播，包含第 4 章一维冲击波的产生与传播及相互作用和第 5 章一维爆轰波及其与材料的相互作用，这部分内容针对弹药工程、兵器科学与技术等专业和学科，主要讲述波阵面上的冲击 Hugoniot 曲线与 Rayleigh 线、固体状态方程、冲击波的产生与衰减及其相互作用、一维爆轰波波阵面上的守恒方程、爆轰波稳定传播的 C-J 点和 von Neumann 峰、Gurney 方程等内容。

# 第1章 一维杆中单纯弹性波的传播
## CHAPTER 1

　　固体中应力波的传播是一个复杂的过程，它受许多因素的影响，包括材料物理力学性能相关因素，而且，这些因素有些相互耦合，因此，直接对复杂条件下应力波的传播演化进行解析分析是非常困难的，而且绝大部分是当前无法给出解析解的。然而，应力波在不同介质和环境下的传播演化物理内涵是相近的，我们可以通过对简单问题的分析给出应力波传播演化相关结论，这些结论能够较好地定性分析复杂条件下的对应问题。本章从最简单的一维杆中弹性波的传播理论开始讲解，分析一维杆中弹性波的传播、相互作用以及应用。值得注意的是，这里的"一维杆"是一个抽象的概念，是指应力波传播过程中空间参数只有一个，它与现实世界中的长杆有一定的区别，当然，如果长杆长径比足够大，两者之间的结果非常接近。

## 1.1　空间坐标与物质坐标

　　波动力学理论是建立在连续介质理论的基础上的，波动力学理论系统的建立也是在连续介质力学构架上完成的。在连续介质力学中，我们不从微观上考虑物体的真实物质结构，而是将物体看做是"粒子"(或"微团")的连续组合。这些连续介质中的"微团"在微观上要保证足够大，能够包含足够多的微观粒子，以保证这样的"微团"各种物理量在任一时刻都有一个宏观上的统计表观值；同时，它们在宏观上要足够小，以至于可以视作几何上的"点"，从而允许我们应用场论的研究方法。这些"微团"我们称为质点，"微团"的运动速度称为质点速度。一个物体在任一特定时刻的相应配置称为构形。把物体在某一特定时刻的构形(一般是未变形的构形)称为初始构形或参考构形，而把物体在任一时刻 $t$ 时的构形称为瞬时构形。为了描述一个质点在参考构形和瞬时构形中的空间位置，我们可以在 Euclidean 空间的参考构形和瞬时构形中各取一个坐标系，我们习惯将它们分别称为 Lagrange 坐标系 (简称为 L 氏坐标系) 和 Euler 坐标系 (简称为 E 氏坐标系)；而质点初始时刻在 L 氏坐标系中的坐标称为 Lagrange 坐标 (简称为 L 氏坐标) 或物质坐标，在 E 氏坐标系中的坐标称为 Euler 坐标 (简称为 E 氏坐标) 或空间坐标。

　　以质点在一维杆中运动为例，以 $X$ 和 $x$ 分别表示某一特定质点在参考构形和瞬时构形中的位置，即该质点的 L 氏坐标为 $X$(即该质点的物质坐标为 $X$，我们一般将之称为质点 $X$)，在某一时刻 $t$ 时的 E 氏坐标为 $x$。物体的运动就可以表现为质点 $X$ 在不同时刻 $t$ 取不同空间位置 $x$，在给定时刻一个质点只能占有一个空间位置，因此，两者的映射关系可以表示为

$$x = x(X, t) \tag{1.1}$$

上式的含义是：初始时刻位置量为 $X$ 的质点在 $t$ 时刻到达位置 $x$。

反之, 一般来讲, 在给定时刻某一空间位置也只能有一个质点, 因此我们也可以根据某一特定时刻 $t$ 时瞬时构形中空间位置为 $x$ 的质点找到其在初始构形中的位置 $X$:

$$X = X(x, t) \tag{1.2}$$

式 (1.1) 和式 (1.2) 说明, 任一时刻 $t$ 质点的 L 氏坐标 $X$ 与 E 氏坐标 $x$ 是一一对应的, 我们可以根据需要选用这两种坐标系中的任意一个来研究介质运动: 一种是随着介质中确定的质点来观察物体的运动, 研究给定质点上各物理量随时间的变化, 即把物理量 $\phi$ 视为质点 $X$ 和时间 $t$ 的函数: $\phi = F(X, t)$, 这种方法称为 Lagrange 方法或简称 L 氏描述; 另一种是在固定空间点上观察介质的运动, 研究给定空间点上不同时刻 $t$ 到达该空间坐标 $x$ 的不同质点上各物理量随时间的变化, 即把物理量视为 E 氏坐标 $x$ 和时间 $t$ 的函数: $\phi = f(x, t)$, 这种方法称为 Euler 方法或简称 E 氏描述。

事实上, 根据式 (1.1) 和式 (1.2) 可知, 质点物理量的两种描述是可以相互转换的:

$$\begin{cases} \phi = F(X, t) = f[x(X, t), t] \\ \phi = f(x, t) = F[X(x, t), t] \end{cases} \tag{1.3}$$

相应地, 分析质点上物理量 $\phi$ 随时间的变化率也有两种描述方式: 一种是跟随一个确定的质点所能感受某物理量 $\phi$ 随时间的变化率, 我们称为物理量 $\phi$ 的随体导数或物质导数 (Lagrange 导数), 利用 L 氏描述中物理量 $\phi$ 的随体导数为

$$\frac{\mathrm{d}\phi}{\mathrm{d}t} = \frac{\partial F(X, t)}{\partial t} = \left.\frac{\partial F}{\partial t}\right|_X \tag{1.4}$$

式中, 最右端一项表示确定质点 $X$ 求物理量的导数; 另一种方法是在一个固定的空间位置 $x$ 感受某物理量 $\phi$ 随时间的变化率, 我们称为物理量 $\phi$ 的空间导数 (Euler 导数), 而在不同时刻经过同一个空间位置 $x$ 的质点显然是不同的, 因此该导数也被称为物理量 $\phi$ 在空间位置 $x$ 处的局部导数, 利用 E 氏描述中物理量 $\phi$ 的空间导数为

$$\frac{\partial\phi}{\partial t} = \frac{\partial f(x, t)}{\partial t} = \left.\frac{\partial f}{\partial t}\right|_x \tag{1.5}$$

式中, 最右端一项表示固定空间位置 $x$ 求物理量的导数。

我们对式 (1.4) 展开, 有

$$\frac{\mathrm{d}\phi}{\mathrm{d}t} = \left.\frac{\partial f[x(X, t), t]}{\partial t}\right|_x + \left.\frac{\partial f[x(X, t), t]}{\partial x}\right|_t \cdot \left.\frac{\partial x}{\partial t}\right|_X = \left.\frac{\partial f(x, t)}{\partial t}\right|_x + \left.\frac{\partial f(x, t)}{\partial x}\right|_t \cdot \left.\frac{\partial x}{\partial t}\right|_X \tag{1.6}$$

由于

$$v = \left.\frac{\partial x}{\partial t}\right|_X \equiv \frac{\mathrm{d}x}{\mathrm{d}t}$$

因此, 式 (1.6) 可以简化为

$$\frac{\mathrm{d}\phi}{\mathrm{d}t} = \left.\frac{\partial\phi}{\partial t}\right|_x + v\left.\frac{\partial\phi}{\partial x}\right|_t \tag{1.7}$$

式中, 右端第一项表示固定空间位置 $x$ 处物理量 $\phi$ 随时间的变化率, 称为量 $\phi$ 的局部导数, 它是由量 $\phi$ 在质点与瞬时构形中的空间位置 $x$ 处随时间的变化所引起的, 即由场的不定常性所引起的; 右端第二项表示物理量 $\phi$ 在某一特定时间时随空间位置的变化率, 称为量 $\phi$ 的

迁移导数, 它是由量 $\phi$ 在具有梯度的不均匀场中以速度 $v$ 迁移所引起的, 即由场的不均匀性所引起的。

特别地, 当我们取物理量 $\phi$ 为质点速度 $v$ 时, 式 (1.7) 就可写为

$$a = \frac{\partial v}{\partial t}\bigg|_x + v\,\frac{\partial v}{\partial x}\bigg|_t \tag{1.8}$$

式中, 右端第一项为局部加速度; 右端第二项为迁移加速度。

式 (1.7) 和式 (1.8) 说明, 采用 E 氏描述时, 任意物理量的随体导数等于其局部导数和迁移导数之和。在波动力学中, 清楚认识 L 氏描述和 E 氏描述的内涵和不同是非常重要的。

## 1.2　一维弹性介质中的运动方程

以一维细长杆为例, 如图 1.1 所示, 设其沿 $X$ 方向足够长, 垂直 $X$ 方向的面积 $\delta A \to 0$, 且杆中质点的物理量只是 $X$ 方向的坐标 $X$ 和时间 $t$ 的函数。在坐标为 $X$ 处取出一个无限短的微元 $\mathrm{d}X$ 进行分析, 不考虑介质体力的影响, 杆介质密度为 $\rho$, 弹性介质材料的本构方程为 $\sigma_X = \sigma_X(\varepsilon)$。

图 1.1　一维杆中的运动方程

### 1.2.1　一维杆中的纵向振动

当一维杆受到轴线方向的应力脉冲 (压缩或拉伸, 以拉伸为正, 下文同) 扰动时, 微元受到沿着坐标轴方向的作用力和反向作用力的影响, 设微元的位移为 $u$。此时, 杆中微元受力满足动平衡, 根据牛顿第二定律, 可有

$$\left(\sigma_X + \frac{\partial \sigma_X}{\partial X}\mathrm{d}X\right)\delta A - \sigma_X \delta A = \rho\,\mathrm{d}X\,\delta A \frac{\partial^2 u}{\partial t^2}$$

即

$$\rho \frac{\partial^2 u}{\partial t^2} = \frac{\partial \sigma_X}{\partial X} \tag{1.9}$$

根据介质的弹性本构方程 $\sigma_X = \sigma_X(\varepsilon)$, 可有

$$\frac{\partial \sigma_X}{\partial X} = \frac{\mathrm{d}\sigma_X}{\mathrm{d}\varepsilon_X} \cdot \frac{\partial \varepsilon_X}{\partial X} = \frac{\mathrm{d}\sigma_X}{\mathrm{d}\varepsilon_X} \cdot \frac{\partial^2 u}{\partial X^2}$$

则式 (1.9) 可以写为

$$\rho \frac{\partial^2 u}{\partial t^2} = \frac{\mathrm{d}\sigma_X}{\mathrm{d}\varepsilon_X} \cdot \frac{\partial^2 u}{\partial X^2} \Leftrightarrow \frac{\partial^2 u}{\partial t^2} = \frac{1}{\rho}\frac{\mathrm{d}\sigma_X}{\mathrm{d}\varepsilon_X} \cdot \frac{\partial^2 u}{\partial X^2}$$

或写为

$$\frac{\partial^2 u}{\partial t^2} = C^2 \frac{\partial^2 u}{\partial X^2}, \quad C = \sqrt{\frac{1}{\rho}\frac{\mathrm{d}\sigma_X}{\mathrm{d}\varepsilon_X}} \tag{1.10}$$

上式是典型的波动方程, 它表示物理量 $u$ 的扰动信号以某种固定速度进行传播, 它对应的物理量就是杆截面上所受的应力量, 我们把连续介质中应力扰动信号的传播称为应力波。

式 (1.10) 的通解是

$$u = G_{\rm r}(X - Ct) + G_{\rm l}(X + Ct) \tag{1.11}$$

式中, $G_{\rm r}$ 和 $G_{\rm l}$ 是由初始条件决定的任意函数。$G_{\rm r}$ 对应于沿着 $X$ 轴正方向传播的右行波, 而 $G_{\rm l}$ 则是沿着反方向传播的左行波。由解的结构可知, 对于给定的函数 $u(x)$, 在整个传播过程中其形式不变, 即在 $t_1$ 和 $t_2$ 两个不同时刻, 波形不会发生变化, 只是沿 $X$ 轴平移了 $C(t_2 - t_1)$。也就是说, 对于任意入射波形而言, 在传播过程中波形不发生变化, 只是沿着 $X$ 轴方向以速度 $C$ 左移或右移, 因此我们可以物理量 $C$ 为介质材料的声速。从以上假设可以看出, 我们假设一维杆中的介质质点只受到轴向方向的力, 其质点速度与波传播方向一致, 我们称这类波为纵波。

不同材料具有各自的声速, 一般材料具有线弹性特征, 即

$$E = \frac{{\rm d}\sigma}{{\rm d}\varepsilon}, \ \ C = \sqrt{\frac{E}{\rho}} \tag{1.12}$$

式中, $E$ 表示材料的杨氏模量, 因此, 很多时候介质材料的声速是一个基本物理量。部分常用材料的一维弹性纵波声速见表 1.1。

**表 1.1　几种材料一维弹性纵波声速表**　　　　(单位: m/s)

| 材料 | $C$ | 材料 | $C$ | 材料 | $C$ |
|---|---|---|---|---|---|
| 铝 | 5102 | 金刚石 | 16 879 | 氧化铝陶瓷 | 9674 |
| 钢 | 5190 | 橡胶 | 46 | 碳化硼陶瓷 | 3333 |
| 铁 | 5189 | 玻璃 | 5300 | 氮化硼陶瓷 | 6063 |
| 铜 | 3812 | 碳化钛陶瓷 | 8780 | 碳化钨陶瓷 | 5852 |
| 铀 | 3012 | 氮化硅陶瓷 | 9942 | | |

值得注意的是, 如同本章前面所述, 以上推导的前提是我们假设杆是一维的, 一般对应现实世界中的长杆, 但并没有说明杆一定是圆截面的, 只要沿着长度方向杆的截面相同都行, 但必须保证在应力波传播过程中杆的原截面保持平面而不出现扭曲现象, 截面上应力分布均匀, 从而可以不考虑杆的直径和由此带来的横向效应。然而, 事实上, 杆介质微元受压缩或拉伸作用力时, 必会缩短或伸长, 也必定伴随着横向收缩和膨胀, 横向变形与纵向运动变形之比即为介质材料的泊松比, 这使得在横向运动过程中杆截面应力分布并不均匀而变得歪曲了, 当然, 当杆的长径比足够大时, 以上推导也是适用且足够准确的, 只有当波长与杆直径是同一个数量级时, 此种影响才显得足够重要而不得不考虑。其次, 以上推导过程中杆介质材料的本构选用率无关弹性本构模型, 且并没有考虑其率效应, 也就是说, 我们假设杆材料在弹性阶段是没有率效应的, 这对大多数材料而言, 是近似成立且准确的。

一维杆中的纵向振动最直观的例子就是螺旋状弹簧中扰动的传播, 设弹簧常数为 $k$, 单位长度上的密度为 $\rho$, 同上分析方法我们可以容易得到波动方程:

$$\frac{\partial^2 u}{\partial t^2} = C^2 \frac{\partial^2 u}{\partial X^2}, \ \ C = \sqrt{\frac{k}{\rho}} \tag{1.13}$$

上式给出了弹簧中振动的传播速度，也说明弹簧中振动传播速度与所施加的力大小无关，只与弹簧常数和单位长度的密度相关。

### 1.2.2　一维杆中纵向振动的微观近似解释

在原子水平上，我们可以把波想象成相邻原子间连续不断的相互碰撞。每个原子被加速到一定速度以后，就把它的全部或部分动量传递给相邻原子，质量、原子间距、原子间的引力和斥力决定了应力脉冲从一点传播到另一点的方式。有趣的是所有波的传播方程都可以通过假定物质是连续的 (在连续介质机制构架上) 而推导出来，从前面的推导可以看出，它们皆是牛顿第二定律的直接推论。为简化分析，我们可假设介质内的原子是按照理想排列组织的，这些原子球是通过类似小弹簧特征的作用力进行相互扰动，动量是通过这些小弹簧进行传递，如图 1.2 所示。

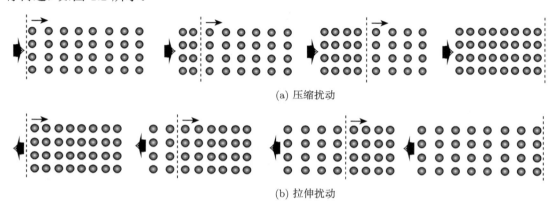

(a) 压缩扰动

(b) 拉伸扰动

图 1.2　理想排列原子球中振动的传播

原子振动周期约 $10^{-13}$s，对于一个固体金属如铁而言，原子间的距离约为 0.3nm，可以初步估算其原子球间作用力的传播速度：

$$v \approx \frac{0.3 \times 10^{-9}}{10^{-13}} \approx 3000\text{m/s}$$

这个速度与固体中的弹性波速的传播在一个量级，比较接近。当然，本书的推导是建立在连续介质力学框架上的，但对于应力波这类相对传统力学来讲比较抽象的一些演化而言，姑且将之想象成原子球间类弹簧力的传播更方便理解。

### 1.2.3　一维杆中的扭转振动

如图 1.1 所示，假设一维杆在轴线方向上没有受到应力，而在法线平行于轴线的端面上受到纯扭转力的扰动，且从一个端面传播到另一个端面，在振动传播过程中每个截面始终保持为平面，此时这个扰动的传播也属于一维杆中应力波的传播。假设在图中所示微元的坐标为 $X$ 的入射左断面上受到的扭矩为 $M$，则在坐标为 $(X+\text{d}X)$ 的右断面上受到的扭矩为 $M+(\partial M/\partial X)\text{d}X$，设微元对中心的平均转角为 $\theta$，截面的转动惯量为 $I$，则有

$$\left(M_X + \frac{\partial M_X}{\partial X}\text{d}X\right) - M_X = I\frac{\partial^2 \theta}{\partial t^2}$$

即

$$\frac{\partial M_X}{\partial X}\mathrm{d}X = I\frac{\partial^2\theta}{\partial t^2} \tag{1.14}$$

设此一维杆的剪切模量为 $G$，截面极惯性矩为 $I_\mathrm{p}$，根据静平衡方程可有

$$M_X = GI_\mathrm{p}\frac{\partial\theta}{\partial X} \Rightarrow \frac{\partial M_X}{\partial X}\mathrm{d}X = GI_\mathrm{p}\frac{\partial^2\theta}{\partial X^2}\mathrm{d}X$$

根据材料力学中相关定义可知，截面极惯性矩与转动惯量之间的关系满足：

$$I = I_\mathrm{p} \cdot \rho \cdot \mathrm{d}X$$

因此，式 (1.14) 可简化为

$$G\frac{\partial^2\theta}{\partial X^2} = \rho\frac{\partial^2\theta}{\partial t^2} \Leftrightarrow \begin{cases} \dfrac{\partial^2\theta}{\partial t^2} = C_\mathrm{T}^2\dfrac{\partial^2\theta}{\partial X^2} \\ C_\mathrm{T} = \sqrt{\dfrac{G}{\rho}} \end{cases} \tag{1.15}$$

同上分析，式 (1.15) 说明，对于一维杆而言，其纯扭转扰动所产生的应力波也是按照恒定扭转波速 $C_\mathrm{T}$ 进行传播；而且，只当材料是完全弹性的，其扭转扰动产生的应力波沿杆传播是没有弥散的。

根据弹性力学知识可知，剪切模量与杨氏模量之间满足如下关系：

$$G = \frac{E}{2(1+\nu)}$$

式中，$\nu$ 表示介质的泊松比，其值一般介于 0~0.5。根据上式我们可以给出同一种介质一维杆中扭转波声速与纵波声速之间的关系：

$$\frac{C_\mathrm{T}}{C} = \sqrt{\frac{1}{2(1+\nu)}} \in \left(\sqrt{\frac{1}{3}},\ \sqrt{\frac{1}{2}}\right) \approx (0.58, 0.71)$$

上式说明一维杆中扭转波声速小于纵波声速。几种常见材料扭转波声速见表 1.2。

**表 1.2 几种常见材料一维杆中弹性扭转波声速表**

| 性能 | 钢 | 铜 | 铝 | 玻璃 | 橡胶 |
|---|---|---|---|---|---|
| $G/\mathrm{GPa}$ | 81 | 45 | 26 | 28 | 0.0007 |
| $C_\mathrm{T}/(\mathrm{m/s})$ | 3220 | 2250 | 3100 | 3350 | 27 |

## 1.3 波阵面上的守恒条件

### 1.3.1 物质波速与空间波速

如图 1.2 中垂直虚线所示，材料中应力扰动的脉冲传播存在一个界面，这个界面把受扰动的介质与未受扰动的介质分开，广义地来讲，就是新的扰动介质与旧的扰动介质的分界面，我们把它称为波阵面。在数学上，我们把波阵面视为一个所谓的奇异面，当跨过这个奇

异面时介质中的某些物理量发生某种间断。波阵面不一定皆如图 1.2 中所示的垂直的平面，但在一维杆中，由于传播过程中截面一直保持平面状态，所以才为垂直的平面。

以一维杆为例，同时在 L 氏坐标系和 E 氏坐标系中分析，以杆轴分别作为两个坐标系中的 $X$ 轴和 $x$ 轴，将质点在 L 氏坐标系 (初始构形) 中和 E 氏坐标系 (瞬时构形) 中的坐标分别记为 $X$ 和 $x$，时间为 $t$，质点的纵向位移为 $u$，则介质运动规律的 L 氏描述可写为

$$x = x(X,t) = X + u(X,t) \tag{1.16}$$

对式 (1.16) 求导，可以得到

$$\begin{cases} \left.\dfrac{\partial x}{\partial t}\right|_X = \left.\dfrac{\partial u}{\partial t}\right|_X = v \\ \left.\dfrac{\partial x}{\partial X}\right|_t = 1 + \left.\dfrac{\partial u}{\partial X}\right|_t = 1 + \varepsilon \end{cases} \tag{1.17}$$

式中，$v$ 和 $\varepsilon$ 分别为介质的质点速度和工程应变。

设 $t$ 时刻波阵面到达 L 氏坐标为 $X$ 的杆截面，则波阵面运动规律的 L 氏描述 (L 氏波阵面) 可写为

$$\begin{cases} X = X_{\mathrm{w}}(t) \\ t = t_{\mathrm{w}}(X) \end{cases} \tag{1.18}$$

式中，$X_{\mathrm{w}}(t)$ 和 $t_{\mathrm{w}}(X)$ 分别表示波阵面上的位移和时间参数。根据定义可以求出 L 氏波速：

$$C = \frac{\mathrm{d}X_{\mathrm{w}}(t)}{\mathrm{d}t} \tag{1.19}$$

上式表示单位时间内波阵面所经过的距离在初始构形中的长度，反映了波所经过的物质量的多少，对比上节的分析很容易知道，它与式 (1.11) 中的 $C$ 的内涵相同，均为一维杆中介质的 L 氏波速 (又称为材料波速或者物质波速)。

这里特别需要注意和强调的是，波速是指应力波在介质中的传播速度，它是应力扰动信号的传播速度，它与波作为扰动所引起的介质本身的质点速度是完全不同的：例如压缩波引起的介质质点速度虽然与波的传播方向相同，但其值则是不一定相同的，一般而言前者的值远远小于后者的值；拉伸波引起的介质质点速度则是与波的传播方向相反的，两者显然是不同的；剪切波所引起的介质质点速度与波所传播的方向是垂直的，二者更是不同的。

式 (1.17) 给出了当采用介质运动规律的 L 氏描述时函数 $x = x(X,t)$ 的两个偏导数 $\partial x/\partial t$、$\partial x/\partial X$ 与介质质点速度 $v$、工程应变 $\varepsilon$ 之间的关系。同理，采用 L 氏描述时，对任意物理量 $f$ 可有

$$f = f(X,t) \tag{1.20}$$

如果我们站在波阵面上看各物理量，结合式 (1.18)，可以得到

$$\begin{cases} f = f[X_{\mathrm{w}}(t),t] \equiv f_{\mathrm{w}}(t) \\ f = f[X,t_{\mathrm{w}}(X)] \equiv f_{\mathrm{w}}(X) \end{cases} \tag{1.21}$$

式中, 函数 $f_{\mathrm{w}}(t)$ 表示波阵面上物理量 $f$ 在 $t$ 时刻的值, 称为物理量 $f$ 的随波时间函数; 函数 $f_{\mathrm{w}}(X)$ 表示波阵面传播到质点 $X$ 处时物理量 $f$ 的值, 称为物理量 $f$ 的 L 氏随波场函数。

根据式 (1.21), 可以得到物理量 $f$ 的随波时间导数和随波场 L 氏梯度 (或随波场物质导数) 分别为

$$
\begin{cases}
\dfrac{\mathrm{d}f_{\mathrm{w}}(t)}{\mathrm{d}t} = \left.\dfrac{\partial f}{\partial t}\right|_X + \left.\dfrac{\partial f}{\partial X}\right|_t \cdot \dfrac{\mathrm{d}X_{\mathrm{w}}}{\mathrm{d}t} = \left.\dfrac{\partial f}{\partial t}\right|_X + C \cdot \left.\dfrac{\partial f}{\partial X}\right|_t \\[3mm]
\dfrac{\mathrm{d}f_{\mathrm{w}}(X)}{\mathrm{d}X} = \left.\dfrac{\partial f}{\partial X}\right|_t + \left.\dfrac{\partial f}{\partial t}\right|_X \cdot \dfrac{\mathrm{d}t_{\mathrm{w}}}{\mathrm{d}X} = \left.\dfrac{\partial f}{\partial X}\right|_t + \dfrac{1}{C} \cdot \left.\dfrac{\partial f}{\partial t}\right|_X
\end{cases}
\tag{1.22}
$$

以上分析是建立在 L 氏坐标系中, 同样, 我们可以在 E 氏坐标系中建立相应的关系, 对一维杆中介质质点运动规律的 E 氏描述可以表达为

$$
X = X(x,t) = x - u(x,t) \tag{1.23}
$$

由式 (1.23) 分别对 $X$ 和 $t$ 求偏导数并结合式 (1.17), 可以得到

$$
\begin{cases}
0 = \left.\dfrac{\partial X}{\partial t}\right|_x + \left.\dfrac{\partial X}{\partial x}\right|_t \left.\dfrac{\partial x}{\partial t}\right|_X = \left.\dfrac{\partial X}{\partial t}\right|_x + v \cdot \left.\dfrac{\partial X}{\partial x}\right|_t \\[3mm]
1 = \left.\dfrac{\partial X}{\partial x}\right|_t \left.\dfrac{\partial x}{\partial X}\right|_t = \left.\dfrac{\partial X}{\partial x}\right|_t (1+\varepsilon)
\end{cases}
$$

即有

$$
\begin{cases}
\left.\dfrac{\partial X}{\partial t}\right|_x = \dfrac{-v}{1+\varepsilon} \\[3mm]
\left.\dfrac{\partial X}{\partial x}\right|_t = \dfrac{1}{1+\varepsilon}
\end{cases}
\tag{1.24}
$$

此时, 波阵面的 E 氏描述即为

$$
\begin{cases}
x = x_{\mathrm{w}}(t) \\
t = t_{\mathrm{w}}(x)
\end{cases}
\tag{1.25}
$$

则可以求出应力波的 E 氏波速为

$$
c = \dfrac{\mathrm{d}x_{\mathrm{w}}(t)}{\mathrm{d}t} \tag{1.26}
$$

它表示单位时间内波阵面在瞬时构形中所走过的空间距离, E 氏波速也称为空间波速或绝对波速。

同样, 对于任意一个物理量 $f$, 我们可以给出其 E 氏描述:

$$
f = f(x,t) \tag{1.27}
$$

站在波阵面上结合式 (1.25) 可以得到

$$
\begin{cases}
f = f[x_{\mathrm{w}}(t),t] \equiv f_{\mathrm{w}}(t) \\
f = f[x,t_{\mathrm{w}}(x)] \equiv f_{\mathrm{w}}(x)
\end{cases}
\tag{1.28}
$$

式中, 函数 $f_w(t)$ 表示波阵面上物理量 $f$ 在 $t$ 时刻的值, 称为物理量 $f$ 的随波时间函数, 它与式 (1.21) 中的函数 $f_w(t)$ 是完全相同的; 函数 $f_w(x)$ 表示波阵面传播至 E 氏坐标 $x$ 处时物理量 $f$ 的值, 称为物理量 $f$ 的 E 氏随波场函数。

根据式 (1.28), 可以得到物理量 $f$ 的随波时间导数和随波场 E 氏梯度 (或随波场物质导数) 分别为

$$\begin{cases} \dfrac{\mathrm{d}f_w(t)}{\mathrm{d}t} = \left.\dfrac{\partial f}{\partial t}\right|_x + \left.\dfrac{\partial f}{\partial x}\right|_t \cdot \dfrac{\mathrm{d}x_w}{\mathrm{d}t} = \left.\dfrac{\partial f}{\partial t}\right|_x + c \cdot \left.\dfrac{\partial f}{\partial x}\right|_t \\[3mm] \dfrac{\mathrm{d}f_w(x)}{\mathrm{d}x} = \left.\dfrac{\partial f}{\partial x}\right|_t + \left.\dfrac{\partial f}{\partial t}\right|_x \cdot \dfrac{\mathrm{d}t_w}{\mathrm{d}x} = \left.\dfrac{\partial f}{\partial x}\right|_t + \dfrac{1}{c} \cdot \left.\dfrac{\partial f}{\partial t}\right|_x \end{cases} \tag{1.29}$$

根据式 (1.22), 取物理量为质点 $X$ 的 E 氏坐标 $x$, 则有

$$\frac{\mathrm{d}x_w(t)}{\mathrm{d}t} = \left.\frac{\partial x}{\partial t}\right|_X + C \cdot \left.\frac{\partial x}{\partial X}\right|_t$$

结合式 (1.17), 可以得到

$$c = v + C(1 + \varepsilon) \tag{1.30}$$

式 (1.30) 给出了 L 氏波速和 E 氏波速之间的关系, 它的物理意义是很清楚的: L 氏波速 $C$ 的值等于单位时间内波所走过的一段杆在初始构形中的长度值, 具有工程应变 $\varepsilon$ 的该段杆在瞬时构形中的当前长度值为 $C(1+\varepsilon)$, 再加上质点本身单位时间内所移动的距离 $v$, 因此波在单位时间内所走过的空间距离即 E 氏波速 $c$。其中

$$c^* = C(1 + \varepsilon) = c - v \tag{1.31}$$

式中, $c^*$ 表示波相对于介质质点的相对波速, 称为局部波速, 它与介质的 L 氏波速一样完全是由介质的性质所决定。

### 1.3.2　波阵面的阶

在连续介质力学中, 除了发生断裂的情况外, 位移总是连续的, 波动力学既然是基于连续介质力学构架的, 因此其波阵面上的介质质点位移 $u$ 也必定连续。我们把跨过这种 "具有导数间断" 的奇异面时发生间断的位移导数的阶数称为波阵面的阶。

一阶间断波 (强间断波或冲击波): 跨过波阵面时位移 $u$ 本身保持连续而其一阶导数发生间断的波阵面称为一阶奇异面。位移 $u$ 的一阶导数主要是介质的质点速度 $v = \partial u/\partial t$、应变 $\varepsilon = \partial u/\partial x$, 因此跨过一阶奇异面时介质的质点速度 $v$、应变 $\varepsilon$、应力 $\sigma$ 会发生间断; 而这三个量是工程上人们最关心的, 所以习惯上人们把这种波称为强间断波或冲击波 (激波)。

二阶间断波 (弱间断波或连续波): 跨过波阵面时位移 $u$ 本身及其一阶导数 (质点速度 $v = \partial u/\partial t$ 和应变 $\varepsilon = \partial u/\partial x$) 保持连续而其二阶导数发生间断的波阵面称为二阶奇异面。位移的二阶导数主要包括介质的质点加速度 $a = \partial v/\partial t = \partial^2 u/\partial t^2$、应变率 $\dot{\varepsilon} = \partial \varepsilon/\partial t = \partial^2 u/\partial x \partial t$ 和应变梯度 $\nabla \varepsilon = \partial^2 u/\partial x^2$, 因此跨过二阶奇异面时介质的质点加速度 $a$ 等量会发生间断, 而质点速度 $v$、应变 $\varepsilon$、应力 $\sigma$ 等则保持连续, 所以习惯上人们把这种波称为弱间断波; 由于发生间断的量是质点加速度 $a$, 所以人们又把这种波称为加速度波; 这类应力波的波剖面是连续的, 因此一般也称为连续波。

高阶间断波 (广义加速度波): 以此类推, 跨过奇异面时位移 $u$ 本身以及直至其 $n-1$ 阶导数都连续而其 $n$ 阶导数发生间断的波阵面称为 $n$ 阶奇异面, 习惯上, 人们又把这种光滑性更好的连续波称为广义的加速度波, 因为跨过这种奇异面时发生间断的量是介质的某阶加速度。

在这里我们指出一个应力波术语上的重要概念, 即所谓压缩波和拉伸波 (或稀疏波) 的概念。波是一种扰动, 即介质状态的改变, 所以判断一个波是压缩波还是拉伸波不是由介质处于压缩状态还是拉伸状态来决定, 而是由其状态改变的方向来决定, 例如将处于较大压缩状态的介质改变为处于较小压缩状态的波, 尽管介质的前后状态都是压缩, 但这样一个波仍是拉伸波; 同理将介质由较大拉伸状态改变为较小拉伸状态的波则是压缩波。

### 1.3.3 波阵面上的位移连续条件

我们将把 $X$-$t$ 平面称为物理平面, 在物理平面上波阵面运动规律的 L 氏描述即 L 氏波阵面 $X = X_{\mathrm{w}}(t)$ 如图 1.3 中的曲线所示, 图中记号 "$+$" 和 "$-$" 分别表示波阵面紧前方和紧后方的两个相邻质点。

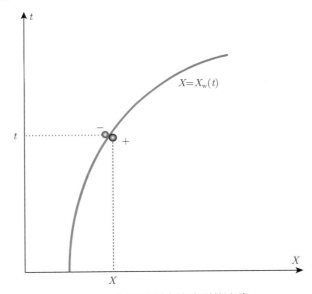

图 1.3    物理平面中波阵面的迹线

将式 (1.22) 中物理量随波时间导数分别应用于图 1.3 所示波阵面的紧前方和紧后方, 则有

$$\begin{cases} \dfrac{\mathrm{d} f_{\mathrm{w}}^{+}}{\mathrm{d} t} = \left.\dfrac{\partial f}{\partial t}\right|_{X}^{+} + C \cdot \left.\dfrac{\partial f}{\partial X}\right|_{t}^{+} \\[3mm] \dfrac{\mathrm{d} f_{\mathrm{w}}^{-}}{\mathrm{d} t} = \left.\dfrac{\partial f}{\partial t}\right|_{X}^{-} + C \cdot \left.\dfrac{\partial f}{\partial X}\right|_{t}^{-} \end{cases} \tag{1.32}$$

将上式中紧后方的量减去紧前方的量, 可以得到

$$\frac{\mathrm{d}\,[f_{\mathrm{w}}]}{\mathrm{d} t} = \left[\left.\frac{\partial f}{\partial t}\right]\right|_{X} + C \cdot \left[\left.\frac{\partial f}{\partial X}\right]\right|_{t} \tag{1.33}$$

式中，符号 [ ] 表示波阵面紧后方的物理量减去紧前方的物理量，即

$$[\phi] \equiv \phi^- - \phi^+$$

它表示物理量 $\phi$ 由波阵面的紧前方跨至波阵面的紧后方时的跳跃量，当物理量 $\phi$ 在波阵面上连续时，$[\phi] = 0$；当其在波阵面上间断时，$[\phi] \neq 0$，此时 $[\phi]$ 即是以物理量 $\phi$ 所表达的冲击波强度。

式 (1.33) 将以物理量 $f$ 所量度的冲击波的强度 $[f_w]$ 随时间的变化率 $\mathrm{d}[f_w]/\mathrm{d}t$ 与量 $f$ 两个偏导数的跳跃量 $\partial f/\partial t$ 和 $\partial f/\partial X$ 联系了起来；特别是当物理量 $f$ 本身连续，其一阶导数在波阵面上间断，则有

$$\left[\frac{\partial f}{\partial t}\right]\bigg|_X = -C \cdot \left[\frac{\partial f}{\partial X}\right]\bigg|_t \tag{1.34}$$

这就是著名的 Maxwell 定理。

取式 (1.34) 中物理量 $f$ 为介质中质点位移 $u$，根据位移单值连续条件和式 (1.34)，可以得到

$$[v] = -C[\varepsilon] \tag{1.35}$$

得出上式的物理依据是波阵面上的位移连续条件。对于一阶间断波即冲击波而言，上式即为冲击波波阵面上的位移连续条件。式 (1.35) 的意义是把跨过冲击波波阵面时质点速度的跳跃量 $[v]$ 和工程应变的跳跃量 $[\varepsilon]$ 联系起来。在一维杆内波动条件下，位移单值连续的条件是和物质既不产生也不消灭的质量守恒条件相等价的，故式 (1.35) 也是质量守恒的一种反映。在三维波动的情况下，位移连续条件所包含的内容比质量守恒条件更为丰富，后者只是前者的一个推论而已。

分别利用 $\partial f_w/\partial t$ 和 $\partial f_w/\partial X$ 代替式 (1.33) 中的物理量 $f_w$，同理可以得到

$$\begin{cases} \dfrac{\mathrm{d}}{\mathrm{d}t}\left[\dfrac{\partial f_w}{\partial t}\right] = \left[\dfrac{\partial^2 f}{\partial t^2}\right]\bigg|_X + C \cdot \left[\dfrac{\partial^2 f}{\partial X \partial t}\right]\bigg|_t \\[2ex] \dfrac{\mathrm{d}}{\mathrm{d}t}\left[\dfrac{\partial f_w}{\partial X}\right] = \left[\dfrac{\partial^2 f}{\partial X \partial t}\right]\bigg|_X + C \cdot \left[\dfrac{\partial^2 f}{\partial X^2}\right]\bigg|_t \end{cases} \tag{1.36}$$

当物理量 $f$ 本身及其一阶导数连续，其二阶导数在波阵面上间断，则有

$$\left[\frac{\partial^2 f}{\partial t^2}\right]\bigg|_X = -C \cdot \left[\frac{\partial^2 f}{\partial X \partial t}\right]\bigg|_t = C^2 \cdot \left[\frac{\partial^2 f}{\partial X^2}\right]\bigg|_t$$

即

$$\left[\frac{\partial^2 f}{\partial t^2}\right]\bigg|_X = C^2 \cdot \left[\frac{\partial^2 f}{\partial X^2}\right]\bigg|_t \tag{1.37}$$

当取式 (1.34) 中物理量 $f$ 为介质中质点位移 $u$，根据式 (1.34) 可以得到二阶间断面即弱间断面上的位移连续条件：

$$\left[\frac{\partial v}{\partial t}\right]\bigg|_X = C^2 \cdot \left[\frac{\partial \varepsilon}{\partial X}\right]\bigg|_t \tag{1.38}$$

上式即为二阶间断波阵面上的位移连续条件，对于弱间断波而言，式 (1.35) 恒成立，此时式 (1.38) 才是有效的位移连续方程。同理我们可以推导出更高阶间断波阵面上的位移连续条件。

需要注意的是，L 氏波速和 E 氏波速之间的关系即式 (1.30) 既适用于波阵面的紧前方，也适用于波阵面的紧后方。无论是在 L 氏坐标系中还是 E 氏坐标系中，波阵面紧前方与紧后方质点坐标都是相同的，因此无论我们站在波阵面的紧前方前进或者站在波阵面的紧后方前进，所测得的 L 氏波速和 E 氏波速显然都分别是一样的，即 $C$ 和 $c$ 都是跨波连续的，它们的跳跃量或间断量为 0；但是波阵面紧前方的质点速度 $v$、应变 $\varepsilon$、应力 $\sigma$ 等物理量则可能发生跳跃和间断，故相对波速 $c^*$ 跨过波阵面时也可能发生跳跃和间断，这就是冲击波的情况。

如果我们把式 (1.30) 分别应用于冲击波波阵面的紧后方和紧前方并相减，可有

$$[c] = [v] + [C\,(1 + \varepsilon)] \Rightarrow 0 = [v] + C\,[\varepsilon]$$

即

$$[v] = -C\,[\varepsilon] \tag{1.39}$$

式 (1.35) 与式 (1.39) 一致，都是针对右行波而言的，对于左行波而言，应有 $C = -\mathrm{d}X_{\mathrm{w}}/\mathrm{d}t$，此时式 (1.35) 与式 (1.39) 右端的负号皆应改为正号。

### 1.3.4  波阵面上的动量守恒条件

如同以上分析，对于一维杆中应力波的传播而言，其位移连续关系是质量守恒定律的体现；同时，在杆中介质的运动还需满足动量守恒定律。以图 1.4 所示一维杆中一阶间断波即冲击波的传播为例，设介质的密度和杆的截面积分别为 $\rho$ 和 $A$，杆中微元长度为 $\mathrm{d}X$，微元运动方向如图 1.4 所示向坐标轴 $X$ 正方向即向右运动，速度为 $v(X, t)$，微元的左界面和右界面分别标记为 1 和 2，界面 1 坐标为 $X_1$，界面 2 坐标为 $X_2 = X_1 + \delta X$，则可以得到如图 1.4 所示微元开口体系的动量变化率为

$$\rho A \delta X \frac{\mathrm{d}v(X, t)}{\mathrm{d}t}$$

界面 1 左侧介质中的应力和质点速度分别为 $\sigma^-$ 和 $v^-$，界面 2 右侧介质中的应力和质点速度分别为 $\sigma^+$ 和 $v^+$，可以计算出微元开口体系所受外力的矢量和 (不考虑体力) 与外界向体系的动量纯流入率为

$$\begin{cases} A\,(\sigma^+ - \sigma^-) \\ \rho A \dfrac{\mathrm{d}X_2}{\mathrm{d}t} v^+ - \rho A \dfrac{\mathrm{d}X_1}{\mathrm{d}t} v^- \end{cases}$$

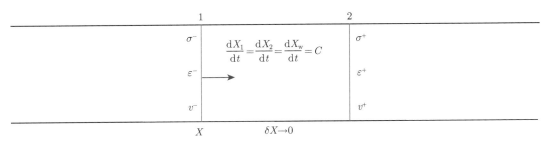

图 1.4  一维杆中 L 氏描述开口体系与受力情况

根据开口体系的动量守恒条件可以得到方程:

$$\rho A \delta X \frac{\mathrm{d}v\left(X, t\right)}{\mathrm{d}t} = A\left(\sigma^+ - \sigma^-\right) + \rho A \frac{\mathrm{d}X_2}{\mathrm{d}t}v^+ - \rho A \frac{\mathrm{d}X_1}{\mathrm{d}t}v^- \tag{1.40}$$

对于一维杆而言,在应力波传播过程中截面面积始终相等,暂不考虑介质密度的变化,即有

$$\rho \delta X \frac{\mathrm{d}v\left(X, t\right)}{\mathrm{d}t} = \left(\sigma^+ - \sigma^-\right) + \rho \frac{\mathrm{d}X_2}{\mathrm{d}t}v^+ - \rho \frac{\mathrm{d}X_1}{\mathrm{d}t}v^- \tag{1.41}$$

式 (1.41) 即为一维杆中应力波传播过程中 L 氏描述的动量守恒条件。当我们把此微元开口体系附着在无限薄的波阵面上时,即认为此微元长度 $\delta X$ 无限小,以至于可以认为界面 1 和界面 2 的坐标值 $X$ 相等:

$$\begin{cases} \delta X = 0 \\ X_1 = X_2 = X_\mathrm{w} \\ \dfrac{\mathrm{d}X_1}{\mathrm{d}t} = \dfrac{\mathrm{d}X_2}{\mathrm{d}t} = \dfrac{\mathrm{d}X_\mathrm{w}}{\mathrm{d}t} = C \end{cases}$$

则式 (1.41) 可以简化为

$$0 = [\sigma] + \rho C\,[v] \Leftrightarrow [\sigma] = -\rho C\,[v] \tag{1.42}$$

上式成立的物理基础是附着在冲击波波阵面上无限薄层的动量守恒条件,故称之为冲击波波阵面上的动量守恒条件。式 (1.42) 的意义在于它把跨越冲击波波阵面时的应力跳跃量与质点速度跳跃量联系起来了。

以上的推导是以波阵面所在无限薄区域为开口体系作为研究对象的,同理也可以利用闭口体系的动量守恒条件推导得出。如图 1.5 所示,设在 $\mathrm{d}t$ 时间内波阵面从 $X$ 处传播到 $X + \mathrm{d}X$ 处,以长度为 $\mathrm{d}X$ 的一段杆作为一个闭口体系进行研究,在不考虑体力的前提下,根据闭口体系的动量守恒定律可知:

$$\frac{\rho A\mathrm{d}X\left(v^- - v^+\right)}{\mathrm{d}t} = -A\left(\sigma^- - \sigma^+\right)$$

即

$$[\sigma] = -\rho C\,[v] \tag{1.43}$$

式 (1.42) 与式 (1.43) 一致,都是针对右行波而言的,如取 $C$ 为波速的绝对值 (波速作为一个介质材料参数,通常取为绝对值,下文同),对于左行波而言,应有 $C = -\mathrm{d}X_\mathrm{w}/\mathrm{d}t$,此时式 (1.42) 与式 (1.43) 右端的负号皆应改为正号。

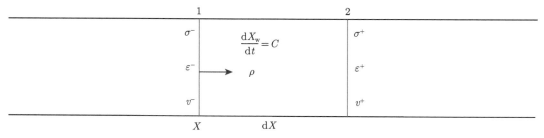

图 1.5    一维杆中 L 氏描述闭口体系与受力情况

结合一维杆中冲击波波阵面上的位移连续条件即式 (1.35)，我们可以给出跨过波阵面应力跳跃量 $[\sigma]$ 与应变跳跃量 $[\varepsilon]$ 之间的关系：

$$[\sigma] = \rho C^2 [\varepsilon] \tag{1.44}$$

上式对于右行波和左行波都适用。由此，我们可以根据跨过波阵面应力跳跃量 $[\sigma]$ 与应变跳跃量 $[\varepsilon]$ 给出冲击波波速：

$$C = \sqrt{\frac{[\sigma]}{\rho [\varepsilon]}} \tag{1.45}$$

以上的推导是针对应力 $\sigma$、质点速度 $v$ 和应变 $\varepsilon$ 有强间断的一阶间断波即冲击波而言的，对于二阶及以上间断波而言不全适用。以二阶间断波即加速度波为例，此时跨过波阵面的应力跳跃量 $[\sigma]$ 和质点速度跳跃量 $[v]$ 皆为 0，此时必须分析介质质点位移 $u$ 的二阶导数之间的关系。将式 (1.9) 应用于波阵面紧前方和紧后方有

$$\begin{cases} \left(\dfrac{\partial \sigma}{\partial X}\right)^+ = \rho \left(\dfrac{\partial v}{\partial t}\right)^+ \\ \left(\dfrac{\partial \sigma}{\partial X}\right)^- = \rho \left(\dfrac{\partial v}{\partial t}\right)^- \end{cases} \tag{1.46}$$

将上式中的两式相减，即可得到

$$\left[\frac{\partial \sigma}{\partial X}\right] = \rho \left[\frac{\partial v}{\partial t}\right] \tag{1.47}$$

式 (1.47) 为二阶间断波即加速度波波阵面上的动力学相容条件，是其动量守恒条件的体现。

结合式 (1.47) 和二阶间断波的位移连续条件即式 (1.38)，我们可以得到 (这里为了方便阅读，我们忽略求偏导数时保持不变的下标 $t$ 和 $X$)

$$\left[\frac{\partial \sigma}{\partial X}\right] = \rho C^2 \cdot \left[\frac{\partial \varepsilon}{\partial X}\right] \tag{1.48}$$

由上式我们可以给出二阶间断波即加速度波波速绝对值的表达式：

$$C = \sqrt{\frac{\left[\dfrac{\partial \sigma}{\partial X}\right]}{\rho \left[\dfrac{\partial \varepsilon}{\partial X}\right]}} \tag{1.49}$$

由上面的推导过程可以看出，波阵面上位移连续条件 (也称为运动学相容条件) 和动量守恒条件 (也称为动力学相容条件) 与介质材料物理力学性能无关，对于任意连续介质中一维杆中应力波的传播都成立；但波速 $C$ 却与介质材料的物理力学性能有关。一般来讲，$[\sigma] \sim [\varepsilon]$ 之间的关系与 $[\partial \sigma/\partial X] \sim [\partial \varepsilon/\partial X]$ 之间的关系是不同的，因此一般情况下冲击波波速与加速度波波速不同。

如介质材料的应力应变关系与应变率无关，即 $\sigma = \sigma(\varepsilon)$，应力只是应变的单值连续函数，则有

$$\left[\frac{\partial \sigma}{\partial X}\right] = \frac{\mathrm{d}\sigma}{\mathrm{d}\varepsilon} \left[\frac{\partial \varepsilon}{\partial X}\right] \tag{1.50}$$

此时，式 (1.49) 可以简化为

$$C = \sqrt{\frac{\mathrm{d}\sigma}{\rho \mathrm{d}\varepsilon}} \tag{1.51}$$

式 (1.51) 即是应变率无关材料中加速度波波速的求解公式。我们也可以用另一种较简单的近似方法求解。将连续波看成是由无穷多个无限小的增量波依次构成的，此时跨过每一个增量波的扰动量可由其微分表达，此时式 (1.35) 和式 (1.42) 将分别成为

$$\mathrm{d}v = \mp C \mathrm{d}\varepsilon \tag{1.52}$$

$$\mathrm{d}\sigma = \mp \rho C \mathrm{d}v \tag{1.53}$$

根据以上两式我们同样可以求出连续波波速为

$$C = \sqrt{\frac{\mathrm{d}\sigma}{\rho \mathrm{d}\varepsilon}} \tag{1.54}$$

上式与式 (1.51) 一致。

　　式 (1.45) 和式 (1.51) 分别为冲击波波速和连续波波速的计算公式，它们两个所代表的含义是不同的。如图 1.6 所示，冲击波波速由连接冲击波初态点 $A$ 和终态点 $B$ 的弦线斜率 (Rayleigh 弦线或激波弦) 所确定；而连续波波速是切线斜率所决定的。

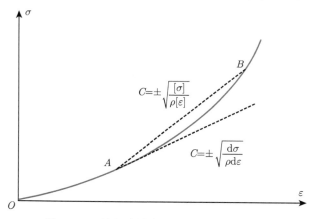

图 1.6　一维杆中冲击波波速与连续波波速

　　对于如图 1.6 所示应变递增硬化材料而言，冲击波波速即直线 $AB$ 的斜率与 $A$ 点的切线斜率不一定相同，随着冲击波强度的增加，$B$ 点上移，冲击波波速增大；而对于连续波而言，其波速随着应变的增大而增大。整体来讲，在前期冲击波波速大于连续波波速，但随着应变的增大，连续波波速逐渐增大，且增加的速率大于冲击波波速，因此会逐渐接近甚至超过冲击波波速。对于应力波在一维应变递减硬化材料杆中的传播而言，其冲击波波速与连续波波速的变化关系相反，开始时连续波波速大于冲击波波速，随着应变的增加，冲击波波速逐渐接近甚至超过连续波波速。对于一维线性硬化材料杆而言，冲击波波速和连续波波速始终相等且为常值，即 $[\sigma]/[\varepsilon] = \mathrm{d}\sigma/\mathrm{d}\varepsilon = \mathrm{const}$。

综上所述, 冲击波和加速度波波阵面上的动量守恒条件分别为

$$
\begin{cases}
[\sigma] = -\rho \dfrac{\mathrm{d}X_{\mathrm{w}}}{\mathrm{d}t}[v] = \mp \rho C\,[v] \\[3mm]
\mathrm{d}\sigma = -\rho \dfrac{\mathrm{d}X_{\mathrm{w}}}{\mathrm{d}t}\,\mathrm{d}v = \mp \rho C \mathrm{d}v
\end{cases}
\tag{1.55}
$$

式中, 对于右行波而言取 "−" 号, 对于左行波取 "+" 号。

可以看到, 式 (1.55) 两式中每个表达式第一个等号恒为 "−"。由此可见, 对于压缩波而言, $[\sigma] < 0$ 或 $\mathrm{d}\sigma < 0$, 则必有 $[v]$ 或 $\mathrm{d}v$ 与代数波速 $\mathrm{d}X_{\mathrm{w}}/\mathrm{d}t$ 同号; 反之, 对于拉伸波而言, $[\sigma] > 0$ 或 $\mathrm{d}\sigma > 0$, 则必有 $[v]$ 或 $\mathrm{d}v$ 与代数波速 $\mathrm{d}X_{\mathrm{w}}/\mathrm{d}t$ 异号。这就意味着: 不管是左行波还是右行波, 压缩波必然引起沿波传播方向上的介质质点速度增加, 而拉伸波必然引起沿波传播相反方向上的介质质点速度增加 (即沿波传播方向上的介质质点速度减小), 这就是应力波波阵面上的动量守恒条件的第一层物理意义。

另外, 从式 (1.55) 也可以看出, 如以 $C$ 表示 L 氏波速的绝对值, 则对于冲击波和加速度波而言, 分别有

$$
\begin{cases}
\rho C = \left| \dfrac{[\sigma]}{[v]} \right| \\[4mm]
\rho C = \left| \dfrac{\mathrm{d}\sigma}{\mathrm{d}v} \right|
\end{cases}
\tag{1.56}
$$

这就是说, 从绝对值意义上讲, 一维杆中纵波所引起的应力增量和质点速度增量之比 $|[\sigma]/[v]|$ 或 $|\mathrm{d}\sigma/\mathrm{d}v|$ 恰等于量 $\rho C$, 这与电学中加于元件两端的电压和所通过的电流之比恰等于元件的电阻是类似的, 故在波动力学中将量 $\rho C$ 称为介质的波阻抗 (冲击波阻抗或加速度波阻抗)。

式 (1.56) 说明, 波阻抗是为使介质产生单位质点速度增量所需要加给介质的扰动应力增量。定性地说, 波阻抗是介质在波作用下所显现的 "软" 或 "硬" 特性的一种反映, 即波阻抗较大时材料显得较 "硬", 反之则较 "软"。这就是应力波波阵面上动量守恒条件的第二层物理意义。

波阻抗 $\rho C$ 的另一种物理解释是: 它表示单位面积的波阵面在单位时间内所扫过的介质的质量。在以后讲解波在两种介质交界面的透反射问题时, 我们将会知道, 波阻抗对反射波的性质和强弱有着重要的影响。

### 1.3.5 波阵面上的能量守恒条件

质量守恒条件、动量守恒条件和能量守恒条件是连续介质力学中三个基本条件, 上面我们对前两者进行了推导, 并给出了其运动学相容条件和动力学相容条件, 本节对波阵面上的能量守恒条件进行分析。在此, 我们将采用闭口体系的观点来加以推导和说明。对于波阵面上的能量守恒条件, 任何一个闭口体系的能量守恒条件可以表达为

$$
\mathrm{d}U + \mathrm{d}K = \mathrm{d}W + \mathrm{d}Q
\tag{1.57}
$$

式中, $\mathrm{d}U$ 和 $\mathrm{d}K$ 分别表示在任意时间间隔 $\mathrm{d}t$ 内闭口体系内能的增加量和动能的增加量; $\mathrm{d}W$ 和 $\mathrm{d}Q$ 分别表示外部在 $\mathrm{d}t$ 时间内对闭口体系所做的功和纯供热。

在应力波的传播过程中，由于波动过程极快，外部供热效应通常来不及影响波动过程，所以我们可以近似地认为波动过程是绝热的。对于不太剧烈的连续波，可将之视为可逆的绝热等熵过程；而对于较剧烈的强间断冲击波，则可将之视为绝热熵增过程，这就是所谓的绝热冲击波。对绝热冲击波，外部供热等于零，即 $\mathrm{d}Q = 0$，因此，式 (1.57) 简化为

$$\mathrm{d}U + \mathrm{d}K = \mathrm{d}W \tag{1.58}$$

如图 1.7 所示一维杆，设杆的截面积为 $A$、密度为 $\rho$，在杆中存在一个向右传播且 L 氏波速为 $C$ 的冲击波，其波阵面在 $t$ 时刻时到达 L 氏坐标为 $X$ 处 (界面 1 处)，此时界面 1 紧后方的工程应力、工程应变、质点速度和比内能分别为 $\sigma^-$、$\varepsilon^-$、$v^-$ 和 $u^-$，紧前方的工程应力、工程应变、质点速度和比内能分别为 $\sigma^+$、$\varepsilon^+$、$v^+$ 和 $u^+$；在 $t + \mathrm{d}t$ 时刻波阵面到达 L 氏坐标为 $X + C\mathrm{d}t$ 处 (界面 2 处)，此时界面 2 处紧后方的工程应力、工程应变、质点速度和比内能也分别为 $\sigma^-$、$\varepsilon^-$、$v^-$ 和 $u^-$，紧前方的工程应力、工程应变、质点速度和比内能也分别为 $\sigma^+$、$\varepsilon^+$、$v^+$ 和 $u^+$，如图 1.7 所示。

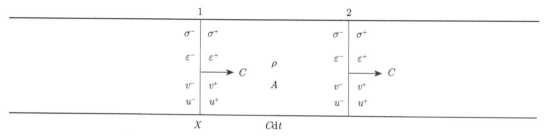

图 1.7　一维杆 L 氏描述闭口体系中冲击波能量守恒条件

以界面 1 和界面 2 之间所包含的区域为闭口体系进行研究，根据闭口体系的能量守恒条件即式 (1.58)，可以得到

$$\rho A C \mathrm{d}t \left[ \left(v^-\right)^2/2 + u^- - \left(v^+\right)^2/2 - u^+ \right] = A\sigma^+ v^+ \mathrm{d}t - A\sigma^- v^- \mathrm{d}t$$

上式简化后有

$$\rho C \left[ \left(v^-\right)^2/2 + u^- - \left(v^+\right)^2/2 - u^+ \right] = \sigma^+ v^+ - \sigma^- v^- \tag{1.59}$$

式 (1.59) 是极限意义下单位时间内冲击波扫过的一维杆中闭口体系的能量守恒条件，也可写为

$$- [\sigma v] = \frac{1}{2}\rho C \left[ v^2 \right] + \rho C \left[ u \right] \tag{1.60}$$

式中，

$$- [\sigma v] = - \left( \sigma^- v^- - \sigma^+ v^+ \right) = \begin{cases} - \left( \sigma^- [v] + [\sigma] v^+ \right) \\ - \left( [\sigma] v^- + \sigma^+ [v] \right) \end{cases}$$

因此式 (1.60) 可以写为

$$- [\sigma v] = -\frac{1}{2} [\sigma] \left( v^+ + v^- \right) - \frac{1}{2} \left( \sigma^+ + \sigma^- \right) [v] \tag{1.61}$$

式 (1.61) 的物理意义是：外面力对上述闭口体系的功率可以分解为两项，其中第一项表示冲击波前后方的不均衡面力在前后方平均速度上的刚度功率，第二项则表示冲击波前后方的均衡面力在前后方速度差上所产生的变形功率。

利用冲击波波阵面上的动量守恒条件式 (1.43)，我们可以得到

$$-\frac{1}{2}[\sigma](v^+ + v^-) = \frac{1}{2}\rho C [v](v^+ + v^-) = \frac{1}{2}\rho C (v^- - v^+)(v^- + v^+) = \frac{1}{2}\rho C [v^2]$$

即

$$-\frac{1}{2}[\sigma](v^+ + v^-) = \frac{1}{2}\rho C [v^2] \tag{1.62}$$

式 (1.62) 的物理意义是：冲击波前后方的不均衡面力在前后方平均速度上的刚度功率恰恰等于该闭口体系的动能增加率，这是动能定理在冲击波波阵面上的体现。

将式 (1.61) 和式 (1.62) 代入冲击波波阵面上的能量守恒条件即式 (1.60)，我们可有

$$\frac{1}{2}\rho C [v^2] - \frac{1}{2}(\sigma^+ + \sigma^-)[v] = \frac{1}{2}\rho C [v^2] + \rho C [u]$$

简化后有

$$\rho C [u] = -\frac{1}{2}(\sigma^+ + \sigma^-)[v] \tag{1.63}$$

式 (1.63) 的物理意义是：闭口体系的内能的增加率等于冲击波前后方的均衡面力在前后方速度差上所产生的变形功率，即在纯力学情况下，材料的内能就是其应力变形功转化来的应变能。

可以看出，以上的推导和论述过程，实际上是把冲击波波阵面上的能量守恒条件式 (1.60) 分解成了动能守恒条件式 (1.61) 和内能守恒条件式 (1.62)。

利用冲击波波阵面上的位移连续条件即式 (1.35)，式 (1.63) 可以进一步写为

$$\rho C [u] = \frac{1}{2}C (\sigma^+ + \sigma^-)[\varepsilon]$$

即

$$\rho C [u] = \frac{1}{2}C (\sigma^- + \sigma^+)(\varepsilon^- - \varepsilon^+) \tag{1.64}$$

事实上，式 (1.64) 即是一维杆中冲击波波阵面上的绝热能量守恒条件的另一种形式，其右端恰恰是材料应力应变曲线上连接冲击波紧前方状态 $A(\sigma^+, \varepsilon^+)$ 和紧后方状态 $B(\sigma^-, \varepsilon^-)$ 的所谓激波弦之下的梯形 $AA'B'B$ 的面积，如图 1.8 和图 1.9 所示。

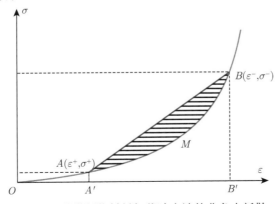

图 1.8  递增硬化材料加载冲击波的非负内耗散

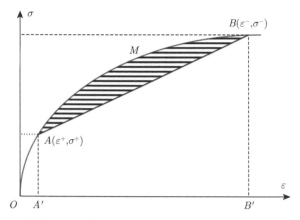

图 1.9  递减硬化材料加载冲击波的负内耗散

式 (1.64) 和图 1.8 说明，冲击波所扫过的单位初始体积一维杆的内能增加应该等于梯形 $AA'B'B$ 的面积。而从材料力学角度看，应力应变曲线下面的曲线多边形 $AMBB'A'$ 的面积代表的是一维杆材料由初态 $A$ 过渡到终态 $B$ 时应力的变形功，即纯力学情况下材料应变能的增加。因此，当一维杆材料是递增硬化材料时，如图 1.8 所示，式 (1.64) 表示冲击波过后一维杆中材料的内能增加大于其应变能 (即 "冷能") 的增加，其多出的面积如图 1.8 中弓形阴影面积所示，这部分能量将是纯力学应变能之外的所谓 "热能"。这是由冲击波波阵面上速度梯度过大，使得原本在应变率无关理论中已近似忽略的固体内黏滞性质又变得显著起来，从而造成了内摩擦效应及大变形晶格位错滑移而生成的，它们将转化为热而耗散掉，并引起介质的熵增。这说明冲击波波阵面上物理量的跳跃过程虽然是绝热的，却不是等熵的，而是一个因冲击波形成而产生额外熵增的过程，称为冲击绝热过程，这个过程符合热力学第二定律关于内耗散永远非负的结论；因此，我们可以认为在递增硬化材料中是可以存在稳定传播的加载冲击波的。

反之，如果一维杆材料是递减硬化材料，如图 1.9 所示，则冲击波所引起的材料总内能增加会小于其作为内能一部分的应变能的增加，这是不可能的，这说明冲击波所提供的内能增加不足以在保证其应变能增加的同时还留有非负的热耗散，这不符合热力学第二定律关于内耗散永远非负的论断，故在递减硬化材料中是不可能存在稳定传播的加载冲击波的，或者说加载冲击波一定会立即转化为连续波。容易理解，对于卸载冲击波，我们则会有相反的结论。

## 1.4  扩展性问题：杆中应力波传播的弥散效应

以上的研究是在一维应力假设的基础上推导出来的，事实上，基于一维杆中应力波的传播非常具有代表性，适用范围也很广，是波动力学知识里面最基础也是最重要的部分之一。前面曾对 "一维杆" 的假设进行了说明，它与真实存在的圆截面长杆有一定的区别，是一种理想的 "杆"，它没有径向变形，杆截面在任何情况下都保持平面，一维杆中应力波相关物理量只是轴线坐标 $X$ 或 $x$ 和 $t$ 的函数。然而，在真实世界不可能找到如此理想的 "杆"，一

般用长杆替代，但任何真实存在的杆都存在径向尺寸，同时由于一般材料的泊松比皆大于零
($\nu = 0.0 \sim 0.5$)，因此，在杆介质受轴线压缩或拉伸过程中，必然会产生径向膨胀或收缩，也
就是说杆介质质点速度不仅有轴向速度也有径向速度分量，这种"弥散"效应我们一般称
为横向惯性效应。前面的研究我们忽略了横向惯性效应对应力波传播的影响，但这种假设是
否合理、所推导出来的结果是否可靠准确以及在何种条件下这些结果是科学且足够准确的，
等等，这些问题都需要我们对横向惯性效应的影响进行初步分析。

根据弹性力学知识可知，对于线弹性材料而言，假定杆中介质所受到的轴向应力只与 L
氏坐标 $X$ 和时间 $t$ 相关，杆在轴向应力 $\sigma_X\left(X,t\right)$ 的作用下存在轴向应变的同时由于泊松比
大于零也存在径向应变 (L 氏描述)：

$$\begin{cases} \varepsilon_X = \dfrac{\partial u_X}{\partial X} = \dfrac{\sigma_X\left(X,t\right)}{E} \\[2mm] \varepsilon_Y = \dfrac{\partial u_Y}{\partial Y} = -\nu\varepsilon_X\left(X,t\right) \\[2mm] \varepsilon_Z = \dfrac{\partial u_Z}{\partial Z} = -\nu\varepsilon_X\left(X,t\right) \end{cases} \tag{1.65}$$

式中，$E$ 为杆材料的杨氏模量；$\nu$ 为杆材料的泊松比，$u_X$、$u_Y$ 和 $u_Z$ 分别表示位移在 $X$
轴、$Y$ 轴和 $Z$ 轴方向的分量。从上式中第一个表达式可以看出，杆中介质的轴向应变与其
轴向应力一致，也只与 L 氏坐标 $X$ 和时间 $t$ 相关，而与 $Y$、$Z$ 坐标无关，因此通过对上式
中后两者进行积分可以得到

$$\begin{cases} u_Y = -\nu Y\varepsilon_X = -\nu Y\dfrac{\partial u_X}{\partial X} \\[2mm] u_Z = -\nu Z\varepsilon_X = -\nu Z\dfrac{\partial u_X}{\partial X} \end{cases} \tag{1.66}$$

上式积分过程中取杆截面中心点为 $Y$ 轴和 $Z$ 轴的坐标原点。

由式 (1.66) 我们可以求出杆中质点运动时质点速度的横向分量 $v_Y$、$v_Z$ 分别为

$$\begin{cases} v_Y = \dfrac{\partial u_Y}{\partial t} = -\nu Y\dfrac{\partial\varepsilon_X}{\partial t} = -\nu Y\dfrac{\partial v_X}{\partial X} \\[2mm] v_Z = \dfrac{\partial u_Z}{\partial t} = -\nu Z\dfrac{\partial\varepsilon_X}{\partial t} = -\nu Z\dfrac{\partial v_X}{\partial X} \end{cases} \tag{1.67}$$

同理，根据式 (1.67) 我们可以得到质点加速度的横向分量 $a_Y$、$a_Z$：

$$\begin{cases} a_Y = \dfrac{\partial v_Y}{\partial t} = -\nu Y\dfrac{\partial a_X}{\partial X} \\[2mm] a_Z = \dfrac{\partial v_Z}{\partial t} = -\nu Z\dfrac{\partial a_X}{\partial X} \end{cases} \tag{1.68}$$

根据式 (1.67) 和式 (1.68) 可知，随着 L 氏坐标 $Y$ 值和 $Z$ 值的变化，杆中截面上有着非
均匀分布的横向质点位移、速度和加速度，这意味着应力波在杆中传播过程中原平截面上存
在着非均匀分布的横向应力，从而导致平截面的歪曲。此时，由于杆中质点的横向运动，杆
中介质质点的应力状态不再是假设中的一维应力问题，原平面截面也不再保持为平截面，此
时应力波在杆中的传播问题变成了一个三维问题，对于圆截面杆来讲，至少是一个轴对称的
二维问题。

### 1.4.1 Rayleigh 解——能量法

从能量的角度看，横向惯性效应的影响就是横向运动动能的影响，结合式 (1.67)，我们可以给出杆中单位体积介质的平均横向动能：

$$\frac{1}{A\mathrm{d}X} \int_A \frac{1}{2}\rho \left(v_Y^2 + v_Z^2\right) \mathrm{d}X\mathrm{d}Y\mathrm{d}Z = \frac{1}{2}\rho\nu^2 \left(\frac{\partial \varepsilon_X}{\partial t}\right)^2 \cdot \frac{\int_A \left(Y^2 + Z^2\right)\mathrm{d}Y\mathrm{d}Z}{A}$$

可以发现，上式中右端最后一项分数正好是截面对轴向坐标轴 $X$ 轴的惯性半径 (也称回转半径) 的平方，即

$$R_X = \sqrt{\frac{\int_A \left(Y^2 + Z^2\right)\mathrm{d}Y\mathrm{d}Z}{A}}$$

根据上两式，我们可以得到

$$\frac{1}{A\mathrm{d}X} \int_A \frac{1}{2}\rho \left(v_Y^2 + v_Z^2\right) \mathrm{d}X\mathrm{d}Y\mathrm{d}Z = \frac{1}{2}\rho\nu^2 \left(\frac{\partial \varepsilon_X}{\partial t}\right)^2 \cdot R_X^2 \tag{1.69}$$

上节中对冲击波波阵面能量守恒条件的推导过程中即式 (1.60) 正是仅考虑到纵向动能而忽略式 (1.69) 所示横向动能。

如图 1.10 所示，取杆中的长度为 $\mathrm{d}X$ 微元进行分析，整个分析过程都在 L 氏坐标构架中完成，为简化方程，此处省略代表 L 氏描述的下标 "$X$"。

图 1.10 考虑横向惯性效应的杆

类似 1.2.1 节中的分析，微元的体积为 $A\mathrm{d}X$，两端所受应力差为

$$\Delta\sigma = \left(\sigma + \frac{\partial \sigma}{\partial X}\mathrm{d}X\right) - \sigma = \frac{\partial \sigma}{\partial X}\mathrm{d}X \tag{1.70}$$

类似 1.3.4 节中对冲击波波阵面的分析可知，外面力对上述微元闭口体系的功率可以分解为两项：一项是前后方的不均衡面力在微元前后方平均速度上的刚度功率；第二项则是微元前后方的均衡面力在前后方速度差上所产生的变形功率。其中，第一项微元前后方的不均衡面力在前后方平均速度上的刚度功率恰恰等于该微元闭口体系的动能增加率。由此，我们可以认为微元轴向面力单位时间内所做的功全部转化为微元的轴向动能的增加，因此可有

$$A\frac{\partial \sigma}{\partial X}\mathrm{d}X \cdot v = \frac{\partial}{\partial t}\left(\frac{1}{2}\rho A\mathrm{d}X \cdot v^2\right) \tag{1.71}$$

上式简化后，即有

$$\frac{\partial \sigma}{\partial X} = \rho \cdot \frac{\partial v}{\partial t} \tag{1.72}$$

式 (1.72) 与式 (1.9) 内涵正好相同，事实上，它们是同一个表达式。

第二项微元闭口体系内能的增加率等于微元前后方的均衡面力在前后方速度差上所产生的变形功率。在前面的一维杆假设中，我们认为材料的内能就是其应力变形功转化来的应变能；而在考虑介质质点的横向运动的情况下，则可以视作由两部分组成：一部分转化为微元的应变能；另一部分可近似地认为通过随横向运动所产生的横向应力坐标，转化为横向动能。因此对于杨氏模量为 $E$ 的线弹性材料而言，参考式 (1.63) 并结合式 (1.69)，我们可有单位体积下：

$$\sigma \frac{\partial \varepsilon}{\partial t} = \frac{\partial}{\partial t} \left( \frac{1}{2} \sigma \varepsilon \right) + \frac{\partial}{\partial t} \left[ \frac{1}{2} \rho \nu^2 \left( \frac{\partial \varepsilon}{\partial t} \right)^2 \cdot R^2 \right] \tag{1.73}$$

即

$$\sigma \frac{\partial \varepsilon}{\partial t} = \frac{\partial}{\partial t} \left( \frac{1}{2} E \varepsilon^2 \right) + \frac{\partial}{\partial t} \left[ \frac{1}{2} \rho \nu^2 \left( \frac{\partial \varepsilon}{\partial t} \right)^2 \cdot R^2 \right] \tag{1.74}$$

上式简化后有

$$\sigma \frac{\partial \varepsilon}{\partial t} = E \varepsilon \frac{\partial \varepsilon}{\partial t} + \rho \nu^2 R^2 \frac{\partial \varepsilon}{\partial t} \frac{\partial^2 \varepsilon}{\partial t^2} \Rightarrow \sigma = E \varepsilon + \rho \nu^2 R^2 \frac{\partial^2 \varepsilon}{\partial t^2} \tag{1.75}$$

式 (1.75) 中当我们忽略横向动能即右端第二项时，上式即简化为一维应力状态下的 Hooke 定律。只有当右端第二项极小时才能忽略，而此项中对于一个特定杆径和杆材而言，$\rho \nu^2 R^2$ 是常量，也就是说横向惯性所产生的横向动能与轴向应变对时间的二次导数 $\partial^2 \varepsilon / \partial t^2$ 成正比，在极限情况下该项可以忽略，而在该值比较显著时，我们就有必要进行横向惯性效应校正了。

将式 (1.75) 代入运动方程式 (1.9) 中，我们可以得到

$$\rho \frac{\partial^2 u}{\partial t^2} = E \frac{\partial \varepsilon}{\partial X} + \rho \nu^2 R^2 \frac{\partial^3 \varepsilon}{\partial t^2 \partial X} \Rightarrow \rho \frac{\partial^2 u}{\partial t^2} = E \frac{\partial^2 u}{\partial X^2} + \rho \nu^2 R^2 \frac{\partial^4 u}{\partial t^2 \partial X^2}$$

即

$$\frac{\partial^2 u}{\partial t^2} - \nu^2 R^2 \frac{\partial^4 u}{\partial t^2 \partial X^2} = \frac{E}{\rho} \frac{\partial^2 u}{\partial X^2} = C^2 \frac{\partial^2 u}{\partial X^2} \tag{1.76}$$

对比式 (1.10) 可以看出，考虑横向惯性效应后多出了左端第二项，该项就是代表横向惯性效应。因为该项杆中的弹性纵波不再如一维杆假设中的以恒速 $C$ 来传播，而是对不同频率 $f$ 或波长 $\lambda$ 的谐波将以不同的波速 (相速)$C'$ 传播。假设谐波为

$$u(X, t) = u_0 \exp \left[ \mathrm{i} \left( \omega t - kX \right) \right] \tag{1.77}$$

式中，$\omega = 2\pi f$，为圆频率；$k = 2\pi / \lambda$，为波数。

将式 (1.77) 代入式 (1.76)，我们可以得到

$$\omega^2 + \nu^2 R^2 \omega^2 k^2 = C^2 k^2 \tag{1.78}$$

由此可以得到圆频率为 $\omega = 2\pi f$ 的谐波的相速：

$$C' = \frac{\omega}{k} = \sqrt{C^2 - \nu^2 R^2 \omega^2} = \sqrt{\frac{C^2}{1 + \nu^2 R^2 k^2}} \tag{1.79}$$

即

$$\frac{C'}{C} = \frac{\omega}{kC} = \frac{1}{\sqrt{1 + \nu^2 R^2 k^2}} \tag{1.80}$$

当 $\nu^2 R^2 k^2 \ll 1$ 时，上式可等效为

$$\frac{C'}{C} = 1 - \frac{1}{2}\nu^2 R^2 k^2 = 1 - \frac{1}{2}\nu^2 R^2 \left(\frac{2\pi}{\lambda}\right)^2 \tag{1.81}$$

对于圆截面杆而言，其截面的回转半径为 $R = r/\sqrt{2}$（$r$ 为圆截面半径)，此时上式可简化为

$$\frac{C'}{C} = 1 - \nu^2 \pi^2 \left(\frac{r}{\lambda}\right)^2 \tag{1.82}$$

式 (1.82) 即为通过能量法给出的横向惯性效应修正方程，称为 Rayleigh 近似解。上式在 $r/\lambda \leqslant 0.7$ 时能够给出足够准确的近似。该式表明，短波 (高频波) 的传播速度比对应的长波 (低频波) 的传播速度快。在线弹性范围内，任意波形总可以按照傅里叶级数展开为不同频率的谐波分量叠加，然而在实际中由于不同频率的谐波分量将以各自的速度传播，因此在波的传播过程中波形不能保持原来形状，必定会分散开来，出现所谓波的弥散现象。

### 1.4.2    Pochhammer 方程

上面的推导是以能量守恒定律为基础进行分析的，我们也可以利用动量守恒定律进行推导。以圆截面杆为例，为方便推导，这里的 L 氏描述是在极坐标系下完成的，如图 1.11 所示，取 $r$、$\theta$ 和 $X$ 作为极坐标轴，相应的位移分别为 $u_r$、$u_\theta$ 和 $u_X$，根据动量守恒定律，我们可以给出极坐标下位移的动力学方程：

$$\begin{cases} \rho\dfrac{\partial^2 u_r}{\partial t^2} = (\lambda + 2\mu)\dfrac{\partial \Delta}{\partial r} - \dfrac{2\mu}{r}\dfrac{\partial \varpi_X}{\partial \theta} + 2\mu\dfrac{\partial \varpi_\theta}{\partial X} \\[2mm] \rho\dfrac{\partial^2 u_\theta}{\partial t^2} = (\lambda + 2\mu)\dfrac{1}{r}\dfrac{\partial \Delta}{\partial \theta} - 2\mu\dfrac{\partial \varpi_r}{\partial X} + 2\mu\dfrac{\partial \varpi_X}{\partial r} \\[2mm] \rho\dfrac{\partial^2 u_X}{\partial t^2} = (\lambda + 2\mu)\dfrac{\partial \Delta}{\partial X} - \dfrac{2\mu}{r}\dfrac{\partial (r\varpi_\theta)}{\partial r} + \dfrac{2\mu}{r}\dfrac{\partial \varpi_r}{\partial \theta} \end{cases} \tag{1.83}$$

式中，$\lambda$ 和 $\mu$ 是杆介质材料的 Lamé 常量；$\Delta$ 表示体应变，其在极坐标中的表达式为

$$\Delta = \frac{1}{r}\frac{\partial (r u_r)}{\partial r} + \frac{1}{r}\frac{\partial u_\theta}{\partial \theta} + \frac{\partial u_X}{\partial X} \tag{1.84}$$

式中，$\varpi_r$、$\varpi_\theta$ 和 $\varpi_X$ 分别为微元旋转变形在 $r$ 轴方向、$rX$ 平面法向方向和 $X$ 轴方向上的分量，它们与位移之间的关系如下：

$$\begin{cases} 2\varpi_r = \dfrac{1}{r}\dfrac{\partial u_X}{\partial \theta} - \dfrac{\partial u_\theta}{\partial X} \\[2mm] 2\varpi_\theta = \dfrac{\partial u_r}{\partial X} - \dfrac{\partial u_X}{\partial r} \\[2mm] 2\varpi_X = \dfrac{1}{r}\left[\dfrac{\partial (r u_\theta)}{\partial r} - \dfrac{\partial u_r}{\partial \theta}\right] \end{cases} \tag{1.85}$$

这三个量之间恒满足：

$$\frac{1}{r}\frac{\partial (r\varpi_r)}{\partial r} + \frac{1}{r}\frac{\partial \varpi_\theta}{\partial \theta} + \frac{\partial \varpi_X}{\partial X} \equiv 0 \tag{1.86}$$

图 1.11 极坐标下圆截面杆中微元的动力学方程

对于圆截面杆中纵波的传播问题而言，从理论上讲该问题可视为轴对称的二维问题，介质中质点在 $\theta$ 方向的位移为零，即 $u_\theta \equiv 0$，每个质点只在 $rX$ 平面上振动。

从式 (1.86) 可知，此种情况下

$$\varpi_r = \varpi_X \equiv 0 \tag{1.87}$$

因此，对于圆柱杆中纵波传播这一轴对称二维问题，式 (1.83) 可以简化为

$$\begin{cases} \rho\dfrac{\partial^2 u_r}{\partial t^2} = (\lambda + 2\mu)\dfrac{\partial \Delta}{\partial r} + 2\mu\dfrac{\partial \varpi_\theta}{\partial X} \\[2mm] \rho\dfrac{\partial^2 u_X}{\partial t^2} = (\lambda + 2\mu)\dfrac{\partial \Delta}{\partial X} - \dfrac{2\mu}{r}\dfrac{\partial (r\varpi_\theta)}{\partial r} \end{cases} \tag{1.88}$$

同样，式 (1.84) 和式 (1.85) 分别可以简化为

$$\Delta = \frac{1}{r}\frac{\partial (ru_r)}{\partial r} + \frac{\partial u_X}{\partial X} \tag{1.89}$$

$$\varpi_\theta = \frac{1}{2}\left(\frac{\partial u_r}{\partial X} - \frac{\partial u_X}{\partial r}\right) \tag{1.90}$$

假设杆中存在一系列谐波沿着杆体传播 (任意波形总可以按照傅里叶级数展开为不同频率的谐波分量叠加)，其所产生的位移只是 L 氏坐标 $X$ 和时间 $t$ 的函数，即

$$\begin{cases} u_r = U_r \exp[\mathrm{i}(\omega t - kX)] \\ u_X = U_X \exp[\mathrm{i}(\omega t - kX)] \end{cases} \tag{1.91}$$

式中，$\omega = 2\pi f$，为圆频率；$k = 2\pi/\lambda$，为波数，$f$ 为频率，$\lambda$ 为波长，其相速度 $C'$ 即为 $\omega/k$；$U_r$ 和 $U_X$ 是 L 氏坐标 $r$ 和 $\theta$ 的函数。式 (1.91) 对时间求二阶偏导数，则有

$$\begin{cases} \dfrac{\partial^2 u_r}{\partial t^2} = -U_r \exp[\mathrm{i}(\omega t - kX)]\omega^2 = -\omega^2 u_r \\[2mm] \dfrac{\partial^2 u_X}{\partial t^2} = -U_X \exp[\mathrm{i}(\omega t - kX)]\omega^2 = -\omega^2 u_X \end{cases} \tag{1.92}$$

同时，结合式 (1.91)，根据式 (1.89) 和式 (1.90) 可以得到

$$\begin{cases} \dfrac{\partial \Delta}{\partial X} = -k\mathrm{i}\Delta \\[2mm] \dfrac{\partial \varpi_\theta}{\partial X} = -k\mathrm{i}\varpi_\theta \end{cases} \tag{1.93}$$

根据式 (1.92) 和式 (1.93)，则式 (1.88) 可以写为

$$\begin{cases} -\rho\omega^2 u_r = (\lambda + 2\mu)\dfrac{\partial \Delta}{\partial r} - 2k\mathrm{i}\mu\varpi_\theta \\[2mm] -\rho\omega^2 u_X = -k\mathrm{i}(\lambda + 2\mu)\Delta - \dfrac{2\mu}{r}\dfrac{\partial (r\varpi_\theta)}{\partial r} \end{cases} \tag{1.94}$$

利用式 (1.89) 和式 (1.90)，对上式分别消去 $\varpi_\theta$ 和 $\Delta$，则可以得到

$$
\begin{cases}
\dfrac{\partial^2 \Delta}{\partial r^2} + \dfrac{1}{r}\dfrac{\partial \Delta}{\partial r} + \Psi^2 \Delta = 0 \\[3mm]
\dfrac{\partial^2 \varpi_\theta}{\partial r^2} + \dfrac{1}{r}\dfrac{\partial \varpi_\theta}{\partial r} - \dfrac{\varpi_\theta}{r^2} + \Phi^2 \varpi_\theta = 0
\end{cases}
\tag{1.95}
$$

式中，$\Psi$ 和 $\Phi$ 对于特定的杆介质材料和谐波而言为常数：

$$
\begin{cases}
\Psi^2 = \dfrac{\rho \omega^2}{\lambda + 2\mu} - k^2 \\[3mm]
\Phi^2 = \dfrac{\rho \omega^2}{\mu} - k^2
\end{cases}
\tag{1.96}
$$

式 (1.95) 可以写为

$$
\begin{cases}
(\Psi r)^2 \dfrac{\partial^2 \Delta}{\partial (\Psi r)^2} + (\Psi r)\dfrac{\partial \Delta}{\partial (\Psi r)} + (\Psi r)^2 \Delta = 0 \\[3mm]
(\Phi r)^2 \dfrac{\partial^2 \varpi_\theta}{\partial (\Phi r)^2} + (\Phi r)\dfrac{\partial \varpi_\theta}{\partial (\Phi r)} + \left[(\Phi r)^2 - 1\right] \varpi_\theta = 0
\end{cases}
\tag{1.97}
$$

对比 Bessel 方程，我们可知上式中第一式为零阶 Bessel 方程、第二式为一阶 Bessel 方程。根据数学物理方程中 Bessel 方程的解，我们可以给出其解为第一类 Bessel 函数，即

$$
\begin{cases}
\Delta = K \mathrm{J}_0 (\Psi r) \\[2mm]
\varpi_\theta = B \mathrm{J}_1 (\Phi r)
\end{cases}
\tag{1.98}
$$

式中，$K$ 和 $B$ 是 L 氏坐标 $X$ 和时间 $t$ 的函数，与 L 氏坐标 $r$ 无关。

需要注意的是，本推导过程中不考虑 $\Psi = 0$ 或 $\Phi = 0$ 的情况，事实上，这两种情况是特例。

当 $\Psi = 0$ 时，即

$$
\Psi^2 = \dfrac{\rho \omega^2}{\lambda + 2\mu} - k^2 = 0 \Rightarrow C'^2 = \dfrac{\lambda + 2\mu}{\rho}
$$

上式所示波速即膨胀波 (无旋波或体波) 的波速，后面章节我们会另做讨论。

当 $\Phi = 0$ 时，则有

$$
\Phi^2 = \dfrac{\rho \omega^2}{\mu} - k^2 = 0 \Rightarrow C'^2 = \dfrac{\mu}{\rho}
$$

上式所示波速即等体积波 (剪切波或畸变波或扭转波) 的波速，扭转波参考 1.2.3 节，其他内容后面章节我们会另做讨论。

结合式 (1.89)～ 式 (1.91) 和式 (1.98)，我们可以得到

$$
\begin{cases}
\Delta = \left(\dfrac{U_r}{r} + \dfrac{\partial U_r}{\partial r} - k\mathrm{i}U_X\right)\exp\left[\mathrm{i}\left(\omega t - kX\right)\right] = K\mathrm{J}_0(\Psi r) \\[3mm]
\varpi_\theta = \dfrac{1}{2}\left(-k\mathrm{i}U_r - \dfrac{\partial U_X}{\partial r}\right)\exp\left[\mathrm{i}\left(\omega t - kX\right)\right] = B\mathrm{J}_1(\Phi r)
\end{cases}
\tag{1.99}
$$

上式有解：

$$\begin{cases} U_r = K'\dfrac{\partial J_0\left(\Psi r\right)}{\partial r} - B'k J_1\left(\Phi r\right) \\ U_X = -K'ik J_0\left(\Psi r\right) + \dfrac{B'i}{r}\dfrac{\partial\left[r J_1\left(\Phi r\right)\right]}{\partial r} \end{cases} \tag{1.100}$$

根据极坐标下弹性力学相关知识和式 (1.91)、式 (1.99)，容易得到圆截面杆中微元沿坐标轴 $r$ 方向的应力分量分别为

$$\sigma_{rr} = \lambda\Delta + 2\mu\frac{\partial u_r}{\partial r} = \exp\left[i\left(\omega t - kX\right)\right]$$
$$\cdot\left[\left(\lambda+2\mu\right)K'\frac{\partial J_0^2\left(\Psi r\right)}{\partial r^2} + \frac{K'\lambda}{r}\frac{\partial J_0\left(\Psi r\right)}{\partial r} - \lambda k^2 K' J_0\left(\Psi r\right) - 2\mu B'k\frac{\partial J_1\left(\Phi r\right)}{\partial r}\right] \tag{1.101}$$

$$\sigma_{Xr} = \mu\left(\frac{\partial u_r}{\partial X} + \frac{\partial u_X}{\partial r}\right) = \mu i\exp\left[i\left(\omega t - kX\right)\right]$$
$$\cdot\left\{-2kK'\frac{\partial J_0\left(\Psi r\right)}{\partial r} + \frac{B'}{r^2}\left[r^2\frac{\partial J_1^2\left(\Phi r\right)}{\partial r^2} + r\frac{\partial J_1\left(\Phi r\right)}{\partial r} + \left(r^2k^2-1\right)J_1\left(\Phi r\right)\right]\right\} \tag{1.102}$$

式 (1.101) 和式 (1.102) 也可写为

$$\sigma_{rr} = \exp\left[i\left(\omega t - kX\right)\right]$$
$$\cdot\left\{\frac{K'\lambda}{r^2}\left[\left(\Psi r\right)^2\frac{\partial J_0^2\left(\Psi r\right)}{\partial\left(\Psi r\right)^2} + \left(\Psi r\right)\frac{\partial J_0\left(\Psi r\right)}{\partial\left(\Psi r\right)} - r^2k^2 J_0\left(\Psi r\right)\right] + 2\mu K'\frac{\partial J_0^2\left(\Psi r\right)}{\partial r^2}\right.$$
$$\left. -2\mu B'k\frac{\partial J_1\left(\Phi r\right)}{\partial r}\right\}$$

$$\sigma_{Xr} = \mu\left(\frac{\partial u_r}{\partial X} + \frac{\partial u_X}{\partial r}\right) = \mu i\exp\left[i\left(\omega t - kX\right)\right]$$
$$\cdot\left\{-2kK'\frac{\partial J_0\left(\Psi r\right)}{\partial r} + \frac{B'}{r^2}\left[\left(\Phi r\right)^2\frac{\partial J_1^2\left(\Phi r\right)}{\partial\left(\Phi r\right)^2} + \left(\Phi r\right)\frac{\partial J_1\left(\Phi r\right)}{\partial\left(\Phi r\right)} + \left(r^2k^2-1\right)J_1\left(\Phi r\right)\right]\right\}$$

结合式 (1.97) 和 Bessel 方程，对上两式进行简化，可以得到

$$\begin{cases} \sigma_{rr} = 2\mu\exp\left[i\left(\omega t - kX\right)\right]\left\{K'\left[\dfrac{\partial J_0^2\left(\Psi r\right)}{\partial r^2} - \dfrac{\lambda\left(\Psi^2+k^2\right)}{2\mu}J_0\left(\Psi r\right)\right] - B'k\dfrac{\partial J_1\left(\Phi r\right)}{\partial r}\right\} \\ \sigma_{Xr} = \mu i\exp\left[i\left(\omega t - kX\right)\right]\left(-2kK'\dfrac{\partial J_0\left(\Psi r\right)}{\partial r} + B'\left(k^2-\Phi^2\right)J_1\left(\Phi r\right)\right) \end{cases} \tag{1.103}$$

根据边界条件，对于半径为 $r_0$ 的圆截面杆有 $\sigma_{rr}|_{r=r_0}=0$ 和 $\sigma_{Xr}|_{r=r_0}=0$，根据上式可有

$$\begin{cases} K'\left[\dfrac{\partial J_0^2\left(\Psi r\right)}{\partial r^2}\bigg|_{r=r_0} - \dfrac{\lambda\left(\Psi^2+k^2\right)}{2\mu}J_0\left(\Psi r_0\right)\right] - B'k\dfrac{\partial J_1\left(\Phi r\right)}{\partial r}\bigg|_{r=r_0} = 0 \\ K'\dfrac{\partial J_0\left(\Psi r\right)}{\partial r}\bigg|_{r=r_0} - B'\dfrac{\left(k^2-\Phi^2\right)}{2k}J_1\left(\Phi r_0\right) = 0 \end{cases} \tag{1.104}$$

消去上式中的常数 $K'$ 和 $B'$, 并结合式 (1.96), 则可以得到

$$2\mu \left[ 2\mu - \rho \left( \frac{\omega}{k} \right)^2 \right] \frac{\partial \mathrm{J}_0^2 (\Psi r)}{\partial r^2} \bigg|_{r=r_0} \mathrm{J}_1 (\Phi r_0) - 4\mu^2 \left( \frac{\partial \mathrm{J}_0 (\Psi r)}{\partial r} \frac{\partial \mathrm{J}_1 (\Phi r)}{\partial r} \right) \bigg|_{r=r_0}$$

$$- \lambda \left( \frac{\rho \omega^2}{\lambda + 2\mu} \right) \left[ 2\mu - \rho \left( \frac{\omega}{k} \right)^2 \right] \mathrm{J}_0 (\Psi r_0) \mathrm{J}_1 (\Phi r_0) = 0 \tag{1.105}$$

根据 Bessel 函数可知

$$\begin{cases} \mathrm{J}_0 (\Psi r) = 1 - \dfrac{1}{4} (\Psi r)^2 + \dfrac{1}{64} (\Psi r)^4 - \cdots \\ \mathrm{J}_1 (\Phi r) = \dfrac{1}{2} (\Phi r) - \dfrac{1}{16} (\Phi r)^3 + \cdots \end{cases} \tag{1.106}$$

当杆的半径相对杆长足够小时, 且 $\Psi r_0 \ll 1$ 和 $\Phi r_0 \ll 1$, 我们忽略高阶小量, 只保留 $\Psi r$ 的一阶小量, 则可以得到

$$\begin{cases} \dfrac{\partial \mathrm{J}_0 (\Psi r)}{\partial r} \bigg|_{r=r_0} \doteq -\dfrac{1}{2} \Psi^2 r_0 \\ \mathrm{J}_0 (\Psi r_0) \doteq 1 \\ \dfrac{\partial \mathrm{J}_0^2 (\Psi r)}{\partial r^2} \bigg|_{r=r_0} \doteq -\dfrac{1}{2} \Psi^2 \end{cases} \text{和} \quad \begin{cases} \dfrac{\partial \mathrm{J}_1 (\Phi r)}{\partial r} \bigg|_{r=r_0} \doteq \dfrac{1}{2} \Phi \\ \mathrm{J}_1 (\Phi r_0) \doteq \dfrac{1}{2} \Phi r_0 \end{cases} \tag{1.107}$$

将式 (1.96) 和式 (1.107) 代入式 (1.105), 可以得到杆中谐波传播波速的一阶近似解:

$$C'^2 = \left( \frac{\omega}{k} \right)^2 = \frac{\mu (3\lambda + 2\mu)}{\rho (\lambda + \mu)} = \frac{E}{\rho} = C^2 \tag{1.108}$$

上式即一维杆假设条件下应力波传播速度的表达式。

当我们考虑 $\Psi r$ 更高一阶小量 (二阶) 的情况下, 式 (1.107) 则进一步写为

$$\begin{cases} \dfrac{\partial \mathrm{J}_0 (\Psi r)}{\partial r} \bigg|_{r=r_0} \doteq -\dfrac{1}{2} \Psi^2 r_0 \\ \mathrm{J}_0 (\Psi r_0) \doteq 1 - \dfrac{1}{4} \Psi^2 r_0^2 \\ \dfrac{\partial \mathrm{J}_0^2 (\Psi r)}{\partial r^2} \bigg|_{r=r_0} \doteq -\dfrac{1}{2} \Psi^2 + \dfrac{3}{16} \Psi^4 r_0^2 \end{cases} \text{和} \quad \begin{cases} \dfrac{\partial \mathrm{J}_1 (\Phi r)}{\partial r} \bigg|_{r=r_0} \doteq \dfrac{1}{2} \Phi - \dfrac{3}{16} \Phi^3 r_0^2 \\ \mathrm{J}_1 (\Phi r_0) \doteq \dfrac{1}{2} \Phi r_0 \end{cases} \tag{1.109}$$

将式 (1.96) 和式 (1.109) 代入式 (1.105), 再结合介质材料弹性系数直径的关系, 我们可以得到杆中谐波传播波速的二阶近似解:

$$C'^2 \doteq \frac{E}{\rho} \left( 1 - \frac{1}{4} \nu^2 k^2 r_0^2 \right)^2 \tag{1.110}$$

即

$$\frac{C'}{C} \doteq 1 - \frac{1}{4} \nu^2 k^2 r_0^2 \tag{1.111}$$

利用波长代替上式中的波数，即可得到

$$\frac{C'}{C} \doteq 1 - \nu^2\pi^2\left(\frac{r_0}{\lambda}\right)^2 \tag{1.112}$$

上式与式 (1.82) 一致，需要说明的是为了与式 (1.82) 方便对比，此处也以 $\lambda$ 代表波长，这与上面推导过程中 $\lambda$ 代表 Lamé 常量不同。

式 (1.82) 和式 (1.112) 说明，当杆的半径远小于波长时，这种弥散效应可以不予考虑，也就是说此时我们完全可以利用一维杆中的初等理论进行近似计算，事实上，在很多实际情况下皆是如此处理，如后文讲解的分离式 Hopkinson 压杆等。如考虑弥散和在杆介质中的膨胀波、剪切波以及其在表面处的反射和各波之间的作用，这就过于复杂了，在细长杆中进行相关分析也是没有必要的。在很多情况下，一维杆中应力波传播的初等理论能够给出足够准确的解，即使在复杂条件下，也能给出一些有价值和指导意义的定性结论。本节放入一维杆简单弹性波传播这章中，并不是希望在一维杆理论上必须考虑它，而是给读者一个参考和提示，指出影响一维杆中应力波传播的影响因素，以及得到相对准确解需要满足的条件。

## 1.5 一维杆中应力波的特征线方法

在本章 1.2 节中，我们直接给出了波动方程式 (1.10) 的通解式 (1.11)，在此我们对其解答过程进行简要的描述。事实上，波动方程

$$\frac{\partial^2 u}{\partial t^2} = C^2\frac{\partial^2 u}{\partial X^2} \Leftrightarrow \frac{\partial^2 u}{\partial t^2} - C^2\frac{\partial^2 u}{\partial X^2} = 0 \tag{1.113}$$

是一个典型的二阶偏微分方程，上式可以写为

$$\left(\frac{\partial}{\partial t} + C\frac{\partial}{\partial X}\right)\left(\frac{\partial u}{\partial t} - C\frac{\partial u}{\partial X}\right) = 0 \tag{1.114}$$

或

$$\left(\frac{\partial}{\partial t} - C\frac{\partial}{\partial X}\right)\left(\frac{\partial u}{\partial t} + C\frac{\partial u}{\partial X}\right) = 0 \tag{1.115}$$

如令

$$\begin{cases} \varpi(X,t) = \dfrac{\partial u}{\partial t} - C\dfrac{\partial u}{\partial X} \\ \vartheta(X,t) = \dfrac{\partial u}{\partial t} + C\dfrac{\partial u}{\partial X} \end{cases} \tag{1.116}$$

则式 (1.114) 和式 (1.115) 可以写为

$$\begin{cases} \dfrac{\partial \varpi}{\partial t} + C\dfrac{\partial \varpi}{\partial X} = 0 \\ \dfrac{\partial \vartheta}{\partial t} - C\dfrac{\partial \vartheta}{\partial X} = 0 \end{cases} \tag{1.117}$$

以上即波动方程的一阶偏微分方程组，上式可以进一步写为

$$\begin{cases} \dfrac{\partial \varpi}{\partial t} + \dfrac{\partial \varpi}{\partial X}\dfrac{\mathrm{d}X}{\mathrm{d}t} + C\dfrac{\partial \varpi}{\partial X} - \dfrac{\partial \varpi}{\partial X}\dfrac{\mathrm{d}X}{\mathrm{d}t} = 0 \\ \dfrac{\partial \vartheta}{\partial t} + \dfrac{\partial \vartheta}{\partial X}\dfrac{\mathrm{d}X}{\mathrm{d}t} - \dfrac{\partial \vartheta}{\partial X}\dfrac{\mathrm{d}X}{\mathrm{d}t} - C\dfrac{\partial \vartheta}{\partial X} = 0 \end{cases} \tag{1.118}$$

即

$$\begin{cases} \dfrac{\mathrm{d}\varpi}{\mathrm{d}t} + \left( C - \dfrac{\mathrm{d}X}{\mathrm{d}t} \right) \dfrac{\partial \varpi}{\partial X} = 0 \\[3mm] \dfrac{\mathrm{d}\vartheta}{\mathrm{d}t} - \left( C + \dfrac{\mathrm{d}X}{\mathrm{d}t} \right) \dfrac{\partial \vartheta}{\partial X} = 0 \end{cases} \tag{1.119}$$

如果我们站在某个向右传播的波阵面上看上述方程组中第一式, 此时有

$$\begin{cases} \dfrac{\mathrm{d}X}{\mathrm{d}t} = C \\[3mm] \dfrac{\mathrm{d}\varpi}{\mathrm{d}t} = 0 \end{cases} \tag{1.120}$$

容易看出, 上述方程组中的第一式即表示物理平面上的一簇平行的直线, 我们一般称为特征线, 在这些特征线上, 上述方程组中的第二式成立, 可知, 在某一特征线上的物理量值 $\varpi$ 是相等的, 即任意时刻时物理量的值应与初始时刻时对应的值相等:

$$\varpi\left(X, t\right) = \varpi_0\left(X - Ct\right) \tag{1.121}$$

同理, 也可以得到

$$\begin{cases} \dfrac{\mathrm{d}X}{\mathrm{d}t} = -C \\[3mm] \dfrac{\mathrm{d}\vartheta}{\mathrm{d}t} = 0 \end{cases} \tag{1.122}$$

或

$$\vartheta\left(X, t\right) = \vartheta_0\left(X + Ct\right) \tag{1.123}$$

式 (1.121) 和式 (1.123) 相加, 结合式 (1.116), 可以得到

$$\frac{\partial u}{\partial t} = \frac{1}{2}\left[\varpi\left(X,t\right) + \vartheta\left(X,t\right)\right] = \frac{1}{2}\left[\varpi_0\left(X - Ct\right) + \vartheta_0\left(X + Ct\right)\right] \tag{1.124}$$

积分后可以得到

$$u = G_{\mathrm{r}}\left(X - Ct\right) + G_{\mathrm{l}}\left(X + Ct\right) \tag{1.125}$$

式中, $G_{\mathrm{r}}$ 和 $G_{\mathrm{l}}$ 分别是式 (1.124) 中函数对应的积分形式。

此种在物理平面上的特征线解法在后文中常用, 也是波动方程常用解法之一。事实上, 特征线方法是应力波传播演化过程中重要的数值方法, 下面对几种简单情况下应力波传播的特征线解法进行简要的介绍。

### 1.5.1 特征线与 Riemann 不变量

以一维杆中纵波的传播为例, 参照图 1.1, 根据动量守恒条件容易得到

$$\left(\sigma + \frac{\partial \sigma}{\partial X}\mathrm{d}X\right)\delta A - \sigma\delta A = \rho\mathrm{d}X\delta A\frac{\partial v}{\partial t} \tag{1.126}$$

即有

$$\frac{\partial v}{\partial t} - \frac{1}{\rho}\frac{\partial \sigma}{\partial X} = 0 \tag{1.127}$$

根据连续方程, 可有

$$\frac{\partial \varepsilon}{\partial t} - \frac{\partial v}{\partial X} = 0 \tag{1.128}$$

以应变率无关材料为例, 其在一维应力条件下的本构方程可以写为

$$\sigma = \sigma(\varepsilon) \quad \text{或} \quad \varepsilon = \varepsilon(\sigma) \tag{1.129}$$

此时式 (1.128) 可以写为

$$\frac{\partial \sigma}{\partial t} - \frac{\mathrm{d}\sigma}{\mathrm{d}\varepsilon} \frac{\partial v}{\partial X} = 0 \tag{1.130}$$

如令

$$C^2(\sigma) = \frac{1}{\rho} \frac{\mathrm{d}\sigma}{\mathrm{d}\varepsilon} \tag{1.131}$$

此时, 式 (1.130) 即可写为

$$\frac{\partial \sigma}{\partial t} - \rho C^2(\sigma) \frac{\partial v}{\partial X} = 0 \tag{1.132}$$

由此, 我们可以根据动量守恒条件、连续方程和本构方程, 得到一维杆中纵波传播且以 $v$ 和 $\sigma$ 为基本未知量的控制方程组:

$$\begin{cases} \dfrac{\partial v}{\partial t} - \dfrac{1}{\rho} \dfrac{\partial \sigma}{\partial X} = 0 \\ \dfrac{\partial \sigma}{\partial t} - \rho C^2(\sigma) \dfrac{\partial v}{\partial X} = 0 \end{cases} \tag{1.133}$$

同理, 容易推导出, 如果我们以 $v$ 和 $\varepsilon$ 为基本未知量, 则可以得到以下控制方程组:

$$\begin{cases} \dfrac{\partial v}{\partial t} - C^2(\varepsilon) \dfrac{\partial \varepsilon}{\partial X} = 0 \\ \dfrac{\partial \varepsilon}{\partial t} - \dfrac{\partial v}{\partial X} = 0 \end{cases} \tag{1.134}$$

以上两个方程组对应的解是相同的, 只是我们所选的基本未知量不同而已。事实上, 这两个方程组皆为一阶拟线性偏微分方程组。这两个一阶偏微分方程组具有类似的形式:

$$\frac{\partial \boldsymbol{W}}{\partial t} + \boldsymbol{B} \cdot \frac{\partial \boldsymbol{W}}{\partial X} = \boldsymbol{O} \tag{1.135}$$

以式 (1.133) 为例, 此时上式中三个张量分别为

$$\boldsymbol{W} = \begin{bmatrix} v \\ \sigma \end{bmatrix} \quad \boldsymbol{B} = \begin{bmatrix} 0 & -\dfrac{1}{\rho} \\ -\rho C^2 & 0 \end{bmatrix} \quad \boldsymbol{O} = \begin{bmatrix} 0 \\ 0 \end{bmatrix} \tag{1.136}$$

其中, 张量 $\boldsymbol{W}$ 沿曲线 $X = X(t)$ 的全导数可写为

$$\frac{\mathrm{d}\boldsymbol{W}}{\mathrm{d}t} = \frac{\partial \boldsymbol{W}}{\partial t} + \frac{\mathrm{d}X}{\mathrm{d}t} \frac{\partial \boldsymbol{W}}{\partial X} \tag{1.137}$$

代入式 (1.135) 可以得到

$$\frac{\mathrm{d}\boldsymbol{W}}{\mathrm{d}t} - \frac{\mathrm{d}X}{\mathrm{d}t} \frac{\partial \boldsymbol{W}}{\partial X} + \boldsymbol{B} \cdot \frac{\partial \boldsymbol{W}}{\partial X} = \boldsymbol{O} \tag{1.138}$$

对上式两端同时左点乘一个非零矢量:

$$\boldsymbol{l} = [l_1 \ \ l_2] \tag{1.139}$$

即可以此一阶拟线性偏微分方程组转换为方程组:

$$\boldsymbol{l} \cdot \frac{\mathrm{d}\boldsymbol{W}}{\mathrm{d}t} - \boldsymbol{l} \cdot \frac{\mathrm{d}X}{\mathrm{d}t} \frac{\partial \boldsymbol{W}}{\partial X} + \boldsymbol{l} \cdot \boldsymbol{B} \cdot \frac{\partial \boldsymbol{W}}{\partial X} = \boldsymbol{0} \tag{1.140}$$

即

$$\boldsymbol{l} \cdot \frac{\mathrm{d}\boldsymbol{W}}{\mathrm{d}t} + \left( \boldsymbol{l} \cdot \boldsymbol{B} - \boldsymbol{l} \cdot \frac{\mathrm{d}X}{\mathrm{d}t} \right) \cdot \frac{\partial \boldsymbol{W}}{\partial X} = \boldsymbol{0} \tag{1.141}$$

从上式容易看出,在满足

$$\boldsymbol{l} \cdot (\boldsymbol{B} - \boldsymbol{l} \cdot \lambda) = \boldsymbol{O} \tag{1.142}$$

条件的方向 $\mathrm{d}X/\mathrm{d}t = \lambda$ 上 ($\lambda$ 为一个标量值),应力波传播的控制方程组即一阶拟线性偏微分方程组简化为只含有全导数的方程组:

$$\boldsymbol{l} \cdot \frac{\mathrm{d}\boldsymbol{W}}{\mathrm{d}t} = \boldsymbol{0} \tag{1.143}$$

式 (1.142) 可写为

$$\boldsymbol{l} \cdot (\boldsymbol{B} - \lambda \boldsymbol{I}) = \boldsymbol{O} \tag{1.144}$$

即 $\lambda$ 是二阶张量 $\boldsymbol{B}$ 的特征值,对于上式方程而言,存在非零矢量 $\boldsymbol{l}$ 的充要条件就是满足以下特征方程:

$$\|\boldsymbol{B} - \lambda \boldsymbol{I}\| = 0 \tag{1.145}$$

我们一般把 $\mathrm{d}X/\mathrm{d}t = \lambda$ 称为特征方向或特征线,把沿此特征方向上的方程组式 (1.143) 称为沿此特征方向的特征关系,把 $\boldsymbol{l}$ 称为与特征值 $\lambda$ 相对应的二阶张量 $\boldsymbol{B}$ 的左特征矢量。

考虑式 (1.133) 时具体情况和式 (1.136),根据上式有

$$\left\| \begin{array}{cc} -\lambda & -\dfrac{1}{\rho} \\ -\rho C^2 & -\lambda \end{array} \right\| = 0 \Rightarrow \lambda^2 - C^2 = 0 \tag{1.146}$$

即存在两个特征值和特征方向:

$$\frac{\mathrm{d}X}{\mathrm{d}t} = \lambda_1 = C \quad \text{和} \quad \frac{\mathrm{d}X}{\mathrm{d}t} = \lambda_2 = -C \tag{1.147}$$

此时根据式 (1.144),可有

$$\boldsymbol{l} \cdot \left[ \begin{array}{cc} -\lambda & -\dfrac{1}{\rho} \\ -\rho C^2 & -\lambda \end{array} \right] = \left[ \begin{array}{cc} l_1 & l_2 \end{array} \right] \left[ \begin{array}{cc} -\lambda & -\dfrac{1}{\rho} \\ -\rho C^2 & -\lambda \end{array} \right] = \left[ \begin{array}{cc} 0 & 0 \end{array} \right] \tag{1.148}$$

即有以下方程组成立:

$$\left\{ \begin{array}{l} \lambda l_1 + \rho C^2 l_2 = 0 \\[2mm] \dfrac{1}{\rho} l_1 + \lambda l_2 = 0 \end{array} \right. \tag{1.149}$$

容易发现,以上方程组中两个方程并不是独立的,两个方程是相同的,然而,这并不影响我们的求解,根据矢量的性质,我们可以假设 $l_2 = 1$,此时则有 $l_1 = -\rho\lambda$,即

$$\boldsymbol{l} = [-\rho\lambda \ \ 1] \tag{1.150}$$

因此,对于两个特征值而言,其对应的左特征矢量分别为

$$\boldsymbol{l}_1 = [-\rho C \ \ 1] \ \text{和} \ \boldsymbol{l}_2 = [\rho C \ \ 1] \tag{1.151}$$

由此,我们可以得到两个特征方向上的特征关系:

$$-\rho C\frac{\mathrm{d}v}{\mathrm{d}t} + \frac{\mathrm{d}\sigma}{\mathrm{d}t} = 0 \quad (\text{沿特征线} \frac{\mathrm{d}X}{\mathrm{d}t} = C) \tag{1.152}$$

$$\rho C\frac{\mathrm{d}v}{\mathrm{d}t} + \frac{\mathrm{d}\sigma}{\mathrm{d}t} = 0 \quad (\text{沿特征线} \frac{\mathrm{d}X}{\mathrm{d}t} = -C) \tag{1.153}$$

上两式即以质点速度 $v$ 和应力 $\sigma$ 为基本未知量时的特征关系,称为状态平面 $v$-$\sigma$ 上的特征关系。同理,我们根据以上方法容易得到以 $v$ 和 $\varepsilon$ 为基本未知量的状态平面 $v$-$\varepsilon$ 上的特征关系。

式 (1.152) 和式 (1.153) 写为微分方式,可以得到

$$-\rho C\mathrm{d}v + \mathrm{d}\sigma = 0 \quad (\text{沿特征线} \frac{\mathrm{d}X}{\mathrm{d}t} = C) \tag{1.154}$$

$$\rho C\mathrm{d}v + \mathrm{d}\sigma = 0 \quad (\text{沿特征线} \frac{\mathrm{d}X}{\mathrm{d}t} = -C) \tag{1.155}$$

或

$$\mathrm{d}v - \frac{\mathrm{d}\sigma}{\rho C} = 0 \quad (\text{沿特征线} \frac{\mathrm{d}X}{\mathrm{d}t} = C) \tag{1.156}$$

$$\mathrm{d}v + \frac{\mathrm{d}\sigma}{\rho C} = 0 \quad (\text{沿特征线} \frac{\mathrm{d}X}{\mathrm{d}t} = -C) \tag{1.157}$$

如我们定义一个量

$$\mathrm{d}\phi = \frac{\mathrm{d}\sigma}{\rho C(\sigma)} \quad \text{即} \quad \phi = \int_0^\sigma \frac{\mathrm{d}\sigma}{\rho C(\sigma)} \tag{1.158}$$

有

$$\begin{cases} R_1 = v - \phi \\ R_2 = v + \phi \end{cases} \Rightarrow \begin{cases} \mathrm{d}R_1 = \mathrm{d}v - \mathrm{d}\phi \\ \mathrm{d}R_2 = \mathrm{d}v + \mathrm{d}\phi \end{cases} \tag{1.159}$$

此时特征关系式 (1.156) 和式 (1.157) 即可以简写为

$$\mathrm{d}R_1 = 0 \quad (\text{沿特征线} \frac{\mathrm{d}X}{\mathrm{d}t} = C) \tag{1.160}$$

$$\mathrm{d}R_2 = 0 \quad (\text{沿特征线} \frac{\mathrm{d}X}{\mathrm{d}t} = -C) \tag{1.161}$$

上两式则是状态平面 $R_1$-$R_2$ 上的特征关系。其物理意义是:沿着任何一条右行特征线 $\mathrm{d}X/\mathrm{d}t = C$,物理量 $R_1$ 的值恒为常数;同样,沿着任何一条左行特征线 $\mathrm{d}X/\mathrm{d}t = -C$,物理量 $R_2$ 的值也恒为常数;我们通常将此两个物理量称为 Riemann(黎曼) 不变量。事实上,特征值 $\mathrm{d}X/\mathrm{d}t = \pm C$ 代表声速,上两式表示特征线可视为传播一个特定物理量 $R_1$ ($R_2$) 的波阵面迹线。

### 1.5.2    一维杆中的简单波特征线解

我们常将沿着一个方向朝着前方均匀区中传播的应力波称为简单波。设有一个右行简单波区如图 1.12 所示,图中 $AB$ 表示杆中应力波最前面的波阵面,其前方为均匀区。点 $M$ 为简单波区中的一点 $(X_M, t_M)$,根据前节所讲述的特征线理论可知,经过此点同时存在一个左行特征线和一个右行特征线两条特征线,分别如图中 $MM'$ 和 $MM''$ 所示;其中点 $M'$ 表示在均匀区中的一点。

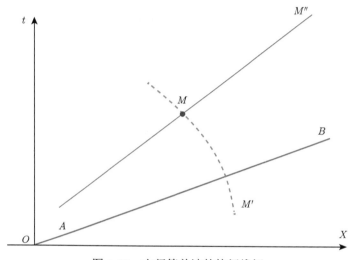

图 1.12    右行简单波的特征线解

状态点 $M$ 和 $M'$ 对应的 Riemann 不变量分别为

$$R_2(M) = v(M) + \phi(M) = v(M) + \int_0^{\sigma(M)} \frac{\mathrm{d}\sigma}{\rho C} \tag{1.162}$$

$$R_2(M') = v(M') + \phi(M') = v(M') + \int_0^{\sigma(M')} \frac{\mathrm{d}\sigma}{\rho C} \tag{1.163}$$

根据左行特征线理论有

$$\mathrm{d}R_2 = 0 \Leftrightarrow R_2 = R_2(M) = R_2(M') \equiv \Re \tag{1.164}$$

从上式可以看出,Riemann 不变量值完全由此简单波区前方均匀区的状态所决定,对于任意一个简单波区中的状态点而言,都可以根据左行特征线理论得出上述表达式,而前方均匀区中状态一致,即任意此区间内的状态点对应的 Riemman 不变量值应该相同;也就是说上式表示此 Riemann 不变量与状态点 $M$ 在简单波区中的位置无关,是一个"绝对"的常数,即式中 $\Re$ 是一个"绝对"常数。此时说明,对于简单波区中的任意一个状态点 $M$,都满足

$$R_2(M) \equiv \Re, \quad 即 \quad v(M) + \int_0^{\sigma(M)} \frac{\mathrm{d}\sigma}{\rho C} = \Re \tag{1.165}$$

上式给出了右行简单波区中任意一个状态点 $M$ 对应的质点速度 $v(M)$ 与应力 $\sigma(M)$ 之间的关系,在状态平面 $v$-$\sigma$ 上,它是一条通过均匀区中初始状态点 $(v(M'), \sigma(M'))$ 的曲线。

特别地，当我们考虑 $(v(M') = 0, \sigma(M') = 0)$ 这一特殊情况时，即假设简单波区前方为自由静止状态，即有 $\Re = 0$，因此可以得到

$$v(M) + \int_0^{\sigma(M)} \frac{\mathrm{d}\sigma}{\rho C} = 0 \Leftrightarrow v = -\int_0^{\sigma} \frac{\mathrm{d}\sigma}{\rho C} \tag{1.166}$$

上式的物理意义是：当从一个自然静止的杆左端通过一系列右行简单波的作用使得杆中的应力达到 $\sigma$ 时，所需要对杆施加向左的拉伸质点速度为 $-v$。这与前文中利用跨过右行波波阵面上的动量守恒条件并积分后得出的结论完全一致。

对于通过简单波区中的状态点 $M$ 而言，其右行特征线上对应的 Riemann 不变量满足：

$$R_1(M) = v(M) - \phi(M) = v(M) - \int_0^{\sigma(M)} \frac{\mathrm{d}\sigma}{\rho C} = \Re \tag{1.167}$$

从图 1.12 可以看出，对于右行特征线而言，其通过状态点 $M$ 的特征线并不一定跨过前方波阵面到达均匀区，因此 $\Re$ 并不一定为常量，只是在此条右行特征线上保持常量，对于不同的右行特征线而言，其值并不一定相同。结合式 (1.166) 容易知道，对于同一条右行特征线而言，其迹线上的各状态点对应的状态量 $(v, \sigma)$ 应该相同。

我们假设通过状态点的右行特征线为迹线 $r_M$，则有

$$R_1(r_M) = v(r_M) - \int_0^{\sigma(r_M)} \frac{\mathrm{d}\sigma}{\rho C} = \Re(r_M) \tag{1.168}$$

在此迹线上的状态量可写为

$$v = v(r_M), \quad \sigma = \sigma(r_M) \tag{1.169}$$

此时右行简单波在不同右行特征线上的传播可以视为传播不同 Riemann 不变量 $R_1 = \Re(r_M)$ 的波阵面迹线。

由于波速是由杆材料的本构关系所决定的应力状态的函数，即

$$C = C(\sigma) = C[\sigma(r_M)] = C(r_M) \tag{1.170}$$

也就是说，杆中的波速也是右行特征线 $r_M$ 的函数。对于验证任意一条特定右行特征线 $r_M$ 而言，其斜率

$$\frac{\mathrm{d}X}{\mathrm{d}t} = C(r_M) \tag{1.171}$$

为一个常数。也就是说，在右行简单波区内，每一条右行特征线都必然是斜率为 $C(r_M)$ 的直线，不同的右行特征线其斜率不一定相同。

而对于此时的左行特征线而言，其上的状态点对应的右行特征线不断变化，也就是说其斜率不尽相同，因此其特征线并不一定是直线。事实上，在右行简单波区中右行特征线代表了右行简单波阵面的迹线；而左行特征线只有数学上的意义，并不具有实际的物理意义。

同理，对于左行简单波而言，利用上面的分析方法，我们很容易得到

$$v(M) - \int_0^{\sigma(M)} \frac{\mathrm{d}\sigma}{\rho C} = 0 \Leftrightarrow v = \int_0^{\sigma} \frac{\mathrm{d}\sigma}{\rho C} \tag{1.172}$$

和

$$\frac{\mathrm{d}X}{\mathrm{d}t} = -C\left(r_M\right) \tag{1.173}$$

此时, 其左行特征线必然是斜率为 $-C\left(r_M\right)$ 的直线, 读者试推导之。

## 1.6　弹性波在两种材料交界面上的透反射问题

考虑一个长度为 $l_0$ 的细长杆, 假设该弹性杆在初始时刻时处于自然状态, 即初始应力 $\sigma_0$ 和质点速度 $v_0$ 皆为 0, 杆材料波阻抗密度和声速分别为 $\rho$ 和 $C$, 如图 1.13(a) 所示。现有两个强间断弹性波分别从杆的左端和右端向对方方向传播, 两脉冲波的强度分别为 $\sigma_1$ 和 $\sigma_2$。

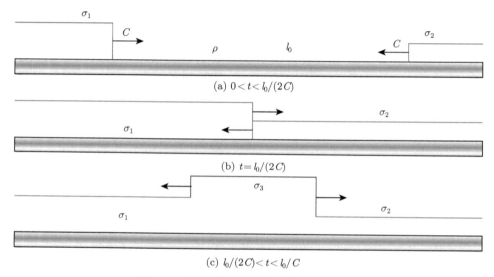

(a) $0 < t < l_0/(2C)$

(b) $t = l_0/(2C)$

(c) $l_0/(2C) < t < l_0/C$

图 1.13　细长弹性杆中弹性波的相互作用

从左端向右端传播的弹性波 (右行波) 波阵面前方应力和质点速度为初始状态 0, 其后方状态为 1, 所对应的值分别为 $\sigma_1$ 和 $v_1$; 从右端向左端传播的弹性波波阵面前方应力和质点速度也为初始状态 0, 其后方状态为 2, 所对应的值分别为 $\sigma_2$ 和 $v_2$; 根据波阵面上的动量守恒条件即式 (1.42) 和对应左行波波阵面上的守恒条件, 我们可以得到它们之间的关系:

$$\begin{cases} \sigma_1 = -\rho C v_1 \\ \sigma_2 = \rho C v_2 \end{cases} \tag{1.174}$$

当 $t = l_0/(2C)$ 时, 如图 1.13(b) 所示, 两波在杆中心面相遇, 因此会产生一个反射波和透射波, 假设同时向两端同时产生强间断弹性波, 如图 1.13(c) 所示。杆左端在此左行波的扰动下, 其状态从 1 到 3′; 杆右端在此右行波的扰动下, 其状态从 2 到 3″, 如物理平面图 1.14 所示。

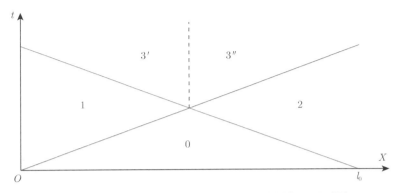

图 1.14 弹性波在两种材料一维杆中的传播物理平面图

根据波阵面上的动量守恒条件, 可有

$$
\begin{cases}
\sigma_3' - \sigma_1 = \rho C\,(v_3' - v_1) \\
\sigma_3'' - \sigma_2 = -\rho C\,(v_3'' - v_2)
\end{cases}
\tag{1.175}
$$

根据连续方程可知:

$$
\begin{cases}
\sigma_3 = \sigma_3' = \sigma_3'' \\
v_3 = v_3' = v_3''
\end{cases}
\tag{1.176}
$$

联立方程组式 (1.174)、式 (1.175) 和式 (1.176), 我们可以得到

$$
\begin{cases}
\sigma_3 = \sigma_1 + \sigma_2 \\
v_3 = v_1 + v_2
\end{cases}
\tag{1.177}
$$

式 (1.177) 的物理意义是: 对于同一个杆中两个弹性波的相互作用问题, 其结果可由两个作用波分别单独传播时的结果叠加 (代数和) 而计算出, 满足叠加原理。这是由于弹性波的控制方程是线性的, 事实上, 无论是强间断波还是弱间断波, 无论是加载波还是卸载波, 无论是弹性波、弹塑性波还是流体介质中的波, 其基本原则同样是适用的。

### 1.6.1 弹性波在交界面上透反射问题的基本方程

如图 1.15 所示一维杆, 杆中包含两种材料的介质 (一个杆中两种介质无论拉压始终粘在一起) 或由两个不同介质一维杆同轴对接在一起且在整个传播过程中入射波为恒压缩应力脉冲 (两个杆始终保持紧密接触而不会分离), 设弹性波为沿着轴线从介质 1 到介质 2 传播的纵波, 两种材料的密度和弹性声速分别为 $\rho_1$、$C_1$、$\rho_2$ 和 $C_2$。

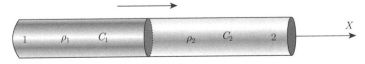

图 1.15 弹性波在两种材料一维杆中的传播

当应力脉冲在介质 1 中传播时, 如图 1.16 所示直线 $AB(0{\sim}1)$(视介质材料为线弹性材料, 其弹性声速为恒值), 直线 $AB$ 代表杆中物理平面上右行波的传播, 称为该波波阵面在

物理平面 $X\text{-}t$ 上的迹线，由声速的定义可知，该直线斜率的倒数即为声速 $C_1$。如图所示，在 $t = t_1$ 时刻，介质 1 中波阵面前方应力和质点速度状态为 $0(\sigma_0, v_0)$，其后方的状态为 $1(\sigma_1, v_1)$，根据右行波传播的动量守恒条件，可知从图中介质 1 中状态 0 到状态 1 过渡需满足：

$$[\sigma] = -\rho_1 C_1 [v] \Rightarrow \sigma_1 - \sigma_0 = -\rho_1 C_1 (v_1 - v_0) \tag{1.178}$$

式中，$\sigma_0$ 和 $v_0$ 应该是已知量，分别表示杆介质中初始应力和初始质点速度 (初始条件)；$\sigma_1$ 和 $v_1$ 分别表示入射应力脉冲的强度和入射速度脉冲的强度，它们两个之间有一个量是给定的：当我们在杆端施加的是应力脉冲时，$\sigma_1$ 应该是已知的；当我们在杆端施加速度脉冲时，$v_1$ 应该是已知的；无论哪一个量是已知的，我们都可以根据式 (1.178) 给出另一个未知量。

当入射波到达界面处时，会瞬间产生两个波：反射波 $BC(1\sim2)$ 和透射波 $BD(0\sim 2^*)$，如图 1.16 所示：反射波是在介质 1 中传播的左行波，该波使得介质 1 中的状态由 $1(\sigma_1, v_1)$ 跳跃至 $2(\sigma_2, v_2)$；透射波是在介质 2 中传播的右行波，该波使得介质 2 中的状态由 $0(\sigma_0, v_0)$ 跳跃至 $2^*(\sigma_2^*, v_2^*)$。由于两种介质在弹性波传播整个过程中保持接触，因此在交界面上应该满足连续条件：

$$\sigma_2 = \sigma_2^* \text{ 和 } v_2 = v_2^* \tag{1.179}$$

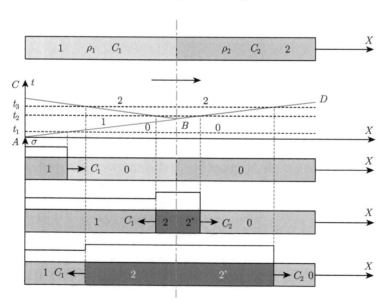

图 1.16　弹性波在两种材料中的传播物理平面图

因此，根据波阵面的动量守恒条件，分别可以给出

$$\begin{cases} \sigma_2 - \sigma_1 = \rho_1 C_1 (v_2 - v_1) \\ \sigma_2 - \sigma_0 = -\rho_2 C_2 (v_2 - v_0) \end{cases} \tag{1.180}$$

上式结合式 (1.178)，可以得到

$$\sigma_2 - \sigma_1 = \frac{\rho_1 C_1 - \rho_2 C_2}{2} (v_2 - v_0) \tag{1.181}$$

从上式和式 (1.180) 可以看出，当介质 1 和介质 2 的波阻抗相等即 $\rho_1 C_1 = \rho_2 C_2$ 时，状态 1 和状态 2 的应力和质点速度量完全相等，即 $(\sigma_1, v_1) = (\sigma_2, v_2)$，也就是说，在介质 1 中从状态 1 到状态 2 并不存在跳跃，严格来讲，不存在应力和质点速度扰动，其内涵是反射波 $BC$ 并不存在；同时，我们更可以得到介质 1 和介质 2 应力波跳跃量此时皆为 0~1。由此我们可以得到结论：当交界面两端介质波阻抗相等时，即使其他物理量如密度 $\rho$、声速 $C$ 等不相同，应力波在通过交界面时并不产生反射波，只存在透射波，而且透射波强度与入射波强度相等。广义上讲，对于应力波的传播而言，只要交界面两端介质波阻抗相等，我们可以将其视为一种材料。这在很多情况下具有重要的应用价值，如在分离式 Hopkinson 压杆试验时，当试件强度非常大时如陶瓷等，此时需要添加垫块，为了使试验结果符合理论假设给出准确结果，当其直径与杆相等时，一般应采用广义波阻抗与杆匹配的垫块；反之，作为防护结构我们希望利用界面透反射效应对波形进行整形从而起到阻尼作用时，我们应该避免交界面两端介质的波阻抗接近甚至相等。

为方便理解和推导，定义一个无量纲参数波阻抗比：

$$k = \frac{\rho_2 C_2}{\rho_1 C_1} \tag{1.182}$$

当 $k = 1$ 时，同前面分析，交界面上无反射波而只存在与入射波相同强度的透射波。下面我们对 $k \neq 1$ 时的两种情况进行分析。

### 1.6.2 波阻抗比大于 1 时交界面的透反射问题

根据式 (1.174) 和式 (1.176) 中存在三个未知数，因此根据三个线性无关的方程能够给出其解析解，类似图 1.14 所给出的物理平面能够较直观地看出应力波传播过程中杆介质中的状态，我们对状态量的推导也可以使用图解法，如图 1.17 所示，该平面我们称为状态平面，由于本书中应力的定义是以拉为正，因此对于压缩波而言，其应力为负值，其状态点也必然在横轴以下。图中为方便起见，假设杆的初始质点速度 $v_0 = 0$、初始应力 $\sigma_0 = 0$，需要说明的是，这只是为了图更直观明了，实际推导过程中与此假设无关。图中 $AB$、$BC$ 和 $AC$ 分别为式 (1.178)、式 (1.180) 第一式和式 (1.180) 第二式，其斜率分别为 $-\rho_1 C_1$、$\rho_1 C_1$ 和 $-\rho_2 C_2$。

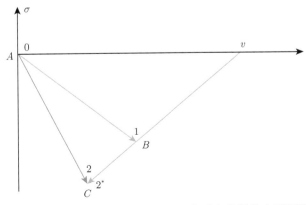

图 1.17 弹性波在由"软"到"硬"介质中传播状态平面图

联立式 (1.178) 和式 (1.180) 并消去质点速度量, 可以得到

$$\begin{cases} \sigma_2 - \sigma_1 = \dfrac{k-1}{k+1}(\sigma_1 - \sigma_0) \\ \sigma_2 - \sigma_0 = \dfrac{2k}{k+1}(\sigma_1 - \sigma_0) \end{cases} \tag{1.183}$$

同理, 我们可以消去应力量, 即可以得到速度之间的关系:

$$\begin{cases} v_2 - v_1 = -\dfrac{k-1}{k+1}(v_1 - v_0) \\ v_2 - v_0 = \dfrac{2}{k+1}(v_1 - v_0) \end{cases} \tag{1.184}$$

如果定义 $F_\sigma$、$F_v$、$T_\sigma$ 和 $T_v$ 分别为应力反射系数、质点速度反射系数、应力透射系数和质点速度透射系数:

$$\begin{cases} F_\sigma = \dfrac{\sigma_2 - \sigma_1}{\sigma_1 - \sigma_0} \\ F_v = \dfrac{v_2 - v_1}{v_1 - v_0} \end{cases} \quad \text{和} \quad \begin{cases} T_\sigma = \dfrac{\sigma_2 - \sigma_0}{\sigma_1 - \sigma_0} \\ T_v = \dfrac{v_2 - v_0}{v_1 - v_0} \end{cases} \tag{1.185}$$

则可根据式 (1.183) 和式 (1.184) 分别求出其值:

$$\begin{cases} F_\sigma = \dfrac{k-1}{k+1} \\ F_v = -\dfrac{k-1}{k+1} \end{cases} \quad \text{和} \quad \begin{cases} T_\sigma = \dfrac{2k}{k+1} \\ T_v = \dfrac{2}{k+1} \end{cases} \tag{1.186}$$

当 $k > 1$ 时, 可知

$$0 < F_\sigma < 1, \ F_v < 0, \ 1 < T_\sigma \leqslant 2, \ 0 < T_v < 1 \tag{1.187}$$

上式的物理意义是: 在一维杆中, 如果应力波从低波阻抗介质传递到高波阻抗介质时, 在两种材料介质的交界面会同时产生一个透射波和入射波; 对于反射波而言, 其应力与入射波同号而质点速度与入射波异号, 如图 1.17 所示 (1~2), 反射波使得介质 1 中压应力进一步增大而质点速度却有所减小; 对于透射波而言, 其无论是应力还是质点速度都与入射波同号, 而且透射波应力强度大于入射波, 如图 1.17 中所示 (0~2), 透射波使得介质 2 中产生压应力且质点速度也增大。

当两种介质波阻抗比 $k$ 无穷大时, 即介质 2 的波阻抗比介质 1 的波阻抗大很多时, 此时介质 2 可视为刚壁, 此类问题就转变成一种常用的特例: 刚壁上的透反射问题。根据式 (1.186) 可有

$$\begin{cases} F_\sigma = 1 \\ F_v = -1 \end{cases} \quad \text{和} \quad \begin{cases} T_\sigma = 2 \\ T_v = 0 \end{cases} \tag{1.188}$$

即

$$\begin{cases} \sigma_2 - \sigma_0 = 2(\sigma_1 - \sigma_0) \\ v_2 - v_1 = -(v_1 - v_0) \end{cases} \tag{1.189}$$

上式说明：对于应力而言，波在刚壁上反射时应力加倍、质点速度反号，也即是说，波在刚壁上反射时对质点速度而言，反射波可视为入射波的倒像，而对应力而言反射波可视为入射波的正像。

### 1.6.3 波阻抗比小于 1 时交界面的透反射问题

当材料由"硬"介质到"软"介质传播即 $k < 1$ 时，如图 1.18 所示，从应力的角度上看，反射波 $BC$ 和入射波 $AB$ 方向相反，透射波 $AC$ 与入射波 $AB$ 方向一致；从质点速度的角度上，反射波 $BC$ 和入射波 $AB$ 方向一致，都会导致质点速度的正跳跃，透射波 $AC$ 与入射波 $AB$ 方向也是一致的。

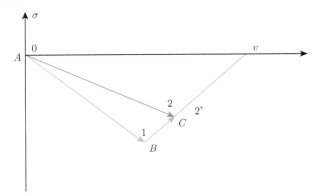

图 1.18 弹性波在由"硬"到"软"介质中传播状态平面图

根据式 (1.186) 我们可以得到

$$-1 < F_\sigma < 0, \ F_v > 0, \ 0 < T_\sigma < 1, \ 1 < T_v \leqslant 2 \tag{1.190}$$

上式的物理意义是：在一维杆中，如果应力波从高波阻抗介质传递到低波阻抗介质时，在两种材料介质的交界面会同时产生一个透射波和入射波；对于反射波而言，其应力与入射波异号而质点速度与入射波同号，如图 1.18 所示 (1~2)，反射波使得介质 1 中压质点速度进一步增大而应力却有所减小；对于透射波而言，其无论是应力还是质点速度都与入射波同号，而且透射波质点速度大于入射波，如图 1.18 中所示 (0~2)，透射波使得介质 2 中产生压应力且质点速度也增大。

当两种介质波阻抗比 $k$ 接近于 0 时，即介质 2 的波阻抗比介质 1 的波阻抗小很多时，此时介质 2 可视为自由面，此类问题就转变成一种常用的特例：自由面上的透反射问题。根据式 (1.186) 可有

$$\begin{cases} F_\sigma = -1 \\ F_v = 1 \end{cases} \quad \text{和} \quad \begin{cases} T_\sigma = 0 \\ T_v = 2 \end{cases} \tag{1.191}$$

即

$$\begin{cases} \sigma_2 - \sigma_1 = -(\sigma_1 - \sigma_0) \\ v_2 - v_0 = 2(v_1 - v_0) \end{cases} \tag{1.192}$$

上式说明：对于应力而言，波在自由面上反射时质点速度加倍、应力反号，也即是说，波在

自由面上反射时对应力而言，反射波可视为入射波的倒像，而对质点速度而言反射波可视为入射波的正像。

根据式 (1.187)、式 (1.190) 和图 1.17、图 1.18，我们可以看出，不管是以应力还是以质点速度来观察问题，也不管两种材料的波阻抗哪个大哪个小，透射波永远都是与入射波同号的；当介质 2 的波阻抗比介质 1 的波阻抗大时，从应力角度观察问题入射波是与反射波同号的，而当介质 2 的波阻抗比介质 1 的波阻抗小时，从应力角度观察问题入射波则是与反射波异号的，如我们以应力的波形来观察问题，我们可以说，当波从低阻抗介质入射到高阻抗介质时，反射波是与入射波同号的，而当波从高阻抗介质入射到低阻抗介质时，反射波则是与入射波异号的。需要说明的是，这里所得出的关于对透射波、反射波与入射波强度间符号关系的结论不仅适用于线弹性波，对一般的非线性材料也是适用的，只不过对非线性材料而言，无论是冲击波还是连续波，材料的波阻抗都不再是常数而是与应力水平和波的强度有关，同时透射波、反射波与入射波强度间的定量关系也将更加复杂。

式 (1.189) 和式 (1.192) 分别称为线弹性波在刚壁上和在自由面上反射时的"镜像法则"。尽管我们只给出了恒值阶梯形应力波的镜像法则，但是由于任意形状的应力波可以看成一系列阶梯形波的累加，而线弹性波的相互作用是满足线性叠加原理的，故弹性波在刚壁上和自由面上反射的镜像法则对任何形状的波都是成立的。这使我们可以很方便地作出弹性波在刚壁或自由面上反射后所形成的合成应力波形或质点速度波形。

### 1.6.4　层裂问题

一般而言，一个压力脉冲是由脉冲头部的压缩加载波及随后的卸载波所共同组成的。从上面交界面应力波的透反射理论分析可知，压缩加载脉冲到达杆或板的自由面时，会在自由面邻近区域反射等量的卸载波，这些卸载波后再与入射压力加载波随后的卸载波相互作用，会在自由面附近区域形成拉伸应力，当拉伸应力满足某材料的动态断裂准则时，会在此区域产生裂纹或孔洞，一旦裂纹或孔洞发展到一个极限值时，就会使得此局域材料脱落分离，这种由压力脉冲在自由表面反射所造成背面的动态断裂现象称为层裂或崩落现象，分出的裂片称作层裂片或痂片；一般来讲，这些层裂片具有较高的动量，有着强大的破坏力。需要注意的是，当自由面出现层裂时，层裂片飞离，这就会在脱落面同时形成了新自由表面，继续入射的压力脉冲就将在此新自由表面上反射，从而可能造成第二层层裂；以此类推，在一定条件下可形成多层层裂，产生一系列的多层层裂片。

当然，层裂的形成条件中，拉伸应力只是一个前提，最后还是取决于是否满足动态断裂准则，具体来讲就是在于压力脉冲在自由表面反射后形成了足以满足动态断裂准则的拉应力，因此，压力脉冲的强度和形状对于能否形成层裂、在什么位置形成层裂、层裂片厚度是多少以及形成几层层裂等具有直接的影响。大多数工程材料往往能承受相当强的压应力波而不至破坏，但不能承受同样强度的拉应力波，如混凝土、岩石、陶瓷甚至金属材料，这些常用的工程材料在强爆炸或冲击载荷下常常会存在层裂行为，这种现象有时会干扰或损坏我们的正常生产行为，如煤矿生产过程中强爆炸冲击会使得巷道顶板或侧边岩石或混凝土出现动态崩落行为而严重影响巷道的支护，如碎甲弹在传统防护装甲表面的爆炸会使得内部表面产生大量高速层裂片从而导致内部人员的伤亡，如强爆炸荷载使得人防工程中巷道或工事顶板产生内部员工的伤亡或设备的损坏等，这类问题无论在民用工业上还是军事工程或武器装备上数不胜数；但是反过来，这种行为是有规律的，我们也可以利用层裂行为和规律来达到我们的目标，如碎甲弹的制造、利用层裂试验来测试材料的动态拉伸强度等。

### 1. 矩形入射波问题

为方便起见，这里我们以 $p = -\sigma$ 表示压应力，考虑在一维杆中存在一个矩形入射波，该加载波具有一个明显特征，如图 1.19 所示，该波开始突加至峰值 $p_m$，在保持一段时间后突然卸载。设矩形波脉冲的波长为 $\lambda$。从上小节的分析可知，对于压缩脉冲在自由面的反射问题，可以将自由面作为镜子，将反射脉冲作为入射脉冲的镜面倒像 (应力) 或镜面正像 (质点速度) 而作出，并以叠加原理作出任意时刻杆中的应力剖面，如图 1.19 所示。

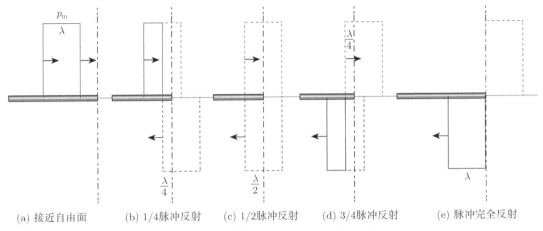

(a) 接近自由面    (b) 1/4脉冲反射    (c) 1/2脉冲反射    (d) 3/4脉冲反射    (e) 脉冲完全反射

图 1.19　矩形脉冲在自由面上的反射问题

图 1.19 中是矩形压应力脉冲在自由面上反射的五个典型时刻下的应力波示意图：图 (a) 表示矩形脉冲接近自由面，此时整个杆中无拉应力区域；图 (b) 表示入射矩形脉冲的 1/4 被反射，即波长为 $\lambda/4$ 的入射压应力脉冲被反射为波长为 $\lambda/4$ 的反射卸载波，同时，反射的卸载波与入射波中接近自由面的 $\lambda/4$ 部分出现应力叠加，入射加载波被卸载波卸载使得其应力合力为 0，入射波转化为波长为 $\lambda/2$ 的矩形脉冲了；图 (c) 表示入射矩形脉冲 1/2 的被反射，同图 (b) 中的分析，此时入射加载波被反射卸载波完全卸载，杆中自由面附近的应力为 0，根据式 (1.192) 可知，此时杆中自由面附近的 $\lambda/2$ 区域与加载脉冲经过之前的区别在于此区域内质点速度是入射压力波质点速度的 2 倍；图 (d) 表示入射矩形脉冲 3/4 的被反射，根据 "镜像法则" 可知反射的卸载波波长为 $3\lambda/4$，其中在自由面端部 $\lambda/4$ 区域入射加载波被反射卸载波完全卸载，使得此区域应力为 0，反射波为一个波长为 $\lambda/2$ 的拉应力波；图 (e) 表示入射加载波完全被反射为波长为 $\lambda$ 的拉应力波，反射波向左传播。

从图 1.19 及分析可以看出，自由面反射后介质中出现了拉应力区，层裂的本质是压缩加载波在自由面反射产生的卸载波与入射的卸载波相遇，使材料出现二次卸载，导致材料中出现拉应力。对入射矩形脉冲的情况，所产生的最大拉应力恰等于入射压缩脉冲峰值：$|\sigma_m| = p_m$，且首先出现此拉应力的截面在一维杆中距离自由面 $\lambda/2$ 处，故如果我们取材料的断裂

准则为最大拉应力瞬时断裂准则:

$$|\sigma_{\mathrm{m}}| \geqslant \sigma_{\mathrm{c}} \tag{1.193}$$

即如果拉应力超过了材料的破坏应力则会出现层裂,则在一维杆中距离自由面 $\lambda/2$ 处发生层裂,层裂的厚度为

$$\delta = \frac{\lambda}{2} \tag{1.194}$$

　　根据动量守恒条件可知:层裂片脱离并飞出时的全部动量 $\rho\delta v$ 是由入射脉冲头部到达断裂面至其尾部离开此面整个时间间隔 $\lambda/C$ 内,入射压力施加到此面上的冲量 $p_{\mathrm{m}}\lambda/C$ 转化而来。由此,可以求出层裂片飞出的速度:

$$v = \frac{p_{\mathrm{m}}\lambda/C}{\rho\delta} = \frac{2p_{\mathrm{m}}}{\rho C} = 2\frac{p_{\mathrm{m}}}{\rho C} = 2v_0 \tag{1.195}$$

式中,$v_0$ 表示入射波质点速度,上式即表示层裂片飞出的速度等于一维杆中入射波质点速度的 2 倍。另外从图 1.19 中的分析可知,对于矩形入射脉冲而言,无论其幅值多大,也不会发生两层或多层层裂的现象。

　　2. 三角形入射波问题

　　与矩形脉冲不同,如果入射波是三角形脉冲,则脉冲在自由面发生反射初始阶段就发生入射卸载波与反射卸载波的相互作用而形成拉应力,如图 1.20 所示,图中显示三角形脉冲在自由面发生反射的五个典型时刻:入射波到达自由面附近;少量入射波被反射形成卸载波并在其与入射加载波的相互作用下形成宽度为 $\delta$ 的左行拉应力波;入射波一半被反射,反射卸载波与入射波相互作用下形成波长为 $\lambda/2$ 的左行拉应力波;入射波大部分被反射形成梯形左行拉应力波;入射波全部被反射为波长为 $\lambda$ 的左行拉应力波。

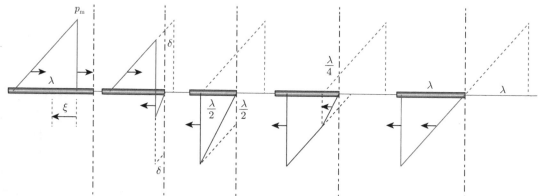

(a) 接近自由面 (b) 小部分入射波被反射 (c) 一半入射波被反射 (d) 大部分入射波被反射 (e) 入射波被全部反射

图 1.20　三角形脉冲在自由面上的反射问题

　　为定量分析波的相互作用,我们定义一个入射加载波所在位置为参考点,如图 1.20(a) 所示,参考点左端距离参考点 $\xi$ 处的压应力幅值为 $p(\xi)$,对于三角形波而言,可有

$$p(\xi) = p_{\mathrm{m}}\left(1 - \frac{\xi}{\lambda}\right), \quad 0 \leqslant \xi \leqslant \lambda \tag{1.196}$$

根据式 (1.196) 我们可以给出此一维杆中任意一个截面的应力时程曲线。以任一截面为例，可将入射加载波阵面 (为通俗起见，后文称为波头) 到达该截面的时刻设为初始时刻 $t = 0$，则在 $t = t$ 时刻其相对坐标为 $\xi = Ct$，因而，我们可以得到此截面上压应力时程曲线为

$$p(t) = p_{\mathrm{m}} \left( 1 - \frac{Ct}{\lambda} \right) \tag{1.197}$$

如果我们取材料的断裂准则为最大拉应力瞬时断裂准则，并设 $p_{\mathrm{m}} > \sigma_{\mathrm{c}}$，则在某一时刻一维杆中会发生层裂，而且根据图 1.20 可知，发生层裂的地方一定在反射卸载波的波头上，因为该处的拉应力最大。如图 1.20(b) 所示，设在距离自由面 $\delta$ 处初次出现层裂现象，则层裂片厚度为 $\delta$，此时卸载波波头的拉应力值为 $p = p_{\mathrm{m}}$，而根据式 (1.197) 可以得到此波头对应入射波压应力值 $p(2\delta/C)$，因此，我们可以给出此时卸载波头与入射波相互作用下截面上的拉应力值：

$$\sigma(\delta) = p_{\mathrm{m}} - p_{\mathrm{m}} \left( 1 - \frac{2\delta}{\lambda} \right) = p_{\mathrm{m}} \frac{2\delta}{\lambda} \tag{1.198}$$

从上式可以看出，随着 $\delta$ 的增大，其拉应力值逐渐增大，直到 $\sigma(\delta) = \sigma_{\mathrm{c}}$ 时开始出现层裂，由此我们可以计算出首次层裂发生的位置及首次层裂片的厚度：

$$\delta = \frac{\lambda}{2} \frac{\sigma_{\mathrm{c}}}{p_{\mathrm{m}}} \tag{1.199}$$

上式说明，当入射脉冲峰值 $p_{\mathrm{m}} = \sigma_{\mathrm{c}}$ 时，飞片的厚度同以上所分析的矩形脉冲类似 ($\delta = \lambda/2$)；另外，从上式我们也可以看出，随着入射波斜率的增大 (通俗地讲就是越陡)，即 $p_{\mathrm{m}}/\lambda$ 值越大，层裂片厚度越小即越薄。首次发生层裂的时间为从入射波波头到达自由面开始后的时刻：

$$t = \frac{\lambda}{2C} \frac{\sigma_{\mathrm{c}}}{p_{\mathrm{m}}} \tag{1.200}$$

层裂片的动量是由入射脉冲从入射波头到达层裂面的 $t = 0$ 至反射波到层裂面的 $t = 2\delta/C$ 期间入射波通过层裂面所传递的冲量转化而来，故有

$$\rho \delta v = \int_0^{\frac{2\delta}{C}} p(t) \, \mathrm{d}t \tag{1.201}$$

即层裂片脱离并飞出的速度为

$$v = \frac{\displaystyle\int_0^{\frac{2\delta}{C}} p(t) \, \mathrm{d}t}{\rho \delta} \tag{1.202}$$

结合式 (1.197) 和式 (1.202)，我们可以给出一维杆中三角形脉冲在自由面反射时首次层裂片的速度：

$$v = \frac{2p_{\mathrm{m}} \left( 1 - \dfrac{\delta}{\lambda} \right)}{\rho C} = \frac{2p_{\mathrm{m}} - \sigma_{\mathrm{c}}}{\rho C} \tag{1.203}$$

上式说明，对于同一种材料而言，三角形脉冲峰值越大，其层裂片飞出的速度越大，与层裂片的厚度不同，其飞出速度与入射波三角形斜率 (陡度) 无关，而只与脉冲峰值强度相关。

当 $p_\mathrm{m} = \sigma_\mathrm{c}$ 时，层裂发生的时间为 $t = \lambda/(2C)$，此时全部脉冲能量都转化为层裂片的动量，其飞出速度为 $v = \sigma_\mathrm{c}/(\rho C)$，是相同波长和相等峰值压应力矩形脉冲在自由面反射所产生层裂片速度的一半。

当 $\sigma_\mathrm{c} < p_\mathrm{m} < 2\sigma_\mathrm{c}$ 时，当发生首次层裂后，层裂面形成了一个新的自由面，后方的三角形脉冲在新自由面也会再次发生反射，但由于后方三角形脉冲峰值 $p'_\mathrm{m} = (p_\mathrm{m} - \sigma_\mathrm{c}) < \sigma_\mathrm{c}$，因此不能产生二次层裂现象。

当 $2\sigma_\mathrm{c} \leqslant p_\mathrm{m} < 3\sigma_\mathrm{c}$ 时，首次层裂后，后方的三角形脉冲峰值 $p'_\mathrm{m} = (p_\mathrm{m} - \sigma_\mathrm{c}) \geqslant \sigma_\mathrm{c}$，此时，后方的三角形脉冲在首次层裂面再次发生反射并产生层裂，二次层裂片的厚度为

$$\delta_2 = \frac{\lambda - 2\delta}{2} \frac{\sigma_\mathrm{c}}{p_\mathrm{m} - \sigma_\mathrm{c}} = \frac{\lambda - \lambda \dfrac{\sigma_\mathrm{c}}{p_\mathrm{m}}}{2} \frac{\sigma_\mathrm{c}}{p_\mathrm{m} - \sigma_\mathrm{c}} = \frac{\lambda}{2} \frac{\sigma_\mathrm{c}}{p_\mathrm{m}} = \delta \tag{1.204}$$

参考式 (1.203)，可以求出二次层裂片的速度为

$$v_2 = \frac{2\left(p_\mathrm{m} - \sigma_\mathrm{c}\right)\left(1 - \dfrac{\delta_2}{\lambda - 2\delta_2}\right)}{\rho C} = \frac{2p_\mathrm{m} - 3\sigma_\mathrm{c}}{\rho C} = \frac{2\left(p_\mathrm{m} - \sigma_\mathrm{c}\right) - \sigma_\mathrm{c}}{\rho C} < v \tag{1.205}$$

从上式可以看出，发生二次层裂的条件是三角形脉冲幅值不小于材料最大拉应力瞬间断裂强度的 2 倍，二次层裂片厚度与首次层裂片厚度相同，只是层裂片飞出的速度较首次层裂片小。

同理，当 $n\sigma_\mathrm{c} \leqslant p_\mathrm{m} < (n+1)\sigma_\mathrm{c}$ 且 $n \geqslant 3$ 时，三角形脉冲峰值为 $p'_\mathrm{m} = p_\mathrm{m} - (n-1)\sigma_\mathrm{c} \geqslant \sigma_\mathrm{c}$，即发生 $n-1$ 次层裂后方脉冲峰值依然达到材料最大拉应力瞬间断裂强度，会产生第 $n$ 次层裂，从上面的分析我们可以设前 $n-1$ 次每次层裂片厚度均为 $\delta = \lambda\sigma_\mathrm{c}/(2p_\mathrm{m})$，则第 $n$ 次层裂片的厚度为

$$\delta_n = \frac{\lambda_{n-1} - 2\delta_{n-1}}{2} \frac{\sigma_\mathrm{c}}{p_\mathrm{m} - (n-1)\sigma_\mathrm{c}} = \frac{\lambda - 2(n-1)\delta}{2} \frac{\sigma_\mathrm{c}}{p_\mathrm{m} - (n-1)\sigma_\mathrm{c}} = \frac{\lambda}{2} \frac{\sigma_\mathrm{c}}{p_\mathrm{m}} = \delta \tag{1.206}$$

上式说明，第 $n$ 次层裂片的厚度依然与之前每次层裂片厚度一致，也就是说对于三角形脉冲，无论其幅值多大，产生层裂后层裂片的厚度均相等。第 $n$ 次层裂时层裂片的速度为

$$v_n = \frac{2\left[p_\mathrm{m} - (n-1)\sigma_\mathrm{c}\right] - \sigma_\mathrm{c}}{\rho C} = v_{n-1} - \frac{2\sigma_\mathrm{c}}{\rho C} = v - \frac{2(n-1)\sigma_\mathrm{c}}{\rho C} \tag{1.207}$$

上式说明，发生多次层裂后，其层裂片的速度是递减的，其递减的幅度为 $2\sigma_\mathrm{c}/(\rho C)$。

### 3. 指数形式入射波问题

从上面的推导来看，对于三角形脉冲而言，由于入射波卸载段斜率一致，因而其层裂片厚度一致、速度按照等量递减；在工程实际中，爆炸波常常以指数衰减，利用三角形入射波简化分析能够得到具有一定参考价值的定性和稍显粗糙的定量结论，但实际上还是有些特征不能捕捉到，现在我们对一维杆中入射波为指数脉冲时的层裂情况进行分析。

类似于三角形脉冲相关分析，如图 1.21 所示指数脉冲可以写为

$$p(\xi) = p_\mathrm{m}\exp\left(-\frac{\xi}{C\tau}\right) \quad 0 \leqslant \xi \leqslant \lambda \ \text{ 或 } \ p(t) = p_\mathrm{m}\exp\left(-\frac{t}{\tau}\right) \tag{1.208}$$

式中，$\tau$ 是时间常数，它具有与时间相同的量纲。同样使用材料的最大拉应力瞬时断裂准则，则可以得到

$$\sigma\left(\delta_1\right) = p_{\mathrm{m}} - p_{\mathrm{m}} \exp\left(-\frac{2\delta_1}{C\tau}\right) = \sigma_{\mathrm{c}} \tag{1.209}$$

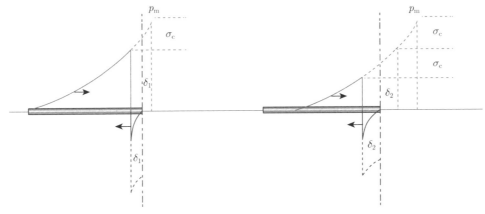

图 1.21　指数脉冲在自由面上的反射问题

根据上式我们可以求出首次层裂片的厚度为

$$\delta_1 = \frac{C\tau}{2}\ln\left(\frac{p_{\mathrm{m}}}{p_{\mathrm{m}} - \sigma_{\mathrm{c}}}\right) \tag{1.210}$$

同三角形脉冲分析，我们可以得到首次层裂片的飞出速度为

$$v_1 = \frac{\displaystyle\int_0^{2\delta_1/C} p\left(t\right)\mathrm{d}t}{\rho\delta_1} = \frac{2\sigma_{\mathrm{c}}}{\rho C\ln\left[p_{\mathrm{m}}/\left(p_{\mathrm{m}} - \sigma_{\mathrm{c}}\right)\right]} \tag{1.211}$$

当 $2\sigma_{\mathrm{c}} \leqslant p_{\mathrm{m}} < 3\sigma_{\mathrm{c}}$ 时，首次层裂后，后方的三角形脉冲峰值 $p'_{\mathrm{m}} = \left(p_{\mathrm{m}} - \sigma_{\mathrm{c}}\right) \geqslant \sigma_{\mathrm{c}}$，此时，后方的三角形脉冲在首次层裂面再次发生反射并产生层裂，结合式 (1.209)，可以计算出二次层裂片的厚度为

$$\delta_2 \doteq \frac{C\tau}{2}\ln\left(\frac{p_{\mathrm{m}} - \sigma_{\mathrm{c}}}{p_{\mathrm{m}} - 2\sigma_{\mathrm{c}}}\right) > \delta_1 \tag{1.212}$$

参考式 (1.203)，可以求出二次层裂片的速度为

$$v_2 = \frac{2\sigma_{\mathrm{c}}}{\rho C\ln\left[\left(p_{\mathrm{m}} - \sigma_{\mathrm{c}}\right)/\left(p_{\mathrm{m}} - 2\sigma_{\mathrm{c}}\right)\right]} < v_1 \tag{1.213}$$

式 (1.212) 说明，二次层裂片厚度比首次层裂片大，以此类推，当指数脉冲幅值足够大时，会产生多次层裂，而且层裂片厚度越来越大；式 (1.213) 说明，与三角形脉冲不同，指数脉冲虽然二次层裂速度小于首次层裂片速度，但在多次层裂时，每一次层裂片速度并不是以恒定速度递减的。

以上的研究是基于弹性波一维理论的基础上完成的，其未考虑几何上的二维效应和材料的弹塑性效应，实际情况复杂得多，但在原理上它们是相同的，这些结论在很多时候能够

给实际工程提供理论支撑。在很多时候，工程材料的拉伸强度远小于其压缩强度，如混凝土、岩石、陶瓷等脆性材料，强压力动载作用到此类材料中时，如果遇到自由面很容易发生层裂现象，这些高速破片会给自由面方向空间造成很大的伤害，如人防工程中顶板结构、地铁防爆室、煤矿井下巷道等。从上面的分析可知，最基本的办法有两种：减小入射压应力波波幅和增大材料的抗拉强度；前者就是采用新型材料或结构实现阻尼和削波；后者就是对材料进行改性，如利用钢纤维混凝土替代普通混凝土，等等。以钢这样的金属材料而言，在复合应力条件下能够承受较高的压应力却容易在相对较低的拉应力作用下出现层裂现象，这在装甲车辆和坦克承受爆炸冲击作用下的层裂造成内部人员伤亡和设备毁坏这一现象就可以明显看出，因此我们一般也采用与上面类似的方式来改进装甲车辆的防护结构。

从式 (1.212) 可知，对于指数脉冲而言，如果出现多次层裂，层裂片的厚度越来越大，这与实际情况不符，其主要原因是以上所引用的最大拉应力瞬时断裂准则式 (1.193) 不准确 (特别是软材料) 而造成的。一般而言，除了理想晶体的理论强度外，工程材料的断裂实际上不是瞬时发生的，而是一个有限速度发展的过程。特别在高应变率下，更呈现明显的断裂滞后现象，表现为临界应力随着载荷作用持续的增加而降低。这说明材料断裂的发生，不仅与作用在其上的应力值有关，还与应力作用的持续时间或者应力 (应变) 率有关。因此，此时我们应该采用有时间效应的损伤累积准则。常用的有如 Tuler 和 Butcher 在 1968 年提出的损伤累积准则：

$$\int_0^t [\sigma(t) - \sigma_0]^\gamma \, dt = K \tag{1.214}$$

式中，$\sigma_0$、$\gamma$ 和 $K$ 为材料常数，$\sigma_0$ 称为材料出现损伤的门槛应力，即当材料某处的拉应力 $\sigma(t)$ 超过其门槛应力 $\sigma_0$ 时，此处即会产生损伤；材料在 $dt$ 时间内所产生的损伤以超应力的 $\gamma$ 次幂和 $dt$ 乘积所表达的唯象量 $[\sigma(t) - \sigma_0]^\gamma dt$ 来表征，而当此处在某时刻 $t$ 时其损伤的累积值达到 $K$ 时，材料即发生层裂。当然还有一些更严格准确的相关理论，其主要涉及材料的动态断裂准则相关知识，而在应力波知识方面与以上分析基本一致，因而在此不做详述。

### 1.6.5　波在多层材料中的传播问题

弹性波在两种波阻抗材料交界面上的透反射问题的相关结论可以适用于多种材料同轴一维杆中弹性波传播；当我们不考虑材料的泊松比时，一维应力与一维应变假设下所得出的相关结论一致，此时也适用于不同材料分层结构中弹性波的传播问题。为了与实际工程问题更好地对应，我们这里假设多层材料间不能传递拉伸应力 (注意不是不能传递稀疏波，它们的区别在本章前面已经说明)，即压缩时多层材料之间是保持接触的，而在拉伸时材料之间趋于脱离。

同上分析说明，一维杆中的质点初速和杆中初始应力对其中弹性波传播的结论与规律没有影响，因此，为简化方程形式，本节后面皆假设质点初速和杆中初始应力为零。如图 1.22 所示，三种材料的密度和声速分别如图所示，其中最左侧杆和最右侧杆无限长 (即不考虑其在另一端面的反射问题)。

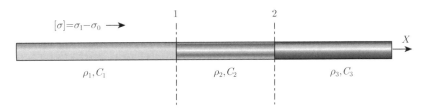

图 1.22 三种不同材料一维杆截面透反射问题

图中 $\sigma_\mathrm{I}$ 为入射波强度，利用弹性波在交界面上的透反射规律，我们可以结合如图 1.23 所示物理平面图给出三种材料杆中的应力状态。

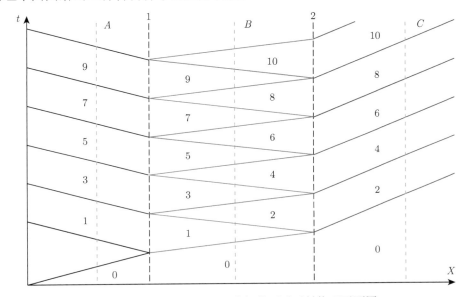

图 1.23 三种不同材料一维杆截面透反射物理平面图

同上定义，截面 1 和截面 2 的波阻抗比分别为

$$k_1 = \frac{\rho_2 C_2}{\rho_1 C_1}, \quad k_2 = \frac{\rho_3 C_3}{\rho_2 C_2} \tag{1.215}$$

由图 1.23 可以看出，求出中间杆在不同时刻的应力状态，即可得到最左侧入射杆和最右侧透射杆在不同时刻的应力状态；根据透反射规律，可以得到其应力状态分别为

$$\begin{cases} \sigma_1 = F_1 \left(\sigma_\mathrm{I} - \sigma_0\right) + \sigma_\mathrm{I} \\ \sigma_3 = F_1' \left(\sigma_2 - \sigma_1\right) + \sigma_2 \\ \sigma_5 = F_1' \left(\sigma_4 - \sigma_3\right) + \sigma_4 \\ \sigma_7 = F_1' \left(\sigma_6 - \sigma_5\right) + \sigma_6 \\ \sigma_9 = F_1' \left(\sigma_8 - \sigma_7\right) + \sigma_8 \end{cases} \quad 和 \quad \begin{cases} \sigma_2 = F_2 \left(\sigma_1 - \sigma_0\right) + \sigma_1 \\ \sigma_4 = F_2 \left(\sigma_3 - \sigma_2\right) + \sigma_3 \\ \sigma_6 = F_2 \left(\sigma_5 - \sigma_4\right) + \sigma_5 \\ \sigma_8 = F_2 \left(\sigma_7 - \sigma_6\right) + \sigma_7 \\ \sigma_{10} = F_2 \left(\sigma_9 - \sigma_8\right) + \sigma_9 \end{cases} \tag{1.216}$$

式中，两个交界面的应力反射系数分别为

$$F_1 = \frac{k_1 - 1}{k_1 + 1}, \quad F_1' = \frac{1/k_1 - 1}{1/k_1 + 1} = \frac{1 - k_1}{1 + k_1} = -F_1 \text{ 和 } F_2 = \frac{k_2 - 1}{k_2 + 1} \tag{1.217}$$

由于三种材料的波阻抗已知，即两个交界面的波阻抗比为已知量；入射波强度和杆中初始应力也为已知量，因此，我们可以通过式 (1.215)、式 (1.216) 和式 (1.217) 求出各应力量。如前所述，为简化形式，假设初始应力为零，即可以得到中间杆中第 $2n$ 和 $2n+1$ 道波的跳跃量 (应力强度) 为

$$\begin{cases} [\sigma]_{2n} = \sigma_{2n} - \sigma_{2n-1} = (F_2 F_1')^{n-1} F_2 \sigma_1 \\ [\sigma]_{2n+1} = \sigma_{2n+1} - \sigma_{2n} = (F_2 F_1')^{n} \sigma_1 \end{cases}, n \geqslant 1 \tag{1.218}$$

从式 (1.215) 和式 (1.217) 可知，当三种材料波阻抗皆不相等时：

$$|F_2 F_1'| < 1 \tag{1.219}$$

式 (1.218) 即说明，对于以上所示三个不同波阻抗材料一维杆而言，中间杆中弹性波由于两个交界面两端波阻抗不匹配，从而一直在其中反射，反射波的强度越来越小。

根据式 (1.216) 和式 (1.218) 可以进一步求出不同时刻应力的表达式：

$$\begin{cases} \sigma_{2n} = T_1 T_2 \sigma_1 \left[1 - (F_2 F_1')^{n}\right] / \left[1 - (F_2 F_1')\right] \\ \sigma_{2n+1} = (F_2 F_1')^{n} T_1 \sigma_1 + T_1 T_2 \sigma_1 \left[1 - (F_2 F_1')^{n}\right] / \left[1 - (F_2 F_1')\right] \end{cases}, n \geqslant 1 \tag{1.220}$$

式中，$T_1 = F_1 + 1$ 和 $T_2 = F_2 + 1$ 为如式 (1.186) 所示应力透射系数。

根据图 1.23 可以看出，最右端的透射杆中最大应力值随时间的变化满足关系 (为方便与中间杆中的应力进行对比，此处仍假设到入射杆与中间杆交界面处的时间为初始时刻)：

$$\sigma_t(t) = \begin{cases} \sigma_0 = 0, & t < L/C_2 \\ T_1 T_2 \sigma_1 \left[1 - (F_2 F_1')^{\Gamma_t}\right] \Big/ \left[1 - (F_2 F_1')\right], & t \geqslant L/C_2 \end{cases} \tag{1.221}$$

式中 (此处 [ ] 表示取整，则有)

$$\Gamma_t = \left[\frac{t - L/C_2}{2L/C_2}\right] + 1 \tag{1.222}$$

同理，我们也可以给出入射杆交界面一端的应力值为

$$\sigma_r(t) = \begin{cases} T_1 \sigma_1, & t < 2L/C_2 \\ (F_2 F_1')^{\Gamma_r} T_1 \sigma_1 + T_1 T_2 \sigma_1 \left[1 - (F_2 F_1')^{\Gamma_r}\right] \Big/ \left[1 - (F_2 F_1')\right], & t \geqslant 2L/C_2 \end{cases} \tag{1.223}$$

式中 (此处 [ ] 表示取整，则有)

$$\Gamma_r = \left[\frac{t - 2L/C_2}{2L/C_2}\right] + 1 \tag{1.224}$$

从式 (1.221) 可以看出，首次应力波传入透射杆后，透射杆的最大应力强度为

$$\sigma_t = T_1 T_2 \sigma_1 \tag{1.225}$$

随着时间逐渐增大，中间杆中应力逐渐均匀，当加载时间足够长时，透射杆的最大应力应近似为

$$\sigma_t(\infty) = \frac{T_1 T_2}{1 - F_2 F_1'} \sigma_1 = \frac{T_1 T_2}{1 + F_1 F_2} \sigma_1 = \frac{2k_1 k_2}{k_1 k_2 + 1} \sigma_1 = \frac{2k'}{k' + 1} \sigma_1 \tag{1.226}$$

式中

$$k' = k_1 k_2 = \frac{\rho_2 C_2}{\rho_1 C_1} \cdot \frac{\rho_3 C_3}{\rho_2 C_2} = \frac{\rho_3 C_3}{\rho_1 C_1} \tag{1.227}$$

同理，从式 (1.223) 可知，当加载时间足够长时，入射杆靠近交界面一端的最大应力应近似为

$$\sigma_r(\infty) = \frac{T_1 T_2}{1 - F_2 F_1'} \sigma_{\mathrm{I}} = \frac{T_1 T_2}{1 + F_1 F_2} \sigma_{\mathrm{I}} = \frac{2k_1 k_2}{k_1 k_2 + 1} \sigma_{\mathrm{I}} = \frac{2k'}{k' + 1} \sigma_{\mathrm{I}} = \sigma_t(\infty) \tag{1.228}$$

式 (1.226) 和式 (1.228) 说明，对于无限长一维入射杆和一维透射杆而言，当恒压力脉冲作用时间足够时，在入射杆和透射杆之间放入一个不同波阻抗的杆并不影响透射杆最大应力强度和入射杆交界面一端应力强度，可以证明，在入射杆和透射杆之间放入更多的同轴同尺寸不同材料的杆也不会影响其结果；也就是说当加载时间足够长时，决定透射杆最大应力强度和入射杆交界面一端应力强度的只有入射脉冲强度和透射杆与入射杆波阻抗之比两个因素。根据式 (1.228) 第二式也可知，此时入射杆中交界面一端的应力与透射杆中靠近交界面一端的应力即此时中间杆两端应力一致。

从式 (1.221) 可以看出，当时间 $t \geqslant L/C_2$，透射杆靠近交界面一端应力时程曲线为

$$\sigma_t(t) = \frac{2k'}{k' + 1} \left[ 1 - (F_2 F_1')^{\Gamma_t} \right] \sigma_{\mathrm{I}} \tag{1.229}$$

而如果中间杆波阻抗等于入射杆波阻抗或透射杆波阻抗，此时应力的计算相对于只考虑入射杆和透射杆直接接触，则与上面同样位置处透射杆中的应力在 $t \geqslant L/C_2$ 时为常值：

$$\sigma_t(t) = \frac{2k'}{k' + 1} \sigma_{\mathrm{I}} \tag{1.230}$$

如图 1.24 所示，我们从图中可以直观看出，虽然添加一个不同波阻抗材料的中间杆并不影响透射杆最大应力强度，但却由于界面透反射效应导致其升时变大。

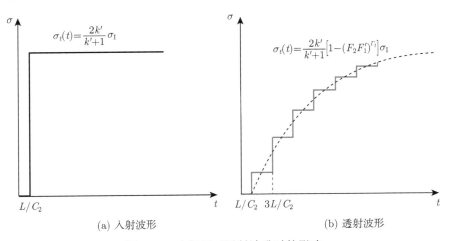

图 1.24　中间杆对透射波升时的影响

一般我们定义杆中应力不均匀度为

$$\Delta = \frac{2\left(\sigma_{\max} - \sigma_{\min}\right)}{\sigma_{\max} + \sigma_{\min}} \tag{1.231}$$

设中间杆的长度为 $L$，设 $t = 0$ 时入射波到达交界面 1 处，我们可以得到在 $t$ 时刻图 1.22 所示中间杆中应力在轴向方向上的不均匀度。当 $[Ct/L]$ 为偶数时，此处 $[\ ]$ 表示取整，则有

$$\Delta_{2n+1} = \left| \frac{2\left(\sigma_{2n+1} - \sigma_{2n}\right)}{\sigma_{2n+1} + \sigma_{2n}} \right| = \left| \frac{2\left(F_2 F_1'\right)^n}{\left(F_2 F_1'\right)^n + 2T_2\left[1 - \left(F_2 F_1'\right)^n\right]\big/\left[1 - \left(F_2 F_1'\right)\right]} \right|$$

即

$$\Delta_{2n+1} = \frac{2}{1 + 2T_2\left[\left(F_2 F_1'\right)^{-n} - 1\right]\big/\left[1 - \left(F_2 F_1'\right)\right]} \tag{1.232}$$

式中，

$$n = \left[\frac{C_2 t}{2L}\right] \geqslant 1 \tag{1.233}$$

式中，当 $n$ 值取零时，$\Delta = 2$。

当 $[Ct/L]$ 为奇数时 (此处 $[\ ]$ 表示取整)，则有

$$\Delta_{2n} = \left| \frac{2\left(\sigma_{2n} - \sigma_{2n-1}\right)}{\sigma_{2n} + \sigma_{2n-1}} \right| = \left| \frac{2\left(F_2 F_1'\right)^n}{2F_1' T_2\left[1 - \left(F_2 F_1'\right)^n\right]\big/\left[1 - \left(F_2 F_1'\right)\right] - \left(F_2 F_1'\right)^n} \right|$$

即

$$\Delta_{2n} = \left| \frac{2}{2F_1' T_2\left[\left(F_2 F_1'\right)^{-n} - 1\right]\big/\left[1 - \left(F_2 F_1'\right)\right] - 1} \right| \tag{1.234}$$

式中

$$n = \left[\frac{C_2 t}{L} + 1\right]\Big/2 \geqslant 1 \tag{1.235}$$

如果我们假设 $\Delta < 5\%$ 时认为中间杆两端的应力均匀，则可以根据式 (1.232)$\sim$ 式 (1.235) 求出时间 $t$。这里我们以分离式 Hopkinson 压杆中入射杆–试件–透射杆系统为例，这里不考虑试件尺寸与两杆不一致问题 (后文可知这个问题可以等效为广义波阻抗，核心思想一致)，此种情况下入射杆与透射杆材料一致，中间是波阻抗相对 "软" 的材料，即

$$k_1 < 1, \quad \rho_1 C_1 = \rho_3 C_3 \ \text{即} \ k_1 k_2 = 1 \tag{1.236}$$

此时，可有

$$F_2 F_1' = F_2^2 = F_1^2 \tag{1.237}$$

此时式 (1.232) 和式 (1.234) 分别可写为

$$\Delta_{2n+1} = \left| \frac{2}{1 + \left(k_2 + 1\right)\left[\left(\dfrac{k_2 - 1}{k_2 + 1}\right)^{-2n} - 1\right]} \right| \Rightarrow \Delta_{2n+1} = \left| \frac{2}{\left(\dfrac{k_2 - 1}{k_2 + 1}\right)^{-(2n+1)}\left(k_2 - 1\right) - k_2} \right| \tag{1.238}$$

$$\Delta_{2n} = \left| \frac{2}{(k_2-1)\left[\left(\dfrac{k_2-1}{k_2+1}\right)^{-2n}-1\right]-1} \right| \Rightarrow \Delta_{2n} = \left| \frac{2}{\left(\dfrac{k_2-1}{k_2+1}\right)^{-2n}(k_2-1)-k_2} \right| \tag{1.239}$$

上两式即可写为

$$\Delta_n = \frac{2}{\left(\dfrac{k_2+1}{k_2-1}\right)^{n}(k_2-1)-k_2} \tag{1.240}$$

根据式 (1.240) 我们可以给出不同波阻抗比随着弹性波在交界面反射次数增加时中间杆中的应力不均匀度值，如表 1.3 所示。从表中结合式 (1.240) 可以看到，中间杆中弹性波反射次数越多应力越均匀，结合式 (1.233) 和式 (1.235) 可知，当中间杆波速越大、弹性波作用时间越长、杆长越短，杆中应力越均匀，因此，在分离式 Hopkinson 压杆试验过程中，当中间杆材料为金属材料时，由于试件长度小、波速大，因此当广义波阻抗匹配较好时一般应力均匀性皆较好；对于相同反射次数 (时间) 而言，杆与杆之间波阻抗匹配越好，即波阻抗比越接近于 1.00 时，中间杆中应力越均匀，因此，在开展分离式 Hopkinson 压杆试验时，尽可能选择与试件材料波阻抗较匹配的杆材，而且试件直径与杆直径尽可能相近 (广义波阻抗匹配包含材料波阻抗匹配和截面积匹配两项)。

表 1.3　不同波阻抗比中间杆中不均匀度与反射次数之间的关系

| $n$ \ $k_2$ | 1.25 | 1.50 | 1.75 | 2.00 | 2.25 | 2.50 | 2.75 | 3.00 | 3.50 | 4.00 | 4.50 | 5.00 | 6.00 | 7.00 | 8.00 |
|---|---|---|---|---|---|---|---|---|---|---|---|---|---|---|---|
| 1 | 2.00 | 2.00 | 2.00 | 2.00 | 2.00 | 2.00 | 2.00 | 2.00 | 2.00 | 2.00 | 2.00 | 2.00 | 2.00 | 2.00 | 2.00 |
| 2 | 0.11 | 0.18 | 0.24 | 0.29 | 0.32 | 0.35 | 0.38 | 0.40 | 0.43 | 0.46 | 0.48 | 0.50 | 0.53 | 0.55 | 0.56 |
| 3 | 0.00 | 0.03 | 0.06 | 0.08 | 0.10 | 0.12 | 0.14 | 0.15 | 0.18 | 0.20 | 0.22 | 0.24 | 0.26 | 0.28 | 0.29 |
| 4 | 0.00 | 0.01 | 0.01 | 0.03 | 0.04 | 0.05 | 0.06 | 0.07 | 0.09 | 0.10 | 0.12 | 0.13 | 0.15 | 0.17 | 0.18 |
| 5 | 0.00 | 0.00 | 0.00 | 0.01 | 0.01 | 0.02 | 0.03 | 0.03 | 0.05 | 0.06 | 0.07 | 0.08 | 0.10 | 0.11 | 0.12 |
| 6 | 0.00 | 0.00 | 0.00 | 0.01 | 0.01 | 0.01 | 0.02 | 0.02 | 0.03 | 0.04 | 0.05 | 0.06 | 0.07 | 0.08 |
| 7 | 0.00 | 0.00 | 0.00 | 0.00 | 0.00 | 0.00 | 0.01 | 0.01 | 0.01 | 0.02 | 0.03 | 0.03 | 0.04 | 0.05 | 0.06 |
| 8 | 0.00 | 0.00 | 0.00 | 0.00 | 0.00 | 0.00 | 0.00 | 0.01 | 0.01 | 0.02 | 0.02 | 0.03 | 0.04 | 0.05 |
| 9 | 0.00 | 0.00 | 0.00 | 0.00 | 0.00 | 0.00 | 0.00 | 0.00 | 0.01 | 0.01 | 0.02 | 0.03 | 0.03 |
| 10 | 0.00 | 0.00 | 0.00 | 0.00 | 0.00 | 0.00 | 0.00 | 0.00 | 0.01 | 0.01 | 0.02 | 0.03 |
| 11 | 0.00 | 0.00 | 0.00 | 0.00 | 0.00 | 0.00 | 0.00 | 0.00 | 0.01 | 0.01 | 0.02 |
| 12 | 0.00 | 0.00 | 0.00 | 0.00 | 0.00 | 0.00 | 0.00 | 0.00 | 0.01 | 0.01 |
| 13 | 0.00 | 0.00 | 0.00 | 0.00 | 0.00 | 0.00 | 0.00 | 0.00 | 0.01 | 0.01 |
| 14 | 0.00 | 0.00 | 0.00 | 0.00 | 0.00 | 0.00 | 0.00 | 0.00 | 0.01 |
| 15 | 0.00 | 0.00 | 0.00 | 0.00 | 0.00 | 0.00 | 0.00 | 0.00 | 0.01 |
| 16 | 0.00 | 0.00 | 0.00 | 0.00 | 0.00 | 0.00 | 0.00 | 0.00 | 0.01 |

前面我们对恒压缩加载波作用下三种同轴等截面一维杆中弹性波的传播进行简单分析，然而，在一般情况下，加载波波长是有限的，此时后方的卸载稀疏波对加载压缩弹性波的传播也会产生影响，现在我们对有限波长脉冲载荷下三种材料一维杆中弹性波的传播进行分析。在这里我们不考虑交界面两侧材料波阻抗相等的情况，因为此种情况是特例，相当于没有交界面，也就不存在所谓的反射波，如果一个交界面有此种情况即降为两种材料交界面上

弹性波的透反射问题, 如果两个交界面皆如此, 即将其视为一根杆, 而不存在波阻抗交界面。以矩形压缩脉冲波为例, 设波长为 $\lambda$, 波幅为 $p_{\mathrm{m}}$, 中间杆长 $L$; 同上, 以应力波波头到达第一个交界面的时间为初始时刻, 可知当

$$t = \frac{\lambda}{C_1} \tag{1.241}$$

时, 后方卸载波到达第一个交界面。下面我们分别对不同波阻抗情况进行分析:

(1) $F_2 F_1' > 0$ 即 $F_2 F_1 < 0$, 且 $k_1 < 1$, 它表示中间杆材料是三种材料中最 "软" 的材料。为简化推导过程, 这里我们同上假设 $k_1 k_2 = 1$, 以脉冲入射波波头到达第一个交界面的时间为初始时刻, 可以得到在卸载稀疏波到达交界面前入射杆交界面端、中间杆、透射杆交界面端在不同时刻的应力值。此时式 (1.220) 可简化为

$$\begin{cases} \sigma_{2n} = \left(1 - F_2^{2n}\right)\sigma_{\mathrm{I}} \\ \sigma_{2n+1} = \left(1 - F_2^{2n+1}\right)\sigma_{\mathrm{I}} \end{cases}, \quad n \geqslant 1 \tag{1.242}$$

即

$$\sigma_n = \left(1 - F_2^n\right)\sigma_{\mathrm{I}}, \ n \geqslant 1 \tag{1.243}$$

根据上式可知, 在卸载波未到达交界面前, 入射杆和透射杆中靠近交界面以及中间杆中的应力一致如图 1.24(b) 所示阶梯形增加; 在 $t = \lambda/C_1$ 时, 卸载波到达第一个交界面时, 入射杆交界面端和中间杆靠近第一个交界面端的应力值为

$$\sigma_{\mathrm{I}} = \left(1 - F_2^{\Gamma_{\mathrm{I}}}\right)\sigma_{\mathrm{I}} \tag{1.244}$$

式中

$$\Gamma_{\mathrm{I}} = \left[\frac{C_2 \lambda}{C_1 L}\right] + 1 \quad (\text{此处 } [\ ] \text{ 表示取整}) \tag{1.245}$$

之后, 卸载稀疏波在交界面上反射稀疏波, 如图 1.25 所示, 反射的稀疏波使得入射杆交界面端和中间杆靠近第一个交界面端的压应力减小, 即此处压应力最大值为式 (1.244) 和式 (1.245) 所求出的值。

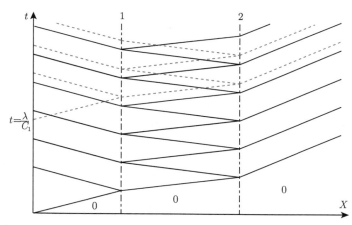

图 1.25 矩形脉冲荷载下三种不同材料一维杆截面透反射物理平面图

稀疏波紧前方中间杆的应力不均匀度为

$$\Delta_n = \frac{2}{\left(\dfrac{k_2+1}{k_2-1}\right)^{\Gamma_{\mathrm{I}}}(k_2-1)-k_2}\tag{1.246}$$

当 $t = \lambda/C_1 + L/C_2$ 时刻卸载波到达第二个交界面时, 此时透射杆交界面端和中间杆中靠近第二个交界面端的应力值为

$$\sigma_t = \left(1 - F_2^{\Gamma_t}\right)\sigma_{\mathrm{I}}\tag{1.247}$$

式中

$$\Gamma_t = \left[\frac{C_2\lambda}{C_1 L}\right] + 2 \quad (\text{此处 [ ] 表示取整})\tag{1.248}$$

同上分析可知, 上两式即代表透射杆最大压应力的值。类似图 1.24 我们可以给出在入射杆和透射杆添加一个不同波阻抗的中间杆之后透射杆中应力波脉冲的变化, 如图 1.26 所示, 图 1.26 中利用平均曲线 (虚线, 类似于图 1.24 中虚线) 代替实际的阶梯线以示意透射杆中弹性波的变化趋势。

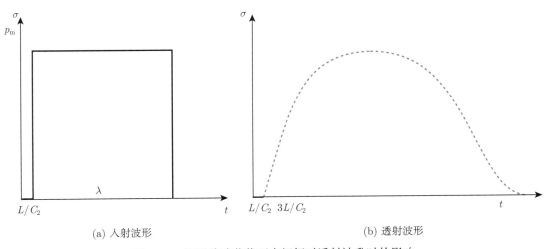

(a) 入射波形      (b) 透射波形

图 1.26 矩形脉冲荷载下中间杆对透射波升时的影响

从图中可以看出, 在材料波阻抗相同的入射杆和透射杆之间放入一个波阻抗不同的一维杆, 使得透射杆加载和卸载时间变长, 即存在一种类似 “阻尼” 的效应; 而且从式 (1.247) 和式 (1.248) 中可以看到, 当中间杆杆长较大或波长较小时, 中间杆还启动了类似 “削波” 的效果。

事实上, 在很多情况下, 中间杆出现塑性变形而产生塑性波, 这种情况在下一章进行讲述。同理我们也可以对 $k_1 > 1$ 的情况进行分析, 其推导过程类似, 在此也不做详述, 读者试推导之。

(2) $F_2 F_1' < 0$ 即 $F_2 F_1 > 0$, 且 $k_1 < 1$, 它表示弹性波是从波阻抗较 “硬” 的材料到逐渐 “软” 的材料中传播, 即此三杆结构类似波阻抗递减结构。为简化推导过程, 这里我们假设

$k_1 = k_2 = k$，即 $F_1 = F_2$，以脉冲入射波波头到达第一个交界面的时间为初始时刻，这里我们重点关注透射杆上的应力波强度，根据式 (1.220) 可有

$$\sigma_{2n} = \frac{1 - (-1)^n F_2^{2n}}{1 + F_2^2} T_2^2 \sigma_{\mathrm{I}}, \quad n \geqslant 1 \tag{1.249}$$

由上式可知，透射杆上第一个和第二个透射波强度分别为

$$\begin{cases} \sigma_2 = T_2^2 \sigma_{\mathrm{I}} = T_1 T_2 \sigma_{\mathrm{I}} < \sigma_{\mathrm{I}} \\ \sigma_4 = \left(1 - F_2^2\right) T_2^2 \sigma_{\mathrm{I}} < \sigma_{\mathrm{I}} \end{cases} \tag{1.250}$$

这个结论根据交界面上应力波的透反射公式很容易得到。

根据式 (1.249) 可以得到

$$\begin{cases} \dfrac{\sigma_{2(n+1)}}{\sigma_{2n}} = \dfrac{1 - (-1)^{n+1} F_2^{2(n+1)}}{1 - (-1)^n F_2^{2n}} \\ \dfrac{\sigma_{2(n+2)}}{\sigma_{2n}} = \dfrac{1 - (-1)^n F_2^{2n} F_2^4}{1 - (-1)^n F_2^{2n}} \end{cases}, \quad n \geqslant 1 \tag{1.251}$$

从上式可以发现：当 $n$ 为偶数时，两式值均大于 1，即

$$\begin{cases} |\sigma_4| < |\sigma_6|, |\sigma_8| < |\sigma_{10}|, \cdots \\ |\sigma_4| < |\sigma_8| < |\sigma_{12}| < |\sigma_{16}| < \cdots \end{cases} \tag{1.252}$$

反之，当 $n$ 为奇数时，则其小于 1，即

$$\begin{cases} |\sigma_2| > |\sigma_4|, |\sigma_6| > |\sigma_8|, \cdots \\ |\sigma_2| > |\sigma_6| > |\sigma_{10}| > |\sigma_{14}| > \cdots \end{cases} \tag{1.253}$$

从式 (1.252) 和式 (1.253) 可以看出透射杆中最大应力峰值为 $\sigma_2$，最小应力峰值为 $\sigma_4$，随着透射测试的增加，透射波振荡幅度逐渐减小，结合式 (1.249) 可知，如果入射矩形脉冲时间足够长，其值最终趋于

$$\sigma_\infty = \frac{T_2^2}{1 + F_2^2} \sigma_{\mathrm{I}} = \frac{2k^2}{k^2 + 1} \sigma_{\mathrm{I}} < \sigma_{\mathrm{I}}, \quad k^2 = \frac{\rho_3 C_3}{\rho_1 C_1} \tag{1.254}$$

即中间杆此时对透射波峰值没有影响，此时透射波形如图 1.27 所示。

对于波阻抗"递增"三杆中应力波的传播的推导过程类似，读者可试推导之。

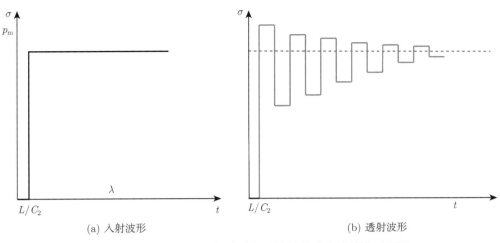

(a) 入射波形　　　　　　　　(b) 透射波形

图 1.27　波阻抗递减且加载时间足够长单脉冲透射波示意图

### 1.6.6　扩展性问题：弹性波在变截面杆中的透反射问题

在实际应用中，有些情况下杆材料一致且同心但其截面尺寸不同，这类杆中应力波的传播严格意义上不属于一维杆中应力波传播的范畴；然而，当杆的长度远远大于杆的最大直径，且变截面区间相对于杆的长度而言可以忽略不计，此时我们在做一定的假设基础上可以利用一维杆波动理论给出相对准确的解析解。

如图 1.28 所示细长杆，两杆密度和声速相同，皆分别为 $\rho$ 和 $C$，截面积不相同，分别为 $A_1$ 和 $A_2$；考虑一个强度为 $P$ 的压力脉冲在左端面加载。诸多研究表明，在两杆接触面处介质的受力并不是一维应力状态，其应力状态非常复杂，此时虽然入射杆 (左杆) 与透射杆 (右杆) 介质一致，但根据连续方程和运动方程可知，在入射杆中应存在反射波。随着距离交界面越远，两杆中应力状态越均匀，可以近似认为其处于一维应力状态。

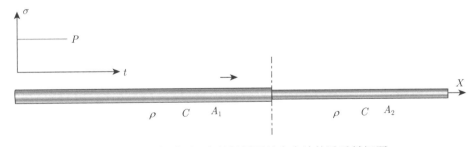

图 1.28　同介质不同直径杆界面处应力波的透反射问题

为了利用一维杆中应力波传播理论研究该问题，我们在此讨论两杆中应力均匀区间的相关问题。如图 1.29 所示，假设两杆分别在距离交界面 $l_1$ 和 $l_2$ 处达到近似一维应力状态。如果我们不考虑这两个应力均匀临界面之间应力紊乱区间，而假想：如图 1.29 所示将两根杆分别沿着临界面"切开"，将应力"紊乱"区"切掉"，再直接将两杆中应力均匀区"接在一起"；即在测试过程中两个临界面同时放置应变片，再将测试结果放入一个坐标系中。

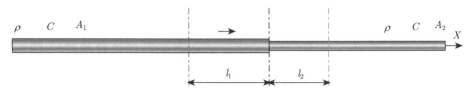

图 1.29   同介质不同直径杆临界面重置假设

以被"切除"的一段杆为研究对象,如假设其两端应力瞬间均匀,参考图 1.16 所示物理平面图,我们可以得到

$$\left[\Delta\sigma_{\mathrm{I}}(t) + \Delta\sigma_{\mathrm{R}}\left(t+\frac{2l_1}{C}\right)\right]\cdot A_1 = \Delta\sigma_{\mathrm{T}}\left(t+\frac{l_1+l_2}{C}\right)\cdot A_2 \tag{1.255}$$

式中,下标 I、R 和 T 分别代表入射波、反射波和透射波上的值。如果我们将上式中三项应力增量所对应的应力波进行平移,即可得到简化后的表达式:

$$(\Delta\sigma_{\mathrm{I}} + \Delta\sigma_{\mathrm{R}})\cdot A_1 = \Delta\sigma_{\mathrm{T}}\cdot A_2 \tag{1.256}$$

上式对应的物理模型即是:如果我们假设应力"紊乱"区应力波传播速度无限快,以至于我们可以在应力波传播的角度上等效为一个"无限薄的交界面"。在此假设的基础上,即可以得到相应的应力波相关参数的解析解。当然,该假设与实际情况不符,当如果我们能够对入射波、反射波和透射波在时间轴上进行平移至一个起点上,上式是成立的,由此所给出的解析解也是合理科学且相对准确的。

对于此"无限薄的交界面"而言,根据连续方程,可有

$$\Delta v_{\mathrm{I}} + \Delta v_{\mathrm{R}} = \Delta v_{\mathrm{T}} \tag{1.257}$$

分别根据右行波和左行波波阵面上的动量守恒条件式 (1.42),上式可写为

$$\frac{\Delta\sigma_{\mathrm{I}}}{\rho C} - \frac{\Delta\sigma_{\mathrm{R}}}{\rho C} = \frac{\Delta\sigma_{\mathrm{T}}}{\rho C} \tag{1.258}$$

联立式 (1.256) 和式 (1.258),我们可以得到

$$\begin{cases} \Delta\sigma_{\mathrm{R}} = \dfrac{1-A_1/A_2}{1+A_1/A_2}\Delta\sigma_{\mathrm{I}} \\[2mm] \Delta\sigma_{\mathrm{T}} = \dfrac{2A_1/A_2}{1+A_1/A_2}\Delta\sigma_{\mathrm{I}} \end{cases} \tag{1.259}$$

上式当 $A_1 = A_2$ 时,则

$$\Delta\sigma_{\mathrm{R}} = 0, \quad \Delta\sigma_{\mathrm{T}} = \Delta\sigma_{\mathrm{I}} \tag{1.260}$$

从式 (1.259) 和式 (1.260) 可以看出:对于同一种材料共轴两细长杆而言,当两杆的截面面积相等时,两杆的交界面上不存在反射现象;但当两杆截面面积不相等时,即使两杆的波阻抗相等,其交界面上仍同时存在透射波和反射波。从式 (1.259) 同时可以看到:当入射杆与透射杆截面积比大于 1 时,将在交界面反射方向相反的应力波,即入射波为压缩波时将反射拉伸波,而且随着截面积比的增大,反射波强度的绝对值逐渐增大,直至其强度与入射

波强度接近，而透射波始终与入射波同号，这种情况类似于应力波从波阻抗大的一维杆向波阻抗小的一维杆传播时的情况；反之，则类似于应力波从波阻抗小的一维杆向波阻抗大的一维杆传播时的情况；与同截面积不同波阻抗一维杆交界面上的透反射不同的是，无论哪种情况，其透射波强度都是随着截面积比的增加而增大的。

当如图 1.30 所示两杆的波阻抗比不一定相同时，设入射杆和透射杆的密度、声速与截面积分别是 $\rho_1$、$C_1$、$A_1$ 和 $\rho_2$、$C_2$、$A_2$，则式 (1.258) 写为

$$\frac{\Delta\sigma_{\rm I}}{\rho_1 C_1} - \frac{\Delta\sigma_{\rm R}}{\rho_1 C_1} = \frac{\Delta\sigma_{\rm T}}{\rho_2 C_2} \tag{1.261}$$

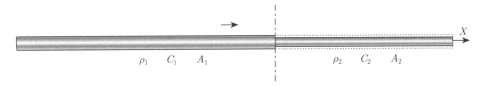

图 1.30　不同介质不同直径杆界面处应力波的透反射问题

联立式 (1.256) 和式 (1.261)，可以得到

$$\begin{cases} \Delta\sigma_{\rm R} = \dfrac{\dfrac{\rho_2 C_2 A_2}{\rho_1 C_1 A_1} - 1}{\dfrac{\rho_2 C_2 A_2}{\rho_1 C_1 A_1} + 1}\Delta\sigma_{\rm I} \\[4mm] \Delta\sigma_{\rm T} = \dfrac{2\dfrac{\rho_2 C_2 A_2}{\rho_1 C_1 A_1}}{\dfrac{\rho_2 C_2 A_2}{\rho_1 C_1 A_1} + 1}\dfrac{A_1}{A_2}\Delta\sigma_{\rm I} \end{cases} \tag{1.262}$$

如图 1.30 中虚线框所示，我们假设有一个虚拟杆与透射杆置于同一位置，替换当前透射杆，该杆截面积与入射杆相等，波阻抗与截面积的乘积与透射杆相等，即

$$\rho_2 C_2 A_2 = \rho' C' A_1 \tag{1.263}$$

则入射杆与虚拟杆交界面上的透反射应力波应力强度为

$$\begin{cases} \Delta\sigma'_{\rm R} = \dfrac{\dfrac{\rho' C' A_1}{\rho_1 C_1 A_1} - 1}{\dfrac{\rho' C' A_2}{\rho_1 C_1 A_1} + 1}\Delta\sigma_{\rm I} = \dfrac{\dfrac{\rho_2 C_2 A_2}{\rho_1 C_1 A_1} - 1}{\dfrac{\rho_2 C_2 A_2}{\rho_1 C_1 A_1} + 1}\Delta\sigma_{\rm I} \\[4mm] \Delta\sigma'_{\rm T} = \dfrac{\dfrac{\rho' C' A_1}{\rho_1 C_1 A_1} - 1}{\dfrac{\rho' C' A_1}{\rho_1 C_1 A_1} + 1}\Delta\sigma_{\rm I} = \dfrac{2\dfrac{\rho_2 C_2 A_2}{\rho_1 C_1 A_1}}{\dfrac{\rho_2 C_2 A_2}{\rho_1 C_1 A_1} + 1}\Delta\sigma_{\rm I} \end{cases} \tag{1.264}$$

如定义

$$k = \frac{\rho_2 C_2 A_2}{\rho_1 C_1 A_1} \tag{1.265}$$

则式 (1.264) 可简化为

$$\begin{cases} \Delta\sigma'_{\mathrm{R}} = \dfrac{k-1}{k+1}\Delta\sigma_{\mathrm{I}} \\[3mm] \Delta\sigma'_{\mathrm{T}} = \dfrac{2k}{k+1}\Delta\sigma_{\mathrm{I}} \end{cases} \tag{1.266}$$

将式 (1.265) 和式 (1.266) 分别对比弹性波在两种材料交界面上的透反射问题中的式 (1.182) 和式 (1.183)，我们可以发现，式 (1.265) 所定义的值蕴含的物理意义与波阻抗比非常接近，所以，我们在此可定义其为广义波阻抗比，对应地，我们定义参数 $\rho CA$ 为广义波阻抗。由此，可以给出对应的应力反射系数和应力透射系数：

$$\begin{cases} F_\sigma = \dfrac{k-1}{k+1} \\[3mm] T_\sigma = \dfrac{2k}{k+1} \end{cases} \tag{1.267}$$

将虚拟杆上的力等量地施加在透射杆中，式 (1.262) 则可以写为

$$\begin{cases} \Delta\sigma_{\mathrm{R}} = \Delta\sigma'_{\mathrm{R}} = F_\sigma\Delta\sigma_{\mathrm{I}} \\[3mm] \Delta\sigma_{\mathrm{T}} = \Delta\sigma'_{\mathrm{T}}\dfrac{A_1}{A_2} = T_\sigma\Delta\sigma_{\mathrm{I}}\dfrac{A_1}{A_2} \end{cases} \tag{1.268}$$

上式的物理意义可以这样理解：当两个细长杆广义波阻抗不相等时，应力波到达交界面时会同时产生反射波和透射波，交界面两端应力稳定区间质点速度和杆截面受力 (应力与截面面积的乘积) 满足应力波在交界面上的透反射定律；我们可以视前面等截面两杆之间交界面上应力波的透反射问题为此问题的特例。

需要注意的是，上式显示，对于反射波而言，其应力与广义波阻抗比之间的关系和前面所讲不同波阻抗交界面上等截面一维杆中的应力波反射特征一致，但透射波却非如此，即使广义波阻抗比大于 1，其透射波应力强度也不一定大于入射波应力强度，反之亦然。这里为了分析反射波和透射波应力强度与入射波应力强度的关系，我们同样假设严格意义上的波阻抗比：

$$K = \frac{\rho_2 C_2}{\rho_1 C_1} \tag{1.269}$$

则式 (1.268) 可写为

$$\begin{cases} \dfrac{\Delta\sigma_{\mathrm{R}}}{\Delta\sigma_{\mathrm{I}}} = \dfrac{k-1}{k+1} = 1 - \dfrac{2}{k+1} \\[3mm] \dfrac{\Delta\sigma_{\mathrm{T}}}{\Delta\sigma_{\mathrm{I}}} = \dfrac{2K}{K\dfrac{A_2}{A_1}+1} = \dfrac{2}{\dfrac{A_2}{A_1}+\dfrac{1}{K}} \end{cases} \tag{1.270}$$

也就是说，反射波无量纲应力强度确实只是广义波阻抗比的函数，随着广义波阻抗比的增大而增大，当广义波阻抗比大于 1 时，其反射波与入射波同号，反之则符号相反；而透射波无量纲应力强度是严格意义上的波阻抗比和两杆截面积之比的函数，其符号始终与入射波相同，当

$$\frac{A_2}{A_1} + \frac{1}{K} = 2 \Leftrightarrow K = \frac{1}{2-\dfrac{A_2}{A_1}} \tag{1.271}$$

时，透射波应力强度等于入射波强度。此时，当 $A_1 = A_2$ 时，就简化为上面两杆截面相同时的情况；当 $A_1 > A_2$ 时，即从大截面积杆向小截面积杆中传播，此时

$$\frac{1}{2 - \dfrac{A_2}{A_1}} < 1 \tag{1.272}$$

即只有两杆材料波阻抗比 (即代表严格意义上的波阻抗比) 小于 1 才可能使得透射波强度与入射波强度相等；反之亦然。特别地，当两杆波阻抗比相等时，我们可以发现，当 $A_1 > A_2$ 时，虽然广义波阻抗比小于 1，但从式 (1.270) 容易看出，此时透射波应力强度反而大于入射波应力强度；反之亦然。

## 1.7 弹性杆的共轴对撞问题

在很多情况下，应力波是在两材料的对撞过程中产生的，如杆弹对靶板的撞击等，研究弹性波的相互作用对于理解弹性波理论和工程应用过程中波动分析具有重要的意义。本节以两个等截面且共轴的细长弹性杆相互对撞为例，介绍此类情况下弹性波的传播和相互作用问题。

设两个截面积完全相同的细长杆 1 和 2，其波阻抗分别为 $\rho_1 C_1$ 和 $\rho_2 C_2$，可假设两杆的初始应力皆为 0，即两杆无预应力 (从前面章节的相关分析可知，该假设只是为了问题分析过程中方程形式更加简洁易懂，其对推导过程和结论并没有实质性的影响，读者可试证之)，两杆分别以速度 $v_1$ 和 $v_2$ 共轴对撞，其中应有 $v_1 > v_2$，否则无法产生碰撞，如图 1.31 所示。

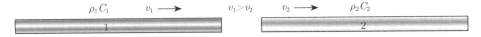

图 1.31　细长弹性杆的共轴对撞

当两杆相撞瞬间会产生一个向左传播的弹性波和向右传播的弹性波，如图 1.32 所示，根据波阵面动量守恒条件，左行波波阵面后方的应力 $\sigma'$ 和质点速度 $v'$、右行波波阵面后方的应力 $\sigma''$ 和质点速度 $v''$ 满足：

$$\begin{cases} \sigma' = \rho_1 C_1 \left( v' - v_1 \right) \\ \sigma'' = -\rho_2 C_2 \left( v'' - v_2 \right) \end{cases} \tag{1.273}$$

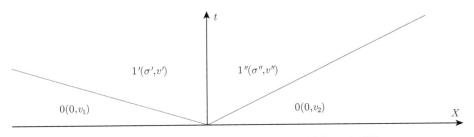

图 1.32　弹性杆共轴对撞瞬间应力波传播物理平面图

此时两杆保持接触状态，因此接触面上应满足连续条件：

$$\begin{cases} \sigma = \sigma' = \sigma'' \\ v = v' = v'' \end{cases} \tag{1.274}$$

联立上两式，我们可以得到

$$\begin{cases} \sigma = -\dfrac{\rho_1 C_1 \rho_2 C_2 \left( v_1 - v_2 \right)}{\rho_1 C_1 + \rho_2 C_2} \\ v = \dfrac{\rho_1 C_1 v_1 + \rho_2 C_2 v_2}{\rho_1 C_1 + \rho_2 C_2} \end{cases} \tag{1.275}$$

当两杆的材料相同时，即 $\rho C = \rho_1 C_1 = \rho_2 C_2$，我们可以得到一个特殊情况下的解：

$$\begin{cases} \sigma = -\rho C \dfrac{v_1 - v_2}{2} \\ v = \dfrac{v_1 + v_2}{2} \end{cases} \tag{1.276}$$

在上式基础上，如果再假设杆 2 在初始时刻保持静止，则上式可以进一步简化为

$$\begin{cases} \sigma = -\rho C v_1 / 2 \\ v = v_1 / 2 \end{cases} \tag{1.277}$$

### 1.7.1　波阻抗相等有限长杆的共轴对撞

上面的分析并没有考虑应力波在自由面反射问题，即只考虑两杆共轴对撞后应力波皆未到达两杆的另一自由端时间范围内杆中应力和质点速度的演化。当考虑应力波在杆端的透反射问题后，该问题就相对复杂些。同图 1.31 所示，我们假设两杆的长度分别为 $l_1$ 和 $l_2$，同时假设杆 2 的初始速度为 0（事实上，这并不在根本上影响分析结果，如果我们站在杆 2 上看，不管杆 2 速度多少，都能视为杆 2 静止、杆 1 相对速度为 $v_1 - v_2$ 时的情况），杆 1 以速度 $v_0$ 撞向共轴静止的杆 2，我们可以利用特征线图解法（图 1.16）结合动量守恒条件和连续方程对其进行分析。根据交界面上的连续条件可知，当两杆保持接触状态时，交界面两侧介质中的应力和质点速度相等，为简化过程，在以下分析中交界面两侧介质状态我们预先应用连续条件，即如同以上分析过程中，我们将式 (1.274) 预先替换至式 (1.273) 中，省略考虑 $\sigma'$、$\sigma''$ 和 $v'$、$v''$ 过程。

如图 1.33 所示，将波阵面动量守恒条件分别应用于两杆，可知对撞后瞬间两杆中的应力和质点速度应满足（下式中下标 1 表示图 1.33 中所示状态点 1 对应的值 1$(\sigma_1, v_1)$，其他类推，本节下文也是如此，不再重复说明）：

$$\begin{cases} \sigma_1 = -\dfrac{\rho_2 C_2 \rho_1 C_1 v_0}{\rho_1 C_1 + \rho_2 C_2} \\ v_1 = \dfrac{\rho_1 C_1 v_0}{\rho_1 C_1 + \rho_2 C_2} \end{cases} \tag{1.278}$$

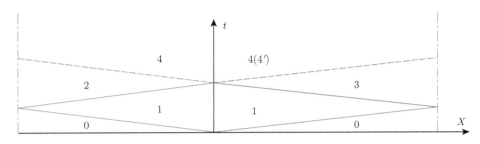

图 1.33 弹性杆共轴对撞应力波传播物理平面图 $(l_2/C_2 = l_1/C_1)$

同本章前面，定义波阻抗比为

$$k = \frac{\rho_2 C_2}{\rho_1 C_1} \tag{1.279}$$

则式 (1.278) 可简化为

$$\begin{cases} \sigma_1 = -\dfrac{k}{k+1} \rho_1 C_1 v_0 \\[3mm] v_1 = \dfrac{1}{k+1} v_0 \end{cases} \tag{1.280}$$

当我们假设 $\rho_1 C_1 = \rho_2 C_2 = \rho C$ 即 $k = 1$ 时，上式可以简化为

$$\begin{cases} \sigma_1 = -\dfrac{1}{2} \rho C v_0 \\[3mm] v_1 = \dfrac{1}{2} v_0 \end{cases} \tag{1.281}$$

下面我们分两种情况进行探讨：$l_1/C_1 = l_2/C_2$ 和 $l_1 C_1 \neq l_2/C_2$。对于第二种情况在此不妨假设 $l_1/C_1 < l_2/C_2$。事实上，无论是假设应力波在哪个杆中传播时间长都不影响推导过程和结论，同上分析，如果应力波在杆 1 中传播时间大于杆 2 中的传播时间，我们就站在杆 1 上分析，此时相当于杆 2 以初速 $v_0$ 向杆 1 撞击，其行为和机制相同，因此以上假设并不影响对这一问题的分析。因此，以上两个问题就拆分为两种情况进行分析：$l_1/C_1 = l_2/C_2$ 和 $l_1/C_1 < l_2/C_2$。

1. 应力波在两杆中单程传播时间相等，$l_1/C_1 = l_2/C_2$

当 $t = l_1/C_1 = l_2/C_2$ 时，两杆中的应力波皆同时到达另一端的自由面。随后，会在自由面产生反射波，如图 1.33 所示，此时，则有

$$\begin{cases} \sigma_2 - \sigma_1 = -\rho C (v_2 - v_1) \\ \sigma_3 - \sigma_1 = \rho C (v_3 - v_1) \end{cases} \tag{1.282}$$

对于自由面而言，有 $\sigma_2 = 0$、$\sigma_3 = 0$ 成立，可有

$$\begin{cases} v_2 = 0 \\ v_3 = v_0 \end{cases} \tag{1.283}$$

假设此时反射波到达两杆交界面, 两杆仍然接触, 则同时会产生反射波和透射波, 此时有

$$
\begin{cases}
\sigma_4 - \sigma_2 = \rho C \left(v_4 - v_2\right) \\
\sigma_4 - \sigma_3 = -\rho C \left(v_4 - v_3\right)
\end{cases}
\tag{1.284}
$$

我们可以得到

$$
\begin{cases}
\sigma_4 = \dfrac{1}{2}\rho C v_0 \\
v_4 = \dfrac{1}{2} v_0
\end{cases}
\tag{1.285}
$$

式 (1.285) 的物理意义是: 如果此两杆对撞后会在交界面形成二次透反射现象, 则此时两杆交界面两端受到与首次撞击大小相同的拉力; 而事实上, 此两杆之间交界面并不能承受拉伸应力, 即受到压缩应力时两杆会保持紧密接触, 但受到拉伸应力时却会分开。所以, 当自由面反射拉伸波到达交界面瞬间由于交界面两端的拉伸应力直接分开, 而不会产生相互透射的应力波。此时, 交界面成了两杆各自的自由面, 假设应力波 1~2 和应力波 1~3 分别在杆 1 和杆 2 的新自由面上反射形成反射波 2~4 和 3~ 4', 则有

$$
\begin{cases}
\sigma_4 - \sigma_2 = \rho C \left(v_4 - v_2\right) \\
\sigma_{4'} - \sigma_3 = -\rho C \left(v_{4'} - v_3\right)
\end{cases}
\quad \text{且} \quad
\begin{cases}
\sigma_4 = 0 \\
\sigma_{4'} = 0
\end{cases}
\tag{1.286}
$$

由此我们可以得到状态点 4 和 4' 的量:

$$
\begin{cases}
\sigma_4 = \sigma_2 = 0 \\
v_4 = v_2 = 0
\end{cases}
\quad \text{且} \quad
\begin{cases}
\sigma_{4'} = \sigma_3 = 0 \\
v_{4'} = v_3 = v_0
\end{cases}
\tag{1.287}
$$

上式显示从状态点 2 到状态点 4 和从状态点 3 到状态点 4' 并没有产生实质上的应力和质点速度变化, 这意味着实际上反射应力波 2~4 和 3~4' 并不存在。这说明, 应力波 1~2 和应力波 1~3 在原交界面处所形成的各自的自由面上也没有产生反射波。

综上所述, 当一个细长杆以入射速度 $v_0$ 撞击另一个共轴、波阻抗相等且应力波在杆中单程传播时间相同的细长杆时, 在 $t = 2l_1/C_1 = 2l_2/C_2$ 时刻后, 两杆分离, 撞击杆完全静止 (杆中无应力波, 各质点速度为 0), 被撞击杆获得撞击杆的入射速度 $v_0$, 且杆中应力和质点速度均匀而无应力波。

2. 应力波在两杆中单程传播时间不相等, $l_1/C_1 < l_2/C_2$

首先假设 $l_1/C_1 < l_2/C_2 < 2l_1/C_1$, 根据弹性波在交界面上的透反射定律可知, 对于波阻抗相同共轴等细长杆的两杆而言, 其交界面上并不反射应力波, 全部应力波都经过交界面透射到另一杆中。如图 1.34 所示, 此时状态点 1、状态点 2 和状态点 3 对应的应力和质点速度与以上第一种情况相同, 即

$$
\begin{cases}
\sigma_1 = -\dfrac{1}{2}\rho_1 C_1 v_0 \\
v_1 = \dfrac{1}{2} v_0
\end{cases}
\qquad
\begin{cases}
\sigma_2 = 0 \\
v_2 = 0
\end{cases}
\qquad
\begin{cases}
\sigma_3 = 0 \\
v_3 = v_0
\end{cases}
\tag{1.288}
$$

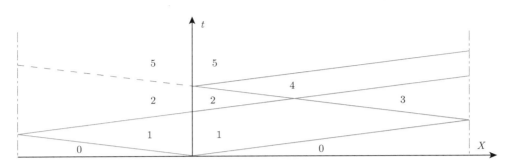

图 1.34 弹性杆共轴对撞应力波传播物理平面图 $(k = 1, l_1/C_1 < l_2/C_2 < 2l_1/C_1)$

根据连续方程和动量守恒条件，可有

$$\begin{cases} \sigma_4 - \sigma_2 = \rho C \left( v_4 - v_2 \right) \\ \sigma_4 - \sigma_3 = -\rho C \left( v_4 - v_3 \right) \end{cases} \tag{1.289}$$

结合式 (1.288)，我们可以得到

$$\begin{cases} \sigma_4 = \dfrac{1}{2}\rho C v_0 \\ v_4 = \dfrac{1}{2} v_0 \end{cases} \tag{1.290}$$

假设应力波 2~4 到达交界面时，两杆仍连接在一起，由于两杆波阻抗相等，则在交界面上不会产生反射波，而只存在透射波，则

$$\sigma_5 - \sigma_2 = \sigma_4 - \sigma_2 = \frac{1}{2}\rho C v_0 \Rightarrow \sigma_5 = \frac{1}{2}\rho C v_0 \tag{1.291}$$

此时，杆 1 中交界面附近应力等于 $\sigma_5 > 0$，同上分析，由于交界面不能承受拉伸应力，因此两杆在应力波 2~4 到达瞬间就分离，此时交界面就成为各自的自由面，2~4 后在此新自由面产生反射波。对于这种情况，我们容易得到杆 1 撞击杆 2 后到分开的时间也为 $t = 2l_2/C_2$。与图 1.33 所示情况不同的是，从图 1.34 可以看出，当 $t > 2l_2/C_2$ 时，杆 1 中在两杆分离之后就处于静止状态，而且内部介质也处于自然静止状态，没有应力波在内传播，所有应力波全部传递到杆 2 中，而杆 2 中应力波在此理想弹性材料杆中会一直来回反射。

同理，我们也容易知道，对于 $l_2/C_2 \geqslant 2l_1/C_1$ 时的情况，其结论相同。也就是说当 $l_2/C_2 > l_1/C_1$ 时，上述结论都成立。

### 1.7.2 波阻抗不等有限长杆的共轴对撞

当两杆的波阻抗不相等 $\rho_1 C_1 \neq \rho_2 C_2$ 即 $k \neq 1$ 时，由于波阻抗的不匹配，图 1.34 中应力波 1~2 到达交界面后不仅产生透射波，也产生反射波，其情况更为复杂。在此，我们也分为两种情况分析：$l_1/C_1 = l_2/C_2$ 和 $l_1/C_1 \neq l_2/C_2$。

1. 应力波在两杆中单程传播时间相等，$l_1/C_1 = l_2/C_2$

当 $t = l_1/C_1 = l_2/C_2$ 时，两杆中的应力波皆同时到达另一端的自由面。随后，会在自由

面产生反射波, 如图 1.33 所示, 此时, 则有

$$
\begin{cases}
\sigma_2 - \sigma_1 = -\rho_1 C_1 (v_2 - v_1) \\
\sigma_3 - \sigma_1 = \rho_2 C_2 (v_3 - v_1)
\end{cases}
\tag{1.292}
$$

对于自由面而言, 有 $\sigma_2 = 0$、$\sigma_3 = 0$ 成立, 从上式可得

$$
\begin{cases}
v_2 = -\dfrac{k-1}{k+1} v_0 \\[2mm]
v_3 = \dfrac{2}{k+1} v_0
\end{cases}
\tag{1.293}
$$

假设此时两杆中反射波 1~2 和 1~3 到达两杆交界面, 两杆仍然紧密接触, 则同时会产生反射波和透射波, 此时有

$$
\begin{cases}
\sigma_4 - \sigma_2 = \rho_1 C_1 (v_4 - v_2) \\
\sigma_4 - \sigma_3 = -\rho_2 C_2 (v_4 - v_3)
\end{cases}
\tag{1.294}
$$

我们可以得到

$$
\begin{cases}
\sigma_4 = \dfrac{k}{k+1} \rho_1 C_1 v_0 > 0 \\[2mm]
v_4 = \dfrac{1}{k+1} v_0
\end{cases}
\tag{1.295}
$$

式 (1.295) 的物理意义是: 如果此两杆对撞后会在交界面形成二次透反射现象, 则此时两杆交界面两端受到与首次撞击大小相同的拉伸应力; 而事实上, 此两杆之间交界面并不能承受拉伸应力, 即受到压缩应力时两杆会保持接触, 但受到拉伸应力时却会分开; 所以, 当自由面反射拉伸波到达交界面瞬间, 由于交界面两端的拉伸应力直接分开形成各自的自由面, 而不会产生相互透射的应力波。

假设应力波 1~2 和应力波 1~3 分别在杆 1 和杆 2 的新自由面上反射形成反射波 2~4 和 3~ 4′, 则有

$$
\begin{cases}
\sigma_4 - \sigma_2 = \rho_1 C_1 (v_4 - v_2) \\
\sigma_{4'} - \sigma_3 = -\rho_2 C_2 (v_{4'} - v_3)
\end{cases}
\quad 且 \quad
\begin{cases}
\sigma_4 = 0 \\
\sigma_{4'} = 0
\end{cases}
\tag{1.296}
$$

由此我们可以得到状态点 4 和 4′ 的量:

$$
\begin{cases}
\sigma_4 = \sigma_2 = 0 \\
v_4 = v_2 = -\dfrac{k-1}{k+1} v_0
\end{cases}
\quad 且 \quad
\begin{cases}
\sigma_{4'} = \sigma_3 = 0 \\
v_{4'} = v_3 = \dfrac{2}{k+1} v_0
\end{cases}
\tag{1.297}
$$

上式显示从状态点 2 到状态点 4 和从状态点 3 到状态点 4′ 并没有产生实质上的应力和质点速度变化, 这意味着实际上反射应力波 2~4 和 3~ 4′ 并不存在。这说明, 应力波 1~2 和应力波 1~3 在原交界面处所形成的各自的自由面上也没有产生反射波。

同波阻抗相等时类似情况一致, 当一个细长杆以入射速度 $v_0$ 撞击另一个共轴、波阻抗不相等但应力波在杆中单程传播时间相同的细长杆时, 在 $t = 2l_1/C_1 = 2l_2/C_2$ 时刻后, 两杆分离, 撞击杆完全静止 (杆中无应力波, 各质点速度为 0), 被撞击杆获得撞击杆的入射速度 $v_0$, 且杆中应力和质点速度均匀而无应力波。

**2. 应力波在两杆中单程传播时间不相等, $l_1/C_1 \neq l_2/C_2$**

同上节对波阻抗相等时的情况类似, 我们不妨先考虑 $l_1/C_1 < l_2/C_2 < 2l_1/C_1$ 时的情况。此时杆中透反射行为如图 1.35 所示, 此时状态点 1、状态点 2 和状态点 3 对应的应力和质点速度与以上第一种情况相同, 即

$$\begin{cases} \sigma_1 = -\dfrac{k}{k+1}\rho_1 C_1 v_0 \\ v_1 = \dfrac{1}{k+1}v_0 \end{cases} \quad \begin{cases} \sigma_2 = 0 \\ v_2 = -\dfrac{k-1}{k+1}v_0 \end{cases} \quad \begin{cases} \sigma_3 = 0 \\ v_3 = \dfrac{2}{k+1}v_0 \end{cases} \tag{1.298}$$

结合图 1.35, 根据连续方程和动量守恒条件, 可有

$$\begin{cases} \sigma_4 - \sigma_2 = \rho_1 C_1 (v_4 - v_2) \\ \sigma_4 - \sigma_1 = -\rho_2 C_2 (v_4 - v_1) \end{cases} \tag{1.299}$$

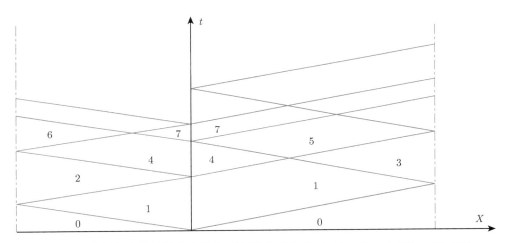

图 1.35 弹性杆共轴对撞应力波传播物理平面图 ($k \neq 1, l_1/C_1 < l_2/C_2 < 2l_1/C_1$)

结合式 (1.298), 我们可以得到

$$\begin{cases} \sigma_4 = \dfrac{k(k-1)}{(k+1)^2}\rho_1 C_1 v_0 \\ v_4 = -\dfrac{k-1}{(k+1)^2}v_0 \end{cases} \tag{1.300}$$

从式 (1.300) 我们可以看出, 当 $k > 1$ 即 $\rho_1 C_1 < \rho_2 C_2$ 时,

$$\sigma_4 = \dfrac{k(k-1)}{(k+1)^2}\rho_1 C_1 v_0 > 0 \ \text{且} \ \sigma_1 = -\dfrac{k}{k+1}\rho_1 C_1 v_0 < 0 \tag{1.301}$$

也就是此时交界面上承受拉伸应力, 对于两杆共轴对撞而言, 这是不成立的, 因此此时两杆应该是分离状态, 然而, 在应力波 1~2 到达交界面前, 两杆之间受力状态为压力, 这意味着两杆在此时应该保持稳定接触; 因此, 我们可以认为在应力波 1~2 到达交界面瞬间, 其透射行为满足式 (1.299), 但当交界面上应力为 0 时瞬间分离, 此时应力和质点速度不应使

用式 (1.300) 计算，交界面两端质点速度在其应力为 0 后就由于端面的不连续而不相等，如图 1.36 所示，此时式 (1.299) 应写为

$$\begin{cases} \sigma_4 - \sigma_2 = \rho_1 C_1 \left( v_4 - v_2 \right) \\ \sigma_5 - \sigma_1 = -\rho_2 C_2 \left( v_5 - v_1 \right) \\ \sigma_4 = \sigma_5 = 0 \end{cases} \tag{1.302}$$

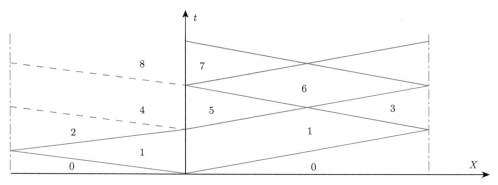

图 1.36   弹性杆共轴对撞应力波传播物理平面图 $(k > 1, l_2/C_2 > l_1/C_1)$

由此我们可以得到

$$\begin{cases} \sigma_4 = \sigma_2 = 0 \\ v_4 = v_2 = -\dfrac{k-1}{k+1} v_0 \end{cases} \qquad \begin{cases} \sigma_5 = 0 \\ v_5 = 0 \end{cases} \tag{1.303}$$

从上式可以看出状态点 2 到状态点 4 无论是应力还是质点速度皆无变化，这意味着应力波 2~4 并不存在，也就是说此时虽然两杆波阻抗不相等，但应力波 1~2 到达交界面后并不存在反射波，只有透射波进入杆 2，但由于两杆之间应力和质点速度同时为零，因此，此时两杆仍然保持接触状态，并没有分离。同上，假设杆 2 中应力波 5~6 到达交界面时会产生透射波 4~8 和反射波 6~7，如果在整个透反射过程中，两杆仍保持紧密接触，则可知两杆的状态相同，由此可有

$$\begin{cases} \sigma_6 - \sigma_3 = -\rho_2 C_2 \left( v_6 - v_3 \right) \\ \sigma_6 - \sigma_5 = \rho_2 C_2 \left( v_6 - v_5 \right) \\ \sigma_7 - \sigma_2 = \rho_1 C_1 \left( v_7 - v_2 \right) \\ \sigma_7 - \sigma_6 = -\rho_2 C_2 \left( v_7 - v_6 \right) \\ \sigma_8 = \sigma_7 \\ v_8 = v_7 \end{cases} \tag{1.304}$$

从上式可以得到状态点 6、状态点 7 和状态点 8 的量：

$$\begin{cases} \sigma_6 = \dfrac{k}{k+1} \rho_1 C_1 v_0 \\ v_6 = \dfrac{1}{k+1} v_0 \end{cases} \quad \begin{cases} \sigma_7 = \dfrac{k}{k+1} \rho_1 C_1 v_0 > 0 \\ v_7 = \dfrac{1}{k+1} v_0 \end{cases} \quad \begin{cases} \sigma_8 = \dfrac{k}{k+1} \rho_1 C_1 v_0 > 0 \\ v_8 = \dfrac{1}{k+1} v_0 \end{cases} \tag{1.305}$$

由上式可知, 两杆并没有实现如式 (1.304) 所表达的在交界面上实现完整的透反射行为, 在透反射过程中两杆分离, 已经不满足连续方程。因此此时动量守恒方程应如下:

$$
\begin{cases}
\sigma_8 - \sigma_4 = \rho_1 C_1 \left(v_8 - v_4\right) \\
\sigma_7 - \sigma_6 = -\rho_2 C_2 \left(v_7 - v_6\right) \\
\sigma_8 = 0 \\
\sigma_7 = 0
\end{cases}
\tag{1.306}
$$

可以求得

$$
\begin{cases}
\sigma_7 = 0 \\
v_7 = \dfrac{2}{k+1} v_0
\end{cases}
\qquad
\begin{cases}
\sigma_8 = \sigma_4 = 0 \\
v_8 = v_4 = -\dfrac{k-1}{k+1} v_0
\end{cases}
\tag{1.307}
$$

对比上小节中两杆波阻抗相等时的情况 (图 1.34), 我们不难发现, 两种情况非常类似, 杆 1 中应力波皆是在对撞 $t = 2l_1/C_1$ 后消失而处于完全静止状态; 两杆也是在对撞 $t = 2l_2/C_2$ 后分离, 之后所有应力波皆在杆 2 内部振荡。容易看出, 对于 $k > 1$ 的情况, $l_2/C_2 > l_1/C_1$ 时, 此结论皆成立。

只有当 $k < 1$ 即 $\rho_1 C_1 > \rho_2 C_2$ 时, 式 (1.300) 中状态点 4 对应的应力才保持为压应力状态, 两杆仍保持连接在一起的状态。

参考图 1.35, 同理我们可以得到

$$
\begin{cases}
\sigma_5 - \sigma_4 = \rho_2 C_2 \left(v_5 - v_4\right) \\
\sigma_5 - \sigma_3 = -\rho_2 C_2 \left(v_5 - v_3\right) \\
\sigma_7 - \sigma_4 = \rho_1 C_1 \left(v_7 - v_4\right) \\
\sigma_7 - \sigma_5 = -\rho_2 C_2 \left(v_7 - v_5\right)
\end{cases}
\tag{1.308}
$$

从而可以得到状态点 5 和状态点 7 对应的应力和质点速度:

$$
\begin{cases}
\sigma_5 = \dfrac{2k^2}{(k+1)^2} \rho_1 C_1 v_0 \\
v_5 = \dfrac{2}{(k+1)^2} v_0
\end{cases}
\qquad
\begin{cases}
\sigma_7 = \dfrac{k}{k+1} \rho_1 C_1 v_0 > 0 \\
v_7 = \dfrac{1}{k+1} v_0
\end{cases}
\tag{1.309}
$$

同上分析可知, 如果我们假设杆 2 中应力波 4~5 到达交界面后按照式 (1.308) 约束方程进行透反射, 则计算出交界面两端承受的应力状态为拉伸应力, 这与实际不符, 此时两杆是分离状态, 因此并不满足连续方程。此时两杆交界面分别成为各自的自由面, 如图 1.37 所示, 其动量守恒条件应写为

$$
\begin{cases}
\sigma_7 - \sigma_4 = \rho_1 C_1 \left(v_7 - v_4\right) \\
\sigma_{7'} - \sigma_5 = -\rho_2 C_2 \left(v_{7'} - v_5\right)
\end{cases}
\quad \text{且}
\begin{cases}
\sigma_7 = 0 \\
\sigma_{7'} = 0
\end{cases}
\tag{1.310}
$$

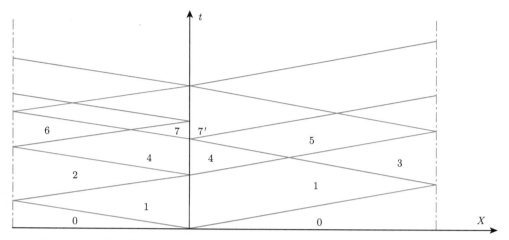

图 1.37　弹性杆共轴对撞应力波传播物理平面图 $(k < 1, l_1/C_1 < l_2/C_2 < 2l_1/C_1)$

我们可以给出状态点 7 和状态点 $7'$ 对应的应力和质点速度:

$$\begin{cases} \sigma_7 = 0 \\ v_7 = -\dfrac{k-1}{k+1}v_0 \end{cases} \qquad \begin{cases} \sigma_{7'} = 0 \\ v_{7'} = \dfrac{2}{k+1}v_0 \end{cases} \tag{1.311}$$

对应状态点 7 和状态点 4、状态点 $7'$ 和状态点 5,我们可以看出透射波 $4 \sim 7$ 和反射波 $5 \sim 7'$ 是存在的,但因为不是在整个透反射过程中满足连续方程,因此并不能按照式 (1.310) 来求解。在杆 2 中应力波到达交界面实现透反射行为后,两杆分离,之后两杆中应力波在各自杆中的自由面上来回反射;此时距离两杆对撞的时间为 $t = 2l_2/C_2$。

当 $k < 1$ 且 $l_2/C_2 = 2l_1/C_1$ 时,如图 1.38 所示,对比图 1.38 和图 1.37 我们可以看到,此种条件下的透反射前期状态点 1、状态点 2、状态点 3、状态点 4 和状态点 5 所对应的应力和质点速度值与前面相同,即其值也为式 (1.298)、式 (1.300) 和式 (1.309) 中状态点 5 对应的值。根据波阵面上的动量守恒条件和边界条件,可有

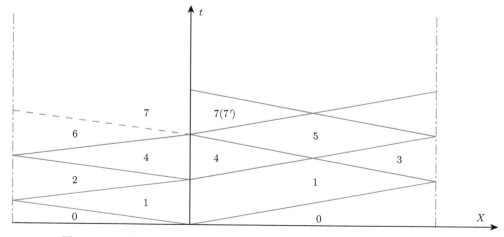

图 1.38　弹性杆共轴对撞应力波传播物理平面图 $(k < 1, l_2/C_2 = 2l_1/C_1)$

$$\begin{cases} \sigma_6 - \sigma_4 = -\rho_1 C_1 \left( v_6 - v_4 \right) \\ \sigma_6 = 0 \end{cases} \qquad (1.312)$$

由此我们可以解出状态点 6 对应的应力和质点速度为

$$\begin{cases} \sigma_6 = 0 \\ \\ v_6 = \left( \dfrac{k-1}{k+1} \right)^2 v_0 \end{cases} \qquad (1.313)$$

同理，我们可以给出杆 1 中应力波 4~6 和杆 2 中应力波 4~5 到达交界面上时的透反射动量守恒条件:

$$\begin{cases} \sigma_7 - \sigma_6 = \rho_1 C_1 \left( v_7 - v_6 \right) \\ \sigma_7 - \sigma_5 = -\rho_2 C_2 \left( v_7 - v_5 \right) \end{cases} \qquad (1.314)$$

我们可以解出状态点 7 所对应的应力和质点速度值:

$$\begin{cases} \sigma_7 = \dfrac{-k^3 + 4k^2 + k}{\left(k+1\right)^3} \rho_1 C_1 v_0 = \dfrac{5 - \left(k-2\right)^2}{\left(k+1\right)^3} k \rho_1 C_1 v > 0 \\ \\ v_7 = \dfrac{3k^2 + 1}{\left(k+1\right)^3} v_0 \end{cases} \qquad (1.315)$$

同前面的分析，上式也意味着交界面承受拉伸应力，因此式 (1.315) 所代表的解也不合理，即状态点 7 和状态点 7′ 并不连续。此时，如图 1.38 所示，两杆分离，交界面变成两杆的自由面，则有

$$\begin{cases} \sigma_7 - \sigma_6 = \rho_1 C_1 \left( v_7 - v_6 \right) \\ \sigma_{7'} - \sigma_5 = -\rho_2 C_2 \left( v_{7'} - v_5 \right) \end{cases} \quad \text{且} \quad \begin{cases} \sigma_7 = 0 \\ \sigma_{7'} = 0 \end{cases} \qquad (1.316)$$

根据上式我们可以分别给出两个状态点对应的应力和质点速度:

$$\begin{cases} \sigma_7 = 0 \\ \\ v_7 = v_6 = \left( \dfrac{k-1}{k+1} \right)^2 v_0 \end{cases} \qquad \begin{cases} \sigma_{7'} = 0 \\ \\ v_{7'} = \dfrac{2}{k+1} v_0 \end{cases} \qquad (1.317)$$

对比式 (1.313) 和式 (1.317)，我们不难看出，状态点 6 中应力和质点速度与状态点 7 中完全相等，这说明，应力波 6~7 并不存在，也即是说应力波 4~6 到达交界面后并没有产生反射波而只产生透射波，且应力波 4~5 到达交界面后也没有产生透射波而只存在反射波。同时我们也可以求出两杆从对撞到分离的时间为 $t = 2l_2/C_2 = 4l_1/C_1$。

当 $k < 1$ 且 $2l_1/C_1 < l_2/C_2 < 3l_1/C_1$ 时，如图 1.39 所示，对比图 1.39 和图 1.37、图 1.38 我们可以看到，此种条件下的透反射前期状态点 1、状态点 2、状态点 3、状态点 4、状态点 5 和状态点 6 所对应的应力和质点速度值与前面相同。假设杆 1 中应力波 4~6 到达交界面上同时产生反射波和透射波，且在整个透反射过程中两杆保持紧密接触状态，此时根据连续方程和动量守恒条件有

$$\begin{cases} \sigma_7 - \sigma_6 = \rho_1 C_1 \left( v_7 - v_6 \right) \\ \sigma_7 - \sigma_4 = -\rho_2 C_2 \left( v_7 - v_4 \right) \end{cases} \qquad (1.318)$$

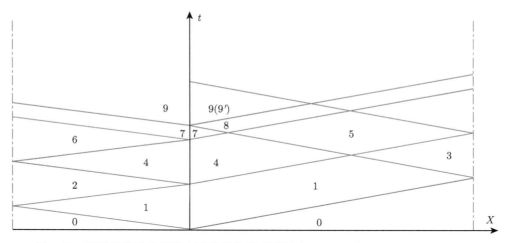

图 1.39    弹性杆共轴对撞应力波传播物理平面图 $(k < 1, 2l_1/C_1 < l_2/C_2 < 3l_1/C_1)$

由此我们可以求出状态点 7 所对应的应力和质点速度值：

$$\begin{cases} \sigma_7 = -\dfrac{k\,(k-1)^2}{(k+1)^3}\rho_1 C_1 v_0 \\ v_7 = \dfrac{(k-1)^2}{(k+1)^3}v_0 \end{cases} \tag{1.319}$$

从上式可以看出，计算出的状态点 7 所对应的应力为负，即此时两杆之间仍是压缩状态，因此以上假设是正确的。

同理，我们可以求出状态点 8 对应的应力和质点速度值：

$$\begin{cases} \sigma_8 - \sigma_7 = \rho_2 C_2 \,(v_8 - v_7) \\ \sigma_8 - \sigma_5 = -\rho_2 C_2 \,(v_8 - v_5) \end{cases} \tag{1.320}$$

解得

$$\begin{cases} \sigma_8 = \dfrac{4k^2}{(k+1)^3}\rho_1 C_1 v_0 \\ v_8 = \dfrac{2\,(k^2+1)}{(k+1)^3}v_0 \end{cases} \tag{1.321}$$

在此基础上假设杆 2 中的应力波 7~8 到达交界面时同时产生透射波和反射波，而在整个透反射过程中两杆之间保持紧密接触状态，则有

$$\begin{cases} \sigma_9 - \sigma_7 = \rho_1 C_1 \,(v_9 - v_7) \\ \sigma_9 - \sigma_8 = -\rho_2 C_2 \,(v_9 - v_8) \end{cases} \tag{1.322}$$

解得

$$\begin{cases} \sigma_9 = \dfrac{5 - (k-2)^2}{(k+1)^3}k\rho_1 C_1 v_0 > 0 \\ v_9 = \dfrac{3k^2+1}{(k+1)^3}v_0 \end{cases} \tag{1.323}$$

上式与图 1.38 状态点 7 和式 (1.319) 所示结果类似，其也表示此假设不正确，此时两杆质点并不连续，其动量守恒条件应为

$$\left\{ \begin{array}{l} \sigma_9 - \sigma_7 = \rho_1 C_1 \left(v_9 - v_7\right) \\ \sigma_{9'} - \sigma_8 = -\rho_2 C_2 \left(v_{9'} - v_8\right) \end{array} \right. \quad \text{且} \quad \left\{ \begin{array}{l} \sigma_9 = 0 \\ \sigma_{9'} = 0 \end{array} \right. \tag{1.324}$$

可以得到

$$\left\{ \begin{array}{l} \sigma_9 = 0 \\ v_9 = \dfrac{(k-1)^2}{(k+1)^2} v_0 \end{array} \right. \quad \left\{ \begin{array}{l} \sigma_{9'} = 0 \\ v_{9'} = \dfrac{2}{k+1} v_0 \end{array} \right. \tag{1.325}$$

此时距离两杆对撞的时间也为 $t = 2l_2/C_2$。同理，我们也可以推导出 $k < 1$ 且 $l_2/C_2 \geqslant 3l_1/C_1$ 时的情况，读者试推导之。

多杆共轴对撞的问题也可以根据以上思路和方法分析和解答，读者也可试推导之。

### 1.7.3 分离式 Hopkinson 压杆基本理论

材料的动态力学性能和行为与准静态下不尽一致，在很多情况下甚至差别很大，研究材料及其结构在动态荷载下的动力学行为，材料的动态力学性能必不可少。对材料的准静态力学性能的测试装置当前较为成熟，以压缩性能试验为例，随着技术的进步，动态试验平台也被生产和使用，然而，其试验范围有限，其测试材料应变率一般小于 $100\mathrm{s}^{-1}$。对于更高应变率下材料的动态压缩行为试验而言，利用传统的压力试验系统很难实现：首先，应变率大意味着加载速度大，在很大的加载速率下利用液压系统实现，这是非常难的；其次，传统的压头质量很大，加载时间也长，在高速加载过程中的能量过大，其可操作性和安全性值得怀疑。理论上讲，随着加载速率的增加，材料屈服和破坏时间就较短，此时我们完全可以通过较短时间的加载实现材料的动态压缩试验，即通过脉冲加载实现材料的短时间动态加载。分离式 Hopkinson 压杆装置即是利用这一原理实现材料动态加载过程的当前国际应用最广泛的试验装置。

早期 (1914 年)Hopkinson 发明这一装置的作用主要是利用波动力学理论测量爆炸或子弹射击杆弹时的应力时程曲线，后来 (1949 年)Kolsky 利用 Hopkinson 压杆产生脉冲压缩波特性设计出一套可以用于测量材料动态压缩行为的装置，即当前应用最广泛的分离式 Hopkinson 压杆装置 (简称 SHPB 装置)，如图 1.40 所示。

传统的分离式 Hopkinson 压杆装置包括发射装置、撞击杆、入射杆、透射杆和吸收杆，试件置于入射杆和透射杆之间。需要注意的是，材料的应变率效应与结构惯性效应很难区分，甚至在某种意义上无法完全区分，这主要依赖于我们研究的尺度和要求；同时，应变率传播问题和材料的动态本构问题也是一个 "狗咬尾巴" 的问题，这些问题在很多相关文献中都讨论过，如王礼立教授的《应力波基础》一书中就进行了简要的讨论，在此不做多述。在分析分离式 Hopkinson 压杆的试验原理和数据处理方法之前，我们对几个基本问题进行强调说明：第一，分离式 Hopkinson 压杆测试的对象是材料，因此我们必须保证测试的对象具有材料的特征，而不是结构特征明显，至少在测试尺度上测试对象以材料特征为主，这对金属材料而言一般都成立，但对复合材料而言包括混凝土类材料而言就不一定满足；第二，分离式 Hopkinson 压杆测试技术是建立在一维杆理论框架上发展的，因此我们在最大程度上接

近这一假设, 也就是说, 装置中应力波关键传播路径是在细长杆中完成, 这就要求撞击杆、入射杆和透射杆的长径比足够大、杆身足够平直, 而且, 即使不考虑杆中应力波的弥散效应和测试应变片的宽度并假设一切测试手段都完美, 根据图 1.40 可知, 我们只利用一个应变片测量入射波和透射波, 必须将它们分离, 因此, 入射杆长度必须大于撞击杆的 2 倍以上; 第三, 试验测试方法是基于弹性波理论之上的, 因此我们必须保证撞击杆、入射杆和透射杆中无塑性变形, 根据上小节的理论可知, 撞击杆的入射速度 $v$ 与杆材料的单轴屈服强度 $Y$ 满足关系 $v < 2Y/(\rho C)$, 且试件如果直接与入射杆、透射杆相接触, 其屈服强度必须小于杆材料的单轴屈服强度。

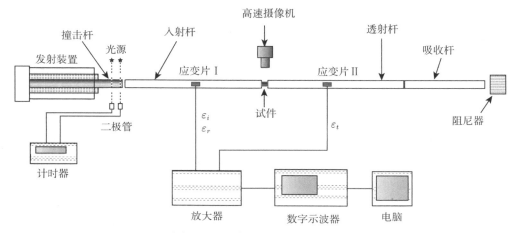

图 1.40　分离式 Hopkinson 装置

如图 1.41 所示, 当我们满足以上基本条件和两个基本假设: 杆中一维波 (平面波) 假设和试件中应力均匀假设的基础上, 我们可以得到

$$
\begin{cases}
\sigma_{\mathrm{S}}(t) = \dfrac{[\sigma(X_2, t) + \sigma(X_1, t)] A}{2A_{\mathrm{S}}} \\[3mm]
\dot{\varepsilon}_{\mathrm{S}}(t) = \dfrac{v(X_2, t) - v(X_1, t)}{l_{\mathrm{S}}}
\end{cases}
\tag{1.326}
$$

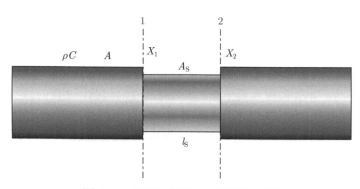

图 1.41　SHPB 试验中试件受力情况

式中，$\sigma_S$ 和 $\dot{\varepsilon}_S$ 代表试件所受的平均应力和平均应变率；$\sigma$ 代表应力；$v$ 代表质点速度；$A$ 和 $A_S$ 分别代表杆和试件的截面面积；$l_S$ 代表试件的长度。

根据交界面上应力波的透反射定律，我们可以给出：

$$\begin{cases} \sigma\left(X_1,t\right) = \sigma_I\left(X_1,t\right) + \sigma_R\left(X_1,t\right) \\ \sigma\left(X_2,t\right) = \sigma_T\left(X_2,t\right) \end{cases} \quad \begin{cases} v\left(X_1,t\right) = v_I\left(X_1,t\right) + v_R\left(X_1,t\right) \\ v\left(X_2,t\right) = v_T\left(X_2,t\right) \end{cases} \quad (1.327)$$

式中，$\sigma_I$ 和 $v_I$ 分别表示入射波应力和质点速度；$\sigma_R$ 和 $v_R$ 分别表示反射波应力和质点速度；$\sigma_T$ 和 $v_T$ 分别表示透射波应力和质点速度。将上式代入方程 (1.326) 中可有

$$\begin{cases} \sigma_S\left(t\right) = \dfrac{\left[\sigma_T\left(X_2,t\right) + \sigma_I\left(X_1,t\right) + \sigma_R\left(X_1,t\right)\right]A}{2A_S} \\ \dot{\varepsilon}_S\left(t\right) = \dfrac{v_T\left(X_2,t\right) - \left[v_I\left(X_1,t\right) + v_R\left(X_1,t\right)\right]}{l_S} \end{cases} \quad (1.328)$$

将应变率对时间求积分，即可得到

$$\varepsilon_S\left(t\right) = \int_0^t \dot{\varepsilon}_S\left(t\right)\mathrm{d}t = \frac{1}{l_S}\int_0^t \left[v_T\left(X_2,t\right) - v_I\left(X_1,t\right) - v_R\left(X_1,t\right)\right]\mathrm{d}t \quad (1.329)$$

理论上讲，当应力波跨过截面不同的交界面时，会在交界面两侧一定区间内产生应力波紊流，这个在 1.6 节中我们也已做简单说明，此时为测量到理想的波形，我们一般在距离交界面一定距离进行测量，同时，由于分解入射波和反射波的需要，我们也需要将测量点放置于距离交界面一定距离的地方，如图 1.40 所示。假设其坐标分别为 $X_I$ 和 $X_T$，如图 1.42 所示。

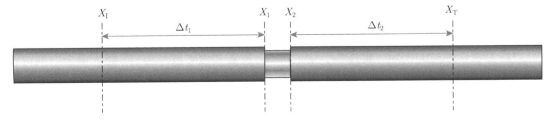

图 1.42    SHPB 试验中入射杆和透射波波形测量示意图

图中应力波从界面 $X_I$ 到界面 $X_1$ 传播时间为 $\Delta t_1$，应力波从界面 $X_2$ 到界面 $X_T$ 的传播时间为 $\Delta t_2$，则有

$$\begin{cases} \sigma_I\left(X_1,t\right) = \sigma_I\left(X_I,t - \Delta t_1\right) \\ \sigma_R\left(X_1,t\right) = \sigma_R\left(X_I,t + \Delta t_1\right) \\ \sigma_T\left(X_2,t\right) = \sigma_T\left(X_T,t + \Delta t_2\right) \end{cases} \quad (1.330)$$

因此，我们可以得到试件的平均应力为

$$\sigma_S\left(t\right) = \frac{A}{A_S}\frac{\left[\sigma_T\left(X_T,t + \Delta t_2\right) + \sigma_I\left(X_I,t - \Delta t_1\right) + \sigma_R\left(X_I,t + \Delta t_1\right)\right]}{2} \quad (1.331)$$

如果杆中任何时刻材料都处于弹性状态，杆材料为线弹性材料，杨氏模量为 $E$，则上式可写为

$$\sigma_S(t) = \frac{EA}{2A_S}\left[\varepsilon_T(X_T, t + \Delta t_2) + \varepsilon_I(X_I, t - \Delta t_1) + \varepsilon_R(X_I, t + \Delta t_1)\right] \tag{1.332}$$

式中，$\varepsilon_T$、$\varepsilon_I$ 和 $\varepsilon_R$ 分别表示在界面 $X_T$ 所测得的透射波引起的应变和界面 $X_I$ 所测得的入射波引起的应变与反射波引起的应变。

同理，利用应力波波阵面上的连续方程 $[v] = \mp C[\varepsilon]$，我们可以得到试件平均应变率与测点应变之间的关系：

$$\dot\varepsilon_S(t) = \frac{C}{l_S}\left[\varepsilon_I(X_I, t - \Delta t_1) - \varepsilon_T(X_T, t + \Delta t_2) - \varepsilon_R(X_I, t + \Delta t_1)\right] \tag{1.333}$$

从式 (1.329)、式 (1.332) 和式 (1.333) 可以看出，在杆中一维平面弹性波和试件中应力均匀两个基本假设的基础上，我们通过测量如图 1.42 所示入射杆和透射杆两界面对应的表面处的应变信号 $\varepsilon(t)$，就可以计算出试件的平均应力、应变和应变率，从而获取某应变率下的应力应变关系；需要指出的是，在计算之前，由于三式中对应的时间参数不同，需要在时间轴上进行平移对波，之后即可得到

$$\begin{cases} \sigma_S(t') = \dfrac{EA}{2A_S}\left[\varepsilon_T(X_T, t') + \varepsilon_I(X_I, t') + \varepsilon_R(X_I, t')\right] \\[2mm] \varepsilon_S(t') = \dfrac{C}{l_S}\displaystyle\int_0^t \left[\varepsilon_I(X_I, t') - \varepsilon_T(X_T, t') - \varepsilon_R(X_I, t')\right]\mathrm{d}t \\[2mm] \dot\varepsilon_S(t') = \dfrac{C}{l_S}\left[\varepsilon_I(X_I, t') - \varepsilon_T(X_T, t') - \varepsilon_R(X_I, t')\right] \end{cases} \tag{1.334}$$

上式即为 SHPB 装置试验数据处理的基本公式。

当试件为介质均匀性较好、声速较大的材料如金属材料，此时试件尺寸较小且试件中达到应力均匀性试件时间很短，此时对于整个入射、反射和透射波形而言，绝大部分时间内试件应力达到了均匀，如此一来我们就可以认为

$$\varepsilon_I(X_I, t') + \varepsilon_R(X_I, t') = \varepsilon_T(X_T, t') \tag{1.335}$$

此时式 (1.334) 就可以简化为

$$\begin{cases} \sigma_S(t') = \dfrac{EA}{A_S}\left[\varepsilon_I(X_I, t') + \varepsilon_R(X_I, t')\right] \\[2mm] \varepsilon_S(t') = -\dfrac{2C}{l_S}\displaystyle\int_0^t \varepsilon_R(X_I, t')\,\mathrm{d}t \\[2mm] \dot\varepsilon_S(t') = -\dfrac{2C}{l_S}\varepsilon_R(X_I, t') \end{cases} \tag{1.336}$$

上式即说明我们可以只通过入射杆上的应变片测量出入射应变波形和反射应变波形，从而可以计算出试件的压缩应变率以及在此应变率下试件的应力和应变。

　　同理, 当我们测得的透射波信号较好, 我们也可以利用式 (1.335) 对式 (1.334) 做进一步简化:

$$\begin{cases} \sigma_{\mathrm{S}}\left(t'\right) = \dfrac{EA}{A_{\mathrm{S}}}\varepsilon_{\mathrm{T}}\left(X_{\mathrm{T}}, t'\right) \\[2ex] \varepsilon_{\mathrm{S}}\left(t'\right) = -\dfrac{2C}{l_{\mathrm{S}}}\displaystyle\int_{0}^{t}\varepsilon_{\mathrm{R}}\left(X_{\mathrm{I}}, t'\right)\mathrm{d}t \\[2ex] \dot{\varepsilon}_{\mathrm{S}}\left(t'\right) = -\dfrac{2C}{l_{\mathrm{S}}}\varepsilon_{\mathrm{R}}\left(X_{\mathrm{I}}, t'\right) \end{cases} \tag{1.337}$$

上式说明, 我们也可以只通过测量入射杆中的反射应变波形和透射杆中的透射应变波形来计算出试件的加载应变率, 并在此基础上求解出试件的应力应变关系; 同时也可以看出决定试件应变率计算的量是反射应变波, 而决定试件应力强度计算的量是透射应变波。

# 第2章 一维杆中弹塑性波的传播

CHAPTER 2

上一章我们对一维杆中弹性波的传播及其相互作用进行了讨论,其中的许多分析方法和结论对于波动力学而言都是非常基本和重要的。从上章结论我们可以知道,当脉冲荷载较大或撞击速度较大时,杆中的应力峰值大于其屈服强度,此时杆中传播的应力波就不再是单纯的弹性波,而存在由于塑性扰动而产生的塑性波,也就是说此时一维杆中弹性波和塑性波并存,而出现弹塑性波传播和相互作用。对于传统的线弹性材料而言,材料的加载和卸载皆遵循同一个线性应力应变关系,在热力学上是一个可逆过程,因此加载波和卸载波并无本质上的区别,而且其波速也相同。因此,在一维杆中弹性波内容的讨论过程中我们并没有限制两波到底是加载波还是卸载波。而当我们讨论弹塑性波时,问题就明显复杂多了,首先,弹塑性应力应变关系一般皆是非线性的,这时波的叠加原理不再适用;其次,由于弹塑性材料塑性加载和卸载路径一般不相同,在热力学上也是不可逆的,因此我们在分析过程中必须明确区分应力波到底是加载波还是卸载波。

## 2.1 弹塑性本构关系与弹塑性双波结构

严格意义上讲,应力波对介质的干扰和影响是极其快速的,在此快速的应力扰动过程中,介质中的粒子来不及与周围介质粒子进行热量的交换,因此,从本质上讲波动过程是热力学上的绝热过程:状态变化较平缓的增量波属于可逆的绝热过程即等熵过程;而状态变化十分剧烈的冲击波则属于不可逆的绝热过程即绝热熵增过程。所以在波传播中所应用的本构关系应该是材料的动态本构关系,因为在动态加卸载时材料来不及与外界进行热量交换,过程是绝热的;而准静态的材料本构关系实际上则是等温本构关系,因为在慢速加载条件下材料可以通过热量交换而保持与环境温度一致。

### 2.1.1 一维杆中杆材的弹塑性应力应变关系

图 2.1 是典型一维杆压缩和拉伸应力应变曲线,从此曲线中可以看出其主要包括四个阶段:弹性加载阶段、塑性加载阶段、弹性卸载阶段和塑性卸载阶段。

#### 1. 弹性加载阶段

以线弹性材料为例,当一维杆受到拉伸或压缩加载时,以拉伸为例,其材料应力和应变呈线性关系增长,如图 2.1 中线 $OA$ 所示,此时材料发生的弹性变形可逆:

$$\sigma = E\varepsilon \ (\sigma < Y) \tag{2.1}$$

式中,$\sigma$ 为材料的单轴应力;$E$ 为材料的杨氏模量;$\varepsilon$ 为材料的单轴应变;$Y$ 为材料在一维应力条件下的单轴屈服强度。

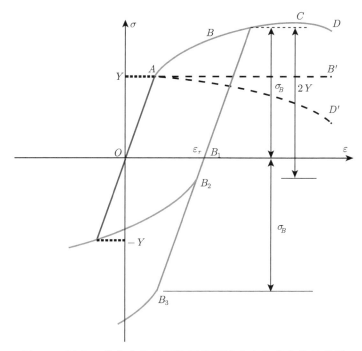

图 2.1　杆在一维应力条件下拉压弹塑性应力应变曲线示意图

## 2. 塑性加载阶段

随着施加载荷的增加，当材料的应力达到且超过其单轴屈服极限强度时，材料发生了不可逆转的塑性变形。一般而言，在塑性变形阶段，材料的应力应变关系呈非线性：

$$\sigma = \sigma(\varepsilon) \quad (\sigma \geqslant Y) \tag{2.2}$$

如图 2.1 中曲线 $ABCD$ 所示，图中所示 $ABC$ 呈非线性应变硬化趋势，但增长趋势逐渐减小，$CD$ 呈非线性应变软化趋势。一般而言，我们可以进一步通过应力应变关系的一次导数和二次导数与 0 之间的关系来对塑性阶段的变形进行更具体的表征。

当 $\mathrm{d}\sigma_{\mathrm{p}}/\mathrm{d}\varepsilon_{\mathrm{p}} < 0$ 时，如曲线 $AD'$ 所示，这种随着塑性应变的增加应力反而呈减小趋势的材料，我们一般称之为应变软化材料。

当 $\mathrm{d}\sigma_{\mathrm{p}}/\mathrm{d}\varepsilon_{\mathrm{p}} \equiv 0$ 时，如曲线 $AB'$ 所示，此时材料的应力并不随塑性应变的增加而变化，而是呈一个恒值状态，这种材料我们一般称之为理想弹塑性材料。

当 $\mathrm{d}\sigma_{\mathrm{p}}/\mathrm{d}\varepsilon_{\mathrm{p}} > 0$ 时，此种应力应变关系在金属材料中最常见，其材料的应力随着塑性应变的增加而增大，我们一般称之为应变硬化材料。应变硬化材料根据应力应变关系的二次导数与 0 之间的关系又可以分为三类：满足 $\mathrm{d}^2\sigma_{\mathrm{p}}/\mathrm{d}\varepsilon_{\mathrm{p}}^2 < 0$ 的材料称为递减硬化材料；满足 $\mathrm{d}^2\sigma_{\mathrm{p}}/\mathrm{d}\varepsilon_{\mathrm{p}}^2 \equiv 0$ 的材料称为线性硬化材料；满足 $\mathrm{d}^2\sigma_{\mathrm{p}}/\mathrm{d}\varepsilon_{\mathrm{p}}^2 > 0$ 的材料称为递增硬化材料。

## 3. 弹性卸载阶段

在加载过程中，从任意一个塑性状态如图 2.1 中状态点 $B$ 卸载时，材料首先进入弹性卸载阶段 $BB_1$。对于弹塑性非耦合材料，一般而言，其斜率与加载时材料的杨氏模量 $E$ 相

等 (卸载斜率与塑性应变相关的材料称为弹塑性耦合材料, 否则称为非耦合材料); 但材料到达状态点 $B_1$ 时, 从图中可以看出此时材料应力为 0, 但此时相对于初始状态点 $O$ 而言, 还是存在应变 $\varepsilon_r$, 我们称此应变量为塑性残余应变; 随着卸载载荷的增加 (此时应力状态为拉力), 此时应力应变关系仍保持不变, 直至到达卸载屈服点 $\sigma = \sigma^*$。根据图 2.1, 容易看到从点 $B$ 处弹性卸载阶段材料的应力应变关系应满足:

$$\sigma - \sigma_B = E\left(\varepsilon - \varepsilon_B\right)\ \left(\sigma^* \leqslant \sigma \leqslant Y\right) \tag{2.3}$$

式中, $\sigma_B$ 和 $\varepsilon_B$ 分别表示图 2.1 中状态点 $B$ 对应的应力和应变。

如从弹性卸载直线 $BB_1$ 上任意一个状态点重新加载, 则应力应变路径将仍沿着卸载线 $B_1B$ 返回, 直至状态点 $B$ 处才开始进入新的塑性阶段, 此时在整个加卸载历史上的最大塑性应力 $\sigma_B$ 称为后继屈服应力。

**4. 塑性卸载阶段**

沿着弹性卸载路径 $BB_1$ 继续卸载, 当材料应力到达卸载屈服应力 $\sigma = \sigma^*$ 时, 材料进入卸载屈服阶段。一般而言, 反向屈服应力数值上一般小于对应的后继屈服应力, 即 $|\sigma^*| < \sigma_B$, 这种现象称为 Baushinger 效应。实际上, 为了简化本构模型, 理论上我们对这种效应常常进行两种形式的简化: 第一种简化就是放大 Baushinger 效应, 假设当弹性卸载到如图 2.1 中所示状态点 $B_2$ 时, 材料才进入塑性卸载阶段, 状态点 $B_2$ 对应的应力 $\sigma_{B_2}$ 满足 $|\sigma_B - \sigma_{B_2}| = 2Y$, 容易知道, 对于塑性加载曲线 $AB$ 上任意一点卸载如果都满足这一条件, 则图 2.1 所示塑性卸载曲线 $B_2A_2$ 应与塑性加载曲线 $AB$ 形状一致且满足中心对称, 此种弹塑性模型我们称之为随动硬化弹塑性模型; 第二种简化就是我们不考虑 Baushinger 效应, 认为当弹性卸载到如图中所示状态点 $B_3$ 时, 材料才进入塑性卸载阶段, 状态点 $B_3$ 对应的应力 $\sigma_{B_3}$ 满足 $\sigma_{B_3} = -\sigma_B$, 同理, 此时塑性卸载曲线 $B_3A_3$ 也与塑性加载曲线 $AB$ 形状一致且满足中心对称, 此种弹塑性模型我们称之为各向同性硬化弹塑性模型。

值得注意的是, 在波动力学中常常把反向加载阶段称为卸载阶段, 如图 2.1 所示, 以拉伸为正时, 我们定义拉伸载荷为加载时, 从状态点 $B$ 到状态点 $B_1$ 阶段称为卸载阶段, 此时材料中的应力状态应为拉伸应力; 从状态点 $B_1$ 继续反向加载也称为卸载阶段, 但此时材料中的应力状态则为压缩应力状态。

## 2.1.2    一维杆中材料本构关系对应力波传播的影响

**1. 一维弹性杆中本构关系对应力波传播的影响**

以右行冲击波和增量波为例, 根据上一章的分析可知, 其波阵面上的连续方程和动量守恒条件分别为

$$\begin{cases} [v] = -C\,[\varepsilon] \\ [\sigma] = -\rho C\,[v] \end{cases} \text{和} \begin{cases} \mathrm{d}v = -C\mathrm{d}\varepsilon \\ \mathrm{d}\sigma = -\rho C\mathrm{d}v \end{cases} \tag{2.4}$$

其波速的求解表达式分别为

$$C = \sqrt{\frac{[\sigma]}{\rho\,[\varepsilon]}} \quad \text{和} \quad C = \sqrt{\frac{\mathrm{d}\sigma}{\rho\mathrm{d}\varepsilon}} \tag{2.5}$$

从第 1 章的相关公式的推导和分析过程可知,式 (2.4) 和式 (2.5) 并没有涉及材料本构,其推导结果与材料本构关系的具体形式无关,也就是说它是对任何材料都成立的。以递增硬化弹性材料为例,如图 2.2 所示,假设冲击波波阵面前方的应力与应变分别为 $\sigma^+$ 和 $\varepsilon^+$,后方的应力与应变分别为 $\sigma^-$ 和 $\varepsilon^-$,根据式 (2.5) 我们可以计算出此时材料中的冲击波波速为

$$C = \sqrt{\frac{[\sigma]}{\rho\,[\varepsilon]}} = \sqrt{\frac{1}{\rho}\frac{\sigma^- - \sigma^+}{\varepsilon^- - \varepsilon^+}} \tag{2.6}$$

上式中显示冲击波波速与图 2.2 所示应力应变曲线中割线 $AB$ 的斜率的平方根成正比关系,该割线弦 $AB$ 我们常称之为激波弦或 Rayleigh 线。而对于增量波而言,由于波阵面前后方应力连续,因此其增量波速与当前状态点切线斜率 $\mathrm{d}\sigma/\mathrm{d}\varepsilon$ 的平方根成正比,如图中直线 $AD$ 所示。

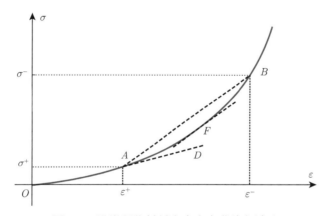

图 2.2    递增硬化材料应力应变曲线与波速

因此,我们可以看出,对于具体问题,式 (2.5) 形式虽然与材料本构关系无关,但无论是材料中的冲击波波速还是增量波波速,其所得出的具体结果却与材料的应力应变关系即材料的本构关系紧密相关。

对于图 2.2 所示递增硬化弹性材料,有 $\mathrm{d}^2\sigma/\mathrm{d}\varepsilon^2 > 0$,即应力应变关系的斜率 $\mathrm{d}\sigma/\mathrm{d}\varepsilon$ 随着应力水平的提高而变大,从图 2.2 可以看出,在此材料中冲击波波速与增量波波速并没有确定的关系,在 $AB$ 区间内,在应力水平较低区域 $AF$,冲击波波速大于增量波波速,但增量波波速随着应力增大而增大,使得在后期 $FB$ 区间冲击波波速小于增量波波速。

如果在材料中存在一个增量波,则增量波的波速 $C$ 随着材料中的应力的增加而增大。以如图 2.3 所示应力波剖面为例,当 $t = t_0$ 时刻应力波为一个轴对称波,由于增量波速与应力成正比,因此高应力水平区域的增量波速大于低应力水平的值;当 $t = t_1 > t_0$ 时刻应力波加载波头相对于上一时刻变得"陡峭",而卸载波就相应地变得"平缓";当时间到达 $t = t_2 > t_1$ 时刻,加载波头相对上一时刻更为"陡峭",而卸载波则进一步"平缓"。以此类推,随着时间的推移,总会在后面的某一时刻加载波头接近于垂直状态,这意味着在这种材料中即使是增量波也必将在某一时刻转化为冲击波;故在递增硬化材料中能够稳定地传播冲击波。

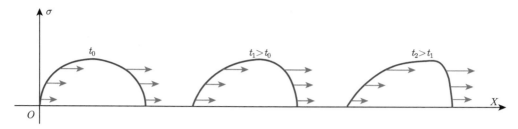

图 2.3　递增硬化材料本构关系对应力波传播的影响示意图

当材料为线弹性材料时, 即 $\mathrm{d}^2\sigma/\mathrm{d}\varepsilon^2 = 0$, 此时相关结论就容易得到, 可参考第 1 章的分析。此时有

$$C = \sqrt{\frac{[\sigma]}{\rho\,[\varepsilon]}} = \sqrt{\frac{\mathrm{d}\sigma}{\rho\mathrm{d}\varepsilon}} = \sqrt{\frac{E}{\rho}} \tag{2.7}$$

当材料应力应变曲线如图 2.4 所示递减硬化材料, 有 $\mathrm{d}^2\sigma/\mathrm{d}\varepsilon^2 < 0$, 即应力应变关系的斜率 $\mathrm{d}\sigma/\mathrm{d}\varepsilon$ 随着应力水平的提高而减小, 从图 2.4 可以看出, 与递增硬化材料正好相反, 在应力水平较低的 $AF$ 区间, 冲击波波速小于增量波波速; 但增量波波速随着应力增大而减小, 使得在后期 $FB$ 区间, 冲击波波速大于增量波波速。

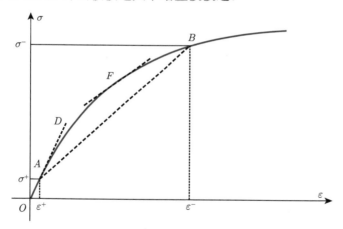

图 2.4　递减硬化材料应力应变曲线与波速

如果在材料中存在一个冲击波, 以如图 2.5 所示应力波剖面为例, 当 $t = t_0$ 时刻应力波为三角形冲击波, 由于增量波的波速 $C$ 随着材料中的应力的增加而减小, 因此高应力水平区域的增量波速小于低应力水平的值; 当 $t = t_1 > t_0$ 时刻应力波加载波头相对于上一时刻变得 "平缓", 而卸载波就相应地变得 "陡峭"; 当时间到达 $t = t_2 > t_1$ 时刻, 加载波头相对上一时刻更为 "平缓", 而卸载波则进一步变得 "陡峭"。以此类推, 加载冲击波逐渐转化为增量波, 而卸载增量波逐渐转化为冲击波; 故在递减硬化材料中无法稳定地传播加载冲击波。

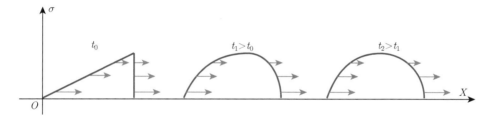

图 2.5 递减硬化材料本构关系对应力波传播的影响示意图

**2. 一维弹塑性杆中本构关系对应力波传播的影响**

以右行波为例, 设在一维弹塑性杆左端存在一个右行冲击入射波或右行连续入射波 (一般可以看出无数多个小增量波的叠加), 根据波阵面上连续方程和动量守恒条件, 有

$$
\begin{cases} [v] = -C\,[\varepsilon] \\ [\sigma] = -\rho C\,[v] \end{cases} \quad \text{和} \quad \begin{cases} \mathrm{d}v = -C\mathrm{d}\varepsilon \\ \mathrm{d}\sigma = -\rho C\mathrm{d}v \end{cases} \tag{2.8}
$$

由此我们可以给出应力波速的求解方程:

$$
C = \sqrt{\frac{[\sigma]}{\rho\,[\varepsilon]}} \quad \text{和} \quad C = \sqrt{\frac{\mathrm{d}\sigma}{\rho\mathrm{d}\varepsilon}} \tag{2.9}
$$

假设材料的本构方程满足:

$$
\varepsilon = \varepsilon\,(\sigma) \tag{2.10}
$$

且应力波前方的初始状态为 $(\sigma_0, v_0, \varepsilon_0)$, 则有

$$
\begin{cases} C = \sqrt{\dfrac{[\sigma]}{\rho\,[\varepsilon]}} = \sqrt{\dfrac{\sigma - \sigma_0}{\rho\,(\varepsilon - \varepsilon_0)}} = \sqrt{\dfrac{\sigma - \sigma_0}{\rho\,[\varepsilon\,(\sigma) - \varepsilon\,(\sigma_0)]}} \equiv C\,(\sigma, \sigma_0) \\[4mm] C = \sqrt{\dfrac{\mathrm{d}\sigma}{\rho\mathrm{d}\varepsilon}} \equiv C\,(\sigma) \end{cases} \tag{2.11}
$$

上式的物理意义是: 对于满足式 (2.10) 的率无关弹塑性材料而言, 其材料中的冲击波速与当前应力状态和波前方初始应力状态相关, 而连续波速只与当前应力状态相关; 其次, 与线弹性材料中弹性波的传播波速不同, 对于弹塑性材料而言, 特别是塑性阶段, 其应力波速并不是恒值, 而一般与材料中的应力状态相关。

设在一维弹塑性杆材料中入射波为连续波, 根据式 (2.11), 我们可以根据右行增量波波阵面上的动量守恒条件给出速度增量:

$$
\mathrm{d}v = -\frac{\mathrm{d}\sigma}{\rho C\,(\sigma)} \tag{2.12}
$$

上式说明对于弹塑性杆中应力波而言, 其速度增量与当前材料中的应力状态相关。由此我们可以给出当前材料中的质点速度为

$$
v = v_0 - \int_{\sigma_0}^{\sigma} \frac{\mathrm{d}\sigma}{\rho C\,(\sigma)} \equiv \phi\,(\sigma, \sigma_0) \tag{2.13}
$$

上式称为材料的右行连续波动态响应曲线, 它的物理含义是: 对一个初始状态为 $(\sigma_0, v_0)$ 的一维弹塑性杆而言, 当左端入射连续波时, 要使杆的应力达到 $\sigma$, 其质点速度应达到 $v = v_0 - \phi(\sigma, \sigma_0)$, 显然它是由材料的应力应变关系所决定的, 是材料本身动态性能的一种反映。

同理, 如果一维弹塑性杆的入射波是冲击波, 则有

$$v = v_0 - \frac{\sigma - \sigma_0}{\rho C(\sigma, \sigma_0)} \equiv \Phi(\sigma, \sigma_0) \tag{2.14}$$

上式称为材料的右行冲击波动态响应曲线 (或 $\sigma$-$v$ 平面上的 Hugoniot 曲线), 它的物理含义是: 对一个初始状态为 $(\sigma_0, v_0)$ 的一维弹塑性杆而言, 当左端入射冲击波时, 要使杆的应力达到 $\sigma$, 其质点速度应达到 $v = v_0 - \Phi(\sigma, \sigma_0)$, 显然它也是由材料的应力应变关系所决定的, 也是材料本身动态性能的一种反映。

### 2.1.3 一维杆中弹塑性双波结构

#### 1. 简单波及其扰动方程

我们把沿着一个方向向前方均匀区中传播而不受干扰的波, 称为简单波; 一维杆中弹塑性应力波即为典型的简单波。根据上节分析可知, 其扰动线的微分方程应为

$$\frac{\mathrm{d}X}{\mathrm{d}t} = C(\sigma) = \text{const} \tag{2.15}$$

即任何一个波阵面上的状态在传播过程中不受干扰, 所以其应力状态将保持不变, 因而其对应的波速在传播过程中也保持不变, 故在物理平面 $X$-$t$ 上简单波的每一条扰动线均为直线。特别地, 对于弹塑性材料而言, 其在弹性阶段和塑性阶段的微分方程分别可写为

$$\begin{cases} \dfrac{\mathrm{d}X}{\mathrm{d}t} = C_{\mathrm{e}} \\[2mm] \dfrac{\mathrm{d}X}{\mathrm{d}t} = C_{\mathrm{p}}(\sigma) \end{cases} \tag{2.16}$$

式中, $C_{\mathrm{e}}$ 表示线弹性材料弹性波波速, $C_{\mathrm{p}}$ 表示塑性波波速。上式只是式 (2.15) 的一个特例, 而对于非线性弹塑性材料而言, 弹性阶段的应力波速也是应力状态的函数, 此时只能写成式 (2.15) 所示形式。

假设简单波扰动方程在物理平面上的某一参考状态点为 $(X_0, t_0)$, 对式 (2.15) 进行积分, 可得

$$X - X_0 = C(\sigma)(t - t_0) \tag{2.17}$$

上式即为简单波波阵面的方程。它的物理意义是: $t_0$ 时刻波阵面 $X_0$ 处的应力 $\sigma$ 将在 $t$ 时刻到达粒子 $X$ 处。

如图 2.6 所示, 设在杆左端存在一个时程曲线为 $\sigma = f(\tau)$ 的应力加载波, 设一维杆左端的应力初始边界条件为

$$\sigma|_{X_0=0} = f(\tau_0) \tag{2.18}$$

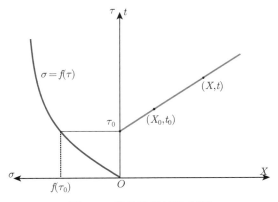

图 2.6 简单波的扰动方程

式中，$\tau_0$ 表示时间；$X_0 = 0$ 表示参考状态点为杆左端处的状态点；$f(\tau_0)$ 表示杆左端在 $\tau_0$ 时刻的应力值。此时的参考状态点物理平面上的坐标为 $(0, \tau_0)$。对于任意一个状态点 $(X, t)$，我们可以根据式 (2.17) 求出该应力在 $X = 0$ 处对应的时刻：

$$\tau_0 = t - \frac{X}{C(\sigma)} \tag{2.19}$$

由于在同一个简单波波阵面上的应力不变，即如图 2.6 所示物理平面上状态点 $(X, t)$ 对应的应力等于状态点 $(0, t - X/C)$ 对应的应力：

$$\sigma(X, t) = \sigma\left[0, t - \frac{X}{C(\sigma)}\right] \tag{2.20}$$

由此，我们可以根据一维杆左端入射波方程求出点 $(X, t)$ 的应力：

$$\sigma(X, t) = f\left[t - \frac{X}{C(\sigma)}\right] \tag{2.21}$$

上式称为右行简单波的解析表达式。它的物理意义是：边界 $X_0 = 0$ 处 $\tau_0$ 时刻的应力 $f(\tau_0)$ 将在 $t - X/C$ 时刻到达质点 $X$ 处。

从式 (2.21) 可以看出，材料中的波速是其应力的函数，它由材料的本构关系决定，我们一般可以通过材料的本构方程求出其解 $C(\sigma)$，故对给定的边界应力载荷 $\sigma = f(\tau)$，式 (2.21) 就是一个关于函数 $\sigma = \sigma(X, t)$ 的隐式方程。对一般的非线性本构关系，由隐式方程 (2.21) 未必能求出函数 $\sigma = \sigma(X, t)$ 的显式表达式，但对某些特殊的本构形式有时则是可以求出其显式表达式的。例如，对于线弹性材料和线性硬化的弹塑性材料，我们即可以求出其显式表达式。

### 2. 一维杆中弹塑性双波结构

根据式 (2.11) 可知，材料的本构方程和应力状态与应力波波速有着密切的关系，对于一般材料而言，其弹性阶段的应力波速大于塑性应力波速；因此，当一维杆中传播弹塑性波时，其塑性的应力扰动会落后于弹性的应力扰动，从而在杆中形成所谓的弹塑性"双波结构"。以最简单的线性硬化弹塑性材料为例，假设材料的杨氏模量为 $E$，塑性阶段 $\mathrm{d}\sigma_\mathrm{p}/\mathrm{d}\varepsilon_\mathrm{p} = E'$，

因此其弹性波速和塑性波速分别为

$$
\begin{cases}
C_{\mathrm{e}} = \sqrt{\dfrac{\mathrm{d}\sigma}{\rho\,\mathrm{d}\varepsilon}} = \sqrt{\dfrac{E}{\rho}} \\[3mm]
C_{\mathrm{p}} = \sqrt{\dfrac{\mathrm{d}\sigma_{\mathrm{p}}}{\rho\,\mathrm{d}\varepsilon_{\mathrm{p}}}} = \sqrt{\dfrac{E'}{\rho}}
\end{cases}
\tag{2.22}
$$

假设此一维弹塑性杆左端存在一个如图 2.7 所示的加载波 $\sigma = f(\tau)$，当 $\tau = \tau_0$ 时，加载波应力值到达杆的屈服强度 $Y$，即 $Y = f(\tau_0)$。根据加载曲线可知，当 $\tau < \tau_0$ 时，加载波为弹性波，此时向杆中传播弹性加载波；当 $\tau > \tau_0$ 时，加载波为塑性波，此时向杆中传输塑性加载波。

图 2.7　一维线性硬化弹塑性杆左端加载波

结合加载波应力时程曲线和杆中应力波传播物理平面图，我们对不同时刻杆中的应力状态和应力波传播特征进行分析，在此需要说明的是，我们这里认为一维杆足够长，不考虑应力波到达右端面后的反射问题。如图 2.8 所示，从图中可以看出，当 $t = 0$ 和 $t = \tau_1$ 时，由于加载波应力强度在材料弹性区间内，因此，此时会向右方杆中传播弹性波，对于线弹性材料而言，其弹性波速为恒值 $C_{\mathrm{e}}$，在物理平面上体现为发出斜率为 $1/C_{\mathrm{e}}$ 的弹性扰动波直线，如图中所示，此两条扰动线携带的应力分别为 $\sigma = 0$ 和 $\sigma = f(\tau_1)$。当 $t = \tau_0$ 时，加载波应力强度正好等于材料的屈服强度，此时会向右方杆中传播最后一个弹性波，其携带的应力强度为 $Y$，同时，由于此时材料到达了其屈服强度，进入了塑性变形阶段，因此，它同时会向右方杆中传播第一个塑性波，其携带的强度也等于材料的屈服强度 $Y$，对于物理平面图中就体现为此时同时从点 $(0, \tau_0)$ 处发出两条应力波扰动直线，一条为弹性波扰动直线，其斜率为 $1/C_{\mathrm{e}}$，另一条为塑性波扰动曲线，其斜率为 $1/C_{\mathrm{p}}$，两条直线斜率一般不相同，一般由于 $C_{\mathrm{e}} > C_{\mathrm{p}}$，所以 $1/C_{\mathrm{e}} < 1/C_{\mathrm{p}}$，即如图 2.8 所示物理平面上塑性波扰动曲线比弹性波扰动曲线 "陡峭" 些；如此一来，就会在两条直线中形成恒应力区间。当 $t = \tau_2$、$t = \tau_3$ 和 $t = \tau_4$ 时，此时加载波应力强度大于其屈服强度，会向右方杆中传播塑性波，对于线性硬化材料而言，其塑性波速也为恒值 $C_{\mathrm{p}}$，在物理平面上体现为发出斜率为 $1/C_{\mathrm{p}}$ 的塑性扰动波直线，如图 2.8 中所示，此三条扰动线携带的应力分别为 $\sigma = f(\tau_2)$、$\sigma = f(\tau_3)$ 和 $\sigma = f(\tau_4)$。从图中可以看出对于线弹性材料而言，由于其弹性波速恒定，其扰动直线相互平行；对于线性硬化材料而言，其塑性波速也是不变的，因此在图中其塑性波扰动直线也相互平行。

从物理平面图中，利用一维杆中弹塑性波扰动线，我们也可以得到某一时刻杆中的应力剖面图。如图 2.8 所示，我们以 $t = \tau'$ 时刻杆中应力剖面图为例：首先，可以求出杆左端即 $X = 0$ 处的应力为 $\sigma|_{X=0} = f(\tau')$；当 $0 < X \leqslant OA$ 时，此时杆中的扰动波为塑性波，我们

可以根据式 (2.21) 求出其应力值:

$$\sigma_X = f\left(\tau' - \frac{X}{C_{\mathrm{p}}}\right) \tag{2.23}$$

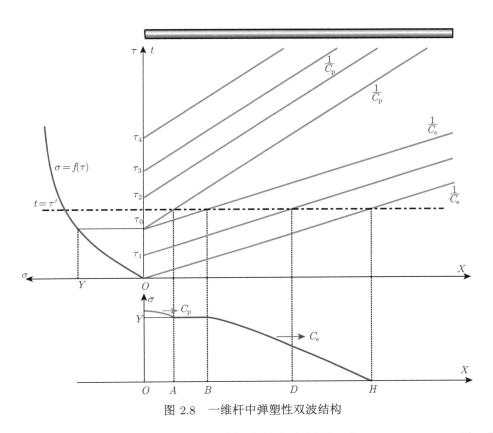

图 2.8 一维杆中弹塑性双波结构

利用上式容易得到此时刻 $OA$ 区间内杆中的应力剖面;当 $OA < X \leqslant OB$ 时,此时从左端向右同时传播弹性波和塑性波,也就是说此段区间内存在一个应力平台,其应力均为屈服强度 $Y$,需要注意的是,从图 2.8 容易看出,此平台的宽度即在杆中占用的长度随着时间的推移会越来越大;当 $OB < X \leqslant OH$ 时,此时向杆右端传播弹性扰动波,其应力值为

$$\sigma_X = f\left(\tau' - \frac{X}{C_{\mathrm{e}}}\right) \tag{2.24}$$

利用上式容易得到此时刻 $BD$ 和 $DH$ 区间内杆中的应力剖面;当 $X > OH$ 时,杆中此区间的应力为 0,即还是保持未扰动状态。

以上是典型的线性硬化材料中的弹塑性双波结构,根据分析很容易得到不同时刻不同位置杆中截面的应力。以上一维杆左端的入射应力加载波是一个连续的增量波形式,在此应力加载波作用下杆材料从弹性过渡到塑性,因此杆中的应力扰动随着时间推移逐渐从弹性扰动过渡到塑性扰动。如果加载波是一个强突跃的间断波,即杆左端材料未经过弹性变形直接产生塑性变形,此时杆中应力波的传播就与上面的情况有所不同了。

同样,我们以简单的线性硬化弹塑性一维杆中应力波传播为例,如图 2.9 所示。假设入射应力波为 $\sigma = f(\tau)$,但当 $\tau = 0$ 时,其值为 $\sigma_0 = f(0) > Y$。

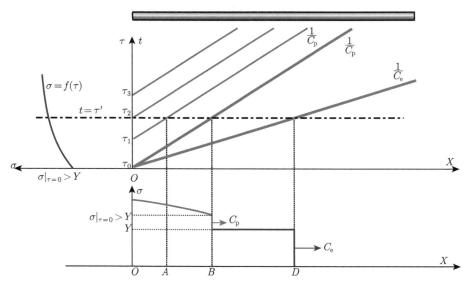

图 2.9　突跃强间断加载入射波下一维杆中弹塑性双波结构

此时由于初始时刻应力强度 $f(0) > Y$,因此在 $\tau = 0$ 时刻会在杆左端向右方杆中同时传播一个强度为 $[\sigma] = Y$ 的弹性冲击波和强度为 $[\sigma] = f(0) - Y$ 的塑性冲击波;之后,当 $\tau > 0$ 时,同上会向杆中传播塑性波。同样,以 $\tau > \tau'$ 时刻为例,我们可以给出如图 2.9 所示此时杆中应力剖面图,从图中可以看到,在界面 $B$ 处和界面 $D$ 处分别存在一个塑性冲击波和弹性冲击波。

从图 2.8 和图 2.9 我们都可以看到,无论一维杆左端加载波是连续弹塑性波还是突跃强间断冲击波,杆中都同时存在弹性波和塑性波,一般而言,弹性波由于波速快于塑性波,因此我们一般称此弹性波为弹性前驱波。

上面分析是基于线性硬化弹塑性杆而言的,对于递增硬化弹塑性杆和递减硬化弹塑性杆而言,其分析过程和步骤基本相同。当一维杆材料为递增硬化弹塑性材料,其弹塑性双波结构如图 2.10 所示,从图中可以看出,由于弹性阶段皆为线弹性,其弹性波扰动线斜率为恒值 $1/C_e$,且相互平行,这与线性硬化材料时的情况一致;当杆左端入射波强度大于材料的屈服强度时,此时会向右方杆中传播塑性加载波,但对于递增硬化材料而言,其塑性波波速随着应力的增加而增大,此时塑性波扰动线斜率 $1/C_p$ 则随着应力 (加载时间) 的增加而减小,如图 2.10 所示,随着应力的增加,扰动线逐渐靠拢,也就是说,从时间 $\tau_0$ 到 $\tau_1$ 再到 $\tau_2$,由于每个扰动线上的应力不变,而在杆中 $X$ 轴上的投影间距越来越小,这使得杆中应力波越来越 "陡峭",直到扰动线相交,此时入射的连续波就演化成冲击波。

当一维杆材料为递减硬化材料,情况与一维递增硬化杆中弹塑性波传播不同,如图 2.11 所示。此时由于材料塑性波波速随着应力的增加而减小,因此,其塑性波扰动线斜率 $1/C_p$ 随着应力的增加而增加,如图中所示,在物理平面图上显示随着应力的增加,塑性波扰动线逐渐发散。也就是说,从时间 $\tau_0$ 到 $\tau_1$ 再到 $\tau_2$,由于每个扰动线上的应力不变,而在杆中 $X$

轴上的投影间距越来越大, 这使得杆中应力波越来越 "平缓"。

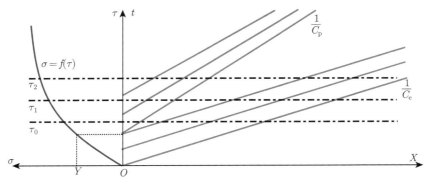

图 2.10 一维递增硬化弹塑性杆中双波结构

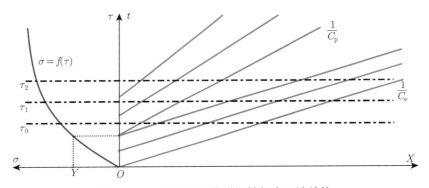

图 2.11 一维递减硬化弹塑性杆中双波结构

## 2.2 一维杆中弹塑性加载波的相互作用

我们在第 1 章里对杆中弹性波相互作用进行了讨论, 对于弹性波而言, 由于皆为线性波, 其波的相互作用满足线性叠加原理, 而对于弹塑性材料而言, 由于其非线性特征, 叠加原理不再适用, 此时加载路径就必须考虑了。本节对一维杆中弹塑性加载波的相互作用进行讨论。同时, 上节的研究表明, 我们可以利用一维杆左端的应力加载曲线求出杆中在不同坐标 $(X, t)$ 处的应力:

$$\sigma\left(X, t\right) = f\left[t - \frac{X}{C\left(\sigma\right)}\right] \tag{2.25}$$

上式对于非线性塑性材料而言, 是一个隐式方程, 很难得到准确的解析解, 而对于线性硬化材料, 其塑性波速恒定, 此时可求得其显式表达式。本节以线性硬化材料为例 (本节中一维杆材料皆为线性硬化材料, 下文中不再强调), 对一维杆中强间断弹塑性加载波的相互作用进行分析和讨论。

### 2.2.1 两个弹性突加波的相互作用

如图 2.12 所示, 设一维弹塑性杆 $AB$ 初始时处于自然静止状态 $(\sigma_0 = 0, v_0 = 0)$, 在 $t = 0$

时刻杆左端 $A$ 端面上和右端 $B$ 端面上分别突然受到恒值冲击应力分别为 $\sigma_1$ 和 $\sigma_2$ 的弹性加载波,设杆材料弹性波速为 $C_\mathrm{e}$,塑性波速为 $C_\mathrm{p}$,假设两杆加载冲击应力均小于材料的单轴屈服强度 $Y$,但

$$\sigma_1 + \sigma_2 > Y \tag{2.26}$$

图 2.12　一维弹塑性杆两端突加弹性加载波

同弹性波相互作用中的分析方法,我们以物理平面 $X\text{-}t$ 结合状态平面 $\sigma\text{-}v$ 来研究弹塑性波的传播和相互作用情况。

由于突加应力皆小于屈服强度 $Y$,因此从杆的左右端分别向中心方向传播弹性加载波,传播的弹性速度为 $C_\mathrm{e}$;根据弹性波波阵面动量守恒条件和边界条件,可有

$$\begin{cases} \sigma_1 = -\rho C_\mathrm{e} v_1 \\ \sigma_2 = \rho C_\mathrm{e} v_2 \end{cases} \Rightarrow \begin{cases} v_1 = -\dfrac{\sigma_1}{\rho C_\mathrm{e}} \\ v_2 = \dfrac{\sigma_2}{\rho C_\mathrm{e}} \end{cases} \tag{2.27}$$

当两个弹性波迎面相遇时,两波会相互作用从而向对方方向继续传输应力波,假设两波相互作用后杆中向对方方向皆只传播弹性波,根据第 1 章中弹性波相互作用结论,很容易得到

$$\begin{cases} \sigma - \sigma_1 = \rho C_\mathrm{e} \left( v - v_1 \right) \\ \sigma - \sigma_2 = -\rho C_\mathrm{e} \left( v - v_2 \right) \end{cases} \Rightarrow \sigma = \sigma_1 + \sigma_2 > Y \tag{2.28}$$

也就是说,此时杆中两波相互作用后应力状态为塑性应力,与弹性波假设不符,因此此两个弹性波迎面相互作用后会产生塑性加载波,根据上节弹塑性双波结构相关结论可知,此两个弹性加载波迎面相互作用后会产生双波结构且向对方方向继续传播:弹性前驱波和紧随而来的塑性加载波,其在物理平面上的扰动线如图 2.13 所示。根据弹性波波阵面上的动量守恒条件,我们有

$$\begin{cases} \sigma_3 - \sigma_1 = \rho C_\mathrm{e} \left( v_3 - v_1 \right) \\ \sigma_3 = Y \end{cases} \text{和} \begin{cases} \sigma_4 - \sigma_2 = -\rho C_\mathrm{e} \left( v_4 - v_2 \right) \\ \sigma_4 = Y \end{cases} \tag{2.29}$$

由此我们可以解得状态点 3 和状态点 4 对应的应力和质点速度值分别为

$$\begin{cases} \sigma_3 = Y \\ v_3 = \dfrac{Y - 2\sigma_1}{\rho C_\mathrm{e}} \end{cases} \text{和} \begin{cases} \sigma_4 = Y \\ v_4 = \dfrac{2\sigma_2 - Y}{\rho C_\mathrm{e}} \end{cases} \tag{2.30}$$

弹性前驱波的紧后方分别存在一个塑性加载波 3~5 和 4~5,根据连续方程和动量守恒条件,可有

$$\begin{cases} \sigma_5 - \sigma_3 = \rho C_\mathrm{p} \left( v_5 - v_3 \right) \\ \sigma_5 - \sigma_4 = -\rho C_\mathrm{p} \left( v_5 - v_4 \right) \end{cases} \tag{2.31}$$

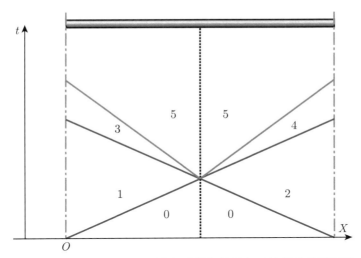

图 2.13 一维弹塑性杆两端突加弹性加载波相互作用物理平面图

由此我们可以得到这两个弹性加载波迎面相互作用后杆中状态为

$$
\begin{cases}
\sigma_5 = \dfrac{C_p}{C_e}\left(\sigma_1 + \sigma_2 - Y\right) + Y \\[2mm]
v_5 = \dfrac{\sigma_2 - \sigma_1}{\rho C_e}
\end{cases}
\tag{2.32}
$$

一般来讲，$C_p \neq C_e$，因此，这说明 $\sigma_5 \neq \sigma_1 + \sigma_2$，即此时并不满足类似弹性波相互作用时的线性叠加原理，它的物理意义是：对于非线性波而言，两个波的相互作用并不满足线性波时的线性叠加原理，这是非线性波问题与线性波问题的本质区别。一般来讲由于 $C_p < C_e$，因此 $\sigma_5 < \sigma_1 + \sigma_2$。从上式也可以看出，质点速度向着加载应力大的方向运动。

当然，弹性波 1~3、2~4 和塑性波 3~5、4~5 到达杆两端自由面后会产生反射卸载波，此时反射波还会与塑性加载波相互作用，这属于弹塑性加载波与卸载波相互作用的内容，本章后面会进行分析和讨论。

### 2.2.2 弹性突加波与塑性突加波的相互作用

如图 2.12 所示，如杆两端突加应力有一个应力小于材料屈服应力，而另一个大于或等于材料的屈服强度，此时杆中两个加载波的相互作用稍有不同。

1. $\sigma_1 < Y$ 且 $\sigma_2 = Y$

由于杆右端突加应力等于屈服应力，根据一维弹塑性杆中双波结构规律，可知，此时杆右端向左端同时传播一个弹性前驱波和一个塑性加载波，如图 2.14 所示，此时根据动量守恒条件，可得到状态点 1 对应的应力和质点速度为

$$
\sigma_1 = -\rho C_e v_1 \Rightarrow v_1 = -\frac{\sigma_1}{\rho C_e}
\tag{2.33}
$$

由于 $\sigma_2 = Y$，因此根据杆中弹塑性双波结构理论，假设会同时自杆右端向杆中传播弹

性前驱波 0~4 和塑性加载波 4~2，根据动量守恒条件，分别可以得到两个状态点的量：

$$\begin{cases} \sigma_4 = Y \\ \sigma_4 = \rho C_e v_4 \end{cases} \Rightarrow v_4 = \frac{Y}{\rho C_e} \tag{2.34}$$

$$\begin{cases} \sigma_2 = Y \\ \sigma_2 - \sigma_4 = \rho C_p \left(v_2 - v_4\right) \end{cases} \Rightarrow v_2 = v_4 = \frac{Y}{\rho C_e} \tag{2.35}$$

从上两式容易看出，状态点 2 对应的状态值 $(Y, Y/(\rho C_e))$ 和状态点 4 对应的值 $(Y, Y/(\rho C_e))$ 相同，也就是说，此时并不存在塑性加载波 4~2。

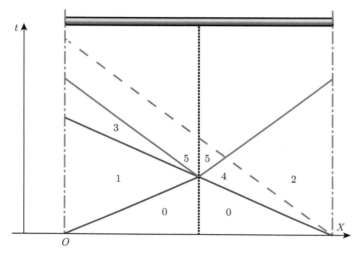

图 2.14　一维弹塑性杆左端突加弹性加载波右端突加应力为屈服强度相互作用物理平面图

当弹性加载波 0~1 和弹性加载波 0~4/2 迎面相遇后，由于 $\sigma_2 = \sigma_4 = Y$，因此相互作用后会同时向杆的两端传播塑性加载波，由于此时杆左方介质处于弹性阶段，此时会同时向杆左端传输弹性前驱波和塑性加载波，根据动量守恒条件有

$$\begin{cases} \sigma_3 = Y \\ \sigma_3 - \sigma_1 = \rho C_e \left(v_3 - v_1\right) \end{cases} \Rightarrow v_3 = \frac{Y - 2\sigma_1}{\rho C_e} \tag{2.36}$$

而杆右侧由于此时介质中应力正好处于屈服点，因此此时加载波只有塑性加载波；根据连续方程和动量守恒条件，可有

$$\begin{cases} \sigma_5 - \sigma_3 = \rho C_p \left(v_5 - v_3\right) \\ \sigma_5 - \sigma_4 = -\rho C_p \left(v_5 - v_2\right) \end{cases} \tag{2.37}$$

根据上式，我们可以解得状态点 5 对应的应力和质点速度值为

$$\begin{cases} \sigma_5 = \dfrac{C_p}{C_e}\sigma_1 + Y \\ v_5 = \dfrac{Y - \sigma_1}{\rho C_e} = \dfrac{\sigma_2 - \sigma_1}{\rho C_e} \end{cases} \tag{2.38}$$

对比式 (2.32) 和式 (2.38)，我们可以发现，如果将 $\sigma_2 = Y$ 代入式 (2.32) 即可得到式 (2.38)，也就是说虽然过程不同，但结果一致。

2. $\sigma_1 < Y$ 且 $\sigma_2 > Y$

此时，对于此种情况和上一种情况的物理平面图，如图 2.15 和图 2.14 所示，可知，两种情况状态点 1、状态点 3、状态点 4 和状态点 5 的应力和质点速度坐标求解表达式一致，即

$$
\begin{cases} \sigma_1 = \sigma_1 \\ v_1 = -\dfrac{\sigma_1}{\rho C_{\mathrm{e}}} \end{cases}
\begin{cases} \sigma_3 = Y \\ v_3 = \dfrac{Y - 2\sigma_1}{\rho C_{\mathrm{e}}} \end{cases}
\begin{cases} \sigma_4 = Y \\ v_4 = \dfrac{Y}{\rho C_{\mathrm{e}}} \end{cases}
\begin{cases} \sigma_5 = \dfrac{C_{\mathrm{p}}}{C_{\mathrm{e}}}\sigma_1 + Y \\ v_5 = \dfrac{Y - \sigma_1}{\rho C_{\mathrm{e}}} \end{cases}
\tag{2.39}
$$

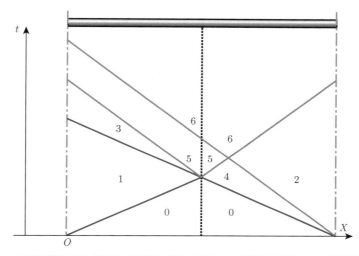

图 2.15　一维弹塑性杆左端突加弹性加载波右端突加塑性加载波相互作用物理平面图

假设此时存在塑性加载波 4~2，根据动量守恒条件，可有

$$
\sigma_2 - \sigma_4 = \rho C_{\mathrm{p}}\left(v_2 - v_4\right) \Rightarrow v_2 = \frac{\sigma_2 - Y}{\rho C_{\mathrm{p}}} + \frac{Y}{\rho C_{\mathrm{e}}}
\tag{2.40}
$$

根据连续方程和动量守恒条件，进而可以有

$$
\begin{cases} \sigma_6 - \sigma_5 = \rho C_{\mathrm{p}}\left(v_6 - v_5\right) \\ \sigma_6 - \sigma_2 = -\rho C_{\mathrm{p}}\left(v_6 - v_2\right) \end{cases}
\tag{2.41}
$$

由此，可以求得状态点 6 对应的状态量：

$$
\begin{cases} \sigma_6 = \dfrac{C_{\mathrm{p}}}{C_{\mathrm{e}}}\sigma_1 + \sigma_2 \\ v_6 = \dfrac{\sigma_2 - Y}{\rho C_{\mathrm{p}}} + \dfrac{Y - \sigma_1}{\rho C_{\mathrm{e}}} \end{cases}
\tag{2.42}
$$

### 2.2.3　两个塑性突加波的相互作用

当 $\sigma_1 > Y$ 且 $\sigma_2 > Y$ 时，根据弹塑性双波结构理论，杆两端会同时向杆中心位置传播弹性前驱波和塑性加载波，如图 2.16 所示，可知此时 $\sigma_3 = Y$ 和 $\sigma_4 = Y$，根据动量守恒条

件有

$$\left\{\begin{array}{l} \sigma_3 = -\rho C_{\mathrm{e}} v_3 \\ \sigma_4 = \rho C_{\mathrm{e}} v_4 \end{array}\right. \Rightarrow \left\{\begin{array}{l} v_3 = -\dfrac{Y}{\rho C_{\mathrm{e}}} \\ v_4 = \dfrac{Y}{\rho C_{\mathrm{e}}} \end{array}\right. \tag{2.43}$$

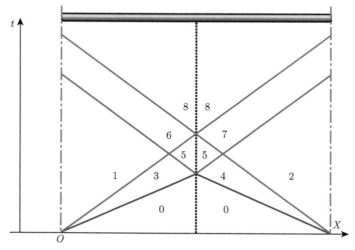

图 2.16    一维弹塑性杆两个塑性加载波迎面相互作用物理平面图

根据边界条件和塑性加载波波阵面上动量守恒条件, 有

$$\left\{\begin{array}{l} \sigma_1 - \sigma_3 = -\rho C_{\mathrm{p}} \left( v_1 - v_3 \right) \\ \sigma_2 - \sigma_4 = \rho C_{\mathrm{p}} \left( v_2 - v_4 \right) \end{array}\right. \Rightarrow \left\{\begin{array}{l} v_1 = -\dfrac{\sigma_1 - Y}{\rho C_{\mathrm{p}}} - \dfrac{Y}{\rho C_{\mathrm{e}}} \\ v_2 = \dfrac{\sigma_2 - Y}{\rho C_{\mathrm{p}}} + \dfrac{Y}{\rho C_{\mathrm{e}}} \end{array}\right. \tag{2.44}$$

根据连续方程和动量守恒条件, 有

$$\left\{\begin{array}{l} \sigma_5 - \sigma_3 = \rho C_{\mathrm{p}} \left( v_5 - v_3 \right) \\ \sigma_5 - \sigma_4 = -\rho C_{\mathrm{p}} \left( v_5 - v_4 \right) \end{array}\right. \tag{2.45}$$

求得状态点 5 对应的应力和质点速度为

$$\left\{\begin{array}{l} \sigma_5 = \left( \dfrac{C_{\mathrm{p}}}{C_{\mathrm{e}}} + 1 \right) Y \\ v_5 = 0 \end{array}\right. \tag{2.46}$$

同理, 我们利用塑性加载波波阵面上的动量守恒条件, 分别可以得到

$$\left\{\begin{array}{l} \sigma_6 - \sigma_1 = \rho C_{\mathrm{p}} \left( v_6 - v_1 \right) \\ \sigma_6 - \sigma_5 = -\rho C_{\mathrm{p}} \left( v_6 - v_5 \right) \end{array}\right. \tag{2.47}$$

$$\left\{\begin{array}{l} \sigma_7 - \sigma_5 = \rho C_{\mathrm{p}} \left( v_7 - v_5 \right) \\ \sigma_7 - \sigma_2 = -\rho C_{\mathrm{p}} \left( v_7 - v_2 \right) \end{array}\right. \tag{2.48}$$

我们可以得到状态点 6 和状态点 7 对应的应力和质点速度为

$$\begin{cases} \sigma_6 = \dfrac{C_p}{C_e}Y + \sigma_1 \\ v_6 = \dfrac{Y - \sigma_1}{\rho C_p} \end{cases} \quad \begin{cases} \sigma_7 = \dfrac{C_p}{C_e}Y + \sigma_2 \\ v_7 = \dfrac{\sigma_2 - Y}{\rho C_p} \end{cases} \tag{2.49}$$

根据连续方程和动量守恒条件, 可有

$$\begin{cases} \sigma_8 - \sigma_6 = \rho C_p \left( v_8 - v_6 \right) \\ \sigma_8 - \sigma_7 = -\rho C_p \left( v_8 - v_7 \right) \end{cases} \tag{2.50}$$

可以求得状态点 8 对应的应力和质点速度值为

$$\begin{cases} \sigma_8 = (\sigma_1 + \sigma_2) + \left( \dfrac{C_p}{C_e} - 1 \right) Y \\ v_8 = \dfrac{\sigma_2 - \sigma_1}{\rho C_p} \end{cases} \tag{2.51}$$

### 2.2.4 弹塑性加载波在刚壁上的反射问题

首先, 我们考虑一维杆中两个间隔弹性突加波在刚壁上的反射问题。假设一维弹塑性杆右端与刚壁连接, 设杆在初始时刻处于自然状态, 即其中应力和质点速度均为 0, 如图 2.17 所示, 在杆左端突加两个强度分别为 $\sigma_1$ 和 $\sigma_2$、时间间隔为 $\Delta t$ 的弹塑性加载波, 这是典型一维杆中弹塑性加载波在刚壁上反射问题。这里我们以 $\sigma_1 < Y$ 且 $\sigma_2 < Y$ 时的情况为例。

图 2.17    一维弹塑性杆两个突加波在刚壁上的反射问题

1. $\sigma_1 < Y$, $\sigma_2 < Y$ 且 $\sigma_1 + \sigma_2 < Y$

如图 2.17 所示, 假设在一维杆左端先有一个强度为 $\sigma_1$ 的弹性突加波, 在间隔 $\Delta t$ 时间后, 在此基础上又有一个强度为 $\sigma_2$ 的弹性突加波。

已知突加波 0～1 的应力强度为 $\sigma_1$, 突加波 1～3 的应力强度为 $\sigma_2$; 若 $\sigma_1 + \sigma_2 < Y$, 则此时从杆左端陆续向杆右端传播两个弹性突加波, 此时根据边界条件和动量守恒条件, 可有

$$\begin{cases} \sigma_1 = -\rho C_e v_1 \\ \sigma_2 = \sigma_3 - \sigma_1 = -\rho C_e \left( v_3 - v_1 \right) \end{cases} \tag{2.52}$$

由此可以得出状态点 1 和状态点 3 对应的应力和质点速度分别为

$$\begin{cases} \sigma_1 = \sigma_1 \\ v_1 = -\dfrac{\sigma_1}{\rho C_e} \end{cases} \quad \begin{cases} \sigma_3 = \sigma_1 + \sigma_2 \\ v_3 = -\dfrac{\sigma_1 + \sigma_2}{\rho C_e} \end{cases} \tag{2.53}$$

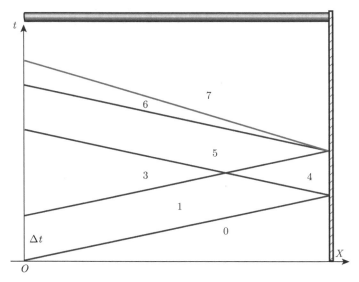

图 2.18 两个弹性突加波在刚壁上反射物理平面图 I

当弹性突加波 0~1 到达杆右端刚壁交界面后，会向左端杆中发射应力波，假设发射应力波也为一个弹性突加波 1~4，根据边界条件和动量守恒条件，可有

$$\begin{cases} v_4 = 0 \\ \sigma_4 - \sigma_1 = \rho C_e \left( v_4 - v_1 \right) \end{cases} \tag{2.54}$$

可以解得状态点 4 的应力和质点速度值：

$$\begin{cases} \sigma_4 = 2\sigma_1 \\ v_4 = 0 \end{cases} \tag{2.55}$$

(1) 若 $2\sigma_1 < Y$，则以上假设合理，即弹性突加波 0~1 到达刚壁后反射波仅为一个弹性突加波。进而，根据连续方程和动量守恒条件我们可以得到状态点 5 的应力和质点速度值：

$$\begin{cases} \sigma_5 - \sigma_3 = \rho C_e \left( v_5 - v_3 \right) \\ \sigma_5 - \sigma_4 = -\rho C_e \left( v_5 - v_4 \right) \end{cases} \Rightarrow \begin{cases} \sigma_5 = 2\sigma_1 + \sigma_2 \\ v_5 = -\dfrac{\sigma_2}{\rho C_e} \end{cases} \tag{2.56}$$

①若 $2\sigma_1 + \sigma_2 < Y$，则上式成立，此时弹性突加波 4~5 也到达刚壁并反射，当此时反射波也仅为一个弹性突加波，即

$$\begin{cases} \sigma_6 - \sigma_5 = \rho C_e \left( v_6 - v_5 \right) \\ \sigma_6 \leqslant Y \\ v_6 = 0 \end{cases} \Rightarrow 2\left( \sigma_1 + \sigma_2 \right) \leqslant Y \tag{2.57}$$

时，整个杆中应力波的相互作用纯粹就是弹性波相互作用的过程，这在上一章已做详细分析，在此不做详述；当 $2\left( \sigma_1 + \sigma_2 \right) > Y$ 时，此时，弹性突加波 4~5 到达刚壁后反射一个弹性

前驱波和塑性加载波, 根据边界条件和动量守恒条件, 即有

$$\begin{cases} \sigma_6 - \sigma_5 = \rho C_e \left( v_6 - v_5 \right) \\ \sigma_6 = Y \end{cases} \qquad \begin{cases} \sigma_7 - \sigma_6 = \rho C_p \left( v_7 - v_6 \right) \\ v_7 = 0 \end{cases} \tag{2.58}$$

由此我们可以解得状态点 6 和状态点 7 对应的应力和质点速度分别为

$$\begin{cases} \sigma_6 = Y \\ v_6 = \dfrac{Y - 2 \left( \sigma_1 + \sigma_2 \right)}{\rho C_e} \end{cases} \qquad \begin{cases} \sigma_7 = \dfrac{C_p}{C_e} \left[ 2 \left( \sigma_1 + \sigma_2 \right) - Y \right] + Y \\ v_7 = 0 \end{cases} \tag{2.59}$$

② 若 $2\sigma_1 + \sigma_2 > Y$, 则式 (2.56) 并不成立, 也就是说弹性突加波 1~3 和弹性加载波 1~4 相互作用后不仅产生弹性波还产生塑性波, 即如图 2.19 所示。

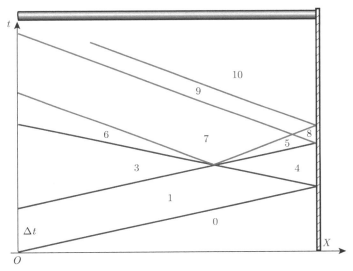

图 2.19  两个弹性突加波在刚壁上反射物理平面图 II

根据边界条件和动量守恒条件分别有

$$\begin{cases} \sigma_5 - \sigma_4 = -\rho C_e \left( v_5 - v_4 \right) \\ \sigma_5 = Y \end{cases} \tag{2.60}$$

$$\begin{cases} \sigma_6 - \sigma_3 = \rho C_e \left( v_6 - v_3 \right) \\ \sigma_6 = Y \end{cases} \tag{2.61}$$

由此我们可以求得状态点 5 和状态点 6 的应力和质点速度值:

$$\begin{cases} \sigma_5 = Y \\ v_5 = \dfrac{2\sigma_1 - Y}{\rho C_e} \end{cases} \qquad \begin{cases} \sigma_6 = Y \\ v_6 = \dfrac{Y - 2 \left( \sigma_1 + \sigma_2 \right)}{\rho C_e} \end{cases} \tag{2.62}$$

根据连续方程和动量守恒条件, 可以得到

$$\begin{cases} \sigma_7 - \sigma_6 = \rho C_p \left( v_7 - v_6 \right) \\ \sigma_7 - \sigma_5 = -\rho C_p \left( v_7 - v_5 \right) \end{cases} \tag{2.63}$$

进而我们可以求出状态点 7 对应的应力和质点速度为

$$\begin{cases} \sigma_7 = \dfrac{C_{\mathrm{p}}}{C_{\mathrm{e}}}\left(2\sigma_1 + \sigma_2 - Y\right) + Y \\ v_7 = -\dfrac{\sigma_2}{\rho C_{\mathrm{e}}} \end{cases} \tag{2.64}$$

根据边界条件和动量守恒条件,我们可以求出状态点 8 的应力和质点速度:

$$\begin{cases} \sigma_8 - \sigma_5 = \rho C_{\mathrm{p}}\left(v_8 - v_5\right) \\ v_8 = 0 \end{cases} \Rightarrow \begin{cases} \sigma_8 = \dfrac{C_{\mathrm{p}}}{C_{\mathrm{e}}}\left(Y - 2\sigma_1\right) + Y \\ v_8 = 0 \end{cases} \tag{2.65}$$

根据连续方程和动量守恒条件,进而可以求出状态点 9 的应力和质点速度:

$$\begin{cases} \sigma_9 - \sigma_7 = \rho C_{\mathrm{p}}\left(v_9 - v_7\right) \\ \sigma_9 - \sigma_8 = -\rho C_{\mathrm{p}}\left(v_9 - v_8\right) \end{cases} \Rightarrow \begin{cases} \sigma_9 = \dfrac{C_{\mathrm{p}}}{C_{\mathrm{e}}}\sigma_2 + Y \\ v_9 = \dfrac{Y - \left(2\sigma_1 + \sigma_2\right)}{\rho C_{\mathrm{e}}} \end{cases} \tag{2.66}$$

根据边界条件和动量守恒条件,还可以求出状态点 10 对应的应力和质点速度为

$$\begin{cases} \sigma_{10} - \sigma_9 = \rho C_{\mathrm{p}}\left(v_{10} - v_9\right) \\ v_{10} = 0 \end{cases} \Rightarrow \begin{cases} \sigma_{10} = \dfrac{C_{\mathrm{p}}}{C_{\mathrm{e}}}\left[2\left(\sigma_1 + \sigma_2\right) - Y\right] + Y \\ v_{10} = 0 \end{cases} \tag{2.67}$$

(2) 若 $2\sigma_1 > Y$,则根据式 (2.55) 可知,弹性突加波 0~1 到达刚壁后同时反射弹性前驱加载波和塑性加载波,如图 2.20 所示。根据边界条件和动量守恒定律我们分别可以得到状态点 5 和状态点 6 对应的应力和质点速度:

$$\begin{cases} \sigma_5 - \sigma_1 = \rho C_{\mathrm{e}}\left(v_5 - v_1\right) \\ \sigma_5 = Y \end{cases} \Rightarrow \begin{cases} \sigma_5 = Y \\ v_5 = \dfrac{Y - 2\sigma_1}{\rho C_{\mathrm{e}}} \end{cases} \tag{2.68}$$

$$\begin{cases} \sigma_6 - \sigma_3 = \rho C_{\mathrm{e}}\left(v_6 - v_3\right) \\ \sigma_6 = Y \end{cases} \Rightarrow \begin{cases} \sigma_6 = Y \\ v_6 = \dfrac{Y - 2\left(\sigma_1 + \sigma_2\right)}{\rho C_{\mathrm{e}}} \end{cases} \tag{2.69}$$

根据连续方程和动量守恒条件,分别有

$$\begin{cases} \sigma_7 - \sigma_6 = \rho C_{\mathrm{p}}\left(v_7 - v_6\right) \\ \sigma_7 - \sigma_5 = -\rho C_{\mathrm{p}}\left(v_7 - v_5\right) \end{cases} \tag{2.70}$$

$$\begin{cases} \sigma_8 - \sigma_7 = \rho C_{\mathrm{p}}\left(v_8 - v_7\right) \\ \sigma_8 - \sigma_4 = -\rho C_{\mathrm{p}}\left(v_8 - v_4\right) \end{cases} \tag{2.71}$$

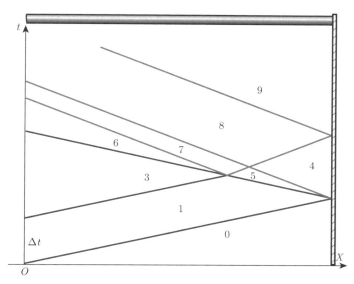

图 2.20 两个弹性突加波在刚壁上反射物理平面图III

根据边界条件和动量守恒条件，分别有

$$\begin{cases} \sigma_4 - \sigma_5 = \rho C_p \left( v_4 - v_5 \right) \\ v_4 = 0 \end{cases} \tag{2.72}$$

$$\begin{cases} \sigma_9 - \sigma_8 = \rho C_p \left( v_9 - v_8 \right) \\ v_9 = 0 \end{cases} \tag{2.73}$$

联立式 (2.70)~式 (2.73)，我们分别可以得到状态点 4、状态点 7、状态点 8 和状态点 9 对应的应力和质点速度：

$$\begin{cases} \sigma_7 = \dfrac{C_p}{C_e} \sigma_2 + Y \\ v_7 = \dfrac{Y - (2\sigma_1 + \sigma_2)}{\rho C_e} \end{cases} \qquad \begin{cases} \sigma_8 = \dfrac{C_p}{C_e} \left( 2\sigma_1 + \sigma_2 - Y \right) + Y \\ v_8 = -\dfrac{\sigma_2}{\rho C_e} \end{cases}$$

$$\begin{cases} \sigma_4 = \dfrac{C_p}{C_e} \left( 2\sigma_1 - Y \right) + Y \\ v_4 = 0 \end{cases} \qquad \begin{cases} \sigma_9 = \dfrac{C_p}{C_e} \left[ 2 \left( \sigma_1 + \sigma_2 \right) - Y \right] + Y \\ v_9 = 0 \end{cases} \tag{2.74}$$

2. $\sigma_1 < Y$, $\sigma_2 < Y$ 但 $\sigma_1 + \sigma_2 > Y$

此时一维杆左端第二个弹性加载波会向杆中传播一个弹性前驱波后再传播一个塑性加载波，此时也分两种情况分析。

(1) 若 $2\sigma_1 < Y$，此时第一个弹性突加波 0~1 到达刚壁界面上后反射波也仅为一个弹性突加波 1~4，如图 2.21 所示，根据边界条件和动量守恒条件，分别有

$$\begin{cases} \sigma_1 = -\rho C_e v_1 \\ \sigma_1 = \sigma_1 \end{cases} \qquad \begin{cases} \sigma_6 - \sigma_3 = -\rho C_p \left( v_6 - v_3 \right) \\ \sigma_6 - \sigma_1 = \sigma_2 \end{cases} \tag{2.75}$$

$$\begin{cases} \sigma_3 - \sigma_1 = -\rho C_{\mathrm{e}}\,(v_3 - v_1) \\ \sigma_3 = Y \end{cases} \quad \begin{cases} \sigma_5 - \sigma_4 = -\rho C_{\mathrm{e}}\,(v_5 - v_4) \\ \sigma_5 = Y \end{cases} \quad \begin{cases} \sigma_4 - \sigma_1 = \rho C_{\mathrm{e}}\,(v_4 - v_1) \\ v_4 = 0 \end{cases}$$

$$\text{(2.76)}$$

$$\begin{cases} \sigma_9 - \sigma_5 = \rho C_{\mathrm{p}}\,(v_9 - v_5) \\ v_9 = 0 \end{cases} \quad \begin{cases} \sigma_{12} - \sigma_{10} = \rho C_{\mathrm{p}}\,(v_{12} - v_{10}) \\ v_{12} = 0 \end{cases} \quad \begin{cases} \sigma_{14} - \sigma_{13} = \rho C_{\mathrm{p}}\,(v_{14} - v_{13}) \\ v_{14} = 0 \end{cases}$$

$$\text{(2.77)}$$

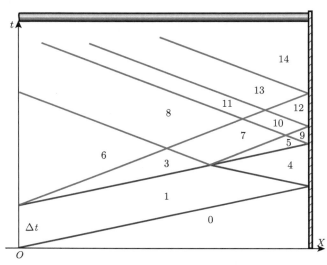

图 2.21　两个弹性突加波在刚壁上反射物理平面图 IV

根据连续方程和动量守恒方程, 分别有

$$\begin{cases} \sigma_7 - \sigma_3 = \rho C_{\mathrm{p}}\,(v_7 - v_3) \\ \sigma_7 - \sigma_5 = -\rho C_{\mathrm{p}}\,(v_7 - v_5) \end{cases} \quad \begin{cases} \sigma_8 - \sigma_6 = \rho C_{\mathrm{p}}\,(v_8 - v_6) \\ \sigma_8 - \sigma_7 = -\rho C_{\mathrm{p}}\,(v_8 - v_7) \end{cases}$$

$$\begin{cases} \sigma_{10} - \sigma_7 = \rho C_{\mathrm{p}}\,(v_{10} - v_7) \\ \sigma_{10} - \sigma_9 = -\rho C_{\mathrm{p}}\,(v_{10} - v_9) \end{cases} \quad \begin{cases} \sigma_{11} - \sigma_8 = \rho C_{\mathrm{p}}\,(v_{11} - v_8) \\ \sigma_{11} - \sigma_{10} = -\rho C_{\mathrm{p}}\,(v_{11} - v_{10}) \end{cases}$$

$$\begin{cases} \sigma_{13} - \sigma_{11} = \rho C_{\mathrm{p}}\,(v_{13} - v_{11}) \\ \sigma_{13} - \sigma_{12} = -\rho C_{\mathrm{p}}\,(v_{13} - v_{12}) \end{cases} \tag{2.78}$$

结合式 (2.75)~式 (2.78), 我们分别可以求出图 2.21 所示状态点 1 到状态点 14 对应的应力和质点速度值。

(2) 若 $2\sigma_1 > Y$, 此时第一个弹性突加波 0~1 到达刚壁界面上后反射波由一个弹性突加波和一个紧随其后的塑性突加波组成, 如图 2.22 所示, 同上, 参考图 2.22, 我们可以根据连续方程、边界条件和动量守恒条件, 分别求出状态点 1 到状态点 13 对应的应力和质点速度值。

当两个加载波没有时间间隔, 而是一起从左端面出发, 一个为弹性突加波, 另一个为塑性突加波, 简单来讲, 就是一个强度为 $\sigma > Y$ 弹塑性突加波从左端向右端传播, 到达刚壁上

的反射问题。如图 2.23 所示,容易知道,其初始和边界条件为

$$
\begin{cases}
\sigma_1 = Y \\
\sigma_2 = \sigma \\
v_3 = v_5 = 0
\end{cases}
\tag{2.79}
$$

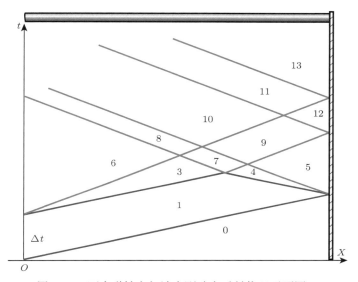

图 2.22 两个弹性突加波在刚壁上反射物理平面图 V

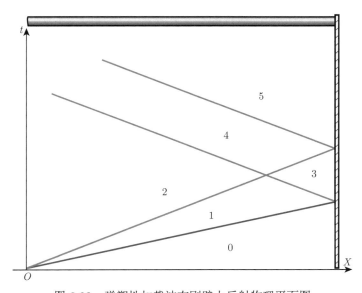

图 2.23 弹塑性加载波在刚壁上反射物理平面图

根据动量守恒条件,我们可以计算出状态点 2 和状态点 3 对应的应力和质点速度为

$$\begin{cases} \sigma_1 = -\rho C_e v_1 \\ \sigma_2 - \sigma_1 = -\rho C_p \left( v_2 - v_1 \right) \\ \sigma_3 - \sigma_1 = \rho C_p \left( v_3 - v_1 \right) \end{cases} \Rightarrow \begin{cases} v_1 = -\dfrac{Y}{\rho C_e} \\ v_2 = -\dfrac{\sigma - Y}{\rho C_p} - \dfrac{Y}{\rho C_e} \\ \sigma_3 = \left( 1 + \dfrac{C_p}{C_e} \right) Y \end{cases} \tag{2.80}$$

根据连续方程和动量守恒条件, 我们可以给出状态点 4 和状态点 5 对应的应力和质点速度:

$$\begin{cases} \sigma_4 - \sigma_2 = \rho C_p \left( v_4 - v_2 \right) \\ \sigma_4 - \sigma_3 = -\rho C_p \left( v_4 - v_3 \right) \\ \sigma_5 - \sigma_4 = \rho C_p \left( v_5 - v_4 \right) \end{cases} \Rightarrow \begin{cases} \sigma_4 = \sigma + \dfrac{C_p}{C_e} Y \\ v_4 = \dfrac{Y - \sigma}{\rho C_p} \\ \sigma_5 = 2\sigma + \left( \dfrac{C_p}{C_e} - 1 \right) Y \end{cases} \tag{2.81}$$

上面, 我们对一维弹塑性杆中弹塑性加载波的相互作用进行了分析, 可以看出, 对于存在塑性加载波相互作用的问题时, 应力波的线性叠加原理并不成立, 这体现出非线性波相互作用时的特点。然而, 上述的研究过程中, 塑性波到达杆两端自由面时会产生卸载波, 卸载波与塑性加载波的相互作用问题更为复杂, 但更具有代表性; 可以说, 如果我们只研究弹塑性加载波的相互作用, 而不分析卸载波与塑性加载波的相互作用, 那么, 其与非线性弹性介质中弹性波的相互作用并没有什么本质上的不同。

## 2.3　一维杆中弹性卸载波对塑性加载波的追赶卸载

事实上, 弹塑性材料中应力波传播和相互作用的非线性问题本质主要体现在弹性卸载波与塑性加载波的相互作用, 因为只有在这样的问题中, 弹塑性材料在由塑性加载转变成弹性卸载时的变形不可逆性才起了决定性的作用。在实际工程问题中, 弹性卸载波对塑性加载波的追赶卸载问题普遍存在。

如图 2.24 所示, 假设在初始时刻处于自然状态的一维弹塑性杆 (同上节, 本节杆材料为线性硬化弹塑性材料且 $C_e \neq C_p$) 左端突然加载一个强度为 $\sigma > Y$ 的塑性强间断加载波, 根据弹塑性双波结构理论可知, 此时会在杆中从左端向右端传播一个弹性前驱波和塑性突加波; 假设当该塑性突加波在一维弹塑性杆中传输一段距离后, 又有一个弹性卸载波自杆左端向杆中传播, 由于弹性卸载波波速大于塑性突加波波速, 因此两者在 $A$ 点相遇。

根据动量守恒条件和边界条件, 可有

$$\begin{cases} Y = -\rho C_e v_1 \\ \sigma - Y = -\rho C_p \left( v_2 - v_1 \right) \end{cases} \tag{2.82}$$

由此我们可以得到状态点 1 和状态点 2 对应的应力和质点速度分别为

$$\begin{cases} \sigma_1 = Y \\ v_1 = -\dfrac{Y}{\rho C_e} \end{cases} \quad \begin{cases} \sigma_2 = \sigma \\ v_2 = -\dfrac{\sigma - Y}{\rho C_p} - \dfrac{Y}{\rho C_e} \end{cases} \tag{2.83}$$

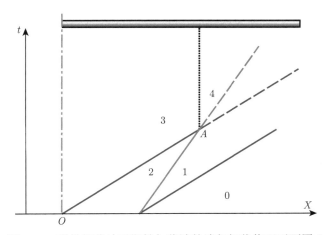

图 2.24　弹性卸载波对塑性加载波的追赶卸载物理平面图 I

设弹性卸载波的强度为 $\sigma' = \sigma_3 - \sigma_2 < 0$，根据动量守恒条件有

$$\begin{cases} \sigma_3 - \sigma_2 = \sigma' \\ \sigma_3 - \sigma_2 = -\rho C_{\mathrm{e}} (v_3 - v_2) \end{cases} \tag{2.84}$$

由此，我们可以解得状态点 3 对应的应力和质点速度为

$$\begin{cases} \sigma_3 = \sigma + \sigma' \\ v_3 = -\dfrac{\sigma' + Y}{\rho C_{\mathrm{e}}} - \dfrac{\sigma - Y}{\rho C_{\mathrm{p}}} \end{cases} \tag{2.85}$$

假设当弹性卸载波 2~3 追赶上塑性突加波 1~2 后，即在 $A$ 对应的时刻和位置后，两波相互作用后只产生向右传播的强间断波，由于状态点 1 对应的应力即为材料的屈服强度，因此只可能是塑性突加波或弹性卸载波某一个波。先假设只产生一个向右传播的弹性卸载波，此时根据动量守恒条件有

$$\sigma_4 - \sigma_1 = -\rho C_{\mathrm{e}} (v_4 - v_1) \tag{2.86}$$

根据连续方程，可有 $v_4 = v_3$，此时可以得到状态点 4 对应的应力为

$$\sigma_4 = Y + \sigma' + \frac{C_{\mathrm{e}}}{C_{\mathrm{p}}} (\sigma - Y) \tag{2.87}$$

对比上式和式 (2.85) 我们可以看出，如要满足连续方程，此时必须满足：

$$(C_{\mathrm{p}} - C_{\mathrm{e}}) Y = (C_{\mathrm{p}} - C_{\mathrm{e}}) \sigma \tag{2.88}$$

上式的解为 $\sigma = Y$ 或 $C_{\mathrm{p}} = C_{\mathrm{e}}$，这与问题基本条件不符，因此，我们可以认为，状态点 3 和状态点 4 应该不连续，也就是说，状态点 3 和状态点 4 之间应该还存在强间断波，结合前面分析的结论向右只能传播一个间断波，因此我们可以判断此波应该是反射波，如图 2.25 所示。

假设弹性卸载波追赶上塑性突加波后，向杆左端和杆右端反射和透射弹性波，根据动量守恒条件可有

$$\begin{cases} \sigma_5 - \sigma_3 = \rho C_{\mathrm{e}}\left(v_5 - v_3\right) \\ \sigma_4 - \sigma_1 = -\rho C_{\mathrm{e}}\left(v_4 - v_1\right) \end{cases} \tag{2.89}$$

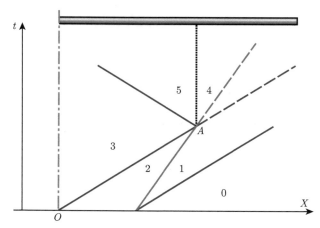

图 2.25　弹性卸载波对塑性加载波的追赶卸载物理平面图 II

根据连续条件，有

$$\begin{cases} \sigma_5 = \sigma_4 \\ v_5 = v_4 \end{cases} \tag{2.90}$$

由此我们可以解得状态点 4 和状态点 5 对应的应力和质点速度为

$$\begin{cases} \sigma_5 = \sigma_4 = \dfrac{1}{2}\left[\sigma + 2\sigma' + Y + \dfrac{C_{\mathrm{e}}}{C_{\mathrm{p}}}\left(\sigma - Y\right)\right] \\ v_5 = v_4 = \dfrac{1}{2}\left[-\dfrac{\sigma + 2\sigma' + Y}{\rho C_{\mathrm{e}}} - \dfrac{\sigma - Y}{\rho C_{\mathrm{p}}}\right] \end{cases} \tag{2.91}$$

若

$$\sigma_5 = \sigma_4 = \frac{1}{2}\left[\sigma + 2\sigma' + Y + \frac{C_{\mathrm{e}}}{C_{\mathrm{p}}}\left(\sigma - Y\right)\right] < Y$$

弹性卸载波 $\sigma' = \sigma_3 - \sigma_2 < 0$，上式即

$$-\sigma' = |\sigma'| > \frac{C_{\mathrm{e}}/C_{\mathrm{p}} + 1}{2}\left(\sigma - Y\right) \tag{2.92}$$

也就是说，当弹性卸载波的强度足够大，满足式 (2.92) 时，上面的假设成立，此时一维杆中塑性突加波被较"强"弹性卸载波追赶上后衰减为弹性卸载波；反之，则上面的假设不成立，此时塑性突加波被较"弱"弹性卸载波追赶上后依然向右传播塑性突加波；下面我们分别对这两种情况进行分析。

### 2.3.1 "强"弹性卸载波对"弱"塑性加载波的追赶卸载

此时弹性卸载波与塑性突加波的强度满足式 (2.92) 所示关系, 由于 $\sigma_4 < Y$, 因此塑性突加波被弹性卸载波追赶上后衰减成为弹性卸载波继续向杆右端传播; 同时, 由于

$$\sigma_5 = \frac{1}{2}\left[\sigma + 2\sigma' + Y + \frac{C_e}{C_p}\left(\sigma - Y\right)\right] = \frac{1}{2}\left[\left(\frac{C_e}{C_p} + 1\right)\sigma + 2\sigma' + \left(1 - \frac{C_e}{C_p}\right)Y\right]$$

一般来讲, $C_e > C_p$, 因此, 从上述可知

$$\sigma_5 - \sigma_3 = \frac{1}{2}\left[\left(\frac{C_e}{C_p} - 1\right)\sigma + \left(1 - \frac{C_e}{C_p}\right)Y\right] = \frac{1}{2}\left(\frac{C_e}{C_p} - 1\right)\left(\sigma - Y\right) > 0 \tag{2.93}$$

上式的物理意义是, 此时会向左端反射一个强度为 $\sigma_5 - \sigma_3$ 的弹性突加波, 如图 2.26 所示。

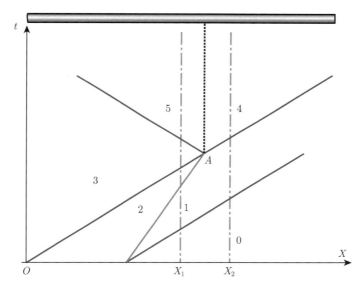

图 2.26　"强"弹性卸载波对"弱"塑性加载波的追赶卸载物理平面图

我们取如图 2.26 中一维弹塑性杆中两波相遇点 $A$ 前后 L 氏坐标分别为 $X_1$ 和 $X_2$ 处的截面为分析对象, 容易看出, 杆截面 $X_1$ 上的轴线应力状态路径为 0—1—2—3—5, 其对应的应力路径在杆材料的应力应变平面上为 $0 \rightarrow Y \rightarrow \sigma \rightarrow \sigma + \sigma' \rightarrow \sigma_5$, 如图 2.27 所示。而杆截面 $X_2$ 上的轴线应力状态路径为 0—1—4, 其对应的应力路径在杆材料的应力应变平面上为 $0 \rightarrow Y \rightarrow \sigma_4$, 如图 2.27 所示。对比图 2.26 和图 2.27 可知, 当"强"弹性卸载波追赶上"弱"塑性突加波时, $A$ 点靠右的杆中材料甚至处于弹性阶段而没有到达塑性阶段; 而 $A$ 点靠左的杆中材料应力历史中经历了弹性加载和塑性加载以及弹性卸载阶段。因此, 虽然在状态平面上状态点 4 和状态点 5 的应力和质点速度相等, 但与第 1 章弹性波相互作用中不同的是, 此时两点实际状态并不相同, 从图 2.27 可以看出, 此时状态点 5 对应的应变量与状态点 4 不同, 后者只有弹性应变, 而前者同时存在弹性应变和塑性应变。

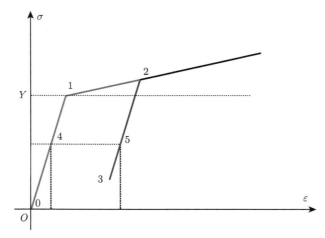

图 2.27    "强"弹性卸载波对"弱"塑性加载波的追赶卸载中截面应力路径图

### 2.3.2    "弱"弹性卸载波对"强"塑性加载波的追赶卸载

当弹性卸载波强度

$$|\sigma'| = -\sigma' < \frac{C_e/C_p + 1}{2}\left(\sigma - Y\right) \tag{2.94}$$

时，

$$\sigma_5 = \sigma_4 = \frac{1}{2}\left[\sigma + 2\sigma' + Y + \frac{C_e}{C_p}\left(\sigma - Y\right)\right] > Y$$

此时塑性突加波 1~2 被后方的弹性卸载波 2~3 追赶上后继续传播的并不是弹性突加波，与假设不符；因此，此时从点 $A$ 对于杆中位置向右方传播的应是塑性加载波 1~4，如图 2.28 所示。

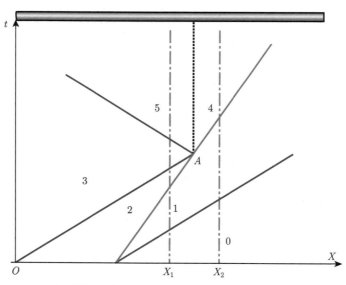

图 2.28    "弱"弹性卸载波对"强"塑性加载波的追赶卸载物理平面图

假设此时会反射一个弹性波 3～5，根据连续方程和动量守恒条件，式 (2.89) 和式 (2.90) 应写为

$$\begin{cases} \sigma_5 - \sigma_3 = \rho C_e(v_5 - v_3) \\ \sigma_4 - \sigma_1 = -\rho C_p(v_4 - v_1) \end{cases} \qquad \begin{cases} \sigma_5 = \sigma_4 \\ v_5 = v_4 \end{cases} \qquad (2.95)$$

由此可以得到状态点 4 和状态点 5 的应力和质点速度：

$$\begin{cases} \sigma_5 = \sigma_4 = \sigma + \dfrac{2C_p\sigma'}{C_e + C_p} \\ v_5 = v_4 = -\dfrac{2\sigma'}{\rho C_e + \rho C_p} + \dfrac{Y-\sigma}{\rho C_p} - \dfrac{Y}{\rho C_e} \end{cases} \qquad (2.96)$$

根据式 (2.94) 可知，上式中：

$$\sigma_5 = \sigma_4 = \sigma + \frac{2C_p}{C_e + C_p}\sigma' > Y \qquad (2.97)$$

此时我们可以在材料的应力应变曲线中描述图 2.28 中截面 $X_2$ 处的应力历史，如图 2.29 中 0—1—4 路径，从图中可以看出从状态点 1 到状态点 4 对于此处截面的历史而言确实是塑性加载，因此，前面认为此塑性突加波被追赶卸载后仍传播新的塑性突加波是合理的。

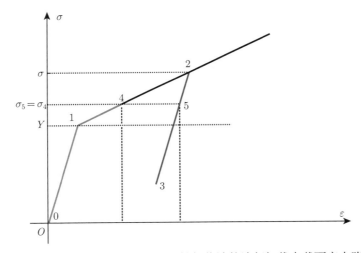

图 2.29 "弱" 弹性卸载波对 "强" 塑性加载波的追赶卸载中截面应力路径图

对于截面 $X_1$ 处材料的应力路径为 0—1—2—3—5，如图 2.29 所示，从图中可以看出，从状态点 0 到状态点 1 材料一直处于弹性状态，也就是说突加波 0～1 是弹性突加波；之后，从状态点 1 到状态点 2 材料处于塑性状态，即突加波 1～2 是塑性突加波；第三步，从状态点 2 到状态点 3 材料处于弹性卸载阶段，此时材料应处于弹性状态，即强间断波 2～3 是弹性卸载波；最后，从状态点 3 到状态点 5，材料处于二次加载阶段，此时虽然 $\sigma_5 > Y$，但由于

$$\sigma_5 = \sigma + \frac{2C_p\sigma'}{C_e + C_p} < \sigma \qquad (2.98)$$

即小于后继屈服应力，因此此时截面处应力状态应该一直处于弹性状态，而且

$$\sigma_5 - \sigma_3 > -\frac{C_e - C_p}{C_e + C_p}\sigma' = \frac{C_e - C_p}{C_e + C_p}|\sigma'| > 0 \tag{2.99}$$

也就是说强间断波 3~5 也是弹性突加波，这与上面的假设相符。

从上面我们可以看出，虽然状态点 4 和状态点 5 对应的应力和质点速度都相等，当与弹性杆中应力波相互作用不同的是，由于应力路径和历史不同，两者对应的状态并不相同，此时状态点 4 虽然与状态点 3 对应的应力相等，但状态点 4 处于塑性状态，而状态点 5 却处于弹性状态。

### 2.3.3  应变间断面的概念与内反射机制

以上对两种情况下弹性卸载波追赶塑性突加波的情况进行了分析，结果表明，虽然在同一个一维杆中，但当两波相遇后竟然会在相遇的截面上同时产生一个反射波和透射波，我们通常称之为内反射波和内透射波。在"强"弹性卸载波对"弱"塑性突加波的追赶卸载过程中，如图 2.26 和图 2.27 所示，虽然相遇点 $A$ 对应的杆截面两端应力和质点速度都相同，但由于卸载波 2~3 是从塑性状态突减到弹性状态，并没有像加载时情况分两个阶段，先从塑性加载路线返回再按照弹性路线返回，而是直接按照弹性卸载曲线返回，这使得两端的应变不同，这种由于应力历史不同，两波相遇后在同一杆中由于应变不同而产生的"内间断面"，我们称之为应变间断面。而对于"弱"弹性卸载波对"强"塑性突加波的追赶卸载问题，如图 2.28 和图 2.29 所示，与前一种情况不同的是，除了由于加卸载路径的不同之外，导致 $A$ 点对应截面两端应变间断的最主要原因是材料从初始屈服强度增加到后屈服强度，此时两端材料其他参数相同，但屈服强度不同，从本质来讲就是一个屈服强度间断面，从唯象上看，它也是一类应变间断面。应变间断面是线性硬化材料中特有的现象，为区分两类间断面，我们把间断面两端皆处于弹性状态的应变间断称为第 I 类应变间断面，把一端处于弹性状态而另一端却处于塑性状态的应变间断称为第 II 类应变间断面。

对于应力波在应变间断面上的透反射问题，上一章弹性波交界面上的透反射定律很难直接应用从而进行定量的描述。下面我们同上对两类间断面上应力波内反射问题进行分析和探讨。

#### 1. "强"弹性卸载波对"弱"塑性突加波的追赶卸载问题

如图 2.30(a) 所示，假设"强"弹性卸载波追赶上"弱"塑性突加波瞬间，两波相互作用后向右方传播一个弹性卸载波，根据动量守恒条件和牛顿第三定律可有

$$\begin{cases} Y = -\rho C_e v_1 \\ \sigma - Y = -\rho C_p(v_2 - v_1) \end{cases} \quad \begin{cases} \sigma_3 - \sigma_2 = \sigma' \\ \sigma_3 - \sigma_2 = -\rho C_e(v_3 - v_2) \end{cases} \quad \begin{cases} \sigma_4 - \sigma_1 = -\rho C_e(v_4 - v_1) \\ \sigma_4 = \sigma_3 \end{cases} \tag{2.100}$$

由上式我们可以此瞬间得到状态点 3 和状态点 4 对应的应力和质点速度为

$$\begin{cases} \sigma_3 = \sigma + \sigma' \\ v_3 = -\dfrac{\sigma' + Y}{\rho C_e} - \dfrac{\sigma - Y}{\rho C_p} \end{cases} \quad \begin{cases} \sigma_4 = \sigma + \sigma' \\ v_4 = -\dfrac{\sigma + \sigma'}{\rho C_e} \end{cases} \tag{2.101}$$

从上式可以看出,此时在应变间断面处存在一个速度差:

$$\Delta v = v_4 - v_3 = \left( \frac{1}{\rho C_{\mathrm{p}}} - \frac{1}{\rho C_{\mathrm{e}}} \right) (\sigma - Y) > 0 \tag{2.102}$$

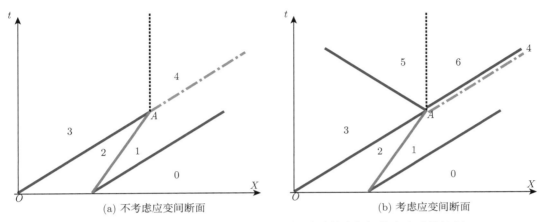

(a) 不考虑应变间断面　　　　　　　　　　(b) 考虑应变间断面

图 2.30 "强"弹性卸载波对"弱"塑性加载波的追赶卸载中内反射机制

上式意味着在此一瞬间应变间断面上又产生一个拉伸行为,此拉伸行为会产生一对内拉伸即突加波向左右两端传播,如图 2.30(b) 所示,此拉伸行为瞬时向右传播的强间断波为 4～6,向左传播的强间断波为 3～5,参考本节中对"强"弹性卸载波的定义可知,此一对大小相等、方向相反的应力波应为弹性波,根据连续方程和动量守恒条件有

$$\begin{cases} \sigma_6 - \sigma_4 = -\rho C_{\mathrm{e}} (v_6 - v_4) \\ \sigma_5 - \sigma_3 = \rho C_{\mathrm{e}} (v_5 - v_3) \end{cases} \quad \text{且} \quad \begin{cases} \sigma_5 = \sigma_6 \\ v_5 = v_6 \end{cases} \tag{2.103}$$

由上式可以解得状态点 5 和状态点 6 的应力和质点速度为

$$\begin{cases} \sigma_5 = \sigma_6 = \dfrac{1}{2} \left[ 2\sigma' + Y + \sigma + \dfrac{C_{\mathrm{e}}}{C_{\mathrm{p}}} (\sigma - Y) \right] \\[3mm] v_5 = v_6 = -\dfrac{2\sigma' + Y + \sigma}{2\rho C_{\mathrm{e}}} - \dfrac{\sigma - Y}{2\rho C_{\mathrm{p}}} \end{cases} \tag{2.104}$$

对比上式与式 (2.93) 可以看出,图 2.30(b) 中状态点 5 的应力和质点速度正好与图 2.26 中以上所求出的"强"弹性卸载波对"弱"塑性突加波的追赶卸载问题中对应解一致。而由于向右传播的两个波都是同一时间向右传播,因此出现叠加现象,即应力波 1～4 和 4～6 叠加为应力波 1～6,此时物理平面图就与图 2.26 一致,图 2.30(b) 中状态点 6 的应力和质点速度正好与图 2.26 中状态点 4 对应的值相等。

2. "弱"弹性卸载波对"强"塑性突加波的追赶卸载问题

同上,我们也可以将应变间断面上的内反射问题进行假想分步分析,这里,又分两种情况:入射弹性卸载波后方应力 $\sigma_3 = \sigma + \sigma' < Y$ 和 $\sigma_3 = \sigma + \sigma' > 0$。

当 $\sigma_3 = \sigma + \sigma' < Y$ 时，假设弹性卸载波追赶上塑性突加波后瞬间会继续向右方传播一个弹性卸载波，如图 2.31(a) 所示，此时有

$$\begin{cases} Y = -\rho C_e v_1 \\ \sigma - Y = -\rho C_p (v_2 - v_1) \end{cases} \quad \begin{cases} \sigma_3 - \sigma_2 = \sigma' \\ \sigma_3 - \sigma_2 = -\rho C_e (v_3 - v_2) \end{cases} \quad \begin{cases} \sigma_4 - \sigma_1 = -\rho C_e (v_4 - v_1) \\ \sigma_4 = \sigma_3 \end{cases}$$

(2.105)

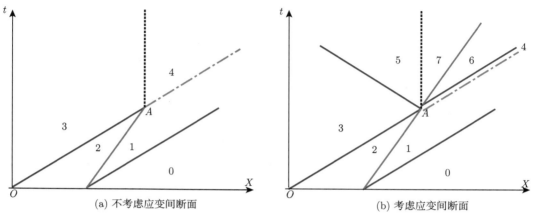

(a) 不考虑应变间断面　　　　　　　　(b) 考虑应变间断面

图 2.31　"弱"弹性卸载波对"强"塑性加载波的追赶卸载中内反射机制 I

同上我们可以得到

$$\begin{cases} \sigma_3 = \sigma + \sigma' \\ v_3 = -\dfrac{\sigma' + Y}{\rho C_e} - \dfrac{\sigma - Y}{\rho C_p} \end{cases} \quad \begin{cases} \sigma_4 = \sigma + \sigma' \\ v_4 = -\dfrac{\sigma + \sigma'}{\rho C_e} \end{cases}$$

和

$$\Delta v = v_4 - v_3 = \left( \frac{1}{\rho C_p} - \frac{1}{\rho C_e} \right) (\sigma - Y) > 0$$

即此时自应变间断面向左右两个方向同时传播一对大小相等、方向相反的内拉伸波，参考以上的分析以及本节对"强"塑性突加波的定义可知，此时向左传播的拉伸突加波应为弹性波而向右传播的拉伸突加波应为塑性波，而此瞬间应变间断面右端应力状态为弹性状态，因此同时传播一个弹性突加波 4~6 和塑性突加波 6~7，如图 2.31(b) 所示，根据连续方程和动量守恒条件有

$$\begin{cases} \sigma_6 - \sigma_4 = -\rho C_e (v_6 - v_4) \\ \sigma_7 - \sigma_6 = -\rho C_p (v_7 - v_6) \\ \sigma_5 - \sigma_3 = \rho C_e (v_5 - v_3) \end{cases} \text{且} \quad \begin{cases} \sigma_5 = \sigma_7 \\ v_5 = v_7 \\ \sigma_6 = Y \end{cases}$$

(2.106)

由上式可以解得状态点 5、状态点 6 和状态点 7 的应力和质点速度为

$$\begin{cases} \sigma_5 = \sigma_7 = \sigma + \dfrac{2C_p}{C_e + C_p} \sigma' \\ v_5 = v_7 = -\dfrac{2\sigma'}{\rho C_e + \rho C_p} + \dfrac{Y - \sigma}{\rho C_p} - \dfrac{Y}{\rho C_e} \end{cases} \quad \begin{cases} \sigma_6 = Y \\ v_6 = -\dfrac{Y}{\rho C_e} \end{cases}$$

(2.107)

而由于假设中的弹性卸载波 1~4 和弹性加载波 4~6 同时从 $A$ 点传播，因此两波相互抵消，从而只剩下一个塑性突加波 1~7。对比上式与式 (2.97) 可以看出，图 2.31(b) 中状态点 5 和状态点 7 的应力和质点速度正好与图 2.28 中以上所求出的 "弱" 弹性卸载波对 "强" 塑性突加波的追赶卸载问题中对应解一致。

当 $\sigma_3 = \sigma + \sigma' > Y$ 时，假设弹性卸载波追赶上塑性突加波后瞬间会继续向右方传播一个塑性突加波，如图 2.32(a) 所示，此时有

$$
\begin{cases} Y = -\rho C_e v_1 \\ \sigma - Y = -\rho C_p (v_2 - v_1) \end{cases} \quad \begin{cases} \sigma_3 - \sigma_2 = \sigma' \\ \sigma_3 - \sigma_2 = -\rho C_e (v_3 - v_2) \end{cases} \quad \begin{cases} \sigma_4 - \sigma_1 = -\rho C_p (v_4 - v_1) \\ \sigma_4 = \sigma_3 \end{cases}
$$

$$(2.108)$$

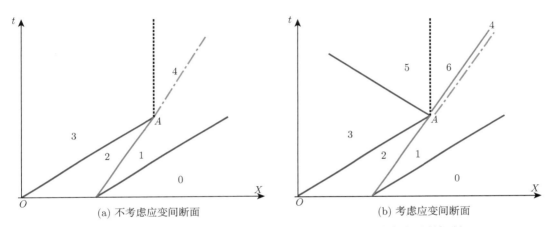

(a) 不考虑应变间断面      (b) 考虑应变间断面

图 2.32   "弱" 弹性卸载波对 "强" 塑性加载波的追赶卸载中内反射机制 II

由此我们可以解出状态点 3 和状态点 4 的应力和质点速度值：

$$
\begin{cases} \sigma_3 = \sigma + \sigma' \\ v_3 = -\dfrac{\sigma' + Y}{\rho C_e} - \dfrac{\sigma - Y}{\rho C_p} \end{cases} \quad \begin{cases} \sigma_4 = \sigma + \sigma' \\ v_4 = -\dfrac{\sigma + \sigma' - Y}{\rho C_p} - \dfrac{Y}{\rho C_e} \end{cases}
$$

$$(2.109)$$

可以看出，此时在应变间断面上相邻的两点存在速度差：

$$
\Delta v = v_4 - v_3 = v_4 = \left( \frac{1}{\rho C_e} - \frac{1}{\rho C_p} \right) \sigma' > 0
$$

$$(2.110)$$

同理，此瞬间也会向两端同时传播一对大小相等、方向相反的拉伸波，根据两端应力状态可知，向右传播的为塑性突加波 4~6，向左传播的为弹性加载波 3~5，如图 2.32(b) 所示，根据连续方程和动量守恒条件有

$$
\begin{cases} \sigma_6 - \sigma_4 = -\rho C_p (v_6 - v_4) \\ \sigma_5 - \sigma_3 = \rho C_e (v_5 - v_3) \end{cases} \text{且} \quad \begin{cases} \sigma_5 = \sigma_6 \\ v_5 = v_6 \end{cases}
$$

$$(2.111)$$

即有

$$\begin{cases} \sigma_5 = \sigma_6 = \sigma + \dfrac{2C_\mathrm{p}}{C_\mathrm{e} + C_\mathrm{p}}\sigma' \\[3mm] v_5 = v_6 = -\dfrac{2\sigma'}{\rho C_\mathrm{e} + \rho C_\mathrm{p}} + \dfrac{Y - \sigma}{\rho C_\mathrm{p}} - \dfrac{Y}{\rho C_\mathrm{e}} \end{cases} \tag{2.112}$$

由于塑性突加波 1~4 和 4~6 同时从应变间断面向右传播, 因此相互叠加形成一个塑性突加波 1~6, 对比上式与式 (2.97) 可以看出, 图 2.32(b) 中状态点 5 和状态点 6 的应力和质点速度正好与图 2.28 中以上所求出的 "弱" 弹性卸载波对 "强" 塑性突加波的追赶卸载问题中对应解一致。

## 2.4　一维杆中弹性卸载波对塑性加载波的迎面卸载

当弹塑性波在一维杆中传播过程中, 根据弹性波在界面的透反射规律知, 其弹性前驱波在自由面或低波阻抗材料界面上反射后将会产生弹性卸载波, 此弹性卸载波与紧随弹性前驱波而来的塑性加载波迎面相遇, 即会产生迎面卸载的问题。当然, 在一维弹塑性杆的一端施加弹塑性加载波, 另一端施加弹性卸载波也将遇到迎面卸载的问题。

在此, 同样以线性硬化材料为例, 设在初始处于自然状态的一维弹塑性杆左端施加强度为 $\sigma$ 的塑性突加波, 此时会向杆中传播一个弹性突加波和一个塑性突加波, 同时在杆的右端施加一个强度为 $|\sigma'| = -\sigma'$ 的弹性卸载波, 如图 2.33 所示。假设塑性突加波 1~2 与弹性卸载波 1~4 在 $A$ 点相遇, 之后各自向自身方向传播弹性卸载波 2~5 和弹性突加波 4~6。根据初始条件和弹塑性双波结构特征有

$$\sigma_1 = Y \quad \sigma_2 = \sigma \quad \sigma_3 = \sigma' \tag{2.113}$$

根据动量守恒条件有

$$\begin{cases} \sigma_1 = -\rho C_\mathrm{e} v_1 \\ \sigma_3 = \rho C_\mathrm{e} v_3 \end{cases} \quad \sigma_2 - \sigma_1 = -\rho C_\mathrm{p}\,(v_2 - v_1) \quad \begin{cases} \sigma_4 - \sigma_1 = \rho C_\mathrm{e}\,(v_4 - v_1) \\ \sigma_4 - \sigma_3 = -\rho C_\mathrm{e}\,(v_4 - v_3) \end{cases} \tag{2.114}$$

根据上式我们可以得到状态点 1、状态点 2、状态点 3 和状态点 4 对应的应力和质点速度为

$$\begin{cases} \sigma_1 = Y \\[2mm] v_1 = -\dfrac{Y}{\rho C_\mathrm{e}} \end{cases} \quad \begin{cases} \sigma_3 = \sigma' \\[2mm] v_3 = \dfrac{\sigma'}{\rho C_\mathrm{e}} \end{cases}$$

$$\begin{cases} \sigma_2 = \sigma \\[2mm] v_2 = -\dfrac{\sigma - Y}{\rho C_\mathrm{p}} - \dfrac{Y}{\rho C_\mathrm{e}} \end{cases} \quad \begin{cases} \sigma_4 = \sigma' + Y \\[2mm] v_4 = \dfrac{\sigma' - Y}{\rho C_\mathrm{e}} \end{cases} \tag{2.115}$$

假设向右传播的是弹性突加波而向左传播的是弹性卸载波, 此时根据连续方程和动量守恒条件有

$$\begin{cases} \sigma_5 - \sigma_2 = \rho C_\mathrm{e}\,(v_5 - v_2) \\ \sigma_6 - \sigma_4 = -\rho C_\mathrm{e}\,(v_6 - v_4) \end{cases} \quad \begin{cases} \sigma_5 = \sigma_6 \\ v_5 = v_6 \end{cases} \tag{2.116}$$

可以解出状态 4 和状态 6 对应的应力和质点速度值:

$$\begin{cases} \sigma_5 = \sigma_6 = \sigma' + \dfrac{1}{2}\left[\left(\dfrac{C_e}{C_p} + 1\right)\sigma + \left(1 - \dfrac{C_e}{C_p}\right)Y\right] \\ v_5 = v_6 = \dfrac{2\sigma' - \sigma - Y}{2\rho C_e} - \dfrac{\sigma - Y}{2\rho C_p} \end{cases} \tag{2.117}$$

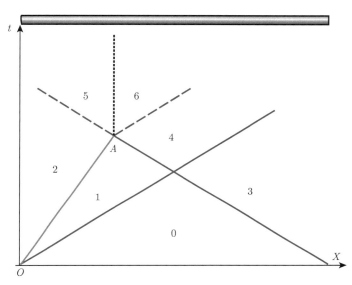

图 2.33 弹性卸载波对塑性加载波的迎面卸载物理平面图

当 $\sigma_5 = \sigma_6 < Y$ 时上述假设成立,即

$$\sigma' < -\frac{1}{2}\left(\frac{C_e}{C_p} + 1\right)(\sigma - Y) \Leftrightarrow |\sigma'| > \frac{1}{2}\left(\frac{C_e}{C_p} + 1\right)(\sigma - Y) \tag{2.118}$$

也就是说,当弹性卸载波足够 "强",能够达到上式的标准,弹性卸载波与塑性突加波迎面相遇后会在相遇面向两端分别传播两个弹性波。同上节,我们也分两种情况进行分析。

### 2.4.1 "强"弹性卸载波对"弱"塑性加载波的迎面卸载

此时弹性卸载波 0~3 的强度应满足:

$$|\sigma'| = -(\sigma_3 - \sigma_0) > \frac{1}{2}\left(\frac{C_e}{C_p} + 1\right)(\sigma - Y) \tag{2.119}$$

相关状态点的应力和质点速度见式 (2.115) 和式 (2.117)。

我们在相遇截面两端分别取两个截面 $X_1$ 和 $X_2$,如图 2.34 所示,从图中容易看到,截面 $X_1$ 处材料的受力状态历史为 0—1—2—5,截面 $X_2$ 处材料的受力状态历史为 0—1—4—6。

我们如果在杆材料的应力应变曲线上分析,可以得到如图 2.35 所示应力路径图。从图中可以看出，虽然状态点 5 和状态点 6 的应力和质点速度相等，但由于加卸载应力路径不同，其应变并不相同，即存在应变间断，根据上节定义可知，此应变间断面为第 I 类应变间断面。可以看出弹性卸载波 2~5 的强度与初始弹性卸载波 0~3 的强度为

$$
\begin{cases}
\sigma_5 - \sigma_2 = \sigma' + \dfrac{1}{2}\left(\dfrac{C_e}{C_p} - 1\right)(\sigma - Y) \\
\sigma_3 - \sigma_0 = \sigma'
\end{cases}
\tag{2.120}
$$

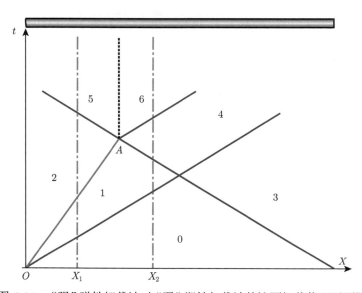

图 2.34　"强" 弹性卸载波对 "弱" 塑性加载波的迎面卸载物理平面图

结合式 (2.118) 可知

$$
|\sigma_5 - \sigma_2| = -(\sigma_5 - \sigma_2) < |\sigma_3 - \sigma_0|
\tag{2.121}
$$

塑性突加波 1~2 和弹性突加波 4~6 之间的强度关系为

$$
\begin{cases}
\sigma_6 - \sigma_4 = \dfrac{1}{2}\left(\dfrac{C_e}{C_p} + 1\right)(\sigma - Y) \\
\sigma_2 - \sigma_1 = \sigma - Y
\end{cases}
\quad \Rightarrow \sigma_6 - \sigma_4 > \sigma_2 - \sigma_1
\tag{2.122}
$$

从式 (2.121) 和式 (2.122) 可以看出，塑性突加波与弹性卸载波迎面相遇后并没有像弹性波一样按照原方向强度不变地传输，而是皆产生类似 "折射" 现象，其本质还是在应变间断面上分别产生了内反射现象。

为分析此种情况下内反射产生和应变间断面产生的机制，我们假想在塑性突加波 1~2 和弹性卸载波 1~4 相遇瞬间，它们皆如弹性波一样按照原方向强度不变地进行传播，以 $\sigma_7 < Y$ 和 $\sigma_8 < Y$ 时的情况为例，如图 2.36(a) 所示。

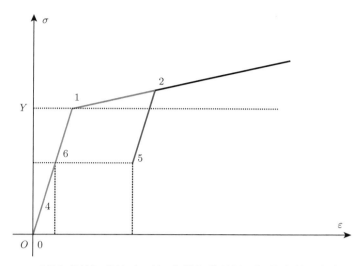

图 2.35　"强"弹性卸载波对"弱"塑性加载波迎面卸载中截面应力路径图

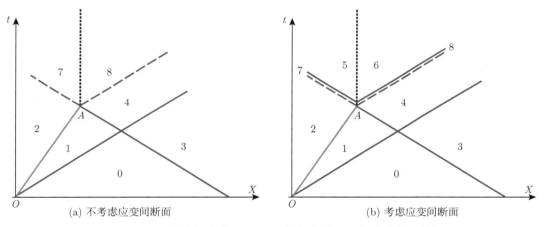

(a) 不考虑应变间断面　　　　　　　　　(b) 考虑应变间断面

图 2.36　"强"弹性卸载波对"弱"塑性加载波迎面卸载中内反射机制

此时应有

$$
\begin{cases}
\sigma_7 - \sigma_2 = \sigma' \\
\sigma_7 - \sigma_2 = \rho C_{\mathrm{e}}\left(v_7 - v_2\right)
\end{cases}
\Rightarrow
\begin{cases}
\sigma_7 = \sigma + \sigma' \\
v_7 = \dfrac{\sigma' - Y}{\rho C_{\mathrm{e}}} - \dfrac{\sigma - Y}{\rho C_{\mathrm{p}}}
\end{cases}
\tag{2.123}
$$

$$
\begin{cases}
\sigma_8 - \sigma_4 = \sigma + \sigma' \\
\sigma_8 - \sigma_4 = -\rho C_{\mathrm{e}}\left(v_8 - v_4\right)
\end{cases}
\Rightarrow
\begin{cases}
\sigma_8 = \sigma + \sigma' \\
v_8 = \dfrac{\sigma' - \sigma}{\rho C_{\mathrm{e}}}
\end{cases}
\tag{2.124}
$$

对比式 (2.123) 和式 (2.124) 我们可以看出，虽然 $\sigma_7 = \sigma_8$，但 $v_7 \neq v_8$，且

$$
\Delta v = v_8 - v_7 = \left(\frac{1}{\rho C_{\mathrm{p}}} - \frac{1}{\rho C_{\mathrm{e}}}\right)(\sigma - Y) > 0
\tag{2.125}
$$

也就是说此时突然产生一个瞬间拉应力，从而产生了一对大小相等、方向相反的突加波自应变间断面向两端传播，如图 2.36(b) 所示，此时，根据连续方程和动量守恒条件，有

$$\left\{ \begin{array}{l} \sigma_5 - \sigma_7 = \rho C_e \left( v_5 - v_7 \right) \\ \sigma_6 - \sigma_8 = -\rho C_e \left( v_6 - v_8 \right) \end{array} \right. \qquad \left\{ \begin{array}{l} \sigma_5 = \sigma_6 \\ v_5 = v_6 \end{array} \right. \tag{2.126}$$

由此可以得到状态点 5 和状态点 6 对应的应力和质点速度为

$$\left\{ \begin{array}{l} \sigma_5 = \sigma_6 = \sigma' + \dfrac{1}{2} \left[ \left( \dfrac{C_e}{C_p} + 1 \right) \sigma + \left( 1 - \dfrac{C_e}{C_p} \right) Y \right] \\[3mm] v_5 = v_6 = \dfrac{2\sigma' - \sigma - Y}{2\rho C_e} - \dfrac{\sigma - Y}{2\rho C_p} \end{array} \right. \tag{2.127}$$

上式和式 (2.117) 一致，这说明由于应变间断面的存在，应力波到达间断面各自出现内反射和透射行为。

### 2.4.2　"弱"弹性卸载波对"强"塑性加载波的迎面卸载

当弹性卸载波 0~3 的强度满足：

$$|\sigma'| = - (\sigma_3 - \sigma_0) < \frac{1}{2} \left( \frac{C_e}{C_p} + 1 \right) (\sigma - Y) \tag{2.128}$$

时，图 2.34 所示假设中塑性突加波与弹性卸载波迎面相遇后向右传播弹性突加波的假设不成立，即此时 $\sigma_6 > Y$，因此，此时塑性突加波 1~2 被弹性卸载波 1~4 迎面卸载后依旧向右方传播塑性突加波，由于此时状态点 4 对应的应力 $\sigma_4 = \sigma' + Y < Y$，即此区间材料处于弹性状态，因此根据弹塑性双波理论，此时应该向右传播一个弹性前驱波 4~7 和一个塑性突加波 7~6，如图 2.37 所示。

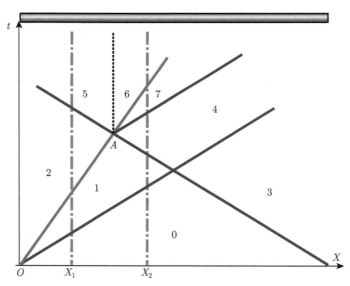

图 2.37　"弱"弹性卸载波对"强"塑性加载波的迎面卸载物理平面图

根据本节上面的分析可知，状态点 1、状态点 2、状态点 3 和状态点 4 对应的应力和质点速度分别为

$$\begin{cases} \sigma_1 = Y \\ v_1 = -\dfrac{Y}{\rho C_e} \end{cases} \quad \begin{cases} \sigma_2 = \sigma \\ v_2 = -\dfrac{\sigma - Y}{\rho C_p} - \dfrac{Y}{\rho C_e} \end{cases} \quad \begin{cases} \sigma_3 = \sigma' \\ v_3 = \dfrac{\sigma'}{\rho C_e} \end{cases} \quad \begin{cases} \sigma_4 = \sigma' + Y \\ v_4 = \dfrac{\sigma' - Y}{\rho C_e} \end{cases} \tag{2.129}$$

根据边界条件和动量守恒条件我们可有

$$\sigma_7 - \sigma_4 = -\rho C_e (v_7 - v_4) \quad \text{且} \quad \sigma_7 = Y \tag{2.130}$$

由此可以得到状态点 7 对应的质点速度为

$$v_7 = \frac{2\sigma' - Y}{\rho C_e} \tag{2.131}$$

根据连续方程和动量守恒条件，我们可以得到

$$\begin{cases} \sigma_5 - \sigma_2 = \rho C_e (v_5 - v_2) \\ \sigma_6 - \sigma_7 = -\rho C_p (v_6 - v_7) \end{cases} \quad \begin{cases} \sigma_5 = \sigma_6 \\ v_5 = v_6 \end{cases} \tag{2.132}$$

由此，我们可以给出状态点 5 和状态点 6 对应的应力和质点速度为

$$\begin{cases} \sigma_5 = \sigma_6 = \sigma + \dfrac{2\rho C_p \sigma'}{\rho C_e + \rho C_p} \\ v_5 = v_6 = \left( \dfrac{1}{\rho C_p} - \dfrac{1}{\rho C_e} \right) Y - \dfrac{\sigma}{\rho C_p} + \dfrac{C_p}{C_e} \dfrac{2\sigma'}{\rho C_e + \rho C_p} \end{cases} \tag{2.133}$$

我们在相遇截面两端分别取两个截面 $X_1$ 和 $X_2$，如图 2.37 所示，从图中容易看到，截面 $X_1$ 处材料的受力状态历史为 0—1—2—5，截面 $X_2$ 处材料的受力状态历史为 0—1—4—7—6。

我们如果在杆材料的应力应变曲线上分析，可以得到如图 2.38 所示应力路径图。从图中可以看出，虽然状态点 5 和状态点 6 的应力和质点速度相等，但由于加卸载应力路径不同，其应变和应力状态并不相同，根据上节定义可知，此应变间断面为第 II 类应变间断面；从图中可以看出，虽然原始杆为同一种材料，但由于右方后继屈服强度大于间断面左方的初始屈服强度，使得其屈服强度间断，使得对于同一个应力值，左方介质处于弹性状态，而右方则处于塑性状态。

同上一种情况，我们也容易计算出弹性卸载波与塑性突加波相遇前后各自强度的变化情况：

$$\begin{cases} \sigma_5 - \sigma_2 \neq \sigma_4 - \sigma_1 \\ \sigma_6 - \sigma_4 \neq \sigma_2 - \sigma_1 \end{cases} \tag{2.134}$$

也就是说，塑性突加波与弹性卸载波应变间断面上分别产生了内反射现象。

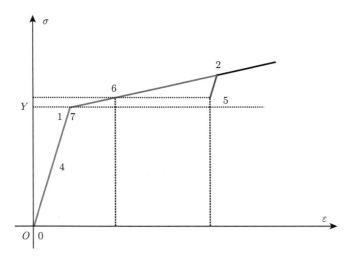

图 2.38    "弱"弹性卸载波对"强"塑性加载波迎面卸载中截面应力路径图

为分析此种情况下内反射和应变间断面产生的机制, 我们假想在塑性突加波 1~2 和弹性卸载波 1~4 相遇瞬间, 它们皆如弹性波一样按照原方向强度不变地进行传播, 如图 2.39(a) 所示, 参考图 2.38, 假设应力波传播过后状态点 8 处于弹性状态, 而状态点 9 处于塑性状态。

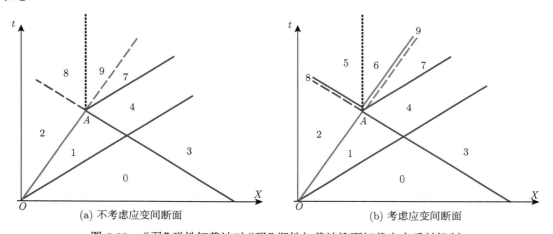

(a) 不考虑应变间断面                    (b) 考虑应变间断面

图 2.39    "弱"弹性卸载波对"强"塑性加载波迎面卸载中内反射机制

此时根据以上假设条件和波阵面上的动量守恒条件, 应有

$$
\begin{cases}
\sigma_8 - \sigma_2 = \sigma_4 - \sigma_1 = \rho C_e (v_8 - v_2) \\
\sigma_9 - \sigma_7 = \sigma_2 - \sigma_1 - (\sigma_7 - \sigma_4) = -\rho C_p (v_9 - v_7)
\end{cases}
\tag{2.135}
$$

由此我们可以得到状态点 8 和状态点 9 对应的应力和质点速度:

$$
\begin{cases}
\sigma_8 = \sigma + \sigma' \\
v_8 = \dfrac{\sigma' - Y}{\rho C_e} - \dfrac{\sigma - Y}{\rho C_p}
\end{cases}
\qquad
\begin{cases}
\sigma_9 = \sigma + \sigma' \\
v_9 = \dfrac{2\sigma' - Y}{\rho C_e} - \dfrac{\sigma + \sigma' - Y}{\rho C_p}
\end{cases}
\tag{2.136}
$$

从上式我们可以看出状态点 8 和状态点 9 所在区域介质质点速度并不相等，其速度差为

$$\Delta v = v_9 - v_8 = \left( \frac{1}{\rho C_{\mathrm{e}}} - \frac{1}{\rho C_{\mathrm{p}}} \right) \sigma' > 0 \qquad (2.137)$$

也就是说，此时由于应变相遇截面受到瞬间拉伸应力，从而产生一对向该间断面两侧同时传播大小相等、方向相反的应力波，如图 2.39(b) 所示，此时会产生一个向左传播的弹性突加波 8~5 和向右传播的塑性突加波 9~6，根据连续方程和动量守恒条件，有

$$\begin{cases} \sigma_5 - \sigma_8 = \rho C_{\mathrm{e}} \left( v_5 - v_8 \right) \\ \sigma_6 - \sigma_9 = -\rho C_{\mathrm{p}} \left( v_6 - v_9 \right) \end{cases} \quad \text{且} \quad \begin{cases} \sigma_5 = \sigma_6 \\ v_5 = v_6 \end{cases} \qquad (2.138)$$

由此我们可以解得状态点 5 和状态点 6 对应的应力和质点速度：

$$\begin{cases} \sigma_5 = \sigma_6 = \sigma + \dfrac{2\rho C_{\mathrm{p}} \sigma'}{\rho C_{\mathrm{e}} + \rho C_{\mathrm{p}}} \\[3mm] v_5 = v_6 = \left( \dfrac{1}{\rho C_{\mathrm{p}}} - \dfrac{1}{\rho C_{\mathrm{e}}} \right) Y - \dfrac{\sigma}{\rho C_{\mathrm{p}}} + \dfrac{C_{\mathrm{p}}}{C_{\mathrm{e}}} \dfrac{2\sigma'}{\rho C_{\mathrm{e}} + \rho C_{\mathrm{p}}} \end{cases} \qquad (2.139)$$

对比上式和式 (2.133)，容易看到，两种方法的解一致。这种假想分步法能够让我们对应变间断面上的内反射问题有一个初步的物理认识。

### 2.4.3　弹塑性加载波在自由面上的反射问题

假设如图 2.40 所示，在初始处于自然状态的一维线性硬化材料弹塑性杆右端突加一个强度为 $\sigma > 0$ 的塑性加载波，根据弹塑性双波理论可知，此时会向右传播一个弹性前驱波 0~1 和一个塑性突加波 1~2，两个波的应力强度分别为

$$\begin{cases} \sigma_1 - \sigma_0 = Y \\ \sigma_2 - \sigma_1 = \sigma - Y \end{cases} \qquad (2.140)$$

图 2.40　一维弹塑性杆塑性突加波在自由面上的反射问题

根据动量守恒条件有

$$\begin{cases} \sigma_1 = Y \\ v_1 = -\dfrac{Y}{\rho C_{\mathrm{e}}} \end{cases} \quad \begin{cases} \sigma_2 = \sigma - Y \\ v_2 = -\dfrac{\sigma - Y}{\rho C_{\mathrm{p}}} - \dfrac{Y}{\rho C_{\mathrm{e}}} \end{cases} \qquad (2.141)$$

当弹性前驱波到达自由面后会产生反射应力波 1~3，根据上一章弹性波在自由面上的反射定律可知，反射波应为等量符号相反的应力波，即反射波应为一个强度为 $Y$ 的弹性卸载波，即

$$\begin{cases} \sigma_3 = 0 \\ v_3 = -\dfrac{2Y}{\rho C_{\mathrm{e}}} \end{cases} \qquad (2.142)$$

此时塑性加载波在自由面上的反射问题就转换成弹性卸载波 1~3 对塑性突加波 1~2 的迎面卸载问题了。根据本节以上知识可知，当

$$Y > \frac{1}{2}\left(\frac{C_e}{C_p} + 1\right)(\sigma - Y) \Leftrightarrow \sigma < \left(\frac{2}{C_e/C_p + 1} + 1\right)Y \tag{2.143}$$

时，此问题就是"强"弹性卸载波对"弱"塑性突加波的迎面卸载问题，此时在物理平面上应力波相互作用，如图 2.41 所示，两波相遇后分别向应变间断面两端传播弹性波。

根据连续方程和动量守恒条件，可有

$$\begin{cases} \sigma_5 - \sigma_2 = \rho C_e\left(v_5 - v_2\right) \\ \sigma_4 - \sigma_3 = -\rho C_e\left(v_4 - v_3\right) \end{cases} \tag{2.144}$$

由此，可以计算出状态点 4 和状态点 5 对应的应力和质点速度值：

$$\begin{cases} \sigma_4 = \sigma_5 = \dfrac{1}{2}\left[\left(\dfrac{C_e}{C_p} + 1\right)(\sigma - Y) - Y\right] \\ v_4 = v_5 = \dfrac{1}{2}\left(-\dfrac{\sigma + 2Y}{\rho C_e} - \dfrac{\sigma - Y}{\rho C_p}\right) \end{cases} \tag{2.145}$$

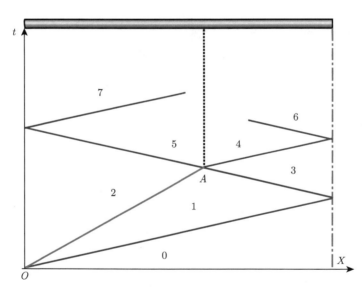

图 2.41　"弱"塑性加载波在自由面上的反射与相互作用物理平面图

此时弹性波 3~4 传到右端自由面上会产生反射波 4~6，以及弹性波 2~5 到达左端自由面上也会产生反射波 5~7，状态点 6 和状态点 7 对应的应力和质点速度值容易利用第 1 章的知识进行推导。反射波 4~6 和 5~7 到达应变间断面后也可能产生内反射问题，该问题本章下面的章节将进行详细讨论。

当

$$\sigma > \left(\frac{2}{C_e/C_p + 1} + 1\right)Y \tag{2.146}$$

时，此问题就是"弱"弹性卸载波对"强"塑性突加波的迎面卸载问题，根据上文相关分析可知，此时在物理平面上应力波相互作用如图 2.42 所示。根据边界条件和动量守恒条件容易得到状态点 1、状态点 2、状态点 3 和状态点 4 对应的应力和质点速度值：

$$
\begin{cases} \sigma_1 = Y \\ v_1 = -\dfrac{Y}{\rho C_\mathrm{e}} \end{cases}
\quad
\begin{cases} \sigma_2 = \sigma - Y \\ v_2 = -\dfrac{\sigma - Y}{\rho C_\mathrm{p}} - \dfrac{Y}{\rho C_\mathrm{e}} \end{cases}
\quad
\begin{cases} \sigma_3 = 0 \\ v_3 = -\dfrac{2Y}{\rho C_\mathrm{e}} \end{cases}
\quad
\begin{cases} \sigma_4 = Y \\ v_4 = -\dfrac{3Y}{\rho C_\mathrm{e}} \end{cases}
\tag{2.147}
$$

根据连续方程和动量守恒条件有

$$
\begin{cases} \sigma_5 - \sigma_2 = \rho C_\mathrm{e} \left( v_5 - v_2 \right) \\ \sigma_6 - \sigma_4 = -\rho C_\mathrm{p} \left( v_6 - v_4 \right) \end{cases}
\tag{2.148}
$$

由此可以得到状态点 5 和状态点 6 对应的应力和质点速度值：

$$
\begin{cases} \sigma_5 = \sigma_6 = \sigma + \dfrac{-3C_\mathrm{p}}{C_\mathrm{e} + C_\mathrm{p}} Y \\ v_5 = v_6 = -\dfrac{\sigma - Y}{\rho C_\mathrm{p}} - \dfrac{C_\mathrm{p}}{C_\mathrm{e}} \dfrac{3Y}{\rho C_\mathrm{e} + \rho C_\mathrm{p}} \end{cases}
\tag{2.149}
$$

之后，弹性波 2~5 和 3~4 到达左端自由面分别产生反射波 5~9 和 4~7，见第 1 章弹性波在自由面的反射问题结论，反射后的弹性波 5~9 到达应变间断面后可能会产生内反射，此问题将在本章下面的章节进行详述，同时反射弹性卸载波 4~7 由于塑性突加波 4~6 相遇，此问题也属于弹性卸载波对塑性突加波的迎面卸载问题，同上分析结论，以此类推，读者试推导之。

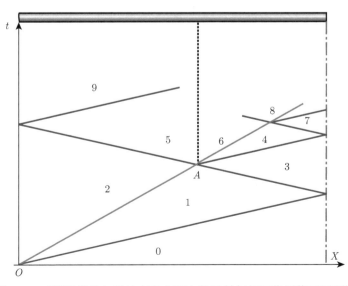

图 2.42 "强"塑性加载波在自由面上的反射与相互作用物理平面图

## 2.5    一维杆中应变间断面对应力波传播的影响

上面的研究中我们发现无论是弹性卸载波对塑性突加波的追赶卸载，还是弹性卸载波对塑性突加波的迎面卸载，当两波相遇后会产生应变间断面；当两波通过应变间断面后到达前方的交界面如上节中的自由面会产生反射，反射波经过应变间断面后会如何传播？有没有内反射现象？等等，这些问题都需要分析，本节对这个问题进行分析讨论。在此我们分别根据应变间断面的特征分为应力波在第 I 类应变间断面上的传播问题和应力波在第 II 类应变间断面上的传播问题两种情况进行分析。

### 2.5.1    弹性波在第 I 类应变间断面上的内透反射

根据第 I 类应变间断面的特征可知，应变间断面两端的应力状态应为弹性状态，因此，我们只需考虑弹性突加波或弹性卸载波入射到第 I 类应变间断面时的情况，这里我们以弹性突加波入射时的情况为例进行分析。

如图 2.43 所示，设有第 I 类应变间断面 1—2，且左右两端的应力历史中最大应力分布为 $\sigma_{1\max}$ 和 $\sigma_{2\max}$，其满足 $\sigma_{1\max} > \sigma_{2\max}$，此时有一个右行弹性突加波 3~4 从应变间断面左方入射，容易知道，对于此种情况，有

$$\sigma_3 < \sigma_4 < \sigma_{1\max} \tag{2.150}$$

若 $\sigma_4 < \sigma_{2\max}$，则可知当应力波传播到应变间断面右方后，应力波也应为弹性状态；反之，当 $\sigma_4 > \sigma_{2\max}$ 时，如果应力波在应变间断面上没有内透反射行为，直接传播过去，则此时应变间断面右方应力状态为塑性状态；为区分此两类情况，我们称前者为"弱"弹性突加波入射问题，后者为"强"弹性突加波入射问题。

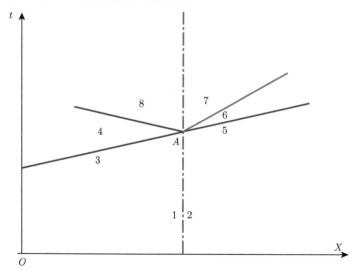

图 2.43    弹性突加波在第 I 类应变间断面上的传播物理平面图

1.	"弱"弹性突加波入射问题

容易知道，此时应变间断面两端在弹性突加波传播过程中一直保持弹性状态，此时两端材料的波阻抗应该相等，即此时弹性加载波 3~4 直接透射到应变间断面右端且只产生一个弹性突加波 5~6，且两波强度相等。这个容易证明，我们可以假设会产生一个弹性透射突加波 5~6 和反射波 4~8，根据动量守恒条件和连续方程可知：

$$\left\{\begin{array}{l} \sigma_4 - \sigma_3 = -\rho C_e\left(v_4 - v_3\right) \\ \sigma_6 - \sigma_5 = -\rho C_e\left(v_6 - v_5\right) \\ \sigma_8 - \sigma_4 = \rho C_e\left(v_8 - v_4\right) \end{array}\right. \text{且} \left\{\begin{array}{l} \sigma_3 = \sigma_5 \\ v_3 = v_5 \end{array}\right. \left\{\begin{array}{l} \sigma_6 = \sigma_8 \\ v_6 = v_8 \end{array}\right. \tag{2.151}$$

上式简化后有

$$\left\{\begin{array}{l} \sigma_6 - \sigma_4 = -\rho C_e\left(v_6 - v_4\right) \\ \sigma_8 - \sigma_4 = \rho C_e\left(v_8 - v_4\right) \end{array}\right. \text{且} \left\{\begin{array}{l} \sigma_6 = \sigma_8 \\ v_6 = v_8 \end{array}\right. \tag{2.152}$$

从上式容易得出：

$$\left\{\begin{array}{l} \sigma_6 = \sigma_4 = \sigma_8 \\ v_6 = v_4 = v_8 \end{array}\right. \tag{2.153}$$

上式的物理意义是，反射波 4~8 根本不存在，只有透射波 5~6，且其应力强度 $\sigma_6 - \sigma_5 = \sigma_4 - \sigma_3$。

2.	"强"弹性突加波入射问题

此时弹性突加波 3~4 透射到应变间断面右端会产生塑性波，我们可以认为此时应变间断面左端因为处于弹性状态，因此其波阻抗为 $\rho C_e$，而应变间断面右端当加载到屈服强度后其波阻抗为 $\rho C_p$，也就是说此类应变间断面两端波阻抗不匹配，从而会同时产生透射波和反射波。

如图 2.43 所示，此时透射波为一个弹性前驱波 5~6 和一个塑性突加波 6~7，反射波为一个弹性波 4~8(容易知道右端波阻抗小于或等于左端，因此反射波应该为弹性波)，根据边界条件、连续方程和动量守恒条件有

$$\sigma_4 - \sigma_3 = -\rho C_e\left(v_4 - v_3\right)$$

$$\left\{\begin{array}{l} \sigma_6 - \sigma_5 = -\rho C_e\left(v_6 - v_5\right) \\ \sigma_6 = \sigma_{2\max} \end{array}\right. \text{且} \left\{\begin{array}{l} \sigma_3 = \sigma_5 \\ v_3 = v_5 \end{array}\right. \tag{2.154}$$

$$\left\{\begin{array}{l} \sigma_7 - \sigma_6 = -\rho C_p\left(v_7 - v_6\right) \\ \sigma_8 - \sigma_4 = \rho C_e\left(v_8 - v_4\right) \end{array}\right. \text{且} \left\{\begin{array}{l} \sigma_7 = \sigma_8 \\ v_7 = v_8 \end{array}\right. \tag{2.155}$$

容易解得各状态点对应的应力和质点速度值为

$$\left\{\begin{array}{l} \sigma_6 = \sigma_{2\max} \\ v_6 = v_3 - \dfrac{\sigma_{2\max} - \sigma_3}{\rho C_e} \end{array}\right. \left\{\begin{array}{l} \sigma_7 = \sigma_8 = \dfrac{C_e - C_p}{C_e + C_p}\sigma_{2\max} + \dfrac{2C_p}{C_e + C_p}\sigma_4 \\ v_7 = v_8 = \left(1 - \dfrac{C_p}{C_e}\right)\dfrac{\left(\sigma_{2\max} - \sigma_3\right)}{\rho C_e + \rho C_p} - \dfrac{C_e - C_p}{C_e + C_p}v_3 + \dfrac{2C_e v_4}{C_e + C_p} \end{array}\right. \tag{2.156}$$

从上式可知:

$$\sigma_8 - \sigma_4 = \frac{C_e - C_p}{C_e + C_p}\left(\sigma_{2\max} - \sigma_4\right) < 0 \tag{2.157}$$

上式的物理意义是,"强"弹性突加波从左端入射到第 I 类应变间断面上后内反射波为弹性卸载波。同时,也可以看出:

$$\frac{\sigma_8 - \sigma_4}{\sigma_4 - \sigma_3} = \frac{C_p - C_e}{C_e + C_p}\left(\frac{\sigma_4 - \sigma_{2\max}}{\sigma_4 - \sigma_3}\right) \neq \frac{C_p - C_e}{C_e + C_p} \tag{2.158}$$

也即是说并不能直接将应变间断面右端波阻抗等效为 $\rho C_p$。事实上,这个问题也很容易理解,我们可以将入射波分解成两个线性波 3~3′ 和 3′ ~4,其中 $\sigma_{3'} = \sigma_{2\max}$,此时前者即类似于"弱"弹性突加波,该波到达应变间断面后并不产生内反射,而是直接透射过去;此时应变间断面右端介质处于屈服状态,当第二个弹性突加波到达后,右端处于完全塑性状态,其波阻抗为 $\rho C_p$,此时可利用上一章弹性波理论得到

$$\frac{\sigma_8 - \sigma_4}{\sigma_4 - \sigma_3} = \frac{\sigma_8 - \sigma_4}{\sigma_4 - \sigma_{3'}} = \frac{C_p - C_e}{C_e + C_p} \tag{2.159}$$

同理也可以求出透射波应力强度。

### 2.5.2　弹性波在第 II 类应变间断面上的内透反射

如图 2.44 所示,对于此第 II 类应变间断面,我们考虑应变间断面左端为弹性状态右端为塑性状态时的情况,此时有一个弹性突加波 3~4 到达应变间断面,容易知道,右端的等效波阻抗不大于左端,因此,如果存在反射波,则反射波应该为弹性波。

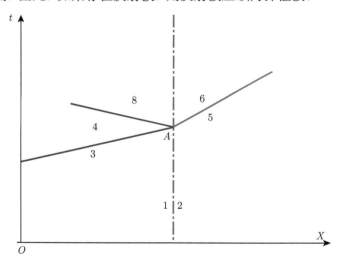

图 2.44　弹性突加波在第 II 类应变间断面上的传播物理平面图

根据动量守恒条件和连续方程,可有

$$\begin{cases} \sigma_6 - \sigma_5 = -\rho C_p\left(v_6 - v_5\right) \\ \sigma_8 - \sigma_4 = \rho C_e\left(v_8 - v_4\right) \end{cases} \text{且} \quad \begin{cases} \sigma_6 = \sigma_8 \\ v_6 = v_8 \end{cases} \quad \begin{cases} \sigma_3 = \sigma_5 \\ v_3 = v_5 \end{cases} \tag{2.160}$$

可以解得状态点 6 和状态点 8 对应的应力和质点速度值为

$$
\begin{cases}
\sigma_6 = \sigma_8 = \sigma_3 + \dfrac{2C_{\mathrm{p}}}{C_{\mathrm{e}} + C_{\mathrm{p}}}\left(\sigma_4 - \sigma_3\right) \\[2mm]
v_6 = v_8 = v_4 + \dfrac{C_{\mathrm{e}} - C_{\mathrm{p}}}{C_{\mathrm{e}} + C_{\mathrm{p}}}\left(v_4 - v_3\right)
\end{cases}
\tag{2.161}
$$

事实上，以上问题可以等效于弹性波到达波阻抗比交界面上的透反射问题，其结果相同，读者可以试推导之。

## 2.6　一维杆中弹塑性波在两种材料交界面上的透反射问题

第 1 章中我们对弹性波在不同介质交界面上透反射问题进行了详细的推导和说明，结论显示，透射波和反射波的强度主要决定于入射波的强度和交界面两端介质的波阻抗之比，其透反射系数与波阻抗之比之间满足关系：

$$
\begin{cases}
T_\sigma = \dfrac{2k}{k+1} \\[2mm]
T_v = \dfrac{2}{k+1}
\end{cases}
\quad 和 \quad
\begin{cases}
F_\sigma = \dfrac{k-1}{k+1} \\[2mm]
F_v = -\dfrac{k-1}{k+1}
\end{cases}
\tag{2.162}
$$

式中，波阻抗比定义为

$$
k = \frac{(\rho C_{\mathrm{e}})_2}{(\rho C_{\mathrm{e}})_1}
\tag{2.163}
$$

从上节的初步分析可以看出，对于一维线性硬化材料弹塑性杆中交界面上的透反射问题，以上结论仍然成立，但相对复杂得多。首先，在弹性阶段材料的波阻抗是恒定的，因此交界面两端的波阻抗比也是确定的，但当材料进入塑性状态时，其等效波阻抗是变化的，以最简单的线性硬化材料为例，此时虽然塑性状态下材料的波阻抗是恒定的，但一般却与材料在弹塑性阶段的波阻抗不相等，也就是说，此时每一个介质都存在两个波阻抗，它们是与介质的应力状态紧密相关的；因此，在研究透反射问题的过程中，我们必须确定介质中的应力状态。

下面我们分弹性突加波在两种交界面上的透反射问题和塑性突加波在两种交界面上的透反射问题两种情况进行讨论。由于两杆之间并无黏结力，无法承受拉伸应力，因此这里我们只考虑入射波为压缩波的情况。设一维杆初始时刻处于自然状态，介质 1 和介质 2 均为线性硬化材料，其密度、弹性声速、塑性声速和屈服强度分别为 $\rho_1$、$C_{\mathrm{e}1}$、$C_{\mathrm{p}1}$、$Y_1$ 和 $\rho_2$、$C_{\mathrm{e}2}$、$C_{\mathrm{p}2}$、$Y_2$，如图 2.45 所示。

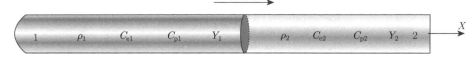

图 2.45　弹塑性突加波在两种弹塑性介质交界面上的透反射

### 2.6.1    弹性突加波在两种弹塑性介质交界面上的透反射

设有一个强度为 $\sigma_{\mathrm{I}}$ 的弹性突加波 (压缩波)0~1 自介质 1 向介质 2 中传播, 理论上, 一般应该产生反射波和透射波, 根据透反射波的性质, 有以下 4 种可能的情况: 透射波和反射波皆为弹性波、透射波为塑性波且反射波为弹性波、透射波为弹性波且反射波为塑性波、透射波和反射波皆为塑性波。下面我们分别对这 4 种情况进行分析。

**1. 透射波和反射波皆为弹性波**

此时属于弹性波在两种材料交界面上的透反射问题, 对于线性硬化弹塑性材料而言, 其波阻抗分为弹性波阻抗 $\rho C_{\mathrm{e}}$ 和塑性波阻抗 $\rho C_{\mathrm{p}}$ 两种, 假设弹性波阻抗比为

$$k_{\mathrm{ee}} = \frac{\rho_2 C_{\mathrm{e}2}}{\rho_1 C_{\mathrm{e}1}} \tag{2.164}$$

根据式 (2.162) 容易计算出透射波后方杆 2 中应力和反射波后方杆 1 中的应力为

$$\sigma_{\mathrm{t}} = \sigma_{\mathrm{f}} = \frac{2k_{\mathrm{ee}}}{k_{\mathrm{ee}}+1}\sigma_{\mathrm{I}} \tag{2.165}$$

反而言之, 只有当

$$\begin{cases} \left| \dfrac{2k_{\mathrm{ee}}}{k_{\mathrm{ee}}+1}\sigma_{\mathrm{I}} \right| \leqslant |Y_1| \\[4mm] \left| \dfrac{2k_{\mathrm{ee}}}{k_{\mathrm{ee}}+1}\sigma_{\mathrm{I}} \right| \leqslant |Y_2| \end{cases} \Rightarrow |\sigma_{\mathrm{I}}| \leqslant \min\left( \left| \frac{Y_1}{2k_{\mathrm{ee}}}(k_{\mathrm{ee}}+1) \right|, \left| \frac{Y_2}{2k_{\mathrm{ee}}}(k_{\mathrm{ee}}+1) \right| \right) \tag{2.166}$$

时, 透射波和反射波才皆为弹性波。需要说明的是, 由于本节中我们考虑入射波为压缩波时的情况, 因此入射波和屈服强度代数值均为负值, 即 $\sigma_{\mathrm{I}} < 0$ 且 $Y_1 < 0$, $Y_2 < 0$。

**2. 透射波为塑性波且反射波为弹性波**

当 $|Y_1| > |Y_2|$ 且 $|(k_{\mathrm{ee}}+1)Y_2/(2k_{\mathrm{ee}})| < |\sigma_{\mathrm{I}}| < |(k_{\mathrm{ee}}+1)Y_1/(2k_{\mathrm{ee}})|$ 时, 此时透射波为塑性波而反射波为弹性波, 如图 2.46 所示。

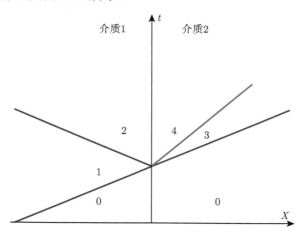

图 2.46    透射波为塑性波且反射波为弹性波时透反射物理平面图

根据动量守恒条件可有

$$\begin{cases} \sigma_1 = -\rho_1 C_{e1} v_1 \\ \sigma_1 = \sigma_I \end{cases} \Rightarrow \begin{cases} \sigma_1 = \sigma_I \\ v_1 = -\dfrac{\sigma_I}{\rho_1 C_{e1}} \end{cases} \tag{2.167}$$

$$\begin{cases} \sigma_3 = -\rho_2 C_{e2} v_3 \\ \sigma_3 = Y_2 \end{cases} \Rightarrow \begin{cases} \sigma_3 = Y_2 \\ v_3 = -\dfrac{Y_2}{\rho_2 C_{e2}} \end{cases} \tag{2.168}$$

再根据连续方程和动量守恒条件, 我们可以得到

$$\begin{cases} \sigma_2 - \sigma_1 = \rho_1 C_{e1} (v_2 - v_1) \\ \sigma_4 - \sigma_3 = -\rho_2 C_{p2} (v_4 - v_3) \end{cases} \text{和} \begin{cases} \sigma_2 = \sigma_4 \\ v_2 = v_4 \end{cases} \tag{2.169}$$

因此, 我们可以得到状态点 2 和状态点 4 对应的应力和质点速度值为

$$\begin{cases} \sigma_2 = \sigma_4 = \dfrac{\rho_2 C_{p2}}{\rho_1 C_{e1} + \rho_2 C_{p2}} 2\sigma_I + \dfrac{\rho_1 C_{e1}}{\rho_1 C_{e1} + \rho_2 C_{p2}} \left(1 - C_{p2}/C_{e2}\right) Y_2 \\ v_2 = v_4 = \dfrac{\left(1 - C_{p2}/C_{e2}\right) Y_2 - 2\sigma_I}{\rho_1 C_{e1} + \rho_2 C_{p2}} \end{cases} \tag{2.170}$$

如令介质 1 对应的弹性波阻抗与介质 2 对应的塑性等效波阻抗之比为

$$k_{ep} = \frac{\rho_2 C_{p2}}{\rho_1 C_{e1}} \tag{2.171}$$

则式 (2.170) 可以简化为

$$\begin{cases} \sigma_2 = \sigma_4 = \dfrac{2k_{ep}}{1 + k_{ep}} \sigma_I + \dfrac{1}{1 + k_{ep}} \left(1 - C_{p2}/C_{e2}\right) Y_2 \\ v_2 = v_4 = \dfrac{1}{\rho_1 C_{e1}} \dfrac{\left(1 - C_{p2}/C_{e2}\right) Y_2 - 2\sigma_I}{1 + k_{ep}} \end{cases} \tag{2.172}$$

从上面的结果可以得到其应力反射系数和透射系数为

$$\begin{cases} F_\sigma = \dfrac{\sigma_2 - \sigma_1}{\sigma_1 - \sigma_0} = \dfrac{k_{ep} - 1}{k_{ep} + 1} + \dfrac{1 - k_{ep}/k_{ee}}{k_{ep} + 1} \dfrac{Y_2}{\sigma_I} \\ T_\sigma = \dfrac{\sigma_4 - \sigma_0}{\sigma_1 - \sigma_0} = \dfrac{2k_{ep}}{1 + k_{ep}} + \dfrac{1 - k_{ep}/k_{ee}}{k_{ep} + 1} \dfrac{Y_2}{\sigma_I} \end{cases} \tag{2.173}$$

从上式可以看出, 其应力反射系数和透射系数在此种情况下不仅与波阻抗比相关, 还与介质 2 材料本构参数相关。

上面的解算过程稍显复杂, 对于线性硬化材料而言, 可以参考弹性波在两种材料交界面上的透反射规律来解答。假设我们将入射波 0∼1 分解为两个同时传播的弹性压缩波 0∼$a$ 和 $a$∼1, 如图 2.47 所示, 虚拟状态点 $a$ 对应的应力和质点速度分别为 $\sigma_a$ 和 $v_a$, 假设当弹性突加波 0∼$a$ 到达交界面上后透射波后方介质 2 中的应力正好达到 $\sigma_3 = Y_2$, 根据以上假设,

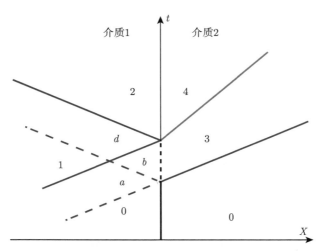

图 2.47　透射波为塑性波且反射波为弹性波时透反射问题的分解解法

反射波 $a \sim b$ 也为弹性波,此时即为弹性波在两种材料交界面上的透反射问题,此时,波阻抗比为

$$k_{\mathrm{ee}} = \frac{\rho_2 C_{\mathrm{e}2}}{\rho_1 C_{\mathrm{e}1}}$$

容易得到

$$\begin{cases} \sigma_b - \sigma_a = \dfrac{k_{\mathrm{ee}} - 1}{k_{\mathrm{ee}} + 1} \sigma_a \\ \sigma_3 = Y_2 = \dfrac{2k_{\mathrm{ee}}}{k_{\mathrm{ee}} + 1} \sigma_a \end{cases} \Rightarrow \begin{cases} \sigma_a = \dfrac{k_{\mathrm{ee}} + 1}{2k_{\mathrm{ee}}} Y_2 \\ \sigma_b = Y_2 \end{cases} \tag{2.174}$$

在此同时,又有一个弹性突加波 $b \sim d$ 到达交界面,此时介质 2 已经达到塑性状态,因此此时波阻抗比为

$$k_{\mathrm{ep}} = \frac{\rho_2 C_{\mathrm{p}2}}{\rho_1 C_{\mathrm{e}1}}$$

由弹性波的线性叠加原理,容易给出虚拟状态点 $d$ 对应的应力为

$$\sigma_d = \sigma_b - \sigma_a + \sigma_1 = \frac{k_{\mathrm{ee}} - 1}{2k_{\mathrm{ee}}} Y_2 + \sigma_{\mathrm{I}} \tag{2.175}$$

此时也可以参考弹性波在交界面上的透反射规律,可以得到

$$\begin{cases} \sigma_2 - \sigma_d = \dfrac{k_{\mathrm{ep}} - 1}{k_{\mathrm{ep}} + 1} (\sigma_d - \sigma_b) \\ \sigma_4 - \sigma_3 = \dfrac{2k_{\mathrm{ep}}}{k_{\mathrm{ep}} + 1} (\sigma_d - \sigma_b) \end{cases} \Rightarrow \sigma_2 = \sigma_4 = \frac{2k_{\mathrm{ep}}}{k_{\mathrm{ep}} + 1} \sigma_{\mathrm{I}} + \frac{1 - k_{\mathrm{ep}}/k_{\mathrm{ee}}}{k_{\mathrm{ep}} + 1} Y_2 \tag{2.176}$$

对比上式与式 (2.172) 可以看出,两者所得到的结果完全一致,同理我们也容易得到其质点速度值。此种方法思路简单,而且求解计算过程简单。

### 3. 透射波为弹性波且反射波为塑性波

当 $|Y_1| < |Y_2|$ 且 $|(k_{ee}+1)\,Y_2/(2k_{ee})| > |\sigma_{\rm I}| > |(k_{ee}+1)\,Y_1/(2k_{ee})|$ 时，此时透射波为弹性波而反射波为塑性波，如图 2.48 所示。

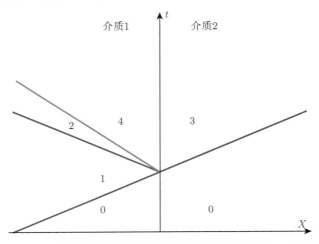

图 2.48 透射波为弹性波且反射波为塑性波时透反射物理平面图

根据初始条件和连续方程可知

$$\begin{cases} \sigma_1 = \sigma_{\rm I} \\ \sigma_2 = Y_1 \end{cases} \qquad \begin{cases} \sigma_4 = \sigma_3 \\ v_4 = v_3 \end{cases} \tag{2.177}$$

根据动量守恒条件有

$$\begin{cases} \sigma_2 - \sigma_1 = \rho_1 C_{\rm e1}\,(v_2 - v_1) \\ \sigma_4 - \sigma_2 = \rho_1 C_{\rm p1}\,(v_4 - v_2) \\ \sigma_3 = -\rho_2 C_{\rm e2} v_3 \end{cases} \tag{2.178}$$

因此，我们可以得到状态点 2～状态点 4 对应的应力和质点速度值：

$$\begin{cases} \sigma_2 = Y_1 \\ v_2 = \dfrac{Y_1 - 2\sigma_{\rm I}}{\rho_1 C_{\rm e1}} \end{cases} \tag{2.179}$$

$$\begin{cases} \sigma_3 = \sigma_4 = -\dfrac{\rho_2 C_{\rm e2}}{\rho_1 C_{\rm e1}}\dfrac{(\rho_1 C_{\rm p1} - \rho_1 C_{\rm e1})\,Y_1 - 2\rho_1 C_{\rm p1}\sigma_{\rm I}}{\rho_1 C_{\rm p1} + \rho_2 C_{\rm e2}} \\[4mm] v_3 = v_4 = \dfrac{1}{\rho_1 C_{\rm e1}}\dfrac{(\rho_1 C_{\rm p1} - \rho_1 C_{\rm e1})\,Y_1 - 2\rho_1 C_{\rm p1}\sigma_{\rm I}}{\rho_1 C_{\rm p1} + \rho_2 C_{\rm e2}} \end{cases} \tag{2.180}$$

如再定义介质 1 塑性状态下的等效波阻抗与介质 2 弹性波阻抗比为

$$k_{\rm pe} = \dfrac{\rho_2 C_{\rm e2}}{\rho_1 C_{\rm p1}} \tag{2.181}$$

则式 (2.180) 可简化为

$$
\begin{cases}
\sigma_3 = \sigma_4 = \dfrac{2k_{\text{ee}}}{k_{\text{pe}}+1}\sigma_{\text{I}} - \dfrac{k_{\text{ee}}-k_{\text{pe}}}{k_{\text{pe}}+1}Y_1 \\[3mm]
v_3 = v_4 = \dfrac{1}{\rho_2 C_{\text{e}2}}\dfrac{k_{\text{ee}}-k_{\text{pe}}}{k_{\text{pe}}+1}Y_1 - \dfrac{1}{\rho_1 C_{\text{e}1}}\dfrac{2\sigma_{\text{I}}}{k_{\text{pe}}+1}
\end{cases}
\tag{2.182}
$$

此时从上面的结果可以得到其应力反射系数和透射系数为

$$
\begin{cases}
F_\sigma = \dfrac{\sigma_4 - \sigma_1}{\sigma_1 - \sigma_0} = \dfrac{2k_{\text{ee}}}{k_{\text{pe}}+1} - \dfrac{k_{\text{ee}}-k_{\text{pe}}}{k_{\text{pe}}+1}\dfrac{Y_1}{\sigma_{\text{I}}} - 1 \\[3mm]
T_\sigma = \dfrac{\sigma_3 - \sigma_0}{\sigma_1 - \sigma_0} = \dfrac{2k_{\text{ee}}}{k_{\text{pe}}+1} - \dfrac{k_{\text{ee}}-k_{\text{pe}}}{k_{\text{pe}}+1}\dfrac{Y_1}{\sigma_{\text{I}}}
\end{cases}
\tag{2.183}
$$

**4. 透射波和反射波皆为塑性波**

当 $|\sigma_{\text{I}}| > \max\left(|(k_{\text{ee}}+1)Y_2/(2k_{\text{ee}})|, |(k_{\text{ee}}+1)Y_1/(2k_{\text{ee}})|\right)$ 时，此时透反射波后方介质 1 和介质 2 中的材料皆处于塑性状态，即反射波和透射波皆为塑性波，如图 2.49 所示。

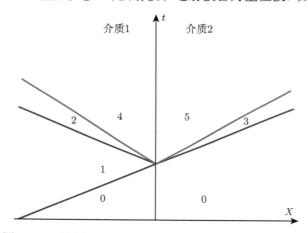

图 2.49　透射波和反射波皆为塑性波时透反射物理平面图

根据初始条件和连续方程可知

$$
\begin{cases}
\sigma_1 = \sigma_{\text{I}} \\
\sigma_2 = Y_1 \\
\sigma_3 = Y_2
\end{cases}
\quad
\begin{cases}
\sigma_4 = \sigma_5 \\
v_4 = v_5
\end{cases}
\tag{2.184}
$$

根据动量守恒条件，我们可以得到状态点 1~状态点 3 对应的质点速度值：

$$
\begin{cases}
\sigma_1 = -\rho_1 C_{\text{e}1} v_1 \\
\sigma_3 = -\rho_2 C_{\text{e}2} v_3
\end{cases}
\Rightarrow
\begin{cases}
v_1 = -\dfrac{\sigma_{\text{I}}}{\rho_1 C_{\text{e}1}} \\[3mm]
v_3 = -\dfrac{Y_2}{\rho_2 C_{\text{e}2}}
\end{cases}
\tag{2.185}
$$

$$
\sigma_2 - \sigma_1 = \rho_1 C_{\text{e}1}(v_2 - v_1) \Rightarrow v_2 = \dfrac{Y_1 - 2\sigma_{\text{I}}}{\rho_1 C_{\text{e}1}}
\tag{2.186}
$$

根据连续方程和动量守恒条件，有

$$\begin{cases} \sigma_4 - \sigma_2 = \rho_1 C_{p1} \left(v_4 - v_2\right) \\ \sigma_5 - \sigma_3 = -\rho_2 C_{p2} \left(v_5 - v_3\right) \end{cases} \tag{2.187}$$

因此，我们可以解得状态点 4 和状态点 5 对应的应力和质点速度值：

$$\begin{cases} \sigma_4 = \sigma_5 = \dfrac{\left(\dfrac{\rho_2 C_{p2}}{\rho_1 C_{p1}} - \dfrac{\rho_2 C_{p2}}{\rho_1 C_{e1}}\right) Y_1 + \left(1 - \dfrac{\rho_2 C_{p2}}{\rho_2 C_{e2}}\right) Y_2 + \dfrac{\rho_2 C_{p2}}{\rho_1 C_{e1}} 2\sigma_{\mathrm{I}}}{1 + \dfrac{\rho_2 C_{p2}}{\rho_1 C_{p1}}} \\[4mm] v_4 = v_5 = \dfrac{\left(\dfrac{\rho_1 C_{p1}}{\rho_1 C_{e1}} - 1\right) Y_1 + \left(1 - \dfrac{\rho_2 C_{p2}}{\rho_2 C_{e2}}\right) Y_2 - \dfrac{\rho_1 C_{p1}}{\rho_1 C_{e1}} 2\sigma_{\mathrm{I}}}{\rho_1 C_{p1} + \rho_2 C_{p2}} \end{cases} \tag{2.188}$$

如假设介质 1 处于塑性状态与介质 2 处于塑性状态时的波阻抗比为

$$k_{\mathrm{pp}} = \frac{\rho_2 C_{p2}}{\rho_1 C_{p1}} \tag{2.189}$$

此时，式 (2.188) 可简化为

$$\begin{cases} \sigma_4 = \sigma_5 = \dfrac{\left(k_{\mathrm{pp}} - k_{\mathrm{ep}}\right) Y_1 + \left(1 - k_{\mathrm{ep}}/k_{\mathrm{ee}}\right) Y_2}{k_{\mathrm{pp}} + 1} + \dfrac{2k_{\mathrm{ep}}}{k_{\mathrm{pp}} + 1} \sigma_{\mathrm{I}} \\[4mm] v_4 = v_5 = \dfrac{1}{\rho_1 C_{p1}} \dfrac{\left(k_{\mathrm{ee}}/k_{\mathrm{pe}} - 1\right) Y_1 + \left(1 - k_{\mathrm{ep}}/k_{\mathrm{ee}}\right) Y_2}{k_{\mathrm{pp}} + 1} - \dfrac{2}{\rho_1 C_{e1}} \sigma_{\mathrm{I}} \end{cases} \tag{2.190}$$

特别地，当

$$k_{\mathrm{ee}} = k_{\mathrm{ep}} = k_{\mathrm{pe}} = k_{\mathrm{pp}} = 0 \tag{2.191}$$

时，此时该问题简化为弹性波在自由面上的透反射问题，如同第 1 章相关内容。

特别地，当

$$k_{\mathrm{ee}} = k_{\mathrm{ep}} = k_{\mathrm{pe}} = k_{\mathrm{pp}} = \infty \tag{2.192}$$

时，此时即为弹性波在刚壁上的透反射问题，对于刚壁而言，其透射波必定为弹性波。当反射波也为弹性波时，此时情况如同第 1 章中弹性杆中弹性波在刚壁上的透反射问题；而当反射波为弹塑性双波时，我们可以利用式 (2.180) 计算得到

$$\begin{cases} \sigma_3 = \sigma_4 = 2\dfrac{C_{p1}}{C_{e1}} \sigma_{\mathrm{I}} - \left(\dfrac{C_{p1}}{C_{e1}} - 1\right) Y_1 \\ v_3 = v_4 = 0 \end{cases} \tag{2.193}$$

### 2.6.2 塑性突加波在两种弹塑性介质交界面上的透反射

设有一个强度为 $|\sigma_{\mathrm{I}}| > |Y_1|$ 塑性突加波 (压缩波) 自介质 1 向介质 2 中传播，根据弹塑性双波结构理论，可知其中介质 1 中将产生两个入射波：弹性突加波 0～1 和塑性突加波 1～2，理论上，一般应该产生反射波和透射波，如图 2.50 所示。

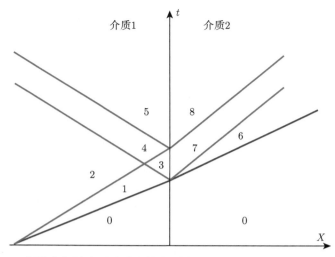

图 2.50　塑性突加波在两种弹塑性介质交界面上的透反射问题物理平面图

容易知道，其反射波皆为塑性波，其初始条件为

$$
\begin{cases}
\sigma_1 = Y_1 \\
\sigma_2 = \sigma_{\mathrm{I}}
\end{cases}
\tag{2.194}
$$

根据动量守恒条件，可有

$$
\begin{cases}
\sigma_1 = -\rho_1 C_{\mathrm{e}1} v_1 \\
\sigma_2 - \sigma_1 = -\rho_1 C_{\mathrm{p}1} \left( v_2 - v_1 \right)
\end{cases}
\Rightarrow
\begin{cases}
v_1 = -\dfrac{Y_1}{\rho_1 C_{\mathrm{e}1}} \\
v_2 = -\dfrac{\sigma_{\mathrm{I}} - Y_1}{\rho_1 C_{\mathrm{p}1}} - \dfrac{Y_1}{\rho_1 C_{\mathrm{e}1}}
\end{cases}
\tag{2.195}
$$

而其透射波有以下三种可能的情况：弹性突加波透射后在介质 2 中只产生弹性波且塑性突加波透射后在介质 2 中也只产生弹性波、弹性突加波透射后在介质 2 中只产生弹性波且塑性突加波透射后在介质 2 中产生弹塑性双波、弹性突加波透射后在介质 2 中产生弹塑性双波。下面我们分别对这三种情况进行分析。

**1. 透射波为弹性波**

如图 2.51 所示，此时，根据连续条件有

$$
\begin{cases}
\sigma_3 = \sigma_6 \\
v_3 = v_6
\end{cases}
\quad
\begin{cases}
\sigma_5 = \sigma_7 \\
v_5 = v_7
\end{cases}
\tag{2.196}
$$

根据动量守恒条件有

$$
\begin{cases}
\sigma_3 - \sigma_1 = \rho_1 C_{\mathrm{p}1} \left( v_3 - v_1 \right) \\
\sigma_6 - \sigma_0 = -\rho_2 C_{\mathrm{e}2} \left( v_6 - v_0 \right)
\end{cases}
\tag{2.197}
$$

$$
\begin{cases}
\sigma_4 - \sigma_3 = -\rho_1 C_{\mathrm{p}1} \left( v_4 - v_3 \right) \\
\sigma_4 - \sigma_2 = \rho_1 C_{\mathrm{p}1} \left( v_4 - v_2 \right)
\end{cases}
\tag{2.198}
$$

$$\begin{cases} \sigma_5 - \sigma_4 = \rho_1 C_{p1}\left(v_5 - v_4\right) \\ \sigma_7 - \sigma_6 = -\rho_2 C_{e2}\left(v_7 - v_6\right) \end{cases} \tag{2.199}$$

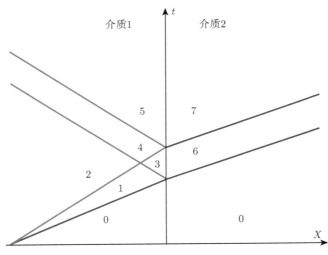

图 2.51　透射波为弹性波时透反射情况物理平面图

由此，我们可以解得状态点 3~状态点 7 对应的应力和质点速度值：

$$\begin{cases} \sigma_3 = \sigma_6 = \dfrac{\rho_1 C_{p1} + \rho_1 C_{e1}}{\rho_1 C_{p1} + \rho_2 C_{e2}}\dfrac{\rho_2 C_{e2}}{\rho_1 C_{e1}}Y_1 \\[3mm] v_3 = v_6 = -\dfrac{\rho_1 C_{p1} + \rho_1 C_{e1}}{\rho_1 C_{p1} + \rho_2 C_{e2}}\dfrac{Y_1}{\rho_1 C_{e1}} \end{cases} \tag{2.200}$$

$$\begin{cases} \sigma_4 = \dfrac{\rho_2 C_{e2} - \rho_1 C_{e1}}{\rho_1 C_{p1} + \rho_2 C_{e2}}\dfrac{\rho_1 C_{p1}}{\rho_1 C_{e1}}Y_1 + \sigma_{\mathrm{I}} \\[3mm] v_4 = \dfrac{Y_1}{\rho_1 C_{p1} + \rho_2 C_{e2}}\left(\dfrac{\rho_2 C_{e2}}{\rho_1 C_{p1}} - \dfrac{\rho_1 C_{p1}}{\rho_1 C_{e1}}\right) - \dfrac{\sigma_{\mathrm{I}}}{\rho_1 C_{p1}} \end{cases} \tag{2.201}$$

$$\begin{cases} \sigma_5 = \sigma_7 = \dfrac{\rho_2 C_{e2}}{\rho_1 C_{p1} + \rho_2 C_{e2}}\left(\dfrac{\rho_1 C_{p1}}{\rho_1 C_{e1}} - 1\right)Y_1 + \dfrac{2\rho_2 C_{e2}}{\rho_1 C_{p1} + \rho_2 C_{e2}}\sigma_{\mathrm{I}} \\[3mm] v_5 = v_7 = \left(1 - \dfrac{\rho_1 C_{p1}}{\rho_1 C_{e1}}\right)\dfrac{Y_1}{\rho_1 C_{p1} + \rho_2 C_{e2}} - \dfrac{2\sigma_{\mathrm{I}}}{\rho_1 C_{p1} + \rho_2 C_{e2}} \end{cases} \tag{2.202}$$

因此我们可以分别计算出透射波和入射波强度为

$$\begin{cases} \sigma_5 - \sigma_2 = \dfrac{\rho_2 C_{e2}}{\rho_1 C_{p1} + \rho_2 C_{e2}}\left(\dfrac{\rho_1 C_{p1}}{\rho_1 C_{e1}} - 1\right)Y_1 + \dfrac{\rho_2 C_{e2} - \rho_1 C_{p1}}{\rho_1 C_{p1} + \rho_2 C_{e2}}\sigma_{\mathrm{I}} \\[3mm] \sigma_7 - \sigma_0 = \dfrac{\rho_2 C_{e2}}{\rho_1 C_{p1} + \rho_2 C_{e2}}\left(\dfrac{\rho_1 C_{p1}}{\rho_1 C_{e1}} - 1\right)Y_1 + \dfrac{2\rho_2 C_{e2}}{\rho_1 C_{p1} + \rho_2 C_{e2}}\sigma_{\mathrm{I}} \end{cases} \tag{2.203}$$

此时应力反射系数和应力透射系数分别为

$$\begin{cases} F_\sigma = \dfrac{\sigma_5 - \sigma_2}{\sigma_2 - \sigma_0} = \dfrac{\rho_2 C_{e2}}{\rho_1 C_{p1} + \rho_2 C_{e2}} \left( \dfrac{\rho_1 C_{p1}}{\rho_1 C_{e1}} - 1 \right) \dfrac{Y_1}{\sigma_I} + \dfrac{\rho_2 C_{e2} - \rho_1 C_{p1}}{\rho_1 C_{p1} + \rho_2 C_{e2}} \\[3mm] T_\sigma = \dfrac{\sigma_7 - \sigma_0}{\sigma_2 - \sigma_0} = \dfrac{\rho_2 C_{e2}}{\rho_1 C_{p1} + \rho_2 C_{e2}} \left( \dfrac{\rho_1 C_{p1}}{\rho_1 C_{e1}} - 1 \right) \dfrac{Y_1}{\sigma_I} + \dfrac{2 \rho_2 C_{e2}}{\rho_1 C_{p1} + \rho_2 C_{e2}} \end{cases} \tag{2.204}$$

特别地，当介质 2 为刚体时，即 $\rho_2 C_{e2} \to \infty$，此问题就变成了弹塑性波在刚壁上的透反射问题，此时，上式可简化为

$$\begin{cases} F_\sigma = \dfrac{\sigma_5 - \sigma_2}{\sigma_2 - \sigma_0} = \left( \dfrac{\rho_1 C_{p1}}{\rho_1 C_{e1}} - 1 \right) \dfrac{Y_1}{\sigma_I} + 1 \\[3mm] T_\sigma = \dfrac{\sigma_7 - \sigma_0}{\sigma_2 - \sigma_0} = \left( \dfrac{\rho_1 C_{p1}}{\rho_1 C_{e1}} - 1 \right) \dfrac{Y_1}{\sigma_I} + 2 \end{cases} \tag{2.205}$$

可以看到，式 (2.205) 所得结果与本章第 2 节中弹塑性波在刚壁上的透反射问题结果一致。同时，要满足透射波皆为弹性波，必须满足 $|Y_2| \geqslant \max(|\sigma_6|, |\sigma_7|)$，从式 (2.200) 和式 (2.202) 容易计算出

$$\sigma_7 - \sigma_6 = \frac{2 \rho_2 C_{e2}}{\rho_1 C_{p1} + \rho_2 C_{e2}} (\sigma_I - Y_1) > 0 \tag{2.206}$$

考虑到入射波应力为压缩应力，其代数值为负值，屈服强度也为压缩强度，其代数值也为负值，因此，此种情况的前提条件是入射波强度必须满足：

$$|\sigma_I| \leqslant \frac{1}{2} \left( \frac{\rho_1 C_{p1}}{\rho_2 C_{e2}} + 1 \right) |Y_2| + \frac{1}{2} \left( 1 - \frac{\rho_1 C_{p1}}{\rho_1 C_{e1}} \right) |Y_1| \tag{2.207}$$

2. 弹性突加波透射后在介质 2 中只产生弹性波且塑性突加波透射后在介质 2 中产生弹塑性双波

当

$$|\sigma_I| > \frac{1}{2} \left( \frac{\rho_1 C_{p1}}{\rho_2 C_{e2}} + 1 \right) |Y_2| + \frac{1}{2} \left( 1 - \frac{\rho_1 C_{p1}}{\rho_1 C_{e1}} \right) |Y_1| \tag{2.208}$$

且

$$|\sigma_6| = \frac{\rho_1 C_{p1} + \rho_1 C_{e1}}{\rho_1 C_{p1} + \rho_2 C_{e2}} \frac{\rho_2 C_{e2}}{\rho_1 C_{e1}} |Y_1| < |Y_2| \tag{2.209}$$

时，此时弹性突加波 0~1 到达交界面瞬间，会反射一个塑性波并透射一个弹性波；当塑性突加波 1~2 到达交界面瞬间，会反射一个塑性波并同时透射弹性波和塑性波，如图 2.52 所示。

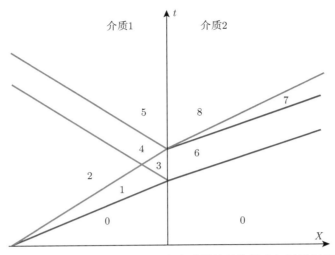

图 2.52 弹性突加波透射后在介质 2 中只产生弹性波且塑性突加波透射后在介质 2 中
产生弹塑性双波物理平面图

容易知道，图 2.52 中状态点 1~状态点 4 和状态点 6 与上一种情况下对应的应力和质点速度值相同，即有

$$\begin{cases} \sigma_1 = Y_1 \\ v_1 = -\dfrac{Y_1}{\rho_1 C_{e1}} \end{cases} \qquad \begin{cases} \sigma_2 = \sigma_{\mathrm{I}} \\ v_2 = -\dfrac{\sigma_{\mathrm{I}} - Y_1}{\rho_1 C_{p1}} - \dfrac{Y_1}{\rho_1 C_{e1}} \end{cases} \tag{2.210}$$

$$\begin{cases} \sigma_3 = \sigma_6 = \dfrac{\rho_1 C_{p1} + \rho_1 C_{e1}}{\rho_1 C_{p1} + \rho_2 C_{e2}} \dfrac{\rho_2 C_{e2}}{\rho_1 C_{e1}} Y_1 \\ v_3 = v_6 = -\dfrac{\rho_1 C_{p1} + \rho_1 C_{e1}}{\rho_1 C_{p1} + \rho_2 C_{e2}} \dfrac{Y_1}{\rho_1 C_{e1}} \end{cases} \qquad \begin{cases} \sigma_4 = \dfrac{\rho_2 C_{e2} - \rho_1 C_{e1}}{\rho_1 C_{p1} + \rho_2 C_{e2}} \dfrac{\rho_1 C_{p1}}{\rho_1 C_{e1}} Y_1 + \sigma_{\mathrm{I}} \\ v_4 = \dfrac{Y_1}{\rho_1 C_{p1} + \rho_2 C_{e2}} \left( \dfrac{\rho_2 C_{e2}}{\rho_1 C_{p1}} - \dfrac{\rho_1 C_{p1}}{\rho_1 C_{e1}} \right) - \dfrac{\sigma_{\mathrm{I}}}{\rho_1 C_{p1}} \end{cases}$$
$$\tag{2.211}$$

根据动量守恒条件和初始条件可知：

$$\begin{cases} \sigma_7 = Y_2 \\ \sigma_7 - \sigma_6 = -\rho_2 C_{e2} \left( v_7 - v_6 \right) \end{cases} \Rightarrow v_7 = -\dfrac{Y_2}{\rho_2 C_{e2}} \tag{2.212}$$

根据连续方程和动量守恒条件，我们有

$$\begin{cases} \sigma_5 - \sigma_4 = \rho_1 C_{p1} \left( v_5 - v_4 \right) \\ \sigma_8 - \sigma_7 = -\rho_2 C_{p2} \left( v_8 - v_7 \right) \end{cases} \tag{2.213}$$

由此我们可以得到状态点 5 和状态点 8 对应的应力和质点速度：

$$\begin{cases} \sigma_5 = \sigma_8 = \dfrac{\rho_1 C_{p1}}{\rho_1 C_{p1} + \rho_2 C_{p2}} \left[ \left( 1 - \dfrac{\rho_2 C_{p2}}{\rho_2 C_{e2}} \right) Y_2 - \left( \dfrac{\rho_2 C_{p2}}{\rho_1 C_{p1}} - \dfrac{\rho_2 C_{p2}}{\rho_1 C_{e1}} \right) Y_1 + \dfrac{\rho_2 C_{p2}}{\rho_1 C_{p1}} 2\sigma_{\mathrm{I}} \right] \\ \\ v_5 = v_8 = \dfrac{\left( 1 - \dfrac{\rho_2 C_{p2}}{\rho_2 C_{e2}} \right) Y_2 + \left( 1 - \dfrac{\rho_1 C_{p1}}{\rho_1 C_{e1}} \right) Y_1 - 2\sigma_{\mathrm{I}}}{\rho_1 C_{p1} + \rho_2 C_{p2}} \end{cases}$$
$$\tag{2.214}$$

将波阻抗比系数代入后，上式可简写为

$$\begin{cases} \sigma_5 = \sigma_8 = \dfrac{1}{k_{pp}+1}\left[\left(1 - \dfrac{C_{p2}}{C_{e2}}\right)Y_2 - (k_{pp} - k_{ep})Y_1 + 2k_{pp}\sigma_I\right] \\[4mm] v_5 = v_8 = \dfrac{1}{\rho_1 C_{p1}}\dfrac{\left(1 - \dfrac{C_{p2}}{C_{e2}}\right)Y_2 + \left(1 - \dfrac{C_{p1}}{C_{e1}}\right)Y_1 - 2\sigma_I}{k_{pp}+1} \end{cases} \tag{2.215}$$

**3. 弹性突加波透射后在介质 2 中产生弹塑性双波**

当

$$|\sigma_I| > \frac{1}{2}\left(\frac{\rho_1 C_{p1}}{\rho_2 C_{e2}} + 1\right)|Y_2| + \frac{1}{2}\left(1 - \frac{\rho_1 C_{p1}}{\rho_1 C_{e1}}\right)|Y_1| \tag{2.216}$$

且

$$\frac{\rho_1 C_{p1} + \rho_1 C_{e1}}{\rho_1 C_{p1} + \rho_2 C_{e2}}\frac{\rho_2 C_{e2}}{\rho_1 C_{e1}}|Y_1| > |Y_2| \tag{2.217}$$

时，此时弹性突加波 0～1 到达交界面瞬间，会反射一个塑性波并同时透射弹性波和塑性波；当塑性突加波 1～2 到达交界面瞬间，会反射一个塑性波并同时透射一个塑性波，如图 2.53 所示。

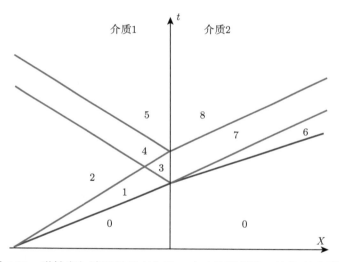

图 2.53　弹性突加波透射后在介质 2 中产生弹塑性双波物理平面图

容易知道，图 2.53 中状态点 1、状态点 2 和状态点 6 的应力和质点速度值分别为

$$\begin{cases} \sigma_1 = Y_1 \\ v_1 = -\dfrac{Y_1}{\rho_1 C_{e1}} \end{cases} \quad \begin{cases} \sigma_2 = \sigma_I \\ v_2 = -\dfrac{\sigma_I - Y_1}{\rho_1 C_{p1}} - \dfrac{Y_1}{\rho_1 C_{e1}} \end{cases} \quad \begin{cases} \sigma_6 = Y_2 \\ v_6 = -\dfrac{Y_2}{\rho_2 C_{e2}} \end{cases} \tag{2.218}$$

根据动量守恒条件和连续方程，可有

$$\begin{cases} \sigma_3 - \sigma_1 = \rho_1 C_{p1}(v_3 - v_1) \\ \sigma_7 - \sigma_6 = -\rho_2 C_{p2}(v_7 - v_6) \end{cases} \quad \begin{cases} \sigma_3 = \sigma_7 \\ v_3 = v_7 \end{cases} \tag{2.219}$$

可得

$$
\begin{cases}
\sigma_3 = \sigma_7 = \dfrac{\rho_1 C_{p1}}{\rho_1 C_{p1} + \rho_2 C_{p2}} \left( 1 - \dfrac{\rho_2 C_{p2}}{\rho_2 C_{e2}} \right) Y_2 + \dfrac{\rho_2 C_{p2}}{\rho_1 C_{p1} + \rho_2 C_{p2}} \left( 1 + \dfrac{\rho_1 C_{p1}}{\rho_1 C_{e1}} \right) Y_1 \\[4mm]
v_3 = v_7 = \dfrac{\left( 1 - \dfrac{\rho_2 C_{p2}}{\rho_2 C_{e2}} \right) Y_2 - \left( 1 + \dfrac{\rho_1 C_{p1}}{\rho_1 C_{e1}} \right) Y_1}{\rho_1 C_{p1} + \rho_2 C_{p2}}
\end{cases}
\tag{2.220}
$$

根据动量守恒条件, 可有

$$
\begin{cases}
\sigma_4 - \sigma_3 = -\rho_1 C_{p1} (v_4 - v_3) \\
\sigma_4 - \sigma_2 = \rho_1 C_{p1} (v_4 - v_2)
\end{cases}
\tag{2.221}
$$

同理, 根据动量守恒条件和连续方程, 也可有

$$
\begin{cases}
\sigma_5 - \sigma_4 = \rho_1 C_{p1} (v_5 - v_4) \\
\sigma_8 - \sigma_7 = -\rho_2 C_{p2} (v_8 - v_7)
\end{cases}
\qquad
\begin{cases}
\sigma_5 = \sigma_8 \\
v_5 = v_8
\end{cases}
\tag{2.222}
$$

因此, 我们可以得到状态点 4、状态点 5 和状态点 8 对应的应力和质点速度值:

$$
\begin{cases}
\sigma_4 = \dfrac{\rho_1 C_{p1}}{\rho_1 C_{p1} + \rho_2 C_{p2}} \left( 1 - \dfrac{\rho_2 C_{p2}}{\rho_2 C_{e2}} \right) Y_2 + \dfrac{\rho_1 C_{p1}}{\rho_1 C_{p1} + \rho_2 C_{p2}} \left( \dfrac{\rho_2 C_{p2}}{\rho_1 C_{e1}} - 1 \right) Y_1 + \sigma_{\mathrm{I}} \\[4mm]
v_4 = \dfrac{1}{\rho_1 C_{p1} + \rho_2 C_{p2}} \left( \dfrac{\rho_2 C_{p2}}{\rho_1 C_{p1}} - \dfrac{\rho_1 C_{p1}}{\rho_1 C_{e1}} \right) Y_1 + \dfrac{1}{\rho_1 C_{p1} + \rho_2 C_{p2}} \left( 1 - \dfrac{\rho_2 C_{p2}}{\rho_2 C_{e2}} \right) Y_2 - \dfrac{\sigma_{\mathrm{I}}}{\rho_1 C_{p1}}
\end{cases}
\tag{2.223}
$$

$$
\begin{cases}
\sigma_5 = \sigma_8 = \dfrac{\rho_1 C_{p1}}{\rho_1 C_{p1} + \rho_2 C_{p2}} \left[ \left( 1 - \dfrac{\rho_2 C_{p2}}{\rho_2 C_{e2}} \right) Y_2 + \left( \dfrac{\rho_2 C_{p2}}{\rho_1 C_{e1}} - \dfrac{\rho_2 C_{p2}}{\rho_1 C_{p1}} \right) Y_1 \right] + \dfrac{\rho_2 C_{p2}}{\rho_1 C_{p1} + \rho_2 C_{p2}} 2\sigma_{\mathrm{I}} \\[4mm]
v_5 = v_8 = \dfrac{\left( 1 - \dfrac{\rho_2 C_{p2}}{\rho_2 C_{e2}} \right) Y_2 + \left( 1 - \dfrac{\rho_1 C_{p1}}{\rho_1 C_{e1}} \right) Y_1 - 2\sigma_{\mathrm{I}}}{\rho_1 C_{p1} + \rho_2 C_{p2}}
\end{cases}
\tag{2.224}
$$

以上即为弹塑性波在两种材料交界面上透反射问题的几种情况下的解。事实上, 我们容易看出, 虽然过程看起来复杂, 解的形式也很复杂, 但其思路非常简单, 直接利用波阵面上的动量守恒条件和连续方程即可得到。

# 第 3 章  应力波传播的其他几种典型问题

# CHAPTER 3

上两章我们对一维杆中弹塑性波的传播与相互作用进行了分析和探讨，一维杆中应力波的传播和相互作用是一种假设的理想情况，它也是少数能够得到解析解的简单情况，然而，它却非常重要，我们可以从一维杆中弹塑性波传播和相互作用分析过程和结论延伸，给出更加复杂情况下的近似解，更多情况下可以给出定性的分析结论，这对于我们揭示冲击动力学中某些内在机制起着极其重要的作用。在大多数情况下如三维条件下，我们一般无法给出准确的解析解，但有些典型情况，我们也可以得到一些有价值的结论和解，本章主要对几种典型常用的应力波传播问题进行讨论。

## 3.1  无限介质中线弹性波传播的基本特征

在固体介质中，根据应力波的传播特点，弹性波一般可以分为六种类型：纵波 (P 波、无旋波、膨胀波)、横波 (剪切波、扭转波、S 波、等容波)、表面波 (Rayleigh 波)、界面波 (Stoneley 波)、层状介质中的波 (Love 波) 和弯曲波 (挠曲波)。

**纵波或无旋波**：波中质点沿着波的传播方向来回振动，质点速度平行于波速方向。

**横波或等容波**：波中质点运动方向垂直于波的传播方向，应力波传播后介质密度无变化，纵向应变皆为零。

**表面波**：在固体中称为 Rayleigh 波，该类型波中质点速度在深度方向呈指数衰减，其主要能量集中于自由表面附近，一般而言，表面波在表面内沿某方向传播时的能量衰减会比无限介质中无旋波和等容波的能量衰减更慢些，因此，相比较而言表面波在远处的破坏作用更大些。

**界面波**：当两种性质不同的半无限介质处于接触状态时，在其界面上形成的一种特殊波。

**层状介质中的波**：在地震学中，由于介质水平位移分量远大于垂直位移分量，由于不同分层岩体介质性质不同，而形成的一种特殊的波。

**弯曲波**：主要是指在杆、膜或波中挠曲扰动的传播而形成的应力波。

一般而言，对于各向同性均质材料而言：如对象是一个一维杆，当施加一个平行于杆轴线方向的扰动，则只会产生纵波，当施加一个垂直于杆轴线而平行于杆中横截面的扰动，则只会产生横波 (剪切波或扭转波)；如对象是一个半无限介质，则在其表面施加扰动后不仅会同时产生纵波和横波，还会产生表面波，而且一般来讲 Rayleigh 波携带的能量占比最多，纵波携带的能量占比最少。

下面我们对无旋波 (纵波)、等容波 (横波) 和 Rayleigh 波的一些特征进行分析。

### 3.1.1 无旋波与等容波

取笛卡儿坐标系中任意一个三个坐标方向上长度分别为 $\mathrm{d}x$、$\mathrm{d}y$ 和 $\mathrm{d}z$ 的长方体微元作为研究对象，设材料的密度为 $\rho$，其在三个方向上的位移分别为 $u_x$、$u_y$ 和 $u_z$，如图 3.1 所示。根据弹性力学知识可知，微元每个面有三个相互垂直的应力分量，如图所示，图中 $\sigma_{xx}$ 表示法线方向为 $x$ 方向的面上作用力为 $x$ 方向的应力，其他同理。

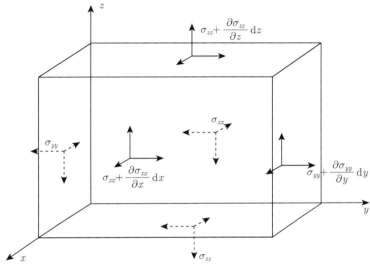

图 3.1　作用在微元上的应力

由图可以看出，平行于每一个坐标轴都有三对应力，以平行于 $x$ 轴上的应力为例，其施加在微元上的合力为

$$
\begin{aligned}
\sum F\big|_x = {} & \left(\sigma_{xx} + \frac{\partial \sigma_{xx}}{\partial x}\mathrm{d}x\right)\mathrm{d}y\mathrm{d}z - \sigma_{xx}\mathrm{d}y\mathrm{d}z \\
& + \left(\sigma_{yx} + \frac{\partial \sigma_{yx}}{\partial y}\mathrm{d}y\right)\mathrm{d}x\mathrm{d}z - \sigma_{yx}\mathrm{d}x\mathrm{d}z \\
& + \left(\sigma_{zx} + \frac{\partial \sigma_{zx}}{\partial z}\mathrm{d}z\right)\mathrm{d}x\mathrm{d}y - \sigma_{zx}\mathrm{d}x\mathrm{d}y
\end{aligned}
\tag{3.1}
$$

上式简化后可以得到

$$
\sum F\big|_x = \left(\frac{\partial \sigma_{xx}}{\partial x} + \frac{\partial \sigma_{yx}}{\partial y} + \frac{\partial \sigma_{zx}}{\partial z}\right)\mathrm{d}x\mathrm{d}y\mathrm{d}z
\tag{3.2}
$$

如忽略体力的影响，根据牛顿第二定律可有

$$
\left(\frac{\partial \sigma_{xx}}{\partial x} + \frac{\partial \sigma_{yx}}{\partial y} + \frac{\partial \sigma_{zx}}{\partial z}\right)\mathrm{d}x\mathrm{d}y\mathrm{d}z = (\rho\mathrm{d}x\mathrm{d}y\mathrm{d}z)\frac{\partial^2 u_x}{\partial t^2}
\tag{3.3}
$$

即

$$
\rho\frac{\partial^2 u_x}{\partial t^2} = \frac{\partial \sigma_{xx}}{\partial x} + \frac{\partial \sigma_{yx}}{\partial y} + \frac{\partial \sigma_{zx}}{\partial z}
\tag{3.4}
$$

上式即为微元在 $x$ 方向上的运动方程。

根据弹性介质的胡克定律可知:

$$
\begin{cases}
\sigma_{xx} = \lambda\Delta + 2\mu\varepsilon_{xx} \\
\sigma_{yy} = \lambda\Delta + 2\mu\varepsilon_{yy} \\
\sigma_{zz} = \lambda\Delta + 2\mu\varepsilon_{zz}
\end{cases}
\quad
\begin{cases}
\sigma_{xy} = \mu\varepsilon_{xy} \\
\sigma_{yz} = \mu\varepsilon_{yz} \\
\sigma_{zx} = \mu\varepsilon_{zx}
\end{cases}
\tag{3.5}
$$

式中，弹性常数 $\lambda$ 和 $\mu$ 即为材料的 Lamé常数; $\Delta = \varepsilon_{xx} + \varepsilon_{yy} + \varepsilon_{zz}$，表示微元的体应变。此时，式 (3.4) 可写为

$$
\rho\frac{\partial^2 u_x}{\partial t^2} = \frac{\partial}{\partial x}\left(\lambda\Delta + 2\mu\varepsilon_{xx}\right) + \mu\frac{\partial\varepsilon_{xy}}{\partial y} + \mu\frac{\partial\varepsilon_{zx}}{\partial z}
\tag{3.6}
$$

根据几何方程，可以得到应变分量与位移之间的关系:

$$
\begin{cases}
\varepsilon_{xx} = \dfrac{\partial u_x}{\partial x} \\[2mm]
\varepsilon_{xy} = \dfrac{\partial u_y}{\partial x} + \dfrac{\partial u_x}{\partial y} \\[2mm]
\varepsilon_{zx} = \dfrac{\partial u_z}{\partial x} + \dfrac{\partial u_x}{\partial z}
\end{cases}
\quad
\begin{cases}
\varepsilon_{yy} = \dfrac{\partial u_y}{\partial y} \\[2mm]
\varepsilon_{zz} = \dfrac{\partial u_z}{\partial z} \\[2mm]
\Delta = \dfrac{\partial u_x}{\partial x} + \dfrac{\partial u_y}{\partial y} + \dfrac{\partial u_z}{\partial z}
\end{cases}
\tag{3.7}
$$

将上式代入式 (3.6)，将其未知数全部转化为位移，此时可以得到

$$
\rho\frac{\partial^2 u_x}{\partial t^2} = (\lambda + \mu)\frac{\partial\Delta}{\partial x} + \mu\nabla^2 u_x
\tag{3.8}
$$

式中，$\nabla^2$ 代表算子:

$$
\nabla^2 = \frac{\partial^2}{\partial x^2} + \frac{\partial^2}{\partial y^2} + \frac{\partial^2}{\partial z^2}
\tag{3.9}
$$

同理，我们也可以给出微元在 $y$ 方向和 $z$ 方向上的运动方程:

$$
\rho\frac{\partial^2 u_y}{\partial t^2} = \frac{\partial\sigma_{xy}}{\partial x} + \frac{\partial\sigma_{yy}}{\partial y} + \frac{\partial\sigma_{zy}}{\partial z}
\tag{3.10}
$$

$$
\rho\frac{\partial^2 u_z}{\partial t^2} = \frac{\partial\sigma_{xz}}{\partial x} + \frac{\partial\sigma_{yz}}{\partial y} + \frac{\partial\sigma_{zz}}{\partial z}
\tag{3.11}
$$

根据弹性介质的胡克定律和几何方程，我们也分别可以得到

$$
\rho\frac{\partial^2 u_y}{\partial t^2} = (\lambda + \mu)\frac{\partial\Delta}{\partial y} + \mu\nabla^2 u_y
\tag{3.12}
$$

$$
\rho\frac{\partial^2 u_z}{\partial t^2} = (\lambda + \mu)\frac{\partial\Delta}{\partial z} + \mu\nabla^2 u_z
\tag{3.13}
$$

将式 (3.8) 对 $x$ 微分可有

$$
\rho\frac{\partial^2}{\partial t^2}\left(\frac{\partial u_x}{\partial x}\right) = (\lambda + \mu)\frac{\partial^2\Delta}{\partial x^2} + \mu\nabla^2\left(\frac{\partial u_x}{\partial x}\right)
\tag{3.14}
$$

即

$$
\rho\frac{\partial^2\varepsilon_{xx}}{\partial t^2} = (\lambda + \mu)\frac{\partial^2\Delta}{\partial x^2} + \mu\nabla^2\varepsilon_{xx}
\tag{3.15}
$$

将式 (3.12) 对 $y$ 微分和式 (3.13) 对 $z$ 微分，分别可以得到

$$\rho\frac{\partial^2\varepsilon_{yy}}{\partial t^2} = (\lambda+\mu)\frac{\partial^2\Delta}{\partial y^2} + \mu\nabla^2\varepsilon_{yy} \tag{3.16}$$

$$\rho\frac{\partial^2\varepsilon_{zz}}{\partial t^2} = (\lambda+\mu)\frac{\partial^2\Delta}{\partial z^2} + \mu\nabla^2\varepsilon_{zz} \tag{3.17}$$

上三式相加，可以得到

$$\frac{\partial^2\Delta}{\partial t^2} = \left(\frac{\lambda+2\mu}{\rho}\right)\nabla^2\Delta \tag{3.18}$$

上式即为三维坐标中的波动方程，它表示对于各向同性介质弹性体应变在介质中以

$$C_\Delta = \sqrt{\frac{\lambda+2\mu}{\rho}} \tag{3.19}$$

的速度进行传播，也就是说，其体波波速如式 (3.19) 所示。我们通常把不引起微元旋转的应力波称为无旋波或膨胀波，不过后一种称法虽然直观，但容易误解，容易使读者认为体应变扰动的传播只导致膨胀变形，事实上，根据弹性理论可知，弹性介质的体积模量为

$$K = \left|\frac{P}{\Delta}\right| = \lambda + \frac{2}{3}\mu \tag{3.20}$$

此时，式 (3.19) 可以写为

$$C_\Delta = \sqrt{\frac{K+\frac{4}{3}\mu}{\rho}} \tag{3.21}$$

上式的物理内涵是：体应变引起应力扰动在传播过程中不仅产生体积变形，同时也引起畸变；也就是说无旋波并不代表在传播路径上不引起畸变，因此将其称为膨胀波只是工程上直观的称呼，在理论上并不严谨。

根据几何方程，可知剪切应变与位移之间的关系：

$$\begin{cases} \omega_x = \frac{1}{2}\left(\frac{\partial u_z}{\partial y} - \frac{\partial u_y}{\partial z}\right) \\ \omega_y = \frac{1}{2}\left(\frac{\partial u_x}{\partial z} - \frac{\partial u_z}{\partial x}\right) \\ \omega_z = \frac{1}{2}\left(\frac{\partial u_y}{\partial x} - \frac{\partial u_x}{\partial y}\right) \end{cases} \tag{3.22}$$

将式 (3.12) 对 $z$ 微分和式 (3.13) 对 $y$ 微分，可以得到

$$\rho\frac{\partial^2}{\partial t^2}\left(\frac{\partial u_y}{\partial z}\right) = (\lambda+\mu)\frac{\partial^2\Delta}{\partial y\partial z} + \mu\nabla^2\frac{\partial u_y}{\partial z} \tag{3.23}$$

$$\rho\frac{\partial^2}{\partial t^2}\left(\frac{\partial u_z}{\partial y}\right) = (\lambda+\mu)\frac{\partial^2\Delta}{\partial z\partial y} + \mu\nabla^2\frac{\partial u_z}{\partial y} \tag{3.24}$$

两式相减有

$$\frac{\partial^2\omega_x}{\partial t^2} = \frac{\mu}{\rho}\nabla^2\omega_x \tag{3.25}$$

上式也明显是一个波动方程,它表示变量 $\omega_x$ 所代表的物理量在各向同性介质中以速度 $\sqrt{\mu/\rho}$ 传播。根据剪切应变的内涵可知,$\omega_x$ 表示微元相对于 $x$ 轴的旋转量,因此,上式表示相对于 $x$ 轴的旋转是以速度 $\sqrt{\mu/\rho}$ 在介质中传播的。

同理,我们也可以分别得到

$$\frac{\partial^2 \omega_y}{\partial t^2} = \frac{\mu}{\rho} \nabla^2 \omega_y \tag{3.26}$$

$$\frac{\partial^2 \omega_z}{\partial t^2} = \frac{\mu}{\rho} \nabla^2 \omega_z \tag{3.27}$$

结合上三式,我们可以认为,各向同性弹性介质中旋转量皆是以速度 $\sqrt{\mu/\rho}$ 在介质中传播的,该物理量不引起介质体积的变化,因此在传播过程中也不会引起介质中任何体积变化。

事实上,如果我们假设体应变 $\Delta \equiv 0$,即在弹性波传播过程中并不引起体积变化,式 (3.8)、式 (3.12) 和式 (3.13) 可以简化为

$$\rho \frac{\partial^2 u_x}{\partial t^2} = \mu \nabla^2 u_x \tag{3.28}$$

$$\rho \frac{\partial^2 u_y}{\partial t^2} = \mu \nabla^2 u_y \tag{3.29}$$

$$\rho \frac{\partial^2 u_z}{\partial t^2} = \mu \nabla^2 u_z \tag{3.30}$$

也就是说,只要物理量在弹性介质中的扰动不引起体积变化,则其在介质中的传播速度皆为

$$C_\omega = \sqrt{\frac{\mu}{\rho}} \tag{3.31}$$

式 (3.25)~ 式 (3.27) 和式 (3.31) 所代表的波我们一般称之为等体积波 (等容波),它的物理意义是指不引起介质体积变化的扰动在弹性介质中以 $\sqrt{\mu/\rho}$ 的速度传播;在工程上很多情况下为区分它和膨胀波,将之称为畸变波,其实在理论上也是不准确的,因为无旋波也能引起畸变。

从上面的分析和推导可以看出,等容波的传播速度只依赖介质的剪切模量和密度,而体应变扰动引起的无旋波的传播并不仅仅依赖体积模量和密度,还依赖于剪切模量。事实上,在各向同性线弹性均质材料中,任何一个位移扰动都可以分解为无旋波和等容波,并分别以各自的波速独立传播,这些波在介质内部的传播与其边界效应无关,统称为体波。在此需要强调的是,虽然无旋波和等容波分别独立传播,等容波是一个畸变波,但无旋波也能够引起畸变,只是其中畸变与膨胀 (缩小) 行为相互耦合。理论上讲,无旋波是纵波,等容波是横波,对比式 (3.19) 和式 (3.31),容易看出此纵波的波速明显大于其横波的波速,前者传播的速度快,因此,在地震监测过程中,我们首先观察到的是纵波,其后才是横波,前者我们一般称为 P 波,后者称为 S 波。如 S 波位移扰动方向平行于自由表面则称为 SH 波,如位移扰动方向垂直于自由表面则称为 SV 波。表 3.1 是无限介质条件下几种常见材料的无旋波波速和等容波波速。

表 3.1　无限介质条件下几种常见材料的无旋波波速和等容波波速　　　　(单位：m/s)

| 材料 | 无旋波 | 等容波 | 材料 | 无旋波 | 等容波 |
|------|--------|--------|------|--------|--------|
| 铝 | ~6300 | ~3100 | 玻璃 | 6800 | 3300 |
| 钢 | ~5800 | 3100 | 树脂玻璃 | 2600 | 1200 |
| 铅 | ~2200 | 700 | 聚苯乙烯 | 2300 | 1200 |
| 铍 | 10 000 | — | 镁 | 6400 | 3100 |

根据弹性理论可知：

$$\begin{cases} \lambda + 2\mu = \dfrac{1-\nu}{(1+\nu)(1-2\nu)} E > E \\ \mu = \dfrac{E}{2(1+\nu)} < E \end{cases} \tag{3.32}$$

式中，$E$ 和 $\nu$ 分别表示杨氏模量和泊松比。几种常见材料的弹性系数如表 3.2 所示。对比三种波速表达式，容易看出：

$$\mu < E < \lambda + 2\mu \Leftrightarrow C_\omega < C < C_\Delta \tag{3.33}$$

也就是说，一维杆中弹性纵波波速大于无限介质中的等容波波速但小于无限介质中的无旋波波速。值得注意的是，结合一维杆中有关扭转波传播推导，可以看出，无旋波波速与边界条件相关，如无限介质中的波速与一维杆中的波速明显不同，但剪切波波速或扭转波波速却在两种情况下皆相同。

表 3.2　几种常见材料的弹性系数

| 材料 | $E$/GPa | $\rho$/(kg/m$^3$) | $\lambda$/GPa | $\mu$/GPa | $\nu$ |
|------|---------|-------------------|---------------|-----------|-------|
| 铀 | 172.0 | 18950.0 | 99.2 | 66.1 | 0.3 |
| 铜 | 129.8 | 8930.0 | 105.6 | 48.3 | 0.343 |
| 铝 | 70.3 | 2700.0 | 58.2 | 26.1 | 0.345 |
| 铁 | 211.4 | 7850.0 | 115.7 | 81.6 | 0.293 |
| 氧化铝陶瓷 | 365.0 | 3900.0 | 210.6 | 140.4 | 0.3 |

假设材料的泊松比为 0.3，我们根据式 (3.32) 容易知道：

$$\begin{cases} C_\Delta = \sqrt{\dfrac{\lambda+2\mu}{\rho}} = \sqrt{\dfrac{1-\nu}{(1+\nu)(1-2\nu)}}\sqrt{\dfrac{E}{\rho}} = \sqrt{\dfrac{1-\nu}{(1+\nu)(1-2\nu)}}C = 1.16C \\ C_\omega = \sqrt{\dfrac{\mu}{\rho}} = \sqrt{\dfrac{1}{2(1+\nu)}}\sqrt{\dfrac{E}{\rho}} = \sqrt{\dfrac{1}{2(1+\nu)}}C = 0.62C \end{cases} \tag{3.34}$$

几种常见材料的无旋波波速和等容波波速如表 3.3 所示。

表 3.3　几种常见材料的无旋波波速和等容波波速　　　　(单位：m/s)

| 材料 | 无旋波波速 | | 等容波波速 |
|------|------------|------------|------------|
| | 一维杆 | 无限介质 | 无限介质 |
| 铀 | 3012.7 | 3494.4 | 1867.6 |
| 铜 | 3812.5 | 4758.4 | 2325.6 |
| 铝 | 5102.6 | 6394.4 | 3109.1 |
| 铁 | 5189.4 | 5960.6 | 3224.1 |
| 氧化铝陶瓷 | 9674.2 | 11225.0 | 6000.0 |

从上面的推导过程可知,对于各向同性均质材料而言,可以根据测量一维杆介质中的纵波波速和泊松比推导出其在无限介质中的无旋波和等容波;反之,我们也可以根据测量不同波速反推导出杨氏模量、泊松比、剪切模量等。在工程中,如勘探地下断层和含水层时,我们就可以通过不同性质的波具有不同速度这一特点,反算出其空间位置。

### 3.1.2 平面波与平面谐波表达式

在各向同性线弹性材料中,对于平面波问题而言,一切物理量都只是沿波传播方向而与波阵面垂直的坐标 $x$ 的函数 (对于小变形而言,在此我们忽略质点的 L 氏坐标和 E 氏坐标的区别,而统一用 $x$ 表示质点的笛卡儿坐标,忽略 E 氏坐标描述时的迁移导数项),以位移为例,有

$$\begin{cases} u_x = u_x(x) \\ u_y = u_y(x) \\ u_z = u_z(x) \end{cases} \tag{3.35}$$

此时,上小节中三个方向上的运动方程可写为

$$\begin{cases} \rho\dfrac{\partial^2 u_x}{\partial t^2} = (\lambda + 2\mu)\dfrac{\partial^2 u_x}{\partial x^2} \\[2mm] \rho\dfrac{\partial^2 u_y}{\partial t^2} = \mu\dfrac{\partial^2 u_y}{\partial x^2} \\[2mm] \rho\dfrac{\partial^2 u_z}{\partial t^2} = \mu\dfrac{\partial^2 u_z}{\partial x^2} \end{cases} \tag{3.36}$$

上面的方程组中三个方程为非常典型的三个波动方程,有两个波速解,其物理意义明显。如我们此时考虑一个平面波以波速 $C$ 在此各向同性均质线弹性介质中传播,此时式 (3.35) 可以具体地表示为 $x$ 方向的初始位置 $x_0$ 与时间 $t$ 的函数 (以右行波为例,容易证明左行波结果一致):

$$\begin{cases} u_x = u_x(x_0 - Ct) \\ u_y = u_y(x_0 - Ct) \\ u_z = u_z(x_0 - Ct) \end{cases} \tag{3.37}$$

此时式 (3.36) 随之变为

$$\begin{cases} \rho C^2 u_x'' = (\lambda + 2\mu)\, u_x'' \\[2mm] \rho C^2 u_y'' = \mu u_y'' \\[2mm] \rho C^2 u_z'' = \mu u_z'' \end{cases} \tag{3.38}$$

式中,$u_x''$、$u_y''$ 和 $u_z''$ 分别表示函数 $u_x$、$u_y$ 和 $u_z$ 的二次导数。一般来讲,$\lambda + 2\mu \neq \mu$,因此,以上方程组的解只有两种独立情况:第一种情况是

$$\begin{cases} C = \sqrt{\dfrac{\lambda + 2\mu}{\rho}} = C_\Delta \\[2mm] u_y'' = u_z'' = 0 \end{cases} \tag{3.39}$$

即平面波波速等于无旋波波速, 而且应力波传播只产生 $x$ 方向的扰动; 第二种情况是

$$\begin{cases} C = \sqrt{\dfrac{\mu}{\rho}} = C_\omega \\ u_x'' = 0 \end{cases} \tag{3.40}$$

即平面波波速等于等容波波速, 而且应力波传播只产生 $y$ 或 (和)$z$ 方向的扰动。

在高等数学中已经证明, 对于任意周期性函数而言, 其皆可用离散谱的傅里叶级数来表达; 而任意非周期性函数也可以用连续谱的傅里叶积分来表达。对于线弹性材料而言, 其波传播的线性叠加原理是成立的, 因此我们除了可以用特征线法求解问题外, 也可以通过谐波的方法对波传播的问题进行求解。

以沿 $x$ 方向传播的平面波为例, 此时, 对平面谐波而言, 其位移表达式可以写为

$$\boldsymbol{u} = \boldsymbol{A}\cos k\,(x - Ct) = \boldsymbol{A}\cos(kx - \omega t) \tag{3.41}$$

式中,

$$\omega = kC \tag{3.42}$$

表示谐波的圆频率, 即 $2\pi$ 时间内的振动次数; $k$ 为波数, 表示 $2\pi$ 距离上谐波的重复次数。它们与谐波的周期 $T$ 和波长 $L$ 之间的关系为

$$\omega = \frac{2\pi}{T}, \quad k = \frac{2\pi}{L}, \quad C = \frac{\omega}{k} = \frac{L}{T} \tag{3.43}$$

也可将谐波表达式写为

$$\boldsymbol{u} = \boldsymbol{A}\exp\left[\mathrm{i}\,(kx - \omega t)\right] \tag{3.44}$$

### 3.1.3 表面波的传播 (Rayleigh 波)

表面波类似于流体中的重力表面波, 首先由 Rayleigh 在 1887 年研究, 所以固体中的表面波常称为 Rayleigh 波。如图 3.2 所示, 图中所示方体代表介质, $z$ 轴指向介质的内部, $xy$ 平面代表介质的边界平面。考虑一个沿 $x$ 方向传播的平面波, 则此时表面波传播中质点位移与笛卡儿坐标 $y$ 无关。

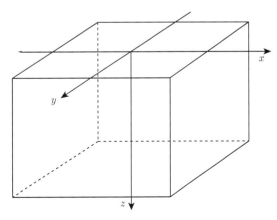

图 3.2 Rayleigh 波的传播

我们可以找到两个确定的势函数 $\phi$ 和 $\psi$, 使得

$$\begin{cases} u_x = \dfrac{\partial \phi}{\partial x} + \dfrac{\partial \psi}{\partial z} \\[3mm] u_z = \dfrac{\partial \phi}{\partial z} - \dfrac{\partial \psi}{\partial x} \end{cases} \tag{3.45}$$

此时体应变应为

$$\Delta = \frac{\partial u_x}{\partial x} + \frac{\partial u_z}{\partial z} = \nabla^2 \phi \tag{3.46}$$

上式表示势函数 $\phi$ 与由于体应变扰动而产生的膨胀相关。

而 $xz$ 平面内的剪切应变应为

$$\omega_y = \frac{1}{2} \left( \frac{\partial u_x}{\partial z} - \frac{\partial u_z}{\partial x} \right) = \frac{1}{2} \nabla^2 \psi \tag{3.47}$$

上式表示势函数 $\psi$ 与由于剪切应变扰动而产生的旋转相关。

将式 (3.45) 代入运动方程中可有

$$\rho \frac{\partial^2 u_x}{\partial t^2} = \rho \frac{\partial^2}{\partial t^2} \left( \frac{\partial \phi}{\partial x} + \frac{\partial \psi}{\partial z} \right) = (\lambda + \mu) \frac{\partial \Delta}{\partial x} + \mu \nabla^2 \left( \frac{\partial \phi}{\partial x} + \frac{\partial \psi}{\partial z} \right) \tag{3.48}$$

$$\rho \frac{\partial^2 u_z}{\partial t^2} = \rho \frac{\partial^2}{\partial t^2} \left( \frac{\partial \phi}{\partial z} - \frac{\partial \psi}{\partial x} \right) = (\lambda + \mu) \frac{\partial \Delta}{\partial z} + \mu \nabla^2 \left( \frac{\partial \phi}{\partial z} - \frac{\partial \psi}{\partial x} \right) \tag{3.49}$$

即

$$\rho \frac{\partial^2}{\partial t^2} \left( \frac{\partial \phi}{\partial x} + \frac{\partial \psi}{\partial z} \right) = (\lambda + 2\mu) \frac{\partial}{\partial x} \left( \nabla^2 \phi \right) + \mu \frac{\partial}{\partial z} \left( \nabla^2 \psi \right) \tag{3.50}$$

$$\rho \frac{\partial^2}{\partial t^2} \left( \frac{\partial \phi}{\partial z} - \frac{\partial \psi}{\partial x} \right) = (\lambda + 2\mu) \frac{\partial}{\partial z} \left( \nabla^2 \phi \right) - \mu \frac{\partial}{\partial x} \left( \nabla^2 \psi \right) \tag{3.51}$$

容易看出, 当

$$\begin{cases} \dfrac{\partial^2 \phi}{\partial t^2} = \left( \dfrac{\lambda + 2\mu}{\rho} \right) \nabla^2 \phi \equiv C_1^2 \nabla^2 \phi \\[3mm] \dfrac{\partial^2 \psi}{\partial t^2} = \left( \dfrac{\mu}{\rho} \right) \nabla^2 \psi \equiv C_2^2 \nabla^2 \psi \end{cases} \tag{3.52}$$

时, 式 (3.50) 和式 (3.51) 恒成立。

根据上小节, 此沿着 $x$ 方向传播的平面波中势函数 $\phi$ 和 $\psi$ 的解可分别写为以下谐波形式:

$$\phi = F(z) \exp\left[ \mathrm{i}\,(kx - \omega t) \right] \tag{3.53}$$

$$\psi = G(z) \exp\left[ \mathrm{i}\,(kx - \omega t) \right] \tag{3.54}$$

上两式中, 其他参数含义同上小节, $F(z)$ 和 $G(z)$ 分别表示决定波的振幅沿着方向的变化。

将式 (3.53) 代入方程组式 (3.52) 中第一式可以得到

$$F''(z) - \left( k^2 - \frac{\omega^2}{C_1^2} \right) F(z) = 0 \tag{3.55}$$

上式有实数解的条件是

$$k^2 - \frac{\omega^2}{C_1^2} > 0 \Leftrightarrow \frac{\omega^2}{k^2 C_1^2} < 1 \tag{3.56}$$

其对应的通解为

$$F(z) = A\exp\left(-\sqrt{k^2 - \frac{\omega^2}{C_1^2}}z\right) + A'\exp\left(\sqrt{k^2 - \frac{\omega^2}{C_1^2}}z\right) \tag{3.57}$$

式中，$A$ 和 $A'$ 为待定系数；第二项代表随着坐标 $z$ 的增加而增加，对于此种情况而言是不合理的，因此此项系数 $A'$ 应等于零。也就是说，式 (3.55) 的通解应为

$$\begin{cases} F(z) = A\exp(-\xi_1 z) \\ \xi_1^2 = k^2 - \frac{\omega^2}{C_1^2} \end{cases} \tag{3.58}$$

类似地，我们将式 (3.54) 代入方程组式 (3.52) 中第二式可以得到

$$G''(z) - \left(k^2 - \frac{\omega^2}{C_2^2}\right)G(z) = 0 \tag{3.59}$$

同理，我们也可以得到其合理的通解为

$$\begin{cases} G(z) = B\exp(-\xi_2 z) \\ \xi_2^2 = k^2 - \frac{\omega^2}{C_2^2} \\ \frac{\omega^2}{k^2 C_2^2} < 1 \end{cases} \tag{3.60}$$

式中，$B$ 为待定系数。

因此，势函数 $\phi$ 和 $\psi$ 的解即分别为

$$\phi = A\exp(-\xi_1 z)\exp[\mathrm{i}(kx - \omega t)] \tag{3.61}$$

$$\psi = B\exp(-\xi_2 z)\exp[\mathrm{i}(kx - \omega t)] \tag{3.62}$$

结合势函数 $\phi$ 和 $\psi$ 的物理意义，上两式说明，表面波引起的势函数代表的物理量扰动在沿着 $z$ 轴正方向向介质内部传播时，其波的振幅 (强度) 是按照指数形式衰减的。

根据表面边界条件可知，在 $z = 0$ 自由面上，其三个应力分量应等于零：

$$\begin{cases} \sigma_{zx} = 0 \\ \sigma_{zy} = 0 \\ \sigma_{zz} = 0 \end{cases} \tag{3.63}$$

根据弹性理论可知

$$\begin{cases} \sigma_{zx} = \mu\left(\frac{\partial u_x}{\partial z} + \frac{\partial u_z}{\partial x}\right) \\ \sigma_{zz} = \lambda\Delta + 2\mu\frac{\partial u_z}{\partial z} \end{cases} \tag{3.64}$$

利用势函数 $\phi$ 和 $\psi$ 来表示上式, 则可以得到

$$
\begin{cases}
\sigma_{zx} = \mu \left( 2\dfrac{\partial^2 \phi}{\partial x \partial z} - \dfrac{\partial^2 \psi}{\partial x^2} + \dfrac{\partial^2 \psi}{\partial z^2} \right) = 0 \\[3mm]
\sigma_{zz} = \lambda \left( \dfrac{\partial^2 \phi}{\partial x^2} + \dfrac{\partial^2 \phi}{\partial z^2} \right) + 2\mu \left( \dfrac{\partial^2 \phi}{\partial z^2} - \dfrac{\partial^2 \psi}{\partial x \partial z} \right) = 0
\end{cases}
\tag{3.65}
$$

将式 (3.61) 和式 (3.62) 代入上式, 并考虑到边界条件 $z = 0$, 则可以得到

$$
\begin{cases}
\left( k^2 + \xi_2^2 \right) B - 2Aik\xi_1 = 0 \\[2mm]
\left[ (\lambda + 2\mu)\xi_1^2 - \lambda k^2 \right] A + 2B\mu ik\xi_2 = 0
\end{cases}
\tag{3.66}
$$

上式消去待定系数 $A$ 和 $B$, 可以得到

$$
\left[ (\lambda + 2\mu)\xi_1^2 - \lambda k^2 \right] \left( k^2 + \xi_2^2 \right) - 4\mu k^2 \xi_1 \xi_2 = 0
\tag{3.67}
$$

即

$$
\left[ (\lambda + 2\mu)\frac{\xi_1^2}{k^2} - \lambda \right] \left( 1 + \frac{\xi_2^2}{k^2} \right) - 4\mu \frac{\xi_1}{k}\frac{\xi_2}{k} = 0
\tag{3.68}
$$

由于

$$
\begin{cases}
\dfrac{\xi_1^2}{k^2} = 1 - \dfrac{\omega^2}{k^2 C_1^2} \\[3mm]
\dfrac{\xi_2^2}{k^2} = 1 - \dfrac{\omega^2}{k^2 C_2^2}
\end{cases}
\tag{3.69}
$$

根据谐波定义可知, Rayleigh 波波速应为

$$
C = \frac{\omega}{k}
\tag{3.70}
$$

因此, 式 (3.69) 可进一步写为

$$
\begin{cases}
\dfrac{\xi_1^2}{k^2} = 1 - \dfrac{C^2}{C_1^2} \\[3mm]
\dfrac{\xi_2^2}{k^2} = 1 - \dfrac{C^2}{C_2^2}
\end{cases}
\tag{3.71}
$$

此时, 式 (3.68) 简化为

$$
\left[ (\lambda + 2\mu)\left( 1 - \frac{C^2}{C_1^2} \right) - \lambda \right] \left( 2 - \frac{C^2}{C_2^2} \right) - 4\mu\sqrt{\left( 1 - \frac{C^2}{C_1^2} \right)\left( 1 - \frac{C^2}{C_2^2} \right)} = 0
\tag{3.72}
$$

由于

$$
\begin{cases}
C_1^2 = \dfrac{C_1^2}{C_2^2}C_2^2 = \dfrac{\lambda + 2\mu}{\mu}C_2^2 = \dfrac{2 - 2\nu}{1 - 2\nu}C_2^2 \\[3mm]
C_2^2 = C_\omega^2
\end{cases}
\tag{3.73}
$$

从上式可以看出, Rayleigh 波波速只与材料弹性常数相关, 与谐波的频率无关。将上式中弹性常数皆转换为等容波波速和泊松比时, 可写为

$$
\left( 2 - \frac{C^2}{C_\omega^2} \right)^2 - 4\sqrt{\left( 1 - \frac{1 - 2\nu}{2 - 2\nu}\frac{C^2}{C_\omega^2} \right)\left( 1 - \frac{C^2}{C_\omega^2} \right)} = 0
\tag{3.74}
$$

且令

$$C^{*2} = \frac{C^2}{C_\omega^2} \tag{3.75}$$

则式 (3.74) 可简化为

$$\left(2 - C^{*2}\right)^2 = 4\sqrt{\left(1 - \frac{1 - 2\nu}{2 - 2\nu}C^{*2}\right)\left(1 - C^{*2}\right)} \tag{3.76}$$

上式两端平方后简化有

$$\left(C^{*2}\right)^4 - 8\left(C^{*2}\right)^3 + 8\left(\frac{2 - \nu}{1 - \nu}\right)\left(C^{*2}\right)^2 - \frac{8}{1 - \nu}\left(C^{*2}\right) = 0 \tag{3.77}$$

上式可写为

$$\left(C^{*2}\right)\left[\left(C^{*2}\right)^3 - 8\left(C^{*2}\right)^2 + 8\left(\frac{2 - \nu}{1 - \nu}\right)\left(C^{*2}\right) - \frac{8}{1 - \nu}\right] = 0 \tag{3.78}$$

式中, $C^* = 0$ 无物理意义, 结合式 (3.56), 因此问题就可以简化为一个一元三次方程:

$$\begin{cases} \left(C^{*2}\right)^3 - 8\left(C^{*2}\right)^2 + 8\left(\frac{2 - \nu}{1 - \nu}\right)\left(C^{*2}\right) - \frac{8}{1 - \nu} = 0 \\ \left(C^{*2}\right) < 1 \end{cases} \tag{3.79}$$

以 $\nu = 0.25$ 为例 (大多数岩石类材料的泊松比接近 $0.25$), 此时上述方程即可化为

$$\begin{cases} 3\left(C^{*2}\right)^3 - 24\left(C^{*2}\right)^2 + 56\left(C^{*2}\right) - 32 = 0 \\ \left(C^{*2}\right) < 1 \end{cases} \tag{3.80}$$

上述方程组中第一个方程有三个解, 其中满足方程组的只有一个解, 即

$$\left(C^{*2}\right) = 2 - \frac{2}{\sqrt{3}} \approx 0.845 \tag{3.81}$$

即 Rayleigh 波的波速为

$$C \approx \sqrt{0.845}C_\omega = 0.919C_\omega \tag{3.82}$$

即此种情况下 Rayleigh 波波速约为等容波 (剪切) 波速的 $0.919$ 倍。

对于绝大部分材料而言, 其泊松比应在 $0.0 \sim 0.5$, 此时我们容易根据式 (3.80) 计算出其有效解, 从而可以给出 Rayleigh 波波速与等容波 (剪切波、横波) 波速之比, 如表 3.4 和图 3.3 所示。

$$C^* = \frac{C}{C_\omega} \tag{3.83}$$

表 3.4    不同泊松比材料 Rayleigh 波波速与横波波速之比

| 泊松比 | 0.00 | 0.05 | 0.10 | 0.15 | 0.20 | 0.25 |
|---|---|---|---|---|---|---|
| 波速比 | 0.874 | 0.884 | 0.893 | 0.902 | 0.911 | 0.919 |
| 泊松比 | 0.30 | 0.35 | 0.40 | 0.45 | 0.50 | |
| 波速比 | 0.927 | 0.935 | 0.942 | 0.949 | 0.956 | |

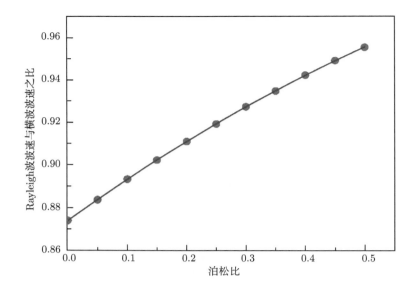

图 3.3　泊松比与 Rayleigh 波相对波速之间的关系

从表 3.4 和图 3.3 可以看出，随着泊松比的增加，Rayleigh 波波速与横波波速之比 (Rayleigh 波相对波速) 逐渐由 0.874 增加到 0.956，也就是说 Rayleigh 波波速逐渐接近横波波速，但始终小于横波波速。

基于以上推导，我们也可以得到 Rayleigh 波中质点位移随 $z$ 轴正方向向介质内部传播过程中衰减的规律。将势函数 $\phi$ 和 $\psi$ 的解式 (3.61) 和式 (3.62) 代入式 (3.45) 中，即有

$$
\begin{cases}
u_x = [A\mathrm{i}k \exp\left(-\xi_1 z\right) - B\xi_2 \exp\left(-\xi_2 z\right)] \exp\left[\mathrm{i}\left(kx - \omega t\right)\right] \\
u_z = -\left[\xi_1 A \exp\left(-\xi_1 z\right) + B\mathrm{i}k \exp\left(-\xi_2 z\right)\right] \exp\left[\mathrm{i}\left(kx - \omega t\right)\right]
\end{cases}
\tag{3.84}
$$

结合式 (3.66)，我们可以得到

$$
\begin{cases}
u_x = Ak \left[\mathrm{i} \exp\left(-\xi_1 z\right) - \dfrac{2\mathrm{i}\xi_1}{k^2 + \xi_2^2}\xi_2 \exp\left(-\xi_2 z\right)\right] \exp\left[\mathrm{i}\left(kx - \omega t\right)\right] \\
u_z = -A\xi_1 \left[\exp\left(-\xi_1 z\right) - \dfrac{2k^2}{k^2 + \xi_2^2} \exp\left(-\xi_2 z\right)\right] \exp\left[\mathrm{i}\left(kx - \omega t\right)\right]
\end{cases}
\tag{3.85}
$$

我们在此只取实数部分表示位移，则上式转化为

$$
\begin{cases}
u_x = Ak \left[-\exp\left(-\xi_1 z\right) + \dfrac{2\xi_1}{k^2 + \xi_2^2}\xi_2 \exp\left(-\xi_2 z\right)\right] \sin\left(kx - \omega t\right) \\
u_z = -A\xi_1 \left[\exp\left(-\xi_1 z\right) - \dfrac{2k^2}{k^2 + \xi_2^2} \exp\left(-\xi_2 z\right)\right] \cos\left(kx - \omega t\right)
\end{cases}
\tag{3.86}
$$

从上式容易看出，Rayleigh 波传播过程中，质点在 $x$ 方向的位移 $u_x$ 和 $z$ 方向的位移 $u_z$ 的相位差为 $\pi/2$，在物理上相当于两个方向垂直且相位差为 $\pi/2$ 的同频振动的叠加。设质点的原平衡坐标为 $(X, Y, Z)$，容易得到其瞬时坐标为

$$\begin{cases} x = X + u_x \\ z = Z + u_z \end{cases} \tag{3.87}$$

结合式 (3.86) 容易看出质点的运动轨迹满足:

$$\left(\frac{x-X}{f_x}\right)^2 + \left(\frac{z-Z}{f_z}\right)^2 = 1 \tag{3.88}$$

其中,

$$\begin{cases} f_x = Ak\left[-\exp\left(-\xi_1 z\right) + \dfrac{2\xi_1}{k^2+\xi_2^2}\xi_2\exp\left(-\xi_2 z\right)\right] \\ f_z = -A\xi_1\left[\exp\left(-\xi_1 z\right) - \dfrac{2k^2}{k^2+\xi_2^2}\exp\left(-\xi_2 z\right)\right] \end{cases} \tag{3.89}$$

也就是说,Rayleigh 波传播过程所产生的扰动中质点的运动轨迹必为一个围绕原平衡点的椭圆,其椭圆的两个半轴大小与质点在 $z$ 方向的深度相关。

在 $z=0$ 表面时,此时两个方向的位移分别为

$$\begin{cases} u_x|_{z=0} = Ak\left(\dfrac{2\xi_1\xi_2}{k^2+\xi_2^2}-1\right)\sin\left(kx-\omega t\right) \\ u_z|_{z=0} = A\xi_1\left(\dfrac{2k^2}{k^2+\xi_2^2}-1\right)\cos\left(kx-\omega t\right) \end{cases} \tag{3.90}$$

因此,我们可以得到位移幅值沿着 $z$ 轴正方向传播时的无量纲变化量:

$$\begin{cases} \bar{u}_x = \dfrac{u_x}{u_x|_{z=0}} = \dfrac{2\xi_1\xi_2\exp\left(-\xi_2 z\right)-\left(k^2+\xi_2^2\right)\exp\left(-\xi_1 z\right)}{2\xi_1\xi_2-\left(k^2+\xi_2^2\right)} \\ \bar{u}_z = \dfrac{u_z}{u_z|_{z=0}} = \dfrac{2k^2\exp\left(-\xi_2 z\right)-\left(k^2+\xi_2^2\right)\exp\left(-\xi_1 z\right)}{2k^2-\left(k^2+\xi_2^2\right)} \end{cases} \tag{3.91}$$

即

$$\begin{cases} \bar{u}_x = \left\{\dfrac{2\xi_1\xi_2}{k^2}\dfrac{\exp\left[(\xi_1-\xi_2)z\right]-1}{\frac{2\xi_1\xi_2}{k^2}+C^{*2}-2}+1\right\}\exp\left(-\xi_1 z\right) \\ \bar{u}_z = \left\{2\dfrac{\exp\left[(\xi_1-\xi_2)z\right]-1}{C^{*2}}+1\right\}\exp\left(-\xi_1 z\right) \end{cases} \tag{3.92}$$

上两式给出了沿着 $z$ 轴正方向 Rayleigh 波位移振幅的衰减规律。同样,以地质材料为例,当设 $\nu=0.25$ 时,可有

$$\begin{cases} \dfrac{\xi_1}{k} = \sqrt{1-C^{*2}\dfrac{1-2\nu}{2-2\nu}} = 0.848 \\ \dfrac{\xi_2}{k} = \sqrt{1-C^{*2}} = 0.394 \end{cases} \tag{3.93}$$

此时,式 (3.92) 可以具体写为

$$\begin{cases} \bar{u}_x = [2.372-1.372\exp\left(0.454kz\right)]\exp\left(-0.848kz\right) \\ \bar{u}_z = [2.367\exp\left(0.454kz\right)-1.367]\exp\left(-0.848kz\right) \end{cases} \tag{3.94}$$

根据 $k = 2\pi/L$ 可知，上式中 $kz = 2\pi z/L$，它代表 $z$ 轴坐标与波长比值的 $2\pi$ 倍。上式所示两个方向上位移无量纲幅值随着 $z$ 轴坐标增大而变化的趋势如图 3.4 所示。

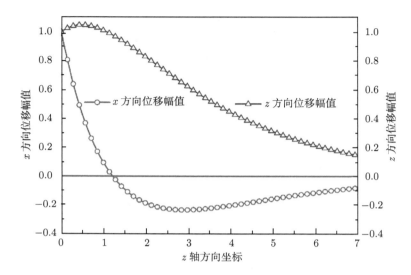

图 3.4　Rayleigh 波在 $z$ 方向上传播的位移幅值衰减规律

从图中可以看出，以泊松比为 0.25 的常规地质材料为例，随着 $z$ 轴坐标的增大，$\bar{u}_x$ 所代表的位移幅值在初期快速减小，当 $kz \doteq 1.206$ 时，$\bar{u}_x = 0$，即当 $z = 0.192L$ 时，此时 $x$ 方向的位移为 0，它的物理意义是：随着 $z$ 轴坐标的增大，表面波在 $x$ 方向的位移幅度在初期快速减小，当 $z$ 方向深度为波长的 0.192 倍时，此时 $x$ 方向的位移为 0，即在此平面上无 $x$ 方向的位移，当深度继续增加时，$x$ 方向的位移幅度也逐渐增大，但其方向相反，有着反相位的振动；不同的是，对于 $z$ 方向的位移 $\bar{u}_z$ 而言，随着 $z$ 方向深度的增加，其值先小量增大，当 $z = 0.076L$ 时，达到最大值 $\bar{u}_z = 1.049$，然后逐渐减小，但在整个区间内 $\bar{u}_z$ 始终大于 0。

从式 (3.94) 容易看出，随着材料泊松比的变化，此两个方向的无量纲位移不尽相同。当深度 $z \to +\infty$ 时，根据式 (3.91) 可知，两个方向的位移皆趋于 0。令 (3.92) 所示方程组中第一式的值为 0：

$$\bar{u}_x = \left\{ \frac{2\xi_1\xi_2}{k^2} \frac{\exp\left[(\xi_1 - \xi_2)\,z\right] - 1}{\dfrac{2\xi_1\xi_2}{k^2} + C^{*2} - 2} + 1 \right\} \exp\left(-\xi_1 z\right) = 0 \tag{3.95}$$

可以解得，此时要求：

$$kz = \frac{1}{\sqrt{1 - C^{*2}\dfrac{1 - 2\nu}{2 - 2\nu}} - \sqrt{1 - C^{*2}}} \ln\left[ \frac{2 - C^{*2}}{2\sqrt{1 - C^{*2}\dfrac{1 - 2\nu}{2 - 2\nu}}\sqrt{1 - C^{*2}}} \right] \tag{3.96}$$

即对于不同泊松比材料而言，当 $kz$ 满足上式值时，$x$ 方向的位移 $\bar{u}_x = 0$，此时坐标 $z$ 值与波长之比的变化趋势如图 3.5 所示。

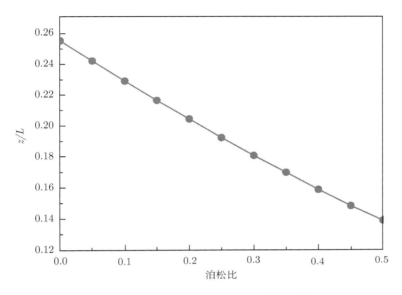

图 3.5 不同泊松比材料值 $\bar{u}_x$ 为 0 时的无量纲深度

从图中可以看出，随着材料泊松比的增大，$\bar{u}_x = 0$ 平面变浅，$\nu = 0$ 时，$z = 0.255L$；$\nu = 0.5$ 时，$z = 0.139L$。也就是说，随着材料泊松比的增大，位移 $\bar{u}_x$ 沿着深度 $z$ 方向衰减得越快。

对式 (3.92) 所示方程组中第二式求导，并令 $\bar{u}_z' = 0$：

$$kz = \frac{1}{\sqrt{1 - C^{*2}\dfrac{1-2\nu}{2-2\nu}} - \sqrt{1-C^{*2}}} \ln\left(\frac{2-C^{*2}}{2\sqrt{1-C^{*2}}}\sqrt{1-C^{*2}\frac{1-2\nu}{2-2\nu}}\right) \tag{3.97}$$

即对于不同泊松比材料而言，当 $kz$ 满足上式值时，$z$ 方向的位移 $\bar{u}_z$ 达到最大值，此时坐标 $z$ 值与波长之比的变化趋势如图 3.6 所示。

从上面的分析来看，整体上讲，Rayleigh 波引起的质点位移随着质点在介质内的深度增加呈明显衰减态势，其衰减速度与 $kz$ 呈正向比例关系，也就是说，谐波的波数或圆频率越高，其振动的位移幅值衰减得越快，反之，圆频率越低衰减得就越慢；当 Rayleigh 波是由一系列不同圆频率谐波组成时，就会在传播过程中呈现较远处自由面将较少受到高频谐波的影响这一现象，一般将之称为趋肤效应。从能量角度上看，其引起的能量主要集中在自由面附近，其沿着自由表面任何一个方向传播时的能量为二维发散，而无限介质中的无旋波和等容波的传播能量为三维发散，因此 Rayleigh 波在表面内的某个方向的传播能量衰减速度小于无限介质中无旋波和等容波的传播能量衰减速度，其在远处的破坏作用更为大些。

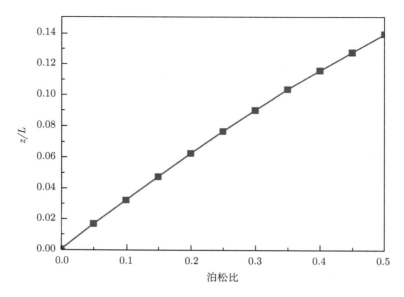

图 3.6　不同泊松比材料值 $\bar{u}_z$ 为最大值时的无量纲深度

## 3.2　平面弹性波的斜入射问题

前面章节的分析表明，当弹塑性波到达交界面上时，一般会同时产生反射波和透射波，也即存在反射和折射现象。在无限弹性介质中，当平面弹性波正入射到交界面上时，平面波的透反射过程中无旋波和等容波等可以相互解耦而利用以上章节所讲的原理来推导演化，而当平面波斜入射到交界面时，其反射波和透射波中既有无旋波也有等容波，它们之间相互耦合，我们称之为波形耦合。

下面我们针对几种平面波斜入射到交界面 (自由面) 上的问题进行分析。

### 3.2.1　平面波在自由面上的斜入射问题

考虑一个半无限平面，如图 3.7 所示，坐标轴 $xy$ 轴上方假设为真空而下方即 $z$ 轴正方向为无限介质，即该平面是一个自由面，介质中的应力波到达此自由面均只产生反射波，而不存在透射波。这里我们考虑平面无旋波 (P 波) 和平面等容波 (S 波) 两类波，事实上，平面无旋波和平面等容波分别是无旋波和等容波的特例。对于一个平面波而言，其质点位移可以分解成三个分量，其对应的平面波分量也有三个，如图 3.7 所示。

第一个分量，即为沿着入射波方向传播的位移分量 $u_1$，其对应的是平面无旋波，也即地震学中所谓的 P 波，它是一种纵波，速度较快。

第二个分量，即为波阵面内与水平面平行的位移分量 $u_2$，其方向与 $y$ 轴方向一致，它是一种横波，波速较慢，属于等容波，由于其位移方向与水平面平行，在地震学中常称为 SH 波。

第三个分量，即在波阵面内且在铅垂面 $xz$ 内同时又与 $y$ 轴相互垂直的位移分量 $u_3$，它也是一种横波，也属于等容波，由于其处于铅垂面内，在地震学中常称为 SV 波。

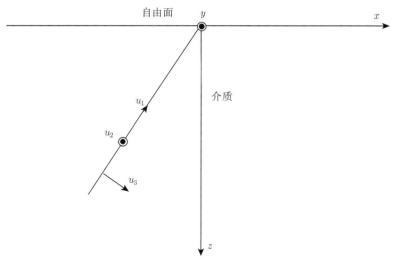

图 3.7 平面波在自由面上的斜入射问题

从图中容易看出，对于自由面而言，其边界条件有

$$
\begin{cases}
\sigma_{zx}|_{z=0} = 0 \\
\sigma_{zy}|_{z=0} = 0 \\
\sigma_{zz}|_{z=0} = 0
\end{cases}
\tag{3.98}
$$

如果我们将平面波问题视为沿着波传播方向的一维应变问题，即是与 $y$ 无关的平面应变问题，根据广义胡克定律和相容关系，我们可以将上式进一步写为

$$
\begin{cases}
\sigma_{zx}|_{z=0} = \mu\left(\dfrac{\partial u_x}{\partial z} + \dfrac{\partial u_z}{\partial x}\right)\bigg|_{z=0} = 0 \\
\sigma_{zy}|_{z=0} = \mu\left(\dfrac{\partial u_y}{\partial z} + \dfrac{\partial u_z}{\partial y}\right)\bigg|_{z=0} = 0 \\
\sigma_{zz}|_{z=0} = \left(\lambda\theta + 2\mu\dfrac{\partial u_z}{\partial z}\right)\bigg|_{z=0} = \left[(\lambda+2\mu)\dfrac{\partial u_z}{\partial z} + \lambda\dfrac{\partial u_x}{\partial x}\right]\bigg|_{z=0} = 0
\end{cases}
\tag{3.99}
$$

### 1. 平面无旋波 (P 波) 在自由面上的斜入射问题

我们先考虑一个平面无旋波 $u_0$ 以入射角 $\alpha_0$ 斜入射到该自由面上的情况，利用弹性力学知识容易求出，若反射波只有无旋波，则边界条件不可能被满足，因此，反射波应该既有无旋波也有等容波。本节中为了统一说法，暂都以地震学中的概念来叙述，即当一个 P 波斜入射到自由面时，其反射波应同时存在 P 波和 S 波，同时，从上面的定义可以看出，SH 波中质点位移不在平面 $xz$ 内，因此与 P 波并不相耦合，因此反射波中的 S 波必为 SV 波。此时，假设反射 P 波 $u_1$ 的反射角为 $\alpha_1$，反射 SV 波 $u_2$ 的反射角为 $\alpha_2$，如图 3.8 所示。

假设入射 P 波是一个简单的谐波：

$$
u_0 = A_0 \exp\left[\mathrm{i}\left(k_0 x \sin\alpha_0 - k_0 z \cos\alpha_0 - \omega_0 t\right)\right]
\tag{3.100}
$$

式中，$A_0$ 表示入射 P 波的振幅；波数 $k_0 = \omega_0/C$，其他符号意义同前。其在 $x$ 和 $z$ 方向上的位移分量分别为

$$\begin{cases} u_{0x} = u_0 \sin \alpha_0 \\ u_{0z} = -u_0 \cos \alpha_0 \end{cases} \tag{3.101}$$

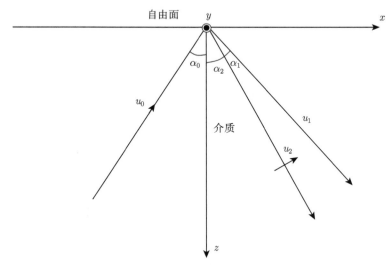

图 3.8　平面无旋波在自由面上的斜入射问题

同理，可假设反射 P 波为

$$u_1 = A_1 \exp\left[\mathrm{i}\left(k_1 x \sin \alpha_1 + k_1 z \cos \alpha_1 - \omega_1 t\right)\right] \tag{3.102}$$

式中，$A_1$ 表示反射 P 波的振幅；波数 $k_1 = \omega_1/C$，其他符号意义同前。其在 $x$ 和 $z$ 方向上的位移分量分别为

$$\begin{cases} u_{1x} = u_1 \sin \alpha_1 \\ u_{1z} = u_1 \cos \alpha_1 \end{cases} \tag{3.103}$$

反射 SV 波为

$$u_2 = A_2 \exp\left[\mathrm{i}\left(k_2 x \sin \alpha_2 + k_2 z \cos \alpha_2 - \omega_2 t\right)\right] \tag{3.104}$$

式中，$A_2$ 表示反射 SV 波的振幅；波数 $k_2 = \omega_2/C_\omega$；$C_\omega$ 表示等容波波速，其他符号意义同前。其在 $x$ 和 $z$ 方向上的位移分量分别为

$$\begin{cases} u_{2x} = u_2 \cos \alpha_2 \\ u_{2z} = -u_2 \sin \alpha_2 \end{cases} \tag{3.105}$$

根据以上六式，我们可以给出质点在两个方向上的合位移为

$$\begin{cases} u_x = u_{0x} + u_{1x} + u_{2x} = u_0 \sin \alpha_0 + u_1 \sin \alpha_1 + u_2 \cos \alpha_2 \\ u_z = u_{0z} + u_{1z} + u_{2z} = -u_0 \cos \alpha_0 + u_1 \cos \alpha_1 - u_2 \sin \alpha_2 \end{cases} \tag{3.106}$$

将其代入边界条件式 (3.99) 后可有

$$\begin{cases} (-k_0 \sin 2\alpha_0 u_0 + k_1 \sin 2\alpha_1 u_1 + k_2 \cos 2\alpha_2 u_2)|_{z=0} = 0 \\ \left[ \left( \lambda + 2\mu \cos^2 \alpha_0 \right) k_0 u_0 + \left( \lambda + 2\mu \cos^2 \alpha_1 \right) k_1 u_1 - \mu \sin 2\alpha_2 k_2 u_2 \right]\big|_{z=0} = 0 \end{cases} \tag{3.107}$$

从上式容易看出，满足上式的必要条件是

$$\begin{cases} k_0 \sin \alpha_0 = k_1 \sin \alpha_1 = k_2 \sin \alpha_2 \\ \omega_0 = \omega_1 = \omega_2 \end{cases} \tag{3.108}$$

即

$$\frac{\sin \alpha_0}{C} = \frac{\sin \alpha_1}{C} = \frac{\sin \alpha_2}{C_\omega} = C^* \tag{3.109}$$

式中，$C^*$ 为波沿自由面的所谓视速度。上式是联系入射角、入射波波速和反射角、反射波波速的关系，称为 Snell 定律，它与光学中的 Snell 定律是一致的。

从上两式可明显看出：

$$\begin{cases} \alpha_0 = \alpha_1 \\ \dfrac{\sin \alpha_0}{\sin \alpha_2} = \sqrt{\dfrac{\lambda + 2\mu}{\mu}} = \sqrt{\dfrac{2 \left( 1 - \nu \right)}{1 - 2\nu}} = \chi \\ k_0 = k_1 \end{cases} \tag{3.110}$$

上式的物理意义是：首先，反射无旋波 (P 波) 的反射角与入射无旋波 (P 波) 的入射角相等；其次，当入射无旋波 (P 波) 的入射角非零时 (即不是正入射时)，反射等容波 (SV 波) 必然存在，且其反射角 $\alpha_2$ 必大于 0 且小于入射角。即入射波为 P 波且非正入射到自由面时，反射波必为 P 波和 SV 波的耦合形式。从上式也可以看出，SV 波的反射角 $\alpha_2$ 的反射系数是介质泊松比 $\nu$ 的单轴函数，也就是说，SV 波反射角 $\alpha_2$ 可以只由 P 波入射角 $\alpha_0$ 和介质泊松比 $\nu$ 来确定，以常规地质材料 $\nu = 0.25$ 而言，其反射系数为 $\chi = \sqrt{3}$，反射系数与泊松比之间的关系如图 3.9 所示。

将式 (3.108) 代入式 (3.107)，我们可以得到

$$\begin{cases} -k_0 \sin 2\alpha_0 A_0 + k_1 \sin 2\alpha_1 A_1 + k_2 \cos 2\alpha_2 A_2 = 0 \\ \left( \lambda + 2\mu \cos^2 \alpha_0 \right) k_0 A_0 + \left( \lambda + 2\mu \cos^2 \alpha_1 \right) k_1 A_1 - \mu \sin 2\alpha_2 k_2 A_2 = 0 \end{cases} \tag{3.111}$$

结合式 (3.110)，可以得到

$$\begin{cases} \sin 2\alpha_0 \dfrac{A_1}{A_0} + \dfrac{k_2}{k_0} \cos 2\alpha_2 \dfrac{A_2}{A_0} = \sin 2\alpha_0 \\ \left( \lambda + 2\mu \cos^2 \alpha_0 \right) \dfrac{A_1}{A_0} - \mu \sin 2\alpha_2 \dfrac{k_2}{k_0} \dfrac{A_2}{A_0} = - \left( \lambda + 2\mu \cos^2 \alpha_0 \right) \end{cases} \tag{3.112}$$

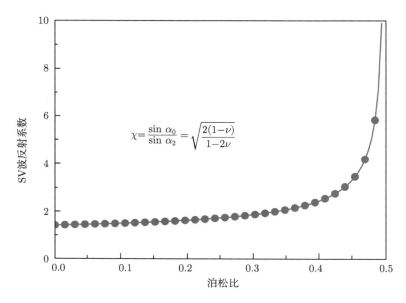

图 3.9　反射系数与泊松比之间的关系

替换掉式中的弹性常数，有

$$
\begin{cases}
\sin 2\alpha_0 \dfrac{A_1}{A_0} + \chi \cos 2\alpha_2 \dfrac{A_2}{A_0} = \sin 2\alpha_0 \\[2mm]
\chi \cos 2\alpha_2 \dfrac{A_1}{A_0} - \sin 2\alpha_2 \dfrac{A_2}{A_0} = -\chi \cos 2\alpha_2
\end{cases}
\tag{3.113}
$$

根据上式，可以解得

$$
\begin{cases}
\dfrac{A_1}{A_0} = \dfrac{\sin 2\alpha_0 \sin 2\alpha_2 - \chi^2 \cos^2 2\alpha_2}{\sin 2\alpha_0 \sin 2\alpha_2 + \chi^2 \cos^2 2\alpha_2} \\[3mm]
\dfrac{A_2}{A_0} = \dfrac{2\chi \sin 2\alpha_0 \cos 2\alpha_2}{\sin 2\alpha_0 \sin 2\alpha_2 + \chi^2 \cos^2 2\alpha_2}
\end{cases}
\tag{3.114}
$$

从上式可以看出，反射 P 波的波幅与反射 SV 波的波幅可以由反射角与入射角来唯一确定，再结合反射角的求解方程，我们可以确定，反射 P 波的波幅与反射 SV 波的波幅可以由入射 P 波入射角和介质的泊松比来唯一确定。

根据式 (3.110)，我们可以把式 (3.114) 写为纯粹由入射角和泊松比来表示的方程组：

$$
\begin{cases}
\dfrac{A_1}{A_0} = 1 - \dfrac{2\left(2\sin^2 \alpha_0 - \chi^2\right)^2}{2\sin 2\alpha_0 \sin \alpha_0 \sqrt{\chi^2 - \sin^2 \alpha_0} + \left(2\sin^2 \alpha_0 - \chi^2\right)^2} \\[4mm]
\dfrac{A_2}{A_0} = \dfrac{2\chi \sin 2\alpha_0 \left(\chi^2 - 2\sin^2 \alpha_0\right)}{2\sin 2\alpha_0 \sin \alpha_0 \sqrt{\chi^2 - \sin^2 \alpha_0} + \left(2\sin^2 \alpha_0 - \chi^2\right)^2}
\end{cases}
\tag{3.115}
$$

我们可以分别得到反射 P 波波幅的反射系数 $A_1/A_0$ 与反射 SV 波波幅的反射系数 $A_2/A_0$ 随着入射角度变化和介质泊松比而变化的趋势，其中反射 P 波波幅的反射系数 (反射 P 波的幅值与入射 P 波幅值之比) 如图 3.10 所示。从图中可以看出：

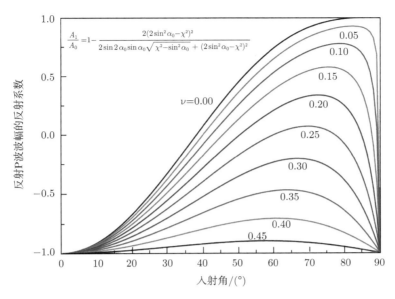

图 3.10 反射 P 波波幅系数与入射角度和泊松比之间的关系

(1) 对于同一种介质，当材料的泊松比大于 0 时，随着入射 P 波角度的增大，反射 P 波幅值的反射系数呈先逐渐增加后急剧减小的趋势；此时，考虑泊松比为常量，对式 (3.115) 中第一式求导，并令

$$\left(\frac{A_1}{A_0}\right)' = 0 \tag{3.116}$$

即有

$$\alpha_0 = \arccos\left[\frac{-\left(3\chi^4 - 3\chi^2 + 2\right) + \sqrt{\left(3\chi^4 - 3\chi^2 + 2\right)^2 - 4\left(\chi^2 - 1\right)\left(\chi^4 + 2\chi^2 - 1\right)}}{2\left(\chi^2 - 1\right)}\right] \tag{3.117}$$

通过上式我们可以绘制反射 P 波波幅反射系数极值对应的入射角度与泊松比之间的关系曲线，如图 3.11 所示。从两个图中皆可以看出，其极值对应的入射角度随着泊松比的增大而减小。

(2) 当材料的泊松比 $\nu > 0.26$ 时，反射 P 波的波幅值始终小于 0，即 $A_1/A_0 < 0$；而当 $\nu < 0.26$ 时，则同时存在正值和负值区间，且一般存在两个入射角，皆使得 $A_1/A_0 = 0$，说明此时虽然入射波为 P 波，但反射波却只有 SV 波，这种现象称为波形转换或偏振转换，对应的这两个角度为波形转换角，它是与介质的泊松比密切相关的。如当 $\nu = 0.25$ 时，其波形转换角分别为 $60°$ 和 $77.2°$。

同理，我们也可以从式 (3.115) 中第二式给出反射 SV 波波幅的反射系数 (反射 SV 波的幅值与入射 P 波幅值之比) 如图 3.12 所示。

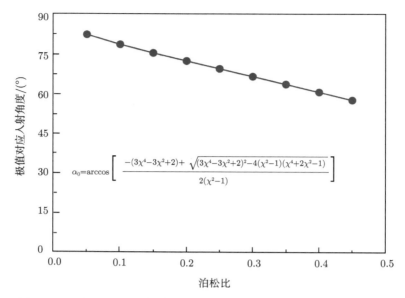

图 3.11　反射 P 波波幅系数极值对应的入射角度与泊松比之间的关系

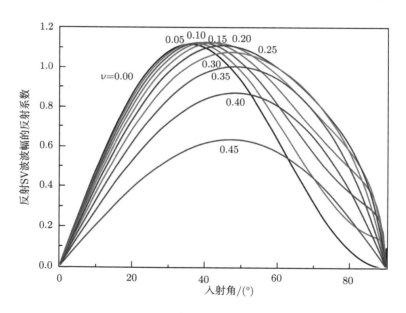

图 3.12　反射 SV 波波幅系数与入射角度和泊松比之间的关系

从图中可以看出，对于某种特定的介质而言，随着入射 P 波的入射角增大，其反射 SV 波波幅反射系数呈先增大后减小的趋势，而且，随着介质泊松比的增大，其峰值呈先小量增加后加速减小趋势。对比图 3.10 和图 3.12 可以看到，当 P 波入射角 $\alpha_0 = 0$ 时，即 P 波垂直入射时，只有反射 P 波存在，而不存在反射 SV 波；而当 P 波入射角 $\alpha_0 \to \pi/2$ 时，反射 SV 波不存在，而且，反射 P 波与入射 P 波幅值相等、方向相反，即其合成了零运动情况，此时自由面附近不存在均匀的平面谐波解。

2. SH 波在自由面上的斜入射问题

根据图 3.7 所示，SH 波的位移 $u$ 沿 $y$ 方向而与入射平面 $xz$ 平行，即其在三个方向上的分量为

$$\begin{cases} u_x = u_z = 0 \\ u_y = u \end{cases} \tag{3.118}$$

也就是说，其与处于入射平面 $xz$ 内的 P 波位移以及 SV 波位移不会产生耦合作用，因此，当 SH 波入射至自由面时将只会产生一个反射的 SH 波，而不会产生反射的 P 波和 SV 波。

如图 3.13 所示，设入射 SH 波位移为 $u_0$，其反射 SH 波的位移为 $u_1$，则介质中任意一点的位移将是此两个位移矢量和，根据 SH 特征有

$$\begin{cases} u_x = u_z = 0 \\ u_y = u_{0y} + u_{1y} \end{cases} \tag{3.119}$$

假设入射 SH 波和反射 SH 波的谐波方程分别可写为

$$\begin{cases} u_0 = u_{0y} = B_0 \exp\left[\mathrm{i}\left(k_0 x \sin\beta_0 - k_0 z \cos\beta_0 - \omega_0 t\right)\right] \\ u_1 = u_{1y} = B_1 \exp\left[\mathrm{i}\left(k_1 x \sin\beta_1 + k_1 z \cos\beta_1 - \omega_1 t\right)\right] \end{cases} \tag{3.120}$$

式中，$B_0$ 和 $B_1$ 分别表示两个谐波幅值，其他参数的物理意义参考以上对应方程。其中两波的波数满足：

$$\begin{cases} k_0 = \dfrac{\omega_0}{C_\omega} \\ k_1 = \dfrac{\omega_1}{C_\omega} \end{cases} \tag{3.121}$$

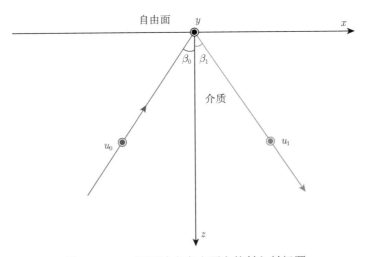

图 3.13　SH 平面波在自由面上的斜入射问题

因此，我们可以得到质点位移量为

$$
\begin{cases}
u_x = u_z = 0 \\
u_y = u_{0y} + u_{1y} = B_0 \exp\left[\mathrm{i}\left(k_0 x \sin\beta_0 - k_0 z \cos\beta_0 - \omega_0 t\right)\right] \\
\qquad\qquad\quad + B_1 \exp\left[\mathrm{i}\left(k_1 x \sin\beta_1 + k_1 z \cos\beta_1 - \omega_1 t\right)\right]
\end{cases}
\tag{3.122}
$$

将上式代入边界条件式 (3.99)，其中第一式和第三式恒满足条件，由第二式可以得到

$$
k_1 \cos\beta_1 B_1 \exp\left[\mathrm{i}\left(k_1 x \sin\beta_1 - \omega_1 t\right)\right] - k_0 \cos\beta_0 B_0 \exp\left[\mathrm{i}\left(k_0 x \sin\beta_0 - \omega_0 t\right)\right] = 0
\tag{3.123}
$$

容易知道，上式满足的必要条件是

$$
\begin{cases}
k_1 \sin\beta_1 = k_0 \sin\beta_0 \\
\omega_1 = \omega_0
\end{cases}
\tag{3.124}
$$

结合式 (3.121)，上式可等效为

$$
\begin{cases}
k_1 = k_0 \\
\omega_1 = \omega_0 \\
\beta_1 = \beta_0
\end{cases}
\tag{3.125}
$$

再将上式代入式 (3.123)，即可以得到

$$
B_1 = B_0
\tag{3.126}
$$

上面一系列推导结论的物理意义是：当 SH 平面谐波入射到自由面时，反射波必为且仅有 SH 波，且两波的频率相等、波数相同，反射波的反射角一定与入射波的入射角相等，两波的位移幅值也相等。

### 3. SV 波在自由面上的斜入射问题

当入射波为 SV 平面波时，根据 P 波、SH 波和 SV 波的位移特性，同前面的分析可知，反射波应该只有 P 波和 SV 波。假设入射 SV 波的入射角为 $\gamma_0$，反射 P 波的反射角为 $\gamma_1$，反射 SV 波的反射角为 $\gamma_2$，其质点位移分别为 $u_0$、$u_1$ 和 $u_2$，如图 3.14 所示。

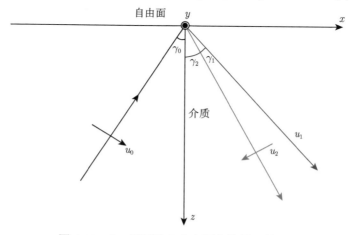

图 3.14    SV 平面波在自由面上的斜入射问题

同理，我们可将入射 SV 波、反射 P 波和反射 SV 波的谐波方程写为

$$\begin{cases} u_0 = H_0 \exp\left[\mathrm{i}\left(k_0 x \sin\gamma_0 - k_0 z \cos\gamma_0 - \omega_0 t\right)\right] \\ u_1 = H_1 \exp\left[\mathrm{i}\left(k_1 x \sin\gamma_1 + k_1 z \cos\gamma_1 - \omega_1 t\right)\right] \\ u_2 = H_2 \exp\left[\mathrm{i}\left(k_2 x \sin\gamma_2 + k_2 z \cos\gamma_2 - \omega_2 t\right)\right] \end{cases} \tag{3.127}$$

式中，$H_0$、$H_1$ 和 $H_2$ 分别表示入射 SV 波、反射 P 波和反射 SV 波三个谐波的波幅，其他参数意义参考上文对应方程，其中三个波的波数分别满足：

$$k_0 = \frac{\omega_0}{C_\omega}, \ k_1 = \frac{\omega_1}{C}, \ k_2 = \frac{\omega_2}{C_\omega} \tag{3.128}$$

式 (3.127) 所示位移在 $x$ 轴和 $z$ 轴正方向的微元分量分别为

$$\begin{cases} u_x = u_{0x} + u_{1x} + u_{2x} = u_0 \cos\gamma_0 + u_1 \sin\gamma_1 - u_2 \cos\gamma_2 \\ u_z = u_{0z} + u_{1z} + u_{2z} = u_0 \sin\gamma_0 + u_1 \cos\gamma_1 + u_2 \sin\gamma_2 \end{cases} \tag{3.129}$$

将上式代入边界条件式 (3.99)，容易知道其中第二式恒成立，此时即有

$$\begin{cases} \left(-k_0 u_0 \cos 2\gamma_0 + k_1 u_1 \sin 2\gamma_1 - k_2 u_2 \cos 2\gamma_2\right)|_{z=0} = 0 \\ \left[\lambda k_1 u_1 + \mu\left(-k_0 u_0 \sin 2\gamma_0 + 2k_1 u_1 \cos^2\gamma_1 + k_2 u_2 \sin 2\gamma_2\right)\right]\big|_{z=0} = 0 \end{cases} \tag{3.130}$$

结合式 (3.127) 和式 (3.130)，容易知道，以上方程组成立的必要条件是

$$\begin{cases} \omega_0 = \omega_1 = \omega_2 \\ k_0 \sin\gamma_0 = k_1 \sin\gamma_1 = k_2 \sin\gamma_2 \end{cases} \tag{3.131}$$

结合式 (3.128)，即有

$$\frac{\sin\gamma_0}{C_\omega} = \frac{\sin\gamma_1}{C} = \frac{\sin\gamma_2}{C_\omega} = C^* \tag{3.132}$$

也就是说，此时反射规律也满足 Snell 定律。从上两式可以看出，此时 $\gamma_0 = \gamma_2$ 和 $k_0 = k_2$，即反射 SV 波的反射角与入射 SV 波的入射角相等，两个谐波的波数也相等；而且反射 P 波的反射角大于反射 SV 波的反射角。

结合上述结论，并将式 (3.127) 代入式 (3.130)，我们可以得到

$$\begin{cases} \dfrac{H_1}{H_0} \sin 2\gamma_1 - \dfrac{k_0}{k_1}\dfrac{H_2}{H_0} \cos 2\gamma_0 = \dfrac{k_0}{k_1} \cos 2\gamma_0 \\[2mm] \left[\dfrac{\lambda + 2\mu}{\mu} - 2\left(\dfrac{k_0}{k_1}\right)^2 \sin^2\gamma_0\right] \dfrac{H_1}{H_0} + \dfrac{k_0}{k_1}\dfrac{H_2}{H_0} \sin 2\gamma_0 = \dfrac{k_0}{k_1} \sin 2\gamma_0 \end{cases} \tag{3.133}$$

令

$$\chi = \frac{\sin\gamma_1}{\sin\gamma_0} = \frac{k_0}{k_1} = \frac{C}{C_\omega} = \sqrt{\frac{\lambda + 2\mu}{\mu}} = \sqrt{\frac{2(1-\nu)}{1-2\nu}} \tag{3.134}$$

可以发现，上式所定义的常数与上文中对应的量一致。此时式 (3.133) 可写为

$$
\begin{cases}
\sin 2\gamma_1 \dfrac{H_1}{H_0} - \chi \cos 2\gamma_0 \dfrac{H_2}{H_0} = \chi \cos 2\gamma_0 \\[3mm]
\cos 2\gamma_0 \chi \dfrac{H_1}{H_0} + \sin 2\gamma_0 \dfrac{H_2}{H_0} = \sin 2\gamma_0
\end{cases}
\tag{3.135}
$$

由上式我们可以解得

$$
\begin{cases}
\dfrac{H_1}{H_0} = \dfrac{2\chi \sin 2\gamma_0 \cos 2\gamma_0}{\sin 2\gamma_1 \sin 2\gamma_0 + \chi^2 \cos^2 2\gamma_0} \\[4mm]
\dfrac{H_2}{H_0} = \dfrac{\sin 2\gamma_0 \sin 2\gamma_1 - \chi^2 \cos^2 2\gamma_0}{\sin 2\gamma_0 \sin 2\gamma_1 + \chi^2 \cos^2 2\gamma_0}
\end{cases}
\tag{3.136}
$$

可以看出，上式与式 (3.114) 形式上相似。将上式转换为由泊松比和入射角表示的方程，可以得到

$$
\begin{cases}
\dfrac{H_1}{H_0} = \dfrac{\chi \sin 4\gamma_0}{2\sin \gamma_0 \chi \sqrt{1 - \chi^2 \sin^2 \gamma_0}\, \sin 2\gamma_0 + \chi^2 \cos^2 2\gamma_0} \\[4mm]
\dfrac{H_2}{H_0} = 1 - \dfrac{2\chi^2 \cos^2 2\gamma_0}{2\sin 2\gamma_0 \sin \gamma_0 \chi \sqrt{1 - \chi^2 \sin^2 \gamma_0} + \chi^2 \cos^2 2\gamma_0}
\end{cases}
\tag{3.137}
$$

从上式可以看出，反射 P 波和 SV 波波幅反射系数是入射角和介质泊松比的函数。根据式 (3.134)，我们可以得到

$$
\sin \gamma_0 = \frac{\sin \gamma_1}{\sqrt{\dfrac{2\,(1-\nu)}{1-2\nu}}} \leqslant \sqrt{\frac{1-2\nu}{2\,(1-\nu)}} = \sqrt{1 - \frac{1}{2\,(1-\nu)}}
\tag{3.138}
$$

也就是说，SV 平面波的入射角度必须满足上式才能反射 P 波，否则将不会反射 P 波，即存在入射角上限，其上限随着介质泊松比的增加而减小，其入射角上限如表 3.5 所示。当 SV 平面波入射角大于这个极限值时，反射问题不再符合 Snell 定律，式 (3.137) 就会存在虚数解，也就是说此时不会存在正常的均匀反射 P 波，就会导致所谓复反射或全反射现象，此时自由面附近会产生非均匀的表面波，可参考上一节中的 Rayleigh 波相关内容。

表 3.5　不同泊松比材料 SV 平面波入射角上限

| 泊松比 | 0.00 | 0.05 | 0.10 | 0.15 | 0.20 | 0.25 |
|---|---|---|---|---|---|---|
| 入射角上限 | 45° | 43.5° | 41.8° | 39.9° | 37.8° | 35.3° |
| 泊松比 | 0.30 | 0.35 | 0.40 | 0.45 | 0.50 | |
| 入射角上限 | 32.3° | 28.7° | 24.1° | 17.5° | 0.0° | |

针对式 (1.137) 中第一式，我们给出其曲线图，如图 3.15 所示。从图中可以看出，对于不同泊松比介质而言，其有效反射 P 波波幅值对应的入射 SV 平面波的入射角皆在表 3.5 所示角度范围内，反射 P 波的位移幅值恒不小于 0；随着介质泊松比的增大，曲线由 "下弯" 形态逐渐转变为 "上弯" 形态，曲线初始斜率逐渐减小；当 SV 平面波的入射角为 0 时，即正入射时，不存在反射 P 波。

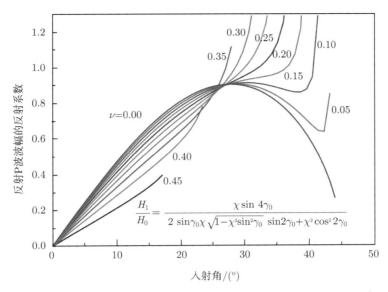

图 3.15  反射 P 波波幅系数与入射 SV 波角度和泊松比之间的关系

同理，我们可以绘制出反射 SV 波波幅系数与入射 SV 平面波入射角、介质泊松比之间的关系，如图 3.16 所示。从图中可以看出，不同泊松比时，介质内反射 SV 平面波位移幅度随着入射 SV 平面波入射角度的变化而变化的趋势类似，只是随着介质泊松比的增大，反射 SV 波波幅衰减越慢；当 $\nu > 0.26$ 时，反射 SV 波幅值恒小于 0，参考图 3.15 可知，其意味着反射 SV 波位移方向与入射 SV 波位移方向恒一致；当 $\nu > 0.26$ 时，反射 SV 波幅值随着泊松比的增大逐渐减小到 0 然后方向相反但波幅值逐渐增大，此时，存在这个角度，使得 SV 波波幅为 0，也就是说，此时只有反射 P 波，而不存在反射 SV 波，我们称之为波形转换角。

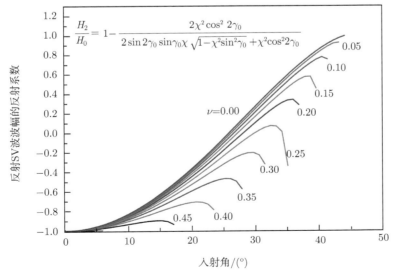

图 3.16  反射 SV 波波幅系数与入射 SV 波角度和泊松比之间的关系

结合式 (3.136) 和以上两图，我们可以看出当 SV 平面波入射角为 $0°$ 或 $45°$ 时，反射 P 波的波幅值皆为 0，也就是说此时反射波只存在 SV 波。

### 3.2.2 平面波在两种介质交界面上的斜入射问题

对于不存在相对滑动的两种介质交界面而言，当一个平面 P 波或平面 SV 波斜入射到界面上时，一般会产生两个反射波和两个透射波共四个波。同上节，我们考虑在 $xz$ 平面内波的传播问题，交界面取 $xy$ 平面，如图 3.17 所示，此时在交界面上应该存在以下边界条件：

(1) 位移连续边界条件。包括交界面法线方向上位移连续和切线两个方向上的位移连续：

$$\begin{cases} \left(\sum u_x\right)_{A,z=0} = \left(\sum u_x\right)_{B,z=0} \\ \left(\sum u_y\right)_{A,z=0} = \left(\sum u_y\right)_{B,z=0} \\ \left(\sum u_z\right)_{A,z=0} = \left(\sum u_z\right)_{B,z=0} \end{cases} \tag{3.139}$$

式中，下标 A 和 B 分别代表介质 A 和介质 B 中的量，本节中下文类同。对于入射波为 P 波或 SV 波而言，其中第二式恒成立，因此，位移连续条件可简化为

$$\begin{cases} \left(\sum u_x\right)_{A,z=0} = \left(\sum u_x\right)_{B,z=0} \\ \left(\sum u_z\right)_{A,z=0} = \left(\sum u_z\right)_{B,z=0} \end{cases} \tag{3.140}$$

(2) 应力平衡边界条件。包括交界面法线方向上正应力平衡和切线两个方向上切应力平衡：

$$\begin{cases} \left(\sum \sigma_{zz}\right)_{A,z=0} = \left(\sum \sigma_{zz}\right)_{B,z=0} \\ \left(\sum \sigma_{zx}\right)_{A,z=0} = \left(\sum \sigma_{zx}\right)_{B,z=0} \\ \left(\sum \sigma_{zy}\right)_{A,z=0} = \left(\sum \sigma_{zy}\right)_{B,z=0} \end{cases} \tag{3.141}$$

结合广义胡克定律和相容方程，上式可进一步写为

$$\begin{cases} \left[\sum\left(\lambda\Delta + 2\mu\dfrac{\partial u_z}{\partial z}\right)\right]_{A,z=0} = \left[\sum\left(\lambda\Delta + 2\mu\dfrac{\partial u_z}{\partial z}\right)\right]_{B,z=0} \\ \left[\sum\mu\left(\dfrac{\partial u_x}{\partial z} + \dfrac{\partial u_z}{\partial x}\right)\right]_{A,z=0} = \left[\sum\mu\left(\dfrac{\partial u_x}{\partial z} + \dfrac{\partial u_z}{\partial x}\right)\right]_{B,z=0} \\ \left[\sum\mu\left(\dfrac{\partial u_y}{\partial z} + \dfrac{\partial u_z}{\partial y}\right)\right]_{A,z=0} = \left[\sum\mu\left(\dfrac{\partial u_y}{\partial z} + \dfrac{\partial u_z}{\partial y}\right)\right]_{B,z=0} \end{cases} \tag{3.142}$$

对于入射波为 P 波或 SV 波而言，其中第三式恒成立，因此，位移连续条件可简化为

$$\begin{cases} \left\{\sum\left[(\lambda+2\mu)\dfrac{\partial u_z}{\partial z} + \lambda\dfrac{\partial u_x}{\partial x}\right]\right\}_{A,z=0} = \left\{\sum\left[(\lambda+2\mu)\dfrac{\partial u_z}{\partial z} + \lambda\dfrac{\partial u_x}{\partial x}\right]\right\}_{B,z=0} \\ \left[\sum\mu\left(\dfrac{\partial u_x}{\partial z} + \dfrac{\partial u_z}{\partial x}\right)\right]_{A,z=0} = \left[\sum\mu\left(\dfrac{\partial u_x}{\partial z} + \dfrac{\partial u_z}{\partial x}\right)\right]_{B,z=0} \end{cases} \tag{3.143}$$

假设介质 A 中有一个平行于 $xz$ 平面的 P 波斜入射到介质 A 和介质 B 的交界面上，入射角为 $\alpha$，此时会同时反射一个 SV 波和一个 P 波，设其反射角分别为 $\beta_1$ 和 $\beta_2$，同时会透射到介质 B 中一个 SV 波和一个 P 波，设其透射角分别为 $\gamma_1$ 和 $\gamma_2$，如图 3.17 所示。

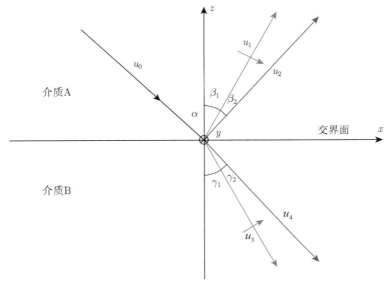

图 3.17　平面 P 波在两种介质交界面上的斜入射问题

我们可以将入射波、反射波和透射波的位移谐波方程写为

$$\begin{cases} u_0 = H_0 \exp\left[\mathrm{i}\left(k_0 x \sin\alpha - k_0 z \cos\alpha - \omega_0 t\right)\right] \\ u_1 = H_1 \exp\left[\mathrm{i}\left(k_1 x \sin\beta_1 + k_1 z \cos\beta_1 - \omega_1 t\right)\right] \\ u_2 = H_2 \exp\left[\mathrm{i}\left(k_2 x \sin\beta_2 + k_2 z \cos\beta_2 - \omega_2 t\right)\right] \\ u_3 = H_3 \exp\left[\mathrm{i}\left(k_3 x \sin\gamma_1 - k_3 z \cos\gamma_1 - \omega_3 t\right)\right] \\ u_4 = H_4 \exp\left[\mathrm{i}\left(k_4 x \sin\gamma_2 - k_4 z \cos\gamma_2 - \omega_4 t\right)\right] \end{cases} \tag{3.144}$$

式中，$H_0 \sim H_4$ 分别表示如图 3.17 所示各谐波的微元幅值；$k_0 \sim k_4$ 表示对应谐波的波数；$\omega_0 \sim \omega_4$ 表示对应谐波的圆频率。

根据图 3.17，我们可以给出两种介质中的位移在不同坐标轴上的分量：

$$\begin{cases} \left(\sum u_x\right)_{\mathrm{A}} = u_0 \sin\alpha + u_1 \cos\beta_1 + u_2 \sin\beta_2 \\ \left(\sum u_x\right)_{\mathrm{B}} = u_3 \cos\gamma_1 + u_4 \sin\gamma_2 \\ \left(\sum u_z\right)_{\mathrm{A}} = -u_0 \cos\alpha - u_1 \sin\beta_1 + u_2 \cos\beta_2 \\ \left(\sum u_z\right)_{\mathrm{B}} = u_3 \sin\gamma_1 - u_4 \cos\gamma_2 \end{cases} \tag{3.145}$$

将式 (3.144) 和式 (3.145) 代入式 (3.140) 可以得到

$$
\left\{
\begin{array}{l}
\left\{
\begin{array}{l}
H_0 \exp\left[\mathrm{i}\left(k_0 x \sin\alpha - \omega_0 t\right)\right]\sin\alpha + H_1 \exp\left[\mathrm{i}\left(k_1 x \sin\beta_1 - \omega_1 t\right)\right]\cos\beta_1 \\[2mm]
+ H_2 \exp\left[\mathrm{i}\left(k_2 x \sin\beta_2 - \omega_2 t\right)\right]\sin\beta_2 = H_3 \exp\left[\mathrm{i}\left(k_3 x \sin\gamma_1 - \omega_3 t\right)\right]\cos\gamma_1 \\[2mm]
+ H_4 \exp\left[\mathrm{i}\left(k_4 x \sin\gamma_2 - \omega_4 t\right)\right]\sin\gamma_2
\end{array}
\right\}_{z=0} \\[6mm]
\left\{
\begin{array}{l}
-H_0 \exp\left[\mathrm{i}\left(k_0 x \sin\alpha - \omega_0 t\right)\right]\cos\alpha - H_1 \exp\left[\mathrm{i}\left(k_1 x \sin\beta_1 - \omega_1 t\right)\right]\sin\beta_1 \\[2mm]
+ H_2 \exp\left[\mathrm{i}\left(k_2 x \sin\beta_2 - \omega_2 t\right)\right]\cos\beta_2 = H_3 \exp\left[\mathrm{i}\left(k_3 x \sin\gamma_1 - \omega_3 t\right)\right]\sin\gamma_1 \\[2mm]
-H_4 \exp\left[\mathrm{i}\left(k_4 x \sin\gamma_2 - \omega_4 t\right)\right]\cos\gamma_2
\end{array}
\right\}_{z=0}
\end{array}
\right.
\tag{3.146}
$$

上式成立的一个必要条件为

$$
\left\{
\begin{array}{l}
k_0 \sin\alpha = k_1 \sin\beta_1 = k_2 \sin\beta_2 = k_3 \sin\gamma_1 = k_4 \sin\gamma_2 \\[2mm]
\omega_0 = \omega_1 = \omega_2 = \omega_3 = \omega_4
\end{array}
\right.
\tag{3.147}
$$

由于

$$
k_0 = \frac{\omega_0}{(C)_{\mathrm{A}}}, \ k_1 = \frac{\omega_1}{(C_\omega)_{\mathrm{A}}}, \ k_2 = \frac{\omega_2}{(C)_{\mathrm{A}}}, \ k_3 = \frac{\omega_3}{(C_\omega)_{\mathrm{B}}}, \ k_4 = \frac{\omega_4}{(C)_{\mathrm{B}}}
\tag{3.148}
$$

代入式 (3.147)，可有

$$
\frac{\sin\alpha}{(C)_{\mathrm{A}}} = \frac{\sin\beta_1}{(C_\omega)_{\mathrm{A}}} = \frac{\sin\beta_2}{(C)_{\mathrm{A}}} = \frac{\sin\gamma_1}{(C_\omega)_{\mathrm{B}}} = \frac{\sin\gamma_2}{(C)_{\mathrm{B}}}
\tag{3.149}
$$

上式说明两种介质交界面上平面波斜入射问题也满足 Snell 定律。同时，可知

$$
\alpha = \beta_2
\tag{3.150}
$$

且

$$
\left\{
\begin{array}{l}
\dfrac{\sin\beta_2}{\sin\beta_1} = \dfrac{(C)_{\mathrm{A}}}{(C_\omega)_{\mathrm{A}}} = \left(\sqrt{\dfrac{\lambda + 2\mu}{\mu}}\right)_{\mathrm{A}} = \left(\sqrt{\dfrac{2 - 2\nu}{1 - 2\nu}}\right)_{\mathrm{A}} \\[5mm]
\dfrac{\sin\gamma_2}{\sin\gamma_1} = \dfrac{(C)_{\mathrm{B}}}{(C_\omega)_{\mathrm{B}}} = \left(\sqrt{\dfrac{\lambda + 2\mu}{\mu}}\right)_{\mathrm{B}} = \left(\sqrt{\dfrac{2 - 2\nu}{1 - 2\nu}}\right)_{\mathrm{B}}
\end{array}
\right.
\tag{3.151}
$$

和

$$
\frac{\sin\alpha}{\sin\gamma_2} = \frac{(C)_{\mathrm{A}}}{(C)_{\mathrm{B}}} = \frac{\left(\sqrt{\dfrac{\lambda + 2\mu}{\rho}}\right)_{\mathrm{A}}}{\left(\sqrt{\dfrac{\lambda + 2\mu}{\rho}}\right)_{\mathrm{B}}}
\tag{3.152}
$$

式 (3.150) 说明，入射 P 波和反射 P 波对应的入射角与反射角相等，这与自由面反射时的情况一致；式 (3.151) 在同一介质中两个反射波/透射波之间的角度比只与介质的泊松比相关；式 (3.152) 说明，不同介质的透反射角比不仅与两个介质的弹性常数相关，还与介质的密度相关。

此时，式 (3.146) 可简化为

$$
\left\{
\begin{array}{l}
H_0 \sin\alpha + H_1 \cos\beta_1 + H_2 \sin\alpha = H_3 \cos\gamma_1 + H_4 \sin\gamma_2 \\[2mm]
-H_0 \cos\alpha - H_1 \sin\beta_1 + H_2 \cos\alpha = H_3 \sin\gamma_1 - H_4 \cos\gamma_2
\end{array}
\right.
\tag{3.153}
$$

将式 (3.144)、式 (3.145) 和式 (3.147) 代入应力平衡边界条件式 (3.143)，可有

$$
\begin{cases}
\left[\lambda k_0\left(H_0+H_2\right)+2\mu k_0\cos^2\alpha\left(H_0+H_2\right)-\mu k_1 H_1\sin 2\beta_1\right]_{\mathrm{A}}\\
=\left[\lambda k_4 H_4+\mu\left(-k_3 H_3\sin 2\gamma_1+2k_4\cos^2\gamma_2 H_4\right)\right]_{\mathrm{B}}\\
\left[\mu k_0\left(H_0-H_2\right)\sin 2\alpha-\mu k_1 H_1\cos 2\beta_1\right]_{\mathrm{A}}=\left[\mu\left(k_3 H_3\cos 2\gamma_1+k_4 H_4\sin 2\gamma_2\right)\right]_{\mathrm{B}}
\end{cases}
\tag{3.154}
$$

以入射 P 波位移幅值 $H_0$ 为基准量，以上四个方程可以解出四个反射/透射波的位移幅值反射/透射系数，具体推导过程参考上节，在此不做详述。

当平面 P 波正入射到交界面上时，即 $\alpha=0°$，根据式 (3.149) 可知，此时所有反射角和透射角皆为 0，此时上两式可简化为

$$
\begin{cases}
H_1=H_3\\
-H_0+H_2=-H_4\\
\left[(\lambda+2\mu)k_0\left(H_0+H_2\right)\right]_{\mathrm{A}}=\left[(\lambda+2\mu)k_4 H_4\right]_{\mathrm{B}}\\
\left[-\mu k_1 H_1\right]_{\mathrm{A}}=\left[\mu\left(k_3 H_3\right)\right]_{\mathrm{B}}
\end{cases}
\tag{3.155}
$$

根据上式，即可以得到

$$
\begin{cases}
\dfrac{H_1}{H_0}=\dfrac{H_3}{H_0}=0\\
\dfrac{H_2}{H_0}=1-\dfrac{2(\rho C)_{\mathrm{A}}}{(\rho C)_{\mathrm{A}}+(\rho C)_{\mathrm{B}}}\\
\dfrac{H_4}{H_0}=\dfrac{2(\rho C)_{\mathrm{A}}}{(\rho C)_{\mathrm{A}}+(\rho C)_{\mathrm{B}}}
\end{cases}
\qquad
\begin{cases}
\sigma_2-\sigma_1=\dfrac{k-1}{k+1}(\sigma_1-\sigma_0)\\
\sigma_2-\sigma_0=\dfrac{2k}{k+1}(\sigma_1-\sigma_0)
\end{cases}
\tag{3.156}
$$

上式说明，平面 P 波正入射到两种介质的交界面上，不会反射或透射 SV 波，推广来讲，平面无旋波正入射到两种介质的交界面上，不会反射或透射等容波，而只会反射或透射无旋波。类似第 1 章中一维杆中弹性波的透反射问题，我们假设波阻抗比为

$$
\kappa=\frac{(\rho C)_{\mathrm{B}}}{(\rho C)_{\mathrm{A}}}
\tag{3.157}
$$

则式 (3.156) 后两项可以写为

$$
\begin{cases}
\dfrac{H_2}{H_0}=1-\dfrac{2}{1+\kappa}\\
\dfrac{H_4}{H_0}=\dfrac{2}{1+\kappa}
\end{cases}
\tag{3.158}
$$

对比第 1 章中的一维杆中弹性波在交界面上的质点速度透反射规律可知，上式与其规律一致 (需要注意的是此处反射波方向与第 1 章中方向相反，因此反射系数符号相反)。

同理，如图 3.18 所示，当入射波为平面 SV 波时，我们也可以根据交界面上的位移连续条件和应力平衡条件列出四个线性无关的表达式，并解出四个谐波位移幅值反射/透射系数。读者试推导之。

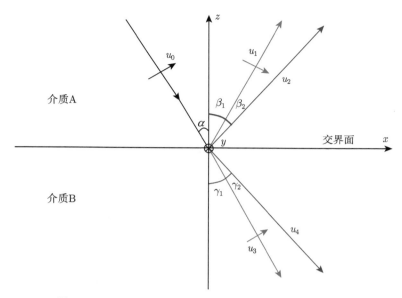

图 3.18　平面 SV 波在两种介质交界面上的斜入射问题

容易得到, 其透反射也满足 Snell 定律, 即

$$\frac{\sin \alpha}{(C_\omega)_A} = \frac{\sin \beta_1}{(C_\omega)_A} = \frac{\sin \beta_2}{(C)_A} = \frac{\sin \gamma_1}{(C_\omega)_B} = \frac{\sin \gamma_2}{(C)_B} \tag{3.159}$$

## 3.3　无限平板中应力波的传播 (Lamb 波)

上面我们对一维杆和半无限介质中应力波的传播进行了简要的分析和讨论, 其模型和边界条件相对简单, 但其结论能够在很多更加复杂情况和不同领域中应用。本节在此基础上, 假设介质为一个无限大但厚度有限的板, 简称无限平板, 我们考虑弹性纵波在平板中的传播情况, 这个问题最早是由 Lamb 解决的。如图 3.19 所示, 假设平板的 $z$ 方向厚度为 $D$, 密度为 $\rho$, 平板的无限平面与坐标轴中 $xy$ 面平行, 考虑一个在 $y$ 方向上单位长度、$x$ 方向上宽度为 $\mathrm{d}x$ 的微元。

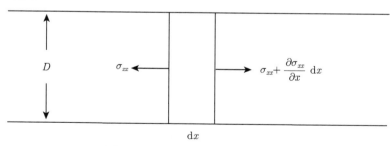

图 3.19　无限平板中微元受力状态

当沿 $x$ 方向施加一个弱应力扰动时, 对于无限平板而言, 容易知道其边界条件为

$$\begin{cases} \varepsilon_{yy} = 0 \\ \sigma_{xy} = \sigma_{xz} = \sigma_{zz} = 0 \end{cases} \tag{3.160}$$

根据牛顿第二定律,容易得到

$$\frac{\partial \sigma_{xx}}{\partial x} = \rho \frac{\partial^2 u_x}{\partial t^2} \tag{3.161}$$

根据弹性介质的胡克定律可知

$$\begin{cases} \sigma_{xx} = \lambda\Delta + 2\mu\varepsilon_{xx} = (\lambda + 2\mu)\frac{\partial u_x}{\partial x} + \lambda\frac{\partial u_z}{\partial z} \\ \sigma_{zz} = \lambda\Delta + 2\mu\varepsilon_{zz} = (\lambda + 2\mu)\frac{\partial u_z}{\partial z} + \lambda\frac{\partial u_x}{\partial x} \end{cases} \tag{3.162}$$

结合边界条件式 (3.160),上式可以得到

$$\sigma_{xx} = \frac{4\mu(\lambda + \mu)}{(\lambda + 2\mu)}\frac{\partial u_x}{\partial x} \tag{3.163}$$

此时,式 (3.161) 即可写为

$$\frac{4\mu(\lambda + \mu)}{(\lambda + 2\mu)}\frac{\partial^2 u_x}{\partial x^2} = \rho\frac{\partial^2 u_x}{\partial t^2} \tag{3.164}$$

即

$$\frac{\partial^2 u_x}{\partial t^2} = \frac{4\mu(\lambda + \mu)}{\rho(\lambda + 2\mu)}\frac{\partial^2 u_x}{\partial x^2} \tag{3.165}$$

上式是一个典型的波动方程,它表示扰动所产生的应力波传播速度为常数:

$$C = \sqrt{\frac{4\mu(\lambda + \mu)}{\rho(\lambda + 2\mu)}} \tag{3.166}$$

或

$$C = \sqrt{\frac{E}{\rho(1 - \nu^2)}} \tag{3.167}$$

以上分析是基于单扰动假设基础上的,只是一个理想状态,并没有考虑波在两个无限表面上的反射以及之后在板中的相互作用等行为。我们现在考虑一个更加普适的情况,如同上文中对 Rayleigh 波传播中的分析,假设扰动只在平面 $xz$ 中传播,板的厚度同样为 $D$,取 $x$ 轴于板的中间面上,如图 3.20 所示。

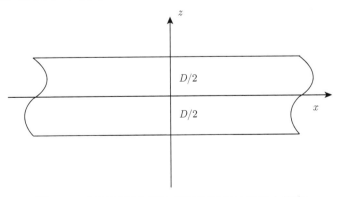

图 3.20 无限平板中谐波扰动下微元二维受力状态

对于波动方程而言, 我们可以给出其解:

$$\begin{cases} u_x = \dfrac{\partial \phi}{\partial x} + \dfrac{\partial \psi}{\partial z} \\ u_z = \dfrac{\partial \phi}{\partial z} - \dfrac{\partial \psi}{\partial x} \end{cases} \tag{3.168}$$

式中, $\phi$ 和 $\psi$ 是两个确定的势函数。此时体应变应为

$$\Delta = \frac{\partial u_x}{\partial x} + \frac{\partial u_z}{\partial z} = \nabla^2 \phi \tag{3.169}$$

上式表示势函数 $\phi$ 与由于体应变扰动而产生的膨胀相关。

而 $xz$ 平面内的剪切应变应为

$$\omega_y = \frac{1}{2} \left( \frac{\partial u_x}{\partial z} - \frac{\partial u_z}{\partial x} \right) = \frac{1}{2} \nabla^2 \psi \tag{3.170}$$

上式表示势函数 $\psi$ 与由于剪切应变扰动而产生的旋转相关。

将式 (3.168) 代入运动方程中可有

$$\rho \frac{\partial^2 u_x}{\partial t^2} = \rho \frac{\partial^2}{\partial t^2} \left( \frac{\partial \phi}{\partial x} + \frac{\partial \psi}{\partial z} \right) = (\lambda + \mu) \frac{\partial \Delta}{\partial x} + \mu \nabla^2 \left( \frac{\partial \phi}{\partial x} + \frac{\partial \psi}{\partial z} \right) \tag{3.171}$$

$$\rho \frac{\partial^2 u_z}{\partial t^2} = \rho \frac{\partial^2}{\partial t^2} \left( \frac{\partial \phi}{\partial z} - \frac{\partial \psi}{\partial x} \right) = (\lambda + \mu) \frac{\partial \Delta}{\partial z} + \mu \nabla^2 \left( \frac{\partial \phi}{\partial z} - \frac{\partial \psi}{\partial x} \right) \tag{3.172}$$

即

$$\rho \frac{\partial^2}{\partial t^2} \left( \frac{\partial \phi}{\partial x} + \frac{\partial \psi}{\partial z} \right) = (\lambda + 2\mu) \frac{\partial}{\partial x} \left( \nabla^2 \phi \right) + \mu \frac{\partial}{\partial z} \left( \nabla^2 \psi \right) \tag{3.173}$$

$$\rho \frac{\partial^2}{\partial t^2} \left( \frac{\partial \phi}{\partial z} - \frac{\partial \psi}{\partial x} \right) = (\lambda + 2\mu) \frac{\partial}{\partial z} \left( \nabla^2 \phi \right) - \mu \frac{\partial}{\partial x} \left( \nabla^2 \psi \right) \tag{3.174}$$

式中, $\nabla^2 = \partial^2 / \partial x^2 + \partial^2 / \partial z^2$。容易看出, 当

$$\begin{cases} \dfrac{\partial^2 \phi}{\partial t^2} = \left( \dfrac{\lambda + 2\mu}{\rho} \right) \nabla^2 \phi \equiv C_1^2 \nabla^2 \phi \\ \dfrac{\partial^2 \psi}{\partial t^2} = \left( \dfrac{\mu}{\rho} \right) \nabla^2 \psi \equiv C_2^2 \nabla^2 \psi \end{cases} \tag{3.175}$$

时, 式 (3.173) 和式 (3.174) 恒成立。式中

$$\begin{cases} C_1 = \sqrt{\dfrac{\lambda + 2\mu}{\rho}} \\ C_2 = \sqrt{\dfrac{\mu}{\rho}} \end{cases} \tag{3.176}$$

分别表示介质中无旋波波速和等容波波速。

此沿着 $x$ 方向传播的波中势函数 $\phi$ 和 $\psi$ 的解可分别写为以下谐波形式:

$$\phi = F \exp \left[ \mathrm{i} \left( kx - \omega t \right) \right] \tag{3.177}$$

$$\psi = G \exp\left[\mathrm{i}\left(kx - \omega t\right)\right] \tag{3.178}$$

式中，$F$ 和 $G$ 分别表示决定波的振幅沿着 $z$ 方向的变化。

将式 (3.177) 和式 (3.178) 代入方程组式 (3.175) 中分别可以得到

$$F'' - \left(k^2 - \frac{\omega^2}{C_1^2}\right)F = 0 \tag{3.179}$$

$$G'' - \left(k^2 - \frac{\omega^2}{C_2^2}\right)G = 0 \tag{3.180}$$

如令

$$\begin{cases} \xi_1^2 = k^2 - \dfrac{\omega^2}{C_1^2} \\[3mm] \xi_2^2 = k^2 - \dfrac{\omega^2}{C_2^2} \end{cases} \tag{3.181}$$

式 (3.179) 和式 (3.180) 可以简化为

$$\begin{cases} F'' - \xi_1^2 F = 0 \\ G'' - \xi_2^2 G = 0 \end{cases} \tag{3.182}$$

此时即有

$$\begin{cases} \dfrac{\partial^2 \phi}{\partial z^2} = \xi_1^2 \phi \\[3mm] \dfrac{\partial^2 \psi}{\partial z^2} = \xi_2^2 \psi \end{cases} \tag{3.183}$$

式 (3.182) 对应的通解为

$$\begin{cases} F = A \exp\left(\xi_1 z\right) + A' \exp\left(-\xi_1 z\right) \\ G = B \exp\left(\xi_2 z\right) + B' \exp\left(-\xi_2 z\right) \end{cases} \tag{3.184}$$

式中，$A$、$A'$、$B$ 和 $B'$ 为待定系数。将上式代入式 (3.168)，可以给出两个方向上的位移分别表示为

$$\begin{cases} \dfrac{u_x}{\exp\left[\mathrm{i}\left(kx - \omega t\right)\right]} = \mathrm{i}k\left[A' \exp\left(-\xi_1 z\right) + A \exp\left(\xi_1 z\right)\right] + \xi_2\left[B \exp\left(\xi_2 z\right) - B' \exp\left(-\xi_2 z\right)\right] \\[3mm] \dfrac{u_z}{\exp\left[\mathrm{i}\left(kx - \omega t\right)\right]} = \xi_1\left[A \exp\left(\xi_1 z\right) - A' \exp\left(-\xi_1 z\right)\right] - \mathrm{i}k\left[B' \exp\left(-\xi_2 z\right) + B \exp\left(\xi_2 z\right)\right] \end{cases} \tag{3.185}$$

如图 3.20 所示，我们取板中心面为 $z = 0$ 面，即板是对称的，对称面为 $z = 0$ 面，从理论上容易知道：

$$\begin{cases} u_x\left(-z\right) = u_x\left(z\right) \\ u_z\left(-z\right) = -u_z\left(z\right) \end{cases} \tag{3.186}$$

联合式 (3.185)，上式即为

$$\begin{cases} \mathrm{i}k\left(A - A'\right)\left[\exp\left(\xi_1 z\right) - \exp\left(-\xi_1 z\right)\right] + \xi_2\left(B + B'\right)\left[\exp\left(-\xi_2 z\right) - \exp\left(\xi_2 z\right)\right] = 0 \\[3mm] \xi_1\left(A' - A\right)\left[\exp\left(\xi_1 z\right) + \exp\left(-\xi_1 z\right)\right] - \mathrm{i}k\left(B + B'\right)\left[\exp\left(\xi_2 z\right) + \exp\left(-\xi_2 z\right)\right] = 0 \end{cases} \tag{3.187}$$

简化后即可以得到

$$\begin{cases} A - A' = 0 \\ B + B' = 0 \end{cases} \tag{3.188}$$

也就是说, 式 (3.184) 具体形式应为

$$\begin{cases} F = A\left[\exp\left(\xi_1 z\right) + \exp\left(-\xi_1 z\right)\right] = 2A\cosh\left(\xi_1 z\right) \\ G = B\left[\exp\left(\xi_2 z\right) - \exp\left(-\xi_2 z\right)\right] = 2B\sinh\left(\xi_2 z\right) \end{cases} \tag{3.189}$$

此时有

$$\phi = 2A\cosh\left(\xi_1 z\right)\exp\left[\mathrm{i}\left(kx - \omega t\right)\right] \tag{3.190}$$

$$\psi = 2B\sinh\left(\xi_2 z\right)\exp\left[\mathrm{i}\left(kx - \omega t\right)\right] \tag{3.191}$$

根据弹性理论可知

$$\begin{cases} \sigma_{zx} = \mu\left(\dfrac{\partial u_x}{\partial z} + \dfrac{\partial u_z}{\partial x}\right) \\ \sigma_{zz} = \lambda\Delta + 2\mu\dfrac{\partial u_z}{\partial z} \end{cases} \tag{3.192}$$

利用势函数 $\phi$ 和 $\psi$ 来表示上式, 则可以得到

$$\begin{cases} \sigma_{zx} = \mu\left(2\dfrac{\partial^2 \phi}{\partial x \partial z} - \dfrac{\partial^2 \psi}{\partial x^2} + \dfrac{\partial^2 \psi}{\partial z^2}\right) \\ \sigma_{zz} = \lambda\left(\dfrac{\partial^2 \phi}{\partial x^2} + \dfrac{\partial^2 \phi}{\partial z^2}\right) + 2\mu\left(\dfrac{\partial^2 \phi}{\partial z^2} - \dfrac{\partial^2 \psi}{\partial x \partial z}\right) \end{cases} \tag{3.193}$$

即

$$\begin{cases} \sigma_{zx} = 2\mu\mathrm{i}k\dfrac{\partial \phi}{\partial z} + \mu\left(k^2 + \xi_2^2\right)\psi \\ \sigma_{zz} = \mu\left(k^2 + \xi_2^2\right)\phi - 2\mu\mathrm{i}k\dfrac{\partial \psi}{\partial z} \end{cases} \tag{3.194}$$

进一步将式 (3.190) 和式 (3.191) 代入上式, 有

$$\begin{cases} \dfrac{\sigma_{zx}}{2\mu\exp\left[\mathrm{i}\left(kx - \omega t\right)\right]} = 2\mathrm{i}k\xi_1 A\sinh\left(\xi_1 z\right) + B\left(k^2 + \xi_2^2\right)\sinh\left(\xi_2 z\right) \\ \dfrac{\sigma_{zz}}{2\mu\exp\left[\mathrm{i}\left(kx - \omega t\right)\right]} = A\left(k^2 + \xi_2^2\right)\cosh\left(\xi_1 z\right) - 2\mathrm{i}k\xi_2 B\cosh\left(\xi_2 z\right) \end{cases} \tag{3.195}$$

当 $z = \pm D/2$ 时, 即在板的上下表面上

$$\begin{cases} \dfrac{\sigma_{zx}}{2\mu\exp\left[\mathrm{i}\left(kx - \omega t\right)\right]} \equiv 0 \\ \dfrac{\sigma_{zz}}{2\mu\exp\left[\mathrm{i}\left(kx - \omega t\right)\right]} \equiv 0 \end{cases} \tag{3.196}$$

即

$$\begin{cases} 2\mathrm{i}k\xi_1 A\sinh\left(\xi_1\dfrac{D}{2}\right) + B\left(k^2 + \xi_2^2\right)\sinh\left(\xi_2\dfrac{D}{2}\right) = 0 \\ A\left(k^2 + \xi_2^2\right)\cosh\left(\xi_1\dfrac{D}{2}\right) - 2\mathrm{i}k\xi_2 B\cosh\left(\xi_2\dfrac{D}{2}\right) = 0 \end{cases} \tag{3.197}$$

上式消去系数 $A$ 和 $B$，则可以得到

$$\frac{\tanh\left(\xi_1\dfrac{D}{2}\right)}{\tanh\left(\xi_2\dfrac{D}{2}\right)} = \frac{\left(k^2+\xi_2^2\right)^2}{4k^2\xi_1\xi_2} \tag{3.198}$$

### 3.3.1 波长远大于平板厚度

根据式 (3.181)，有

$$\begin{cases} \xi_1^2 = k^2 - \dfrac{\omega^2}{C_1^2} = \left(1 - \dfrac{C^2}{C_1^2}\right)\left(\dfrac{2\pi}{L}\right)^2 \\ \xi_2^2 = k^2 - \dfrac{\omega^2}{C_2^2} = \left(1 - \dfrac{C^2}{C_2^2}\right)\left(\dfrac{2\pi}{L}\right)^2 \end{cases} \tag{3.199}$$

因此，

$$\begin{cases} \left(\xi_1\dfrac{D}{2}\right)^2 = \left(1 - \dfrac{C^2}{C_1^2}\right)\left(\dfrac{2\pi}{L}\dfrac{D}{2}\right)^2 \\ \left(\xi_2\dfrac{D}{2}\right)^2 = \left(1 - \dfrac{C^2}{C_2^2}\right)\left(\dfrac{2\pi}{L}\dfrac{D}{2}\right)^2 \end{cases} \tag{3.200}$$

式中，$L$ 表示波长。在此姑且假设板内波速同时满足小于无旋波波速和等容波波速，即假设

$$\begin{cases} C < C_1 \\ C < C_2 \end{cases} \tag{3.201}$$

此时

$$\begin{cases} \left(\xi_1\dfrac{D}{2}\right)^2 > 0 \\ \left(\xi_2\dfrac{D}{2}\right)^2 > 0 \end{cases} \tag{3.202}$$

当波长远大于平板厚度时，

$$\begin{cases} \tan\left(\xi_1\dfrac{D}{2}\right) \sim \xi_1\dfrac{D}{2} \\ \tan\left(\xi_2\dfrac{D}{2}\right) \sim \xi_2\dfrac{D}{2} \end{cases} \tag{3.203}$$

此时，式 (3.198) 可进一步写为

$$\frac{\left(k^2+\xi_2^2\right)^2}{4k^2\xi_1\xi_2} \approx \frac{\xi_1\dfrac{D}{2}}{\xi_2\dfrac{D}{2}} = \frac{\xi_1}{\xi_2} \tag{3.204}$$

即

$$\left(k^2+\xi_2^2\right)^2 = 4k^2\xi_1^2 \tag{3.205}$$

将式 (3.199) 代入上式, 可有

$$\left(2 - \frac{C^2}{C_2^2}\right)^2 = 4\left(1 - \frac{C^2}{C_1^2}\right) \tag{3.206}$$

根据上式, 可解得

$$C^2 = 4\left(1 - \frac{C_2^2}{C_1^2}\right)C_2^2 \tag{3.207}$$

即

$$C^2 = \frac{4(\lambda + \mu)}{(\lambda + 2\mu)}\frac{\mu}{\rho} \tag{3.208}$$

容易看出

$$\begin{cases} C^2 = \dfrac{4(\lambda + \mu)}{(\lambda + 2\mu)}\dfrac{\mu}{\rho} > \dfrac{\mu}{\rho} = C_2 \\ C^2 = \dfrac{4\mu(\lambda + \mu)}{(\lambda + 2\mu)^2}\dfrac{\lambda + 2\mu}{\rho} < \dfrac{\lambda + 2\mu}{\rho} = C_1 \end{cases} \tag{3.209}$$

也就是说, 式 (3.201) 的假设并不成立, 在此我们可假设

$$\begin{cases} C < C_1 \\ C > C_2 \end{cases} \tag{3.210}$$

此时即有

$$\begin{cases} \xi_1^2 > 0 \\ \xi_2^2 < 0 \end{cases} \tag{3.211}$$

设

$$\xi_2 = \mathrm{i}\xi_2' \tag{3.212}$$

此时, 式 (3.198) 可转化为

$$\frac{(k^2 + \xi_2^2)^2}{4\mathrm{i}k^2\xi_1\xi_2'} = \frac{\tanh\left(\xi_1\dfrac{D}{2}\right)}{\mathrm{i}\tan\left(\xi_2'\dfrac{D}{2}\right)} \Rightarrow \frac{(k^2 + \xi_2^2)^2}{4k^2\xi_1\xi_2'} = \frac{\tanh\left(\xi_1\dfrac{D}{2}\right)}{\tan\left(\xi_2'\dfrac{D}{2}\right)} \tag{3.213}$$

当波长远大于平板厚度时,

$$(k^2 + \xi_2^2)^2 = 4\mathrm{i}k^2\xi_1^2 \tag{3.214}$$

该式与式 (3.205) 相同, 因此其解也为

$$C = \sqrt{\frac{4(\lambda + \mu)}{(\lambda + 2\mu)}\frac{\mu}{\rho}} \tag{3.215}$$

对比上式与式 (3.166), 容易看出, 两式的形式相同, 也就是说, 当波长远大于无限平板的厚度时, 其波速与单弱扰动下平板中波速一致, 此时板中波在传播过程中横向效应可以忽略不计。

## 3.3.2 波长远小于平板厚度

同样先假设板内波速同时满足小于无旋波波速和等容波波速，即假设

$$\begin{cases} C < C_1 \\ C < C_2 \end{cases} \tag{3.216}$$

此时

$$\begin{cases} \left(\xi_1 \dfrac{D}{2}\right)^2 > 0 \\ \left(\xi_2 \dfrac{D}{2}\right)^2 > 0 \end{cases} \tag{3.217}$$

当谐波波长远小于平板厚度时，上式中两个值足够大，可视为无穷大，此时有

$$\begin{cases} \tan\left(\xi_1 \dfrac{D}{2}\right) \sim 1 \\ \tan\left(\xi_2 \dfrac{D}{2}\right) \sim 1 \end{cases} \tag{3.218}$$

此时，式 (3.198) 可简化为

$$\frac{\left(k^2 + \xi_2^2\right)^2}{4k^2\xi_1\xi_2} = 1 \Rightarrow \left(k^2 + \xi_2^2\right)^2 = 4k^2\xi_1\xi_2 \tag{3.219}$$

即

$$\left(2 - \frac{C^2}{C_2^2}\right)^4 = 16\left(1 - \frac{C^2}{C_1^2}\right)\left(1 - \frac{C^2}{C_2^2}\right) \tag{3.220}$$

由于

$$C_1^2 = \frac{C_1^2}{C_2^2}C_2^2 = \frac{\lambda + 2\mu}{\mu}C_2^2 = \frac{2 - 2\nu}{1 - 2\nu}C_2^2 \tag{3.221}$$

将上式代入式 (3.220)，可以得到

$$\left(2 - \frac{C^2}{C_2^2}\right)^4 - 16\left(1 - \frac{1 - 2\nu}{2 - 2\nu}\frac{C^2}{C_2^2}\right)\left(1 - \frac{C^2}{C_2^2}\right) = 0 \tag{3.222}$$

且令

$$C^{*2} = \frac{C^2}{C_2^2} \tag{3.223}$$

则式 (3.222) 可简化为

$$\left(C^{*2}\right)\left[\left(C^{*2}\right)^3 - 8\left(C^{*2}\right)^2 + 8\left(\frac{2 - \nu}{1 - \nu}\right)\left(C^{*2}\right) - \frac{8}{1 - \nu}\right] = 0 \tag{3.224}$$

对比 Rayleigh 波相关章节中的推导，我们可以看出上式与 Rayleigh 波推导过程中对应方程一致。也就是说当波长远小于无限平板的厚度时，板中的波传播速度与 Rayleigh 波波速相等。根据 Rayleigh 波波速的特征可知，式 (3.216) 所做的假设是成立的，因此以上的解也是合理的。特别地，当材料为不可压缩材料时，即其泊松比为 0.5，此时

$$C = 0.956C_2 = 0.956\sqrt{\frac{\mu}{\rho}} \tag{3.225}$$

### 3.3.3　波长与平板厚度接近

当波长与平板厚度接近时，这时候板中应力波的传播存在弥散现象，其传播过程较复杂，其波速依赖于波长与平板厚度之比，Lamé 在 1916 年对此问题进行了推导分析。

如令

$$\zeta = \frac{\xi_2}{\xi_1} = \sqrt{\frac{C_2^2 - C^2}{C_1^2 - C^2}} \tag{3.226}$$

容易看出，当平板中应力波波速小于等容波波速时，参数 $\zeta$ 为一个实数且小于 1。此时则有

$$k^2 = \frac{\zeta^2 \dfrac{\omega^2}{C_1^2} - \dfrac{\omega^2}{C_2^2}}{\zeta^2 - 1} \tag{3.227}$$

其波速应满足：

$$C^2 = \frac{\omega^2}{k^2} = \frac{\zeta^2 - 1}{\zeta^2 \dfrac{1}{C_1^2} - \dfrac{1}{C_2^2}} = \frac{\zeta^2 - 1}{\dfrac{\mu \zeta^2}{\lambda + 2\mu} - 1} \frac{\mu}{\rho} \tag{3.228}$$

上式表明，板中波速只是变量 $\zeta$ 的函数。

首先，我们考虑不可压缩材料无限平板中的情况，此时其泊松比为 0.5，有

$$\frac{\mu}{\lambda + 2\mu} = \frac{1 - 2\nu}{2 - 2\nu} = 0 \tag{3.229}$$

即有

$$\frac{C^2}{C_1^2} = \frac{\zeta^2 - 1}{\dfrac{\mu \zeta^2}{\lambda + 2\mu} - 1} \frac{\mu}{\rho} \frac{\rho}{\lambda + 2\mu} = 0 \tag{3.230}$$

此时，式 (3.199) 和式 (3.228) 即分别为

$$\begin{cases} \xi_1 = k \\ \xi_2 = \zeta k \end{cases} \text{ 和 } \quad C^2 = \left(1 - \zeta^2\right) \frac{\mu}{\rho} \tag{3.231}$$

因此，我们有

$$\frac{\tanh\left(\xi_1 \dfrac{D}{2}\right)}{\tanh\left(\zeta \xi_1 \dfrac{D}{2}\right)} = \frac{\left(k^2 + \zeta^2 \xi_1^2\right)^2}{4k^2 \zeta \xi_1^2} = \frac{\left(1 + \zeta^2\right)^2}{4\zeta} \tag{3.232}$$

为了简化形式，令

$$\eta \equiv \xi_1 \frac{D}{2} \tag{3.233}$$

即有

$$\frac{\tanh(\eta)}{\tanh(\zeta\eta)} = \frac{\left(1 + \zeta^2\right)^2}{4\zeta} \tag{3.234}$$

上式左端取对数后求导可以得到

$$\frac{\mathrm{d}}{\mathrm{d}\eta}\left[\ln \frac{\tanh(\eta)}{\tanh(\zeta\eta)}\right] = \frac{2}{\sinh(2\eta)} - \frac{2\zeta}{\sinh(2\zeta\eta)} \tag{3.235}$$

上式可进一步写为

$$\frac{\mathrm{d}}{\mathrm{d}\eta}\left[\ln\frac{\tanh(\eta)}{\tanh(\zeta\eta)}\right] = \frac{1}{\eta}\left[\frac{2\eta}{\sinh(2\eta)} - \frac{2\zeta\eta}{\sinh(2\zeta\eta)}\right] \tag{3.236}$$

当 $\zeta$ 的参数值应小于 1，而且结合函数 $x/\sinh(x)$ 的特征容易知道，上式右端恒为负值，即

$$\frac{1}{\eta}\left[\frac{2\eta}{\sinh(2\eta)} - \frac{2\zeta\eta}{\sinh(2\zeta\eta)}\right] < 0 \tag{3.237}$$

也就是说式 (3.234) 左右两端值当参数 $\zeta$ 小于 1 时是单调递减的。当 $\eta \to 0$ 时，其值最大，为

$$\lim_{\eta\to 0}\frac{\tanh(\eta)}{\tanh(\zeta\eta)} = \frac{1}{\zeta} \quad 即 \quad \frac{\left(1+\zeta^2\right)^2}{4\zeta} < \frac{1}{\zeta} \tag{3.238}$$

上式第二式等效为

$$\left(1+\zeta^2\right)^2 < 4 \tag{3.239}$$

上述不等式有且仅有一个合理的正解：

$$\zeta < 1 \tag{3.240}$$

此式与假设重复，也就是说在此假设前提下，其恒成立。

当 $\eta \to \infty$ 时，其值最小且等于 1，也就是说：

$$\lim_{\eta\to\infty}\frac{\tanh(\eta)}{\tanh(\zeta\eta)} = 1 \quad 即 \quad \frac{\left(1+\zeta^2\right)^2}{4\zeta} > 1 \tag{3.241}$$

上式第二式等效为

$$\left(1+\zeta^2\right)^2 - 4\zeta = \zeta^4 + 2\zeta^2 - 4\zeta + 1 > 0 \tag{3.242}$$

上述不等式有且仅有一个合理的正解：

$$\zeta < 0.296 \tag{3.243}$$

也就是说，参数 $\zeta$ 的合理取值范围为

$$0 < \zeta < 0.296 \tag{3.244}$$

当参数 $\zeta$ 在此范围内取最大值时，此时

$$\eta \equiv \xi_1\frac{D}{2} = k\frac{D}{2} = \frac{\pi D}{L} \to \infty \tag{3.245}$$

根据式 (3.231) 可以得到此时平板中的应力波波速为

$$C = \sqrt{\left(1-\zeta^2\right)\frac{\mu}{\rho}} = 0.955\sqrt{\frac{\mu}{\rho}} \tag{3.246}$$

可以看出，上式成立的条件和推导出的结果与式 (3.225) 相同。结合式 (3.225) 和式 (3.234) 我们可以给出波长与平板厚度比、参数 $1/\eta$、参数 $\zeta$ 和平板中应力波波速之间的定量关系，如表 3.6 所示。从表中可以看出，当平板厚度相对于波长而言无限大时，其内应力波波速最小，为等容波波速的 0.955 倍；随着波长相对于平板厚度的增大，其内应力波波速逐渐增大，直到无限接近等容波波速，此时波长稍大于平板厚度的 0.78 倍。

**表 3.6    不可压缩材料平板中应力波波速与相关参数之间的关系**

| 波长与平板厚度比 | 参数 $1/\eta$ | 参数 $\zeta$ | 参数 $\varsigma$ | 相对波速 (与等容波波速比) |
|---|---|---|---|---|
| 0 | 0 | 0.296 | — | 0.955 |
| 0.05 | $0.05/\pi$ | 0.296 | — | 0.955 |
| 0.10 | $0.10/\pi$ | 0.296 | — | 0.955 |
| 0.15 | $0.15/\pi$ | 0.256 | — | 0.955 |
| 0.20 | $0.20/\pi$ | 0.296 | — | 0.955 |
| 0.25 | $0.25/\pi$ | 0.295 | — | 0.955 |
| 0.30 | $0.30/\pi$ | 0.294 | — | 0.956 |
| 0.35 | $0.35/\pi$ | 0.291 | — | 0.957 |
| 0.40 | $0.40/\pi$ | 0.286 | — | 0.958 |
| 0.45 | $0.45/\pi$ | 0.279 | — | 0.960 |
| 0.50 | $0.50/\pi$ | 0.268 | — | 0.963 |
| 0.55 | $0.55/\pi$ | 0.254 | — | 0.967 |
| 0.60 | $0.60/\pi$ | 0.234 | — | 0.972 |
| 0.65 | $0.65/\pi$ | 0.208 | — | 0.978 |
| 0.70 | $0.70/\pi$ | 0.171 | — | 0.985 |
| 0.75 | $0.75/\pi$ | 0.114 | — | 0.993 |
| 0.77 | $0.77/\pi$ | 0.077 | — | 0.997 |
| 0.78 | $0.78/\pi$ | 0.047 | — | 0.999 |
| 0.79 | $0.79/\pi$ | — | 0.039 | 1.001 |
| 0.80 | $0.80/\pi$ | — | 0.074 | 1.003 |
| 0.85 | $0.85/\pi$ | — | 0.162 | 1.013 |
| 0.90 | $0.90/\pi$ | — | 0.223 | 1.025 |
| 0.95 | $0.95/\pi$ | — | 0.275 | 1.037 |
| 1.00 | $1.00/\pi$ | — | 0.322 | 1.051 |
| 1.10 | $1.10/\pi$ | — | 0.409 | 1.080 |
| 1.20 | $1.20/\pi$ | — | 0.489 | 1.113 |
| 1.30 | $1.30/\pi$ | — | 0.565 | 1.149 |
| 1.40 | $1.40/\pi$ | — | 0.637 | 1.186 |
| 1.50 | $1.50/\pi$ | — | 0.706 | 1.224 |
| 2.00 | $2.00/\pi$ | — | 1.000 | 1.414 |
| 2.50 | $2.50/\pi$ | — | 1.209 | 1.569 |
| 3.00 | $3.00/\pi$ | — | 1.349 | 1.679 |
| 3.50 | $3.50/\pi$ | — | 1.443 | 1.755 |
| 4.00 | $4.00/\pi$ | — | 1.507 | 1.808 |
| 5.00 | $5.00/\pi$ | — | 1.585 | 1.874 |
| 10.00 | $10.00/\pi$ | — | 1.694 | 1.967 |
| 20.00 | $20.00/\pi$ | — | 1.723 | 1.992 |
| 30.00 | $30.00/\pi$ | — | 1.728 | 1.996 |
| 40.00 | $40.00/\pi$ | — | 1.730 | 1.998 |
| 50.00 | $50.00/\pi$ | — | 1.731 | 1.999 |
| 100.00 | $100.00/\pi$ | — | 1.732 | 2.000 |
| $\infty$ | $\infty$ | — | 1.732 | 2.000 |

而当我们假设平板中的应力波波速大于等容波波速且小于无旋波波速时, 此时有

$$\xi_2^2 = k^2 - \frac{\omega^2}{C_2^2} = \left(1 - \frac{C^2}{C_2^2}\right)k^2 < 0 \tag{3.247}$$

因此, 式 (3.226) 为虚数, 此种情况下我们假设

$$\varsigma' = \frac{\xi_2}{\xi_1} = \sqrt{\frac{C_2^2 - C^2}{C_1^2 - C^2}} = \mathrm{i}\varsigma \tag{3.248}$$

式中, 参数 $\varsigma$ 表示参数 $\varsigma'$ 的实部。

此时相应地有

$$k^2 = \frac{\varsigma'^2 \dfrac{\omega^2}{C_1^2} - \dfrac{\omega^2}{C_2^2}}{\varsigma'^2 - 1} = \frac{\varsigma^2 \dfrac{\omega^2}{C_1^2} + \dfrac{\omega^2}{C_2^2}}{\varsigma^2 + 1} \tag{3.249}$$

同样, 我们考虑不可压缩材料无限平板中的情况, 此时其泊松比为 0.5, 也可以得到

$$\begin{cases} \xi_1 = k \\ \xi_2 = \mathrm{i}\varsigma k \end{cases} \tag{3.250}$$

同时有

$$C^2 = \frac{\omega^2}{k^2} = \frac{\varsigma^2 + 1}{\varsigma^2 \dfrac{1}{C_1^2} + \dfrac{1}{C_2^2}} = \frac{\varsigma^2 + 1}{\dfrac{\mu\varsigma^2}{\lambda + 2\mu} + 1} \frac{\mu}{\rho} = \left(1 + \varsigma^2\right) \frac{\mu}{\rho} \tag{3.251}$$

此时, 式 (3.198) 可写为

$$\frac{\tanh\left(\xi_1 \dfrac{D}{2}\right)}{\tanh\left(\mathrm{i}\varsigma\xi_1 \dfrac{D}{2}\right)} = \frac{\left(k^2 - \varsigma^2\xi_1^2\right)^2}{4k^2\mathrm{i}\varsigma\xi_1^2} = \frac{\left(1 - \varsigma^2\right)^2}{4\mathrm{i}\varsigma} \tag{3.252}$$

即

$$\frac{\tanh\left(\xi_1 \dfrac{D}{2}\right)}{\tan\left(\varsigma\xi_1 \dfrac{D}{2}\right)} = \frac{\left(1 - \varsigma^2\right)^2}{4\varsigma} \tag{3.253}$$

为了简化形式和与上一种情况进行对比, 我们也令

$$\eta \equiv \xi_1 \frac{D}{2} = \frac{\pi D}{L} \tag{3.254}$$

此时即有

$$\frac{\tanh\left(\eta\right)}{\tan\left(\varsigma\eta\right)} = \frac{\left(1 - \varsigma^2\right)^2}{4\varsigma} \tag{3.255}$$

上式左端取对数后求导可以得到

$$\frac{\mathrm{d}}{\mathrm{d}\eta}\left[\ln\frac{\tanh\left(\eta\right)}{\tan\left(\varsigma\eta\right)}\right] = \frac{2}{\sinh\left(2\eta\right)} - \frac{2\varsigma}{\sin\left(2\varsigma\eta\right)} \tag{3.256}$$

上式可进一步写为

$$\frac{\mathrm{d}}{\mathrm{d}\eta}\left[\ln\frac{\tanh\left(\eta\right)}{\tan\left(\varsigma\eta\right)}\right] = \frac{1}{\eta}\left[\frac{2\eta}{\sinh\left(2\eta\right)} - \frac{2\varsigma\eta}{\sin\left(2\varsigma\eta\right)}\right] \tag{3.257}$$

分别根据双曲函数 $\sinh(x)$ 和三角正弦函数 $\sin(x)$ 的特征容易知道, 上式右端恒为负值, 即

$$\frac{1}{\eta}\left[\frac{2\eta}{\sinh(2\eta)} - \frac{2\varsigma\eta}{\sin(2\varsigma\eta)}\right] < 0 \tag{3.258}$$

也就是说式 (3.255) 左右两端值是单调递减的。当 $\eta \to 0$ 时, 其值最大, 为

$$\lim_{\eta \to 0}\frac{\tanh(\eta)}{\tan(\varsigma\eta)} = \frac{1}{\varsigma} \quad \text{即} \quad \frac{\left(1-\varsigma^2\right)^2}{4\varsigma} < \frac{1}{\varsigma} \tag{3.259}$$

上式第二式等效为

$$\left(1-\varsigma^2\right)^2 < 4 \tag{3.260}$$

上述不等式有且仅有一个合理的正解:

$$0 \leqslant \varsigma < \sqrt{3} \tag{3.261}$$

即

$$C_2^2 \leqslant C^2 < \frac{3\lambda + 7\mu}{4\mu}C_2^2 \tag{3.262}$$

同上, 我们也可以根据式 (3.259) 给出不同平板厚度时此种情况下板中应力波传播速度, 如表 3.6 所示。从表中可以看出, 当波长大于平板厚度的 0.79 倍时, 其内应力波速大于等容波波速; 随着波长相对于平板厚度的增大, 其内应力波速继续逐渐增大, 直到波长相对于平板厚度无限大时, 此时板中应力波波速是等容波波速的 2 倍。

平板中相对波速 (板中应力波波速与等容波波速之比) 与波长和平板厚度之比之间的关系如图 3.21 所示。从图中可以看出, 当波长远小于平板厚度和远大于平板厚度时, 平板中的应力波波速在各自值上保持稳定, 分别是 Rayleigh 波波速和等容波波速的 2 倍, 而在波长是平板厚度的 0.5 倍到 10 倍区间内, 随着波长相对平板厚度的增加, 其波速快速增大。

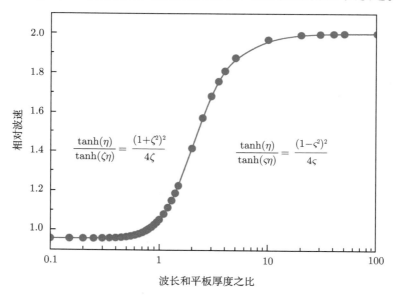

图 3.21　平板中 Lamé 波相对波速与波长和平板厚度比之间的关系

### 3.3.4 一维应变弹性波 (垂直于无限平板表面入射的弹性波)

上述推导是针对应力波沿着平行于平板无限表面方向在平板内部传播而言的，对于垂直于无限平板表面入射的弹性波而言，其问题更为简单，根据其板内介质受力状态容易知道，其可以简化为一维应变状态。与第 1 章中一维应力状态不同的是，一维应变状态介质仍处于三维应力状态，而前者只是一维应力状态。

同图 3.1，假设平板的无限表面平行于 $xOy$ 平面，方向 $z$ 为平板厚度方向。此时，对于一维应变状态有

$$\varepsilon_{xy} = \varepsilon_{xz} = \varepsilon_{yz} = \varepsilon_{xx} = \varepsilon_{yy} = 0 \tag{3.263}$$

在此基础上，根据弹性介质的胡克定律可知

$$\begin{cases} \sigma_{xx} = \lambda\Delta + 2\mu\varepsilon_{xx} = \lambda\varepsilon_{zz} \\ \sigma_{yy} = \lambda\Delta + 2\mu\varepsilon_{yy} = \lambda\varepsilon_{zz} \\ \sigma_{zz} = \lambda\Delta + 2\mu\varepsilon_{zz} = (\lambda + 2\mu)\,\varepsilon_{zz} \\ \sigma_{xy} = \sigma_{yz} = \sigma_{zx} = 0 \end{cases} \tag{3.264}$$

参考无限介质中线弹性波的传播相关章节推导，可以得到根据牛顿第二定律所给出的忽略体力时的运动方程：

$$\rho\frac{\partial^2 u_z}{\partial t^2} = \frac{\partial \sigma_{xz}}{\partial x} + \frac{\partial \sigma_{yz}}{\partial y} + \frac{\partial \sigma_{zz}}{\partial z} \tag{3.265}$$

将式 (3.264) 代入式 (3.265)，即可以得到

$$\rho\frac{\partial^2 u_z}{\partial t^2} = (\lambda + 2\mu)\,\frac{\partial \varepsilon_{zz}}{\partial z} = (\lambda + 2\mu)\,\frac{\partial^2 u_z}{\partial z^2} \tag{3.266}$$

即

$$\frac{\partial^2 u_z}{\partial t^2} = \frac{\lambda + 2\mu}{\rho}\frac{\partial^2 u_z}{\partial z^2} \tag{3.267}$$

上述波动方程说明，一维应变弹性波波速为

$$C_L = \sqrt{\frac{\lambda + 2\mu}{\rho}} = \sqrt{\frac{K + \frac{4}{3}\mu}{\rho}} = \sqrt{\frac{1-\nu}{(1+\nu)(1-2\nu)}}\sqrt{\frac{E}{\rho}} \tag{3.268}$$

容易看出，其波速与无限弹性固体介质中的无旋波波速完全相同，大于一维应力状态下弹性介质中的应力波波速。几种常见材料的一维应变弹性纵波波速 (Kolsky, 1953) 如表 3.7 所示。

表 3.7　几种常见材料的一维应变弹性纵波波速

| 材料 | $\lambda$/GPa | $\mu$/GPa | $C_L$/(km/s) |
|---|---|---|---|
| 钢 | 112 | 81 | 5.94 |
| 铜 | 95 | 45 | 4.56 |
| 铝 | 56 | 26 | 6.32 |
| 玻璃 | 28 | 28 | 5.80 |
| 橡胶 | 10 | $7.0\times10^{-4}$ | 1.04 |

## 3.4　弹性流体中的波

　　流体作为一种连续介质，其中应力波扰动信号的传播和在固体中的表现形式和处理方法基本上相同。不同的是，其物理形态和本构关系的形式与固体不同，而且由于流体具有较大的流动性，一般我们采用 E 氏坐标为空间变量来描述其中的运动规律。

　　最常见的一种在流体中传播的应力波就是声波，它是一种特殊的应力波，从本质上讲就是流体中声压扰动的传播。我们先考虑最简单的一维扰动情况，如图 3.22 所示，假设管道中均匀分布某种流体，当管道中活塞被向右缓慢推动时，活塞会对相邻的流体产生一个压力扰动，从而导致紧挨着活塞的流体的密度和压力微量增加，这一变化又会引起其前方流体密度和压力发生微量增加，这种连锁传播会在管道的流体中产生一个向右传播的压缩波。相反，当活塞受力向左缓慢运动时，紧挨着活塞的流体密度和压力会微量减小，这一变化又会引起其前方流体密度和压力发生微量减小，从而会在管道的流体中产生一个向右传播的稀疏波。此一维情况下流体中声波的传播包含压缩波和稀疏波两种，它们产生的扰动效果不同，前者传播过后会使得介质的压力产生微量增加，而后者则使得介质中的压力产生微量减小；但值得注意的是，它们的传播方向皆是一致的。

　　设声波波阵面在 $t$ 时刻到达截面 $BD$ 处，其前方介质的质点速度、瞬时质量密度和压力分别为 $v$、$\rho$ 和 $p$，其受到扰动的后方介质的质点速度、瞬时质量密度和压力分别为 $v + \mathrm{d}v$、$\rho + \mathrm{d}\rho$ 和 $p + \mathrm{d}p$；设波阵面在 $t + \mathrm{d}t$ 时刻到达截面 $EF$ 处，以 $C^*$ 表示波阵面相对于前方介质传播速度 (相对声速或局部声速)，也就是说，在 $\mathrm{d}t$ 时刻内，波阵面移动的位移为 $C^*\mathrm{d}t$。这里我们以 $\mathrm{d}t$ 时刻内波阵面所扫过的介质作为一个微闭口体系进行分析，此时该闭口体系包括初始 $t$ 时刻时 $BDEF$ 所包含的介质，设管道截面面积为 $A$，此时可以计算出该微闭口体系在 $t$ 时刻时的质量为

$$\mathrm{d}m = \rho A C^* \mathrm{d}t \tag{3.269}$$

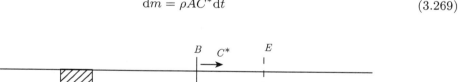
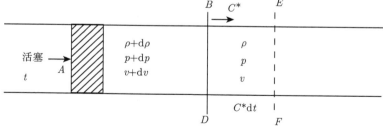

图 3.22　管道内流体中的声波 (Ⅰ)

　　在 $t$ 时刻到 $t + \mathrm{d}t$ 时刻期间，截面 $EF$ 移动 $v\mathrm{d}t$，而截面 $BD$ 则移动 $(v + \mathrm{d}v)\mathrm{d}t$，如图 3.23 所示。

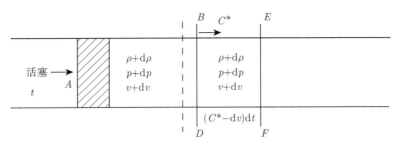

图 3.23 管道内流体中的声波 (II)

在 $t + \mathrm{d}t$ 时刻，区间 $BDEF$ 的长度为 $(C^* - \mathrm{d}v)\,\mathrm{d}t$；同时，此微闭口体系内的密度为 $\rho + \mathrm{d}\rho$，因此，此时微闭口体系的质量为

$$\mathrm{d}m = (\rho + \mathrm{d}\rho)\, A\, (C^* - \mathrm{d}v)\, \mathrm{d}t \tag{3.270}$$

根据质量守恒条件有

$$\mathrm{d}m = \rho A C^* \mathrm{d}t = (\rho + \mathrm{d}\rho)\, A\, (C^* - \mathrm{d}v)\, \mathrm{d}t \tag{3.271}$$

上式忽略高阶小量后简化为

$$\mathrm{d}v = \frac{C^* \mathrm{d}\rho}{\rho} \tag{3.272}$$

上式即为质量守恒条件所推导出来的结论，它把声波扰动所引起的质点速度微增量 $\mathrm{d}v$ 和密度微增量 $\mathrm{d}\rho$ 联系起来了。

对于微闭口体系 $\mathrm{d}m$ 而言，其在 $\mathrm{d}t$ 时刻中单位时间内动量的增加量为

$$\frac{\mathrm{d}m\Delta v}{\mathrm{d}t} = \frac{\mathrm{d}m\,(v + \mathrm{d}v - v)}{\mathrm{d}t} = \frac{\mathrm{d}m\mathrm{d}v}{\mathrm{d}t} \tag{3.273}$$

根据动量守恒条件，微闭口体系单位时间内动量的增加量等于外力和，可以得到

$$\frac{\mathrm{d}m\mathrm{d}v}{\mathrm{d}t} = A\,(p + \mathrm{d}p - p) = A\mathrm{d}p \tag{3.274}$$

即

$$\mathrm{d}v = A\frac{\mathrm{d}p}{\mathrm{d}m}\mathrm{d}t = \frac{\mathrm{d}p}{\rho C^*} \tag{3.275}$$

简化后有

$$\mathrm{d}p = \rho C^* \mathrm{d}v \tag{3.276}$$

联立式 (3.272) 和上式，可以进一步得到

$$\mathrm{d}p = C^{*2}\mathrm{d}\rho \tag{3.277}$$

或

$$C^* = \sqrt{\frac{\mathrm{d}p}{\mathrm{d}\rho}} \tag{3.278}$$

上式说明，声波相对于介质的局部声速 $C^*$ 是由声波引起的压力微增量 $\mathrm{d}p$ 和密度微增量 $\mathrm{d}\rho$ 之比决定的。

### 3.4.1 声波传播的热力学过程

从式 (3.278) 可以看出，声波的局部声速 $C^*$ 是一个热力学量，但我们并不知道其到底是一个等温过程还是等熵过程。如我们假设流体中声波的传播是一个等温过程，以理想气体为例，其状态方程为

$$p = \rho RT \tag{3.279}$$

式中，$R$ 为单位质量气体的气体常数，对于空气而言，其值为 $287.14 \mathrm{m^2/(s^2 \cdot K)}$；$T$ 为热力学温度，常温定为 288K。根据式 (3.278) 可以计算出理想气体中声波的声速为

$$C^* = \sqrt{\frac{\mathrm{d}p}{\mathrm{d}\rho}} = \sqrt{RT} = 287.57 \mathrm{m/s} \tag{3.280}$$

这个结果与实际情况相差很多，它说明将空气中声波的传播过程视为等温过程显然是不准确的。

事实上，由于介质中声波的传播速度很快，在传播过程中，声波扰动所经过的介质来不及和周围相邻介质进行热量交换，因此，定性上讲，我们可以将声波的传播过程视为一个绝热过程；当波的传播不是非常剧烈而可以视为连续波即声波的传播时，我们进一步可以将其视为可逆的绝热过程，即等熵过程。此时根据式 (3.278) 可以计算出空气中的声速为

$$C^* = \sqrt{\left(\frac{\mathrm{d}p}{\mathrm{d}\rho}\right)_s} = \sqrt{\frac{\gamma p}{\rho}} \approx \sqrt{\gamma RT} \tag{3.281}$$

式中，$\gamma$ 表示绝热系数，对于空气而言，$\gamma = 1.4$。由此可以计算出其值为 340.26m/s，这与实际测量的空气声速完全符合，这进一步说明空气中声波的传播是一个等熵过程。

需要注意的是，当流体中压力的扰动非常剧烈而出现强间断的冲击波时，虽然波的传播仍然是一个绝热过程，但却不是一个可逆的绝热过程而是一个不可逆的绝热过程。根据热力学第二定律，不可逆的绝热过程即是一个熵增过程，所以强间断的冲击波的通过必将引起介质熵的增加和温度的升高。在固体中冲击波虽然也会引起介质的熵增，但一般而言固体中冲击波引起的熵增是比较小的，而且常常可以忽略不计，只有对非常强的冲击波才需要考虑其引起的熵增；然而，在流体中特别是在气体中冲击波所引起的熵增和温升通常是很重要而必须予以考虑的。

### 3.4.2 流体均熵场中的应力波

假设冲击波在传播过程中的强度保持不变或者可视为近似保持不变，则其在传播过程中所引起的介质熵增也可视为是不变的，即在整个流场中介质的熵处处相等，于是在冲击波后方我们将遇到所谓的均熵场。由于连续波对介质中的每个粒子而言也是一个等熵过程，因此在均熵场中的波动问题中，熵将是一个与时间和位置都无关的常数，这样我们就不必再把熵作为一个未知量而进行求解了，此时介质的状态方程即成为纯力学形式所谓的正压流体的状态方程：

$$p = p(\rho) \tag{3.282}$$

我们在 E 氏构架中考虑一个微开口体系，如图 3.24 所示，体系的 E 氏坐标为 $x$，截面积为 $A$，长度为 $\mathrm{d}x$，因此其体积为 $A\mathrm{d}x$。

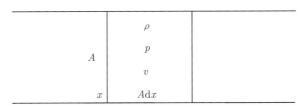

图 3.24 流体均熵场中的应力波

根据微开口体系的动量守恒定律: 任意时刻 $t$ 微开口体系的动量增加率等于该时刻体系所受外力与动量的纯流入率之和, 即

$$\frac{\partial(\rho v)}{\partial t} A \mathrm{d}x = pA|_x - pA|_{x+\mathrm{d}x} + (\rho A v^2)|_x - (\rho A v^2)|_{x+\mathrm{d}x} \tag{3.283}$$

即

$$\frac{\partial(\rho v)}{\partial t} \mathrm{d}x = p|_x - p|_{x+\mathrm{d}x} + (\rho v^2)|_x - (\rho v^2)|_{x+\mathrm{d}x} = -\frac{\partial p}{\partial x}\mathrm{d}x - \frac{\partial(\rho v^2)}{\partial x}\mathrm{d}x \tag{3.284}$$

简化后有

$$\frac{\partial \rho}{\partial t} v + \rho \frac{\partial v}{\partial t} + \frac{\partial p}{\partial x} + \frac{\partial \rho}{\partial x} v^2 + 2\rho v \frac{\partial v}{\partial x} = 0 \tag{3.285}$$

根据微开口体系的质量守恒定律: 任意时刻 $t$ 微开口体系的质量增加率等于该时刻体系质量的纯流入率, 即

$$\frac{\partial \rho}{\partial t} A \mathrm{d}x = (\rho A v)|_x - (\rho A v)|_{x+\mathrm{d}x} = -\frac{\partial(\rho v)}{\partial x} A \mathrm{d}x \tag{3.286}$$

即

$$\frac{\partial \rho}{\partial t} + \rho \frac{\partial v}{\partial x} + \frac{\partial \rho}{\partial x} v = 0 \tag{3.287}$$

将连续方程式 (3.287) 代入运动方程式 (3.285), 我们可以得到

$$\frac{\partial v}{\partial t} + \frac{1}{\rho}\frac{\partial p}{\partial x} + v \frac{\partial v}{\partial x} = 0 \tag{3.288}$$

因此, 我们可以给出一维均熵场中波动力学的基本方程组:

$$\begin{cases} \dfrac{\partial v}{\partial t} + \dfrac{1}{\rho}\dfrac{\partial p}{\partial x} + v \dfrac{\partial v}{\partial x} = 0 \\ p = p(\rho) \\ \dfrac{\partial \rho}{\partial t} + \rho \dfrac{\partial v}{\partial x} + \dfrac{\partial \rho}{\partial x} v = 0 \end{cases} \tag{3.289}$$

将局部声速的定义

$$C^{*2} = \frac{\mathrm{d}p}{\mathrm{d}\rho} \tag{3.290}$$

代入式 (3.287), 可以得到

$$\frac{\partial p}{\partial t} + \rho C^{*2}\frac{\partial v}{\partial x} + \frac{\partial p}{\partial x} v = 0 \tag{3.291}$$

容易知道, 式中密度 $\rho$ 和局部声速 $C^*$ 也是压力 $p$ 的函数。因此式 (3.289) 中第一式和第三式可以写为

$$\begin{cases} \dfrac{\partial v}{\partial t} + \dfrac{1}{\rho}\dfrac{\partial p}{\partial x} + v\dfrac{\partial v}{\partial x} = 0 \\[3mm] \dfrac{\partial p}{\partial t} + \rho C^{*2}\dfrac{\partial v}{\partial x} + \dfrac{\partial p}{\partial x}v = 0 \end{cases} \tag{3.292}$$

上式即为以参数 $v$ 和 $p$ 为基本未知量的一阶拟线性偏微分方程组。其规范形式可简单地写为

$$\frac{\partial \boldsymbol{W}}{\partial t} + \boldsymbol{B} \cdot \frac{\partial \boldsymbol{W}}{\partial x} = \boldsymbol{O} \tag{3.293}$$

上式中三个张量分别为

$$\boldsymbol{W} = \begin{bmatrix} v \\ p \end{bmatrix} \quad \boldsymbol{B} = \begin{bmatrix} v & \dfrac{1}{\rho} \\[2mm] \rho C^{*2} & v \end{bmatrix} \quad \boldsymbol{O} = \begin{bmatrix} 0 \\ 0 \end{bmatrix} \tag{3.294}$$

其在物理平面 $x$-$t$ 平面上特征方向的斜率或特征波速

$$\lambda = \frac{\mathrm{d}x}{\mathrm{d}t} \tag{3.295}$$

由张量 $\boldsymbol{B}$ 的特征值所决定, 它满足特征方程:

$$\|\boldsymbol{B} - \lambda\boldsymbol{I}\| = \left\| \begin{matrix} v - \lambda & \dfrac{1}{\rho} \\[2mm] \rho C^{*2} & v - \lambda \end{matrix} \right\| = (v - \lambda)^2 - C^{*2} = 0 \tag{3.296}$$

根据上式, 可以求得两个特征波速分别为

$$\lambda_1 = v + C^* \quad \text{和} \quad \lambda_2 = v - C^* \tag{3.297}$$

分别相对于以质点速度 $v$ 运动的介质的右行波和左行波波速。同第 1 章中特征线相关推导, 我们可以得到与特征值对应的左特征矢量分别为

$$\boldsymbol{l}_1 = \begin{bmatrix} \rho C^* & 1 \end{bmatrix} \quad \text{和} \quad \boldsymbol{l}_2 = \begin{bmatrix} -\rho C^* & 1 \end{bmatrix} \tag{3.298}$$

其对应的特征关系为

$$\frac{\rho C^{*2}}{\lambda - v}\mathrm{d}v + \mathrm{d}p = 0 \tag{3.299}$$

将式 (3.297) 分别代入上式中, 可以得到在 $v$-$p$ 平面上的两组特征关系:

$$\mathrm{d}v + \frac{\mathrm{d}p}{\rho C^*} = 0 \quad (\text{沿特征线} \frac{\mathrm{d}x}{\mathrm{d}t} = v + C^*) \tag{3.300}$$

$$\mathrm{d}v - \frac{\mathrm{d}p}{\rho C^*} = 0 \quad (\text{沿特征线} \frac{\mathrm{d}x}{\mathrm{d}t} = v - C^*) \tag{3.301}$$

对于指数为 $\gamma$ 的流体, 有

$$p = p(\rho) = p_0 \left(\frac{\rho}{\rho_0}\right)^{\gamma} \tag{3.302}$$

结合式 (3.290)，可以进一步得到

$$C^{*2} = \frac{\mathrm{d}p}{\mathrm{d}\rho} = \gamma \frac{p_0}{\rho_0^\gamma} \rho^{\gamma-1} = \gamma \frac{p}{\rho} \tag{3.303}$$

即

$$\mathrm{d}\left(C^{*2}\right) = 2C^*\mathrm{d}C^* = \gamma\left(\gamma-1\right)\frac{p_0}{\rho_0^\gamma}\rho^{\gamma-2}\mathrm{d}\rho = (\gamma-1)\frac{\mathrm{d}p}{\rho} \tag{3.304}$$

因此，式 (3.300) 和式 (3.301) 可分别写为 $v$-$C^*$ 平面上的特征关系：

$$\mathrm{d}v + \frac{2\mathrm{d}C^*}{\gamma-1} = 0 \quad \left(\text{沿特征线}\frac{\mathrm{d}x}{\mathrm{d}t} = v + C^*\right) \tag{3.305}$$

$$\mathrm{d}v - \frac{2\mathrm{d}C^*}{\gamma-1} = 0 \quad \left(\text{沿特征线}\frac{\mathrm{d}x}{\mathrm{d}t} = v - C^*\right) \tag{3.306}$$

同样，如果我们引入接触速度 $\phi$ 和 Riemann 不变量 $R_1$、$R_2$：

$$\mathrm{d}\phi = \frac{\mathrm{d}p}{\rho C^*} \tag{3.307}$$

$$\begin{cases} \mathrm{d}R_1 = \mathrm{d}v + \mathrm{d}\phi = \mathrm{d}v + \dfrac{\mathrm{d}p}{\rho C^*} \\[3mm] \mathrm{d}R_2 = \mathrm{d}v - \mathrm{d}\phi = \mathrm{d}v - \dfrac{\mathrm{d}p}{\rho C^*} \end{cases} \tag{3.308}$$

此时，特征关系可以转化为在 $v$-$\phi$ 和 $R_1$-$R_2$ 平面上的关系：

$$\mathrm{d}v \pm \mathrm{d}\phi = 0 \quad \left(\text{沿特征线}\frac{\mathrm{d}x}{\mathrm{d}t} = v \pm C^*\right) \tag{3.309}$$

$$\mathrm{d}R_{1,2} = 0 \quad \left(\text{沿特征线}\frac{\mathrm{d}x}{\mathrm{d}t} = v \pm C^*\right) \tag{3.310}$$

这与杆中纵波的传播情况类似，我们可以根据以上所推导的特征关系给出流体中的简单波解，读者试推导之。

# 第4章 一维冲击波的产生与传播及相互作用

**C**HAPTER 4

从第 3 章弹性流体中波的分析可知, 理想气体中声波的传播过程是一个等熵过程, 其满足等熵状态方程:

$$p = \rho^\gamma RT \tag{4.1}$$

也可以写为如下形式:

$$\frac{p}{\rho^\gamma} = RT \tag{4.2}$$

上式微分后有

$$\frac{\rho^\gamma \mathrm{d}p - \gamma p \rho^{\gamma-1} \mathrm{d}\rho}{\rho^{2\gamma}} = 0 \tag{4.3}$$

结合第 3 章中流体中的局部声速可知, 即

$$C^* = \sqrt{\frac{\mathrm{d}p}{\mathrm{d}\rho}} = \sqrt{\frac{\gamma p}{\rho}} \tag{4.4}$$

上式的物理意义是, 随着压力的增大, 理想气体中的声速逐渐增大; 也就是说, 在理想气体中, 高振幅的等熵扰动传播比低振幅的等熵扰动传播快。这会导致扰动波阵面在穿过物质后会变得 "陡峭", 从而形成冲击波, 从第 1 章中的相关分析可知, 这种特性也是冲击波能够稳定传播的必要条件。

流体中应力波传播特征与固体中应力波传播特征从本质上是相同的; 不同的是, 在固体中, 存在偏应力分量, 使得固体中应力波的传播与演化显得更为复杂, 而当应力波的振幅或强度远远大于材料的动态屈服强度时, 此时偏应力与静水压力相比可以忽略不计, 其对应力波的传播影响也可以忽略不计, 此时我们可以将流体动力学理论用于固体中的应力波的传播。本章在此前提下开展分析和讨论。

## 4.1 波阵面上的冲击突跃条件与冲击绝热线

冲击波是一种强间断应力波, 我们可以将其 "间断" 定义为压力、温度 (内能) 和密度的间断; 其特点是有一个 "陡峭" 的波阵面。在固体中, 冲击波波阵面会使得材料中产生极大的静水压, 远远大于材料的动态压缩强度, 使得材料看起来 "没有" 抗剪切强度。在利用流体动力学理论推导冲击波在固体中传播和演化特征时, 我们先做以下五个基本假设:

(1) 冲击波波阵面是一个强间断面且没有明显厚度。

(2) 材料的剪切模量为零; 即冲击波传播过程中, 材料中的应力非常大, 使得固体材料具有流体材料的特征。

(3) 冲击波波阵面上的体力和热传导可以忽略不计。

(4) 材料没有弹塑性行为。

(5) 在冲击波传播过程中不考虑材料的相变行为。

### 4.1.1 冲击波波阵面上的守恒方程

事实上，我们在第 1 章一维杆中应力波的传播中对强间断波波阵面上的守恒方程进行了相应的推导，得到了著名的 Maxwell 关系和相关守恒方程。在此为方便阅读和保证章节的系统性，我们从更加"工程化"的角度对参数符号进行重新定义，并对守恒方程进行推导。如图 4.1 所示，假设管体的截面积为 $A$，假设冲击波波阵面厚度为 $\mathrm{d}x$，根据以上假设可知 $\mathrm{d}x \to 0$；设未扰动区域即波阵面紧前方的初始压力、初始密度、初始粒子速度和初始内能分别为 $p_0$、$\rho_0$、$U_0$ 和 $E_0$，波阵面紧后方的压力、密度和内能分别为 $p$、$\rho$ 和 $E$，波阵面的速度为 $U_{\mathrm{S}}$，波阵面上和波阵面后方的粒子速度为 $U_{\mathrm{P}}$。

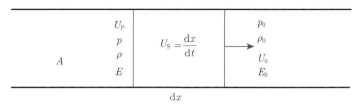

图 4.1　冲击波波阵面上的守恒方程

假设我们站在波阵面上看波阵面的传播问题，即以运动的波阵面为参考系，由于波阵面的运动假设为匀速运动，因此，以此运动参考系建立的守恒方程与静止参考系下建立的守恒方程本质上是一致的。此时波阵面前方粒子的相对速度为 $U_0 - U_{\mathrm{S}}$，波阵面后方粒子的相对速度为 $U_{\mathrm{P}} - U_{\mathrm{S}}$。

根据质量守恒条件可知，单位时间内流入波阵面的介质质量等于流出波阵面的介质质量：

$$\rho\left(U_{\mathrm{P}} - U_{\mathrm{S}}\right) A = \rho_0\left(U_0 - U_{\mathrm{S}}\right) A \tag{4.5}$$

如假设波阵面前方介质粒子速度静止，即 $U_0 = 0$，则可以得到波阵面上的连续方程：

$$\rho\left(U_{\mathrm{S}} - U_{\mathrm{P}}\right) = \rho_0 U_{\mathrm{S}} \tag{4.6}$$

根据动量守恒条件可知，单位时间内开口体系的动量净流入率等于外力之和：

$$\rho_0\left(U_0 - U_{\mathrm{S}}\right) A \left(U_0 - U_{\mathrm{S}}\right) - \rho\left(U_{\mathrm{P}} - U_{\mathrm{S}}\right) A \left(U_{\mathrm{P}} - U_{\mathrm{S}}\right) = \left(p - p_0\right) A \tag{4.7}$$

简化后有

$$\rho_0\left(U_0 - U_{\mathrm{S}}\right)\left(U_0 - U_{\mathrm{S}}\right) - \rho\left(U_{\mathrm{P}} - U_{\mathrm{S}}\right)\left(U_{\mathrm{P}} - U_{\mathrm{S}}\right) = p - p_0 \tag{4.8}$$

如果初始粒子速度 $U_0 = 0$，则上式可继续简化为

$$\rho_0 U_{\mathrm{S}}^2 - \rho\left(U_{\mathrm{P}} - U_{\mathrm{S}}\right)\left(U_{\mathrm{P}} - U_{\mathrm{S}}\right) = p - p_0 \tag{4.9}$$

将连续方程式 (4.6) 代入上式，即可以得到波阵面上的运动方程：

$$\rho_0 U_{\mathrm{S}} U_{\mathrm{P}} = p - p_0 \tag{4.10}$$

根据能量守恒条件可知，单位时间内系统动能的净流入率和内能的净流入率等于单位时间内外力所做的功；假设初始粒子速度 $U_0 = 0$，则动能的净流入率为

$$\frac{1}{2}\left[\rho_0 U_{\rm S} A U_{\rm S}^2 - \rho\left(U_{\rm S} - U_{\rm P}\right) A \left(U_{\rm S} - U_{\rm P}\right)^2\right] \tag{4.11}$$

将连续方程式 (4.6) 和运动方程式 (4.10) 代入上式，可以得到动能的净流入率为

$$\left[\left(p - p_0\right) - \frac{1}{2}\rho_0 U_{\rm P}^2\right] U_{\rm S} A \tag{4.12}$$

单位时间内内能的净流入率为

$$\left[E_0 \rho_0 U_{\rm S} A - E\rho\left(U_{\rm S} - U_{\rm P}\right) A\right] \tag{4.13}$$

将连续方程式 (4.6) 代入上式，即可以得到内能的净流入率为

$$\rho_0 U_{\rm S} A \left(E_0 - E\right) \tag{4.14}$$

单位时间内外力所做的功为

$$\left[pA\left(U_{\rm S} - U_{\rm P}\right) - p_0 A U_{\rm S}\right] \tag{4.15}$$

因此，根据能量守恒条件有

$$\left[\left(p - p_0\right) - \frac{1}{2}\rho_0 U_{\rm P}^2\right] U_{\rm S} A + \rho_0 U_{\rm S} A \left(E_0 - E\right) = pA\left(U_{\rm S} - U_{\rm P}\right) - p_0 A U_{\rm S} \tag{4.16}$$

上式简化后，我们即可以得到波阵面上的能量守恒方程：

$$pU_{\rm P} = \frac{1}{2}\rho_0 U_{\rm S} U_{\rm P}^2 + \rho_0 U_{\rm S}\left(E - E_0\right) \tag{4.17}$$

因此，我们可以给出冲击波波阵面上的控制方程组为

$$\begin{cases} \rho\left(U_{\rm S} - U_{\rm P}\right) = \rho_0 U_{\rm S} \\ \rho_0 U_{\rm S} U_{\rm P} = p - p_0 \\ pU_{\rm P} = \frac{1}{2}\rho_0 U_{\rm S} U_{\rm P}^2 + \rho_0 U_{\rm S}\left(E - E_0\right) \end{cases} \tag{4.18}$$

上面的能量守恒方程即式 (4.17) 含有 4 个变量，我们还可以根据式 (4.6) 和式 (4.10) 做进一步简化，可以使得其物理意义更加明显。上式等效为

$$E - E_0 = \frac{pU_{\rm P}}{\rho_0 U_{\rm S}} - \frac{1}{2}U_{\rm P}^2 \tag{4.19}$$

根据连续方程式 (4.6)，可有

$$\frac{U_{\rm P}}{U_{\rm S}} = 1 - \frac{\rho_0}{\rho} \tag{4.20}$$

将上式代入运动方程式 (4.10)，可以得到

$$U_{\rm P}^2 = \left(p - p_0\right)\left(\frac{1}{\rho_0} - \frac{1}{\rho}\right) \tag{4.21}$$

如果我们利用比容 $v = 1/\rho$ 代替上式中的密度,则上式可以进一步简写为

$$U_P^2 = (p - p_0)(v_0 - v) \tag{4.22}$$

将式 (4.20) 和式 (4.22) 代入式 (4.19),即可以得到简化后的能量守恒方程:

$$E - E_0 = \frac{1}{2}(p + p_0)\left(\frac{1}{\rho_0} - \frac{1}{\rho}\right) = \frac{1}{2}(p + p_0)(v_0 - v) \tag{4.23}$$

此时,冲击波波阵面上的控制方程组式 (4.18) 也可写为

$$\begin{cases} \rho(U_S - U_P) = \rho_0 U_S \\ \rho_0 U_S U_P = p - p_0 \\ E - E_0 = \frac{1}{2}(p + p_0)\left(\frac{1}{\rho_0} - \frac{1}{\rho}\right) = \frac{1}{2}(p + p_0)(v_0 - v) \end{cases} \tag{4.24}$$

上式即为固体介质中冲击波传播的冲击突跃条件。

### 4.1.2 固体高压状态方程概念

上述方程组中冲击波波阵面后方介质状态参数有压力 $p$、粒子速度 $U_P$、冲击波波速或波阵面速度 $U_S$、密度 $\rho$ 或比容 $v$ 和能量 $E$ 5 个独立变量,对于一个特定的介质而言,希望通过一个扰动量来推导其他 4 个参数量,需要 4 个线性无关的方程,因此,还缺少一个控制方程。事实上,理论上讲,如同本构方程是固体介质材料中应力波传播演化的一个关键控制方程一样,介质材料的自身物理力学性能是冲击波在介质中传播演化的关键因素,而从上面的推导,可以发现我们并没有考虑介质的自身物理力学性能。在高压状态下描述介质材料中的冲击响应即为材料的状态方程 (EOS),我们最早接触的状态方程是理想气体的状态方程:

$$pV = nRT \tag{4.25}$$

式中,$V$ 表示体积;$n$ 表示气体的物质的量;$R$ 为气体常数;$T$ 表示热力学温度。式中参数 $p$、$V$ 和 $T$ 只取决于介质的状态,而与状态变化的路径无关,因此我们称之为状态方程。上式属于所谓的温度型状态方程:

$$f_T(p, V, T) = 0 \tag{4.26}$$

#### 1. Bridgman 状态方程

对于温度型状态方程而言,如果我们不考虑温度项,即假设状态变化是一个等温过程,例如从静高压条件下考虑材料体积模量与静水压力之间的内在联系时,我们可以得到一种等温的纯力学型状态方程:

$$f_T(p, V) = 0 \tag{4.27}$$

Bridgman 在 1945~1949 年间研究了等温和静水压力在 1~10GPa 条件下数十种元素和化合物的体积压缩量与静水压力之间的关系,提出了经验表达式:

$$\frac{V_0 - V}{V_0} = ap - bp^2 \tag{4.28}$$

式中,$V_0$ 表示初始体积;$a$ 和 $b$ 为材料常数,以 Fe 为例,$a = 5.826 \times 10^{-3} \text{GPa}^{-1}$,$b = 0.80 \times 10^{-4} \text{GPa}^{-2}$。上式是一种固体等温状态方程,一般称为 Bridgman 状态方程。

## 2. Murnaghan 状态方程

类似地, 我们也可以给出含熵 $S$ 的熵型状态方程:

$$f_S(p, V, S) = 0 \tag{4.29}$$

如果我们假设状态变化是一个等熵过程, 我们同样也可以得到一个等熵的纯力学型状态方程:

$$f_S(p, V) = 0 \tag{4.30}$$

假设在瞬时构架下材料的体积模量近似满足:

$$k = k_0(1 + \alpha p) \tag{4.31}$$

式中, $k_0$ 为 $p = 0$ 时刻的体积模量, 即初始体积模量; $\alpha$ 为材料常数。结合瞬时体积模量的表达式有

$$-V \frac{\mathrm{d}p}{\mathrm{d}V} = k_0(1 + \alpha p) \tag{4.32}$$

对上式积分, 并考虑到初始条件

$$V|_{p=0} = V_0$$

即可得到方程

$$(1 + \alpha p)\left(\frac{V}{V_0}\right)^{\alpha k_0} = 1 \tag{4.33}$$

即

$$p = \frac{1}{\alpha}\left[\left(\frac{V}{V_0}\right)^{-\alpha k_0} - 1\right] \tag{4.34}$$

上式即为固体等熵状态方程, 一般称为 Murnaghan 状态方程。其中, 对于一些金属材料而言, 一般有 $\alpha k_0 = 4$。

然而, 对于冲击绝热过程来讲, 从上一小节所得的控制方程可以看出, 以上的温度型状态方程和熵型状态方程两种形式均不适用。因为其只涉及压力 $p$、比容 $\upsilon$ 或密度 $\rho$ 和内能 $E$, 而并未直接涉及温度 $T$ 和熵 $S$, 因而, 我们常使用所谓内能型状态方程表述:

$$f_E(p, \upsilon, E) = 0 \tag{4.35}$$

### 4.1.3　Hugoniot 曲线和 Rayleigh 线

结合固体介质中冲击波传播的冲击突跃条件式 (4.24) 和以上内能型状态方程式 (4.35), 我们可以得到如下控制方程组:

$$\begin{cases} \rho(U_S - U_P) = \rho_0 U_S \\ \rho_0 U_S U_P = p - p_0 \\ E - E_0 = \dfrac{1}{2}(p + p_0)\left(\dfrac{1}{\rho_0} - \dfrac{1}{\rho}\right) = \dfrac{1}{2}(p + p_0)(\upsilon_0 - \upsilon) \\ f_E(p, \upsilon, E) = 0 \end{cases} \tag{4.36}$$

方程组中含有 4 个线性无关的方程和 5 个独立的基本物理量,只要根据初始条件知道其中的任意一个物理量,即可确定其他 4 个物理量了;事实上,即使没有给出初始条件,我们通过以上方程组也能够给出 5 个基本物理量任意两个物理量之间的 10 对函数关系 20 个方程。这 10 对函数方程我们称之为冲击绝热方程,又称之为 Rankine-Hugoniot 方程或简称为 Hugoniot 方程,在不同的状态平面上 Hugoniot 方程所代表的曲线我们称之为冲击绝热线,或称为 Hugoniot 曲线。容易知道,Hugoniot 方程和 Hugoniot 曲线并不止一个,其有 20 个不同形式的方程和对应的在不同状态平面上的 20 个不同类型曲线。

1. $U_S$-$U_P$ 型 Hugoniot 曲线

在固体介质中,由于动态条件下的压力、比容和温度等较难直接准确测量,而冲击波波速和波阵面后方质点速度一般相对容易直接测得,因此我们常常使用介质中冲击波波速 $U_S$ 与波阵面后方的粒子速度 $U_P$ 之间的内在函数关系,即 $U_S$-$U_P$ 型 Hugoniot 曲线来描述介质的冲击响应:

$$U_S = f(U_P) \tag{4.37}$$

一般而言,经验上,上式的函数形式可简化为以下多项式形式,即

$$U_S = C_0 + S_1 U_P + S_2 U_P^2 + \cdots \tag{4.38}$$

式中,$C_0$ 表示压力为零时材料中的声速;$S_1$ 和 $S_2$ 为经验系数。

表 4.1 列出几种典型金属介质在不同压力条件下的冲击波参数;对表中给出的七种典型金属材料中冲击波波速 $U_S$ 与波阵面后方的粒子速度 $U_P$ 进行拟合,可以得到曲线图 4.2。从图中可以看出,金属材料中冲击波波速 $U_S$ 与波阵面后方的粒子速度 $U_P$ 近似满足线性关系,事实上,试验结果表明,对于大多数金属而言,当不考虑相变发生的情况下,$S_2 \approx 0$,即上式转化为线性方程:

$$U_S = C_0 + S_1 U_P = C_0 + S U_P \tag{4.39}$$

式中,$S = S_1$ 为经验系数,该线性关系形式简单,而且能够很好地描述金属材料中的冲击响应,表 4.2 给出除表 4.1 外其他一些典型金属的参数。

需要说明的是,如果材料在冲击过程中产生相变或材料是多孔材料,线性状态方程就不再适用了,必须进行修正。

式 (4.39) 建立了冲击波波速与波阵面后方粒子速度之间的线性关系,因此,我们也可以根据该方程联立冲击突跃条件,形成一个新的控制方程:

$$\begin{cases} v_0 (U_S - U_P) = v U_S \\ U_S U_P = (p - p_0) v_0 \\ E - E_0 = \dfrac{1}{2} (p + p_0)(v_0 - v) \\ U_S = C_0 + S U_P \end{cases} \tag{4.40}$$

容易知道,根据该新方程组,可以给出不同类型的 Hugoniot 方程并绘制其 Hugoniot 曲线,而且,我们可以根据其反演和计算出材料的状态方程,事实上,由于此类型的 Hugo-

表 4.1　典型金属介质在不同压力条件下的冲击波参数

| 金属材料 | $p$/GPa | $\rho$/(g/cm$^3$) | $v/v_0$ | $U_S$/(km/s) | $U_P$/(km/s) | $C$/(km/s) |
|---|---|---|---|---|---|---|
| 2024Al | 0 | 2.785 | 1.000 | 5.328 | 0.000 | 5.328 |
| | 10 | 3.081 | 0.904 | 6.114 | 0.587 | 6.220 |
| | 20 | 3.306 | 0.842 | 6.751 | 1.064 | 6.849 |
| | 30 | 3.490 | 0.798 | 7.302 | 1.475 | 7.350 |
| | 40 | 3.647 | 0.764 | 7.694 | 1.843 | 7.774 |
| Cu | 0 | 8.930 | 1.000 | 3.940 | 0.000 | 3.940 |
| | 10 | 9.499 | 0.940 | 4.325 | 0.259 | 4.425 |
| | 20 | 9.959 | 0.897 | 4.656 | 0.481 | 4.808 |
| | 30 | 10.349 | 0.863 | 4.950 | 0.679 | 5.131 |
| | 40 | 10.668 | 0.835 | 5.218 | 0.858 | 5.415 |
| Fe | 0 | 7.85 | 1.000 | 3.574 | 0.000 | 3.574 |
| | 10 | 8.497 | 0.926 | 4.155 | 0.306 | 4.411 |
| | 20 | 8.914 | 0.881 | 4.610 | 0.550 | 5.054 |
| | 30 | 9.258 | 0.848 | 4.993 | 0.759 | 5.602 |
| | 40 | 9.543 | 0.823 | 5.329 | 0.945 | 6.092 |
| Ni | 0 | 8.874 | 1.000 | 4.581 | 0.000 | 4.581 |
| | 10 | 9.308 | 0.953 | 4.916 | 0.229 | 5.005 |
| | 20 | 9.679 | 0.917 | 5.213 | 0.432 | 5.357 |
| | 30 | 9.998 | 0.888 | 5.483 | 0.617 | 5.661 |
| | 40 | 10.285 | 0.863 | 5.732 | 0.786 | 5.933 |
| 304SS | 0 | 7.896 | 1.000 | 4.569 | 0.000 | 4.569 |
| | 10 | 8.326 | 0.948 | 4.950 | 0.256 | 5.051 |
| | 20 | 8.684 | 0.909 | 5.283 | 0.479 | 5.439 |
| | 30 | 8.992 | 0.878 | 5.583 | 0.681 | 5.770 |
| | 40 | 9.264 | 0.852 | 5.858 | 0.865 | 6.061 |
| Ti | 0 | 4.528 | 1.000 | 5.220 | 0.000 | 5.220 |
| | 10 | 4.881 | 0.928 | 5.527 | 0.400 | 5.420 |
| | 20 | 5.211 | 0.869 | 5.804 | 0.761 | 5.578 |
| | 30 | 5.525 | 0.820 | 6.059 | 1.094 | 5.708 |
| | 40 | 5.826 | 0.777 | 6.296 | 1.403 | 5.815 |
| W | 0 | 19.224 | 1.000 | 4.029 | 0.000 | 4.029 |
| | 10 | 19.813 | 0.970 | 4.183 | 0.124 | 4.207 |
| | 20 | 20.355 | 0.944 | 4.326 | 0.240 | 4.365 |
| | 30 | 20.849 | 0.922 | 4.462 | 0.350 | 4.508 |
| | 40 | 21.331 | 0.901 | 4.590 | 0.453 | 4.638 |

niot 方程容易通过实验准确地测量出来，因此通过此方程研究材料的状态方程是一种常用的方法。

综上分析，我们可以知道，对于大多数金属材料而言，假设波阵面前方粒子静止 $U_0 = 0$ 和初始压力 $p_0 = 0$，我们可以对这 5 个物理量两两之间其他的函数关系进行推导。

根据以上控制方程组，将其中线性状态方程代入连续方程，可以得到物理量 $U_P$-$v$ 关系：

$$U_P = \frac{(v_0 - v) C_0}{v_0 - (v_0 - v) S} \tag{4.41}$$

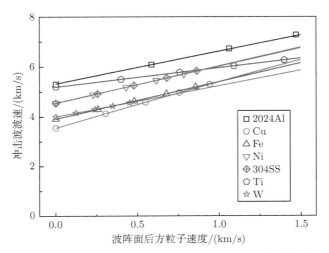

图 4.2 七种典型金属材料中冲击波波速与波阵面后方粒子速度之间的近似线性关系

表 4.2 一些典型金属介质的线性状态方程参数

| 金属 | 初始密度 $\rho_0$/(g/cm$^3$) | 压力范围 $p$/GPa | 声速 $C_0$/(km/s) | 线性系数 $S$ |
|------|------|------|------|------|
| Mo | 10.20 | 25.4~163.3 | 5.16 | 1.24 |
| Ta | 16.46 | 27.2~54.7 | 3.37 | 1.16 |
| Co | 8.82 | 24.4~160.3 | 4.75 | 1.33 |
| Pd | 11.95 | 26.3~37.2 | 3.79 | 1.92 |
| Ag | 10.49 | 21.6~401.0 | 3.24 | 1.59 |
| Pt | 21.40 | 29.5~58.6 | 3.67 | 1.41 |
| Au | 19.24 | 59.0~513.0 | 3.08 | 1.56 |
| Pb | 11.34 | 39.0~730.0 | 2.03 | 1.58 |

上式也可以写为

$$U_{\mathrm{P}} = \left[ \frac{v_0}{v_0 + (v - v_0)\,S} - 1 \right] \frac{C_0}{S} \tag{4.42}$$

即

$$U_{\mathrm{P}} = \left[ \frac{1}{1 + (v/v_0 - 1)\,S} - 1 \right] \frac{C_0}{S} \tag{4.43}$$

上式说明，随着介质比容的增大，波阵面后方的压力逐渐非线性递减，这与表 4.1 中所示的规律相符合。此式也可以写为 $v\text{-}U_{\mathrm{P}}$ 关系：

$$v = v_0 \left( 1 - \frac{U_{\mathrm{P}}}{U_{\mathrm{P}} S + C_0} \right) \tag{4.44}$$

将 $U_{\mathrm{S}}\text{-}U_{\mathrm{P}}$ 型 Hugoniot 方程代入式 (4.30)，我们可以得到物理量 $U_{\mathrm{S}}\text{-}v$ 关系：

$$U_{\mathrm{S}} = \frac{C_0 v_0}{v_0 - (v_0 - v)\,S} \tag{4.45}$$

即

$$U_{\mathrm{S}} = \frac{C_0}{1 - (1 - v/v_0)\,S} \tag{4.46}$$

上式也可以写为

$$v = \left( 1 - \frac{1}{S} + \frac{C_0}{U_S S} \right) v_0 \tag{4.47}$$

我们也可以给出能量增量 $\Delta E = E - E_0$ 与其他参数之间的关系。将运动方程代入能量守恒方程, 可以得到

$$\Delta E = \frac{1}{2} \left( \frac{U_S U_P}{v_0} \right) (v_0 - v) \tag{4.48}$$

将式 (4.41) 和式 (4.45) 代入上式, 可以得到物理量 $\Delta E$-$v$ 关系:

$$\Delta E = \frac{1}{2} \left[ \frac{(v_0 - v) C_0}{v_0 - (v_0 - v) S} \right]^2 \tag{4.49}$$

将式 (4.44) 和状态方程代入式 (4.49), 可以得到物理量 $\Delta E$-$U_P$ 关系:

$$\Delta E = \frac{1}{2} U_P^2 \tag{4.50}$$

将式 (4.47) 和状态方程代入式 (4.49), 可以得到物理量 $\Delta E$-$U_S$ 关系:

$$\Delta E = \frac{(U_S - C_0)^2}{2S^2} \tag{4.51}$$

将式 (4.41) 和式 (4.45) 代入运动方程, 可以得到物理量 $p$-$v$ 关系:

$$p = \frac{(v_0 - v) C_0^2}{[v_0 - (v_0 - v) S]^2} \tag{4.52}$$

上式也可以写为

$$v = \frac{C_0^2}{2pS^2} \left[ \sqrt{1 + \frac{4Sv_0}{C_0^2} p} + \frac{2S (S - 1) v_0}{C_0^2} p - 1 \right] \tag{4.53}$$

将上式代入能量守恒方程, 可以得到物理量 $\Delta E$-$p$ 关系:

$$\Delta E = \frac{1}{2} p v_0 - \frac{C_0^2}{4S^2} \left[ \sqrt{1 + \frac{4Sv_0}{C_0^2} p} + \frac{2S (S - 1) v_0}{C_0^2} p - 1 \right] \tag{4.54}$$

将式 (4.44) 代入式 (4.52), 我们可以得到物理量 $p$-$U_P$ 关系:

$$p = \rho_0 U_P (U_P S + C_0) \tag{4.55}$$

将式 (4.47) 代入式 (4.52), 我们可以得到物理量 $p$-$U_S$ 关系:

$$p = \frac{(U_S - C_0) U_S}{v_0 S} \tag{4.56}$$

2. $p$-$v$ 型 Hugoniot 曲线

该类型 Hugoniot 曲线是常用的一种形式, 如图 4.3 所示, 图中曲线为 $p$-$v$ 状态平面上的 Hugoniot 曲线。一般来讲, Hugoniot 曲线代表材料中所有冲击状态的轨迹。

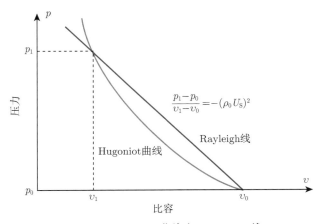

图 4.3 Hugoniot 曲线和 Rayleigh 线

将式 (4.41) 和式 (4.45) 代入运动方程，我们可以得到考虑波阵面前方介质中初始压力时波阵面后方的压力与比容之间的关系：

$$p - p_0 = \frac{(v_0 - v)\, C_0^2}{[v_0 - (v_0 - v)\, S]^2} \tag{4.57}$$

即

$$\frac{p - p_0}{v - v_0} = -\frac{C_0^2}{[v_0 - (v_0 - v)\, S]^2} \tag{4.58}$$

上式表明，压力增量 $\Delta p = p - p_0$ 与比容增量 $\Delta v = v - v_0$ 并不满足线性关系，而是非线性关系。

我们可以用另一种更简单的形式表述式 (4.58)，根据连续方程，我们可以得到

$$v - v_0 = -v_0 \frac{U_\mathrm{P}}{U_\mathrm{S}} \tag{4.59}$$

根据运动方程，有

$$p - p_0 = \frac{U_\mathrm{S} U_\mathrm{P}}{v_0} \tag{4.60}$$

上两式相除，即可以得到

$$\frac{p - p_0}{v - v_0} = -\frac{U_\mathrm{S}^2}{v_0^2} = -(\rho_0 U_\mathrm{S})^2 \tag{4.61}$$

从上式我们可以更加直观地看到，随着比容增量的增大，压力增量逐渐减小，两者之间呈广义的反比关系，且与冲击波波速的平方相关。由式 (4.56) 我们知道，压力增量与冲击波波速之间满足函数关系，因此，上式中左右两端并不相互独立，也就是说在左端压力增量变化时，右端也随之变化，即压力增量与比容增量一般情况下不可能为线性关系。上式也可以写为

$$U_\mathrm{S} = \frac{1}{\rho_0} \sqrt{-\frac{p - p_0}{v - v_0}} \tag{4.62}$$

上式的物理意义是，冲击波波速是压力增量与比容增量之比绝对值的平方根成正比；反过来讲，压力增量与比容增量之比直接与冲击波波速对应。事实上，其即为 Hugoniot 曲线上弦的斜率，与当前波阵面后方的状态值相关，如当在状态点 $(p_1, v_1)$ 时，其弦斜率为

$$\frac{p_1 - p_0}{v_1 - v_0} = - (\rho_0 U_S)^2 \tag{4.63}$$

我们称 $p$-$v$ 状态平面上初始状态点 $(p_0, v_0)$ 和波阵面后方某状态点 $(p_1, v_1)$ 的直线连线为 $p$-$v$ 状态平面上 Rayleigh 线 (弦)，如图 4.3 所示。事实上，对于稳定的冲击波而言，其波阵面上的每一部分均是以相同的波速传播的，这也意味着在冲击突跃过程中波阵面上的状态点的运动轨迹正是 Rayleigh 线，反过来讲，Rayleigh 线才是冲击突跃的过程线。

我们对式 (4.57) 两端微分可以得到

$$\frac{\mathrm{d}p}{\mathrm{d}v} = \frac{-C_0^2 \left[ v_0 - (v_0 - v) S \right] - (v_0 - v) C_0^2 2S}{\left[ v_0 - (v_0 - v) S \right]^3} \tag{4.64}$$

将式 (4.45) 代入上式，可以得到

$$\frac{\mathrm{d}p}{\mathrm{d}v} = \left( 1 - 2\frac{U_S}{C_0} \right) \rho_0^2 U_S^2 \tag{4.65}$$

将状态方程代入上式，进一步简化后有

$$\frac{\mathrm{d}p}{\mathrm{d}v} = \left( -1 - 2\frac{SU_P}{C_0} \right) \rho_0^2 U_S^2 \tag{4.66}$$

对比 Rayleigh 线的斜率式 (4.61) 和上式切线的斜率，可有

$$\frac{\mathrm{d}p}{\mathrm{d}v} - \frac{p - p_0}{v - v_0} = \left( -2\frac{SU_P}{C_0} \right) \rho_0^2 U_S^2 < 0 \tag{4.67}$$

即

$$\frac{\mathrm{d}p}{\mathrm{d}v} < \frac{p - p_0}{v - v_0} \quad \text{或} \quad \left| \frac{\mathrm{d}p}{\mathrm{d}v} \right| > \left| \frac{p - p_0}{v - v_0} \right| \tag{4.68}$$

上式表明在 $p$-$v$ 状态平面上 Hugoniot 曲线是凹形的，如图 4.3 所示。

从能量的角度上看，冲击突跃应该是一个具有不可逆熵增的过程，而且沿着 $p$-$v$ 型 Hugoniot 曲线，随着压力 $p$ 的增加，其熵 $S$ 是随着增大的，这点我们可以通过能量守恒方程和热力学定律推导出来。

对能量守恒方程两端进行微分有

$$\mathrm{d}E = \frac{1}{2} (v_0 - v) \mathrm{d}p - \frac{1}{2} (p + p_0) \mathrm{d}v \tag{4.69}$$

同时，根据热力学定律有

$$\mathrm{d}E = T\mathrm{d}S - p\mathrm{d}v \tag{4.70}$$

上两式联立后可以得到

$$T\mathrm{d}S = \frac{1}{2} (v_0 - v) \mathrm{d}p + \frac{1}{2} (p - p_0) \mathrm{d}v \tag{4.71}$$

上式可以写为

$$T\mathrm{d}S = \frac{1}{2}\left(v_0 - v\right)\mathrm{d}p + \frac{1}{2}\frac{\frac{p-p_0}{v_0-v}}{\frac{\mathrm{d}p}{\mathrm{d}v}}\left(v_0 - v\right)\mathrm{d}p = \frac{1}{2}\left(1 - \frac{\frac{p-p_0}{v-v_0}}{\frac{\mathrm{d}p}{\mathrm{d}v}}\right)\left(v_0 - v\right)\mathrm{d}p \tag{4.72}$$

根据式 (4.68) 可知

$$\frac{\mathrm{d}p}{\mathrm{d}v} < \frac{p-p_0}{v-v_0} < 0 \Rightarrow \frac{\frac{p-p_0}{v-v_0}}{\frac{\mathrm{d}p}{\mathrm{d}v}} < 1 \tag{4.73}$$

即

$$\frac{\mathrm{d}S}{\mathrm{d}p} > 0 \tag{4.74}$$

上式的物理意义正是表示验证 Hugoniot 曲线，熵是随着压力的增高而增大的。

### 3. $p$-$v$ 平面上的 Hugoniot 曲线、等熵曲线和等温曲线

式 (4.74) 表明，随着压力的增大，Hugoniot 曲线上状态点对应的熵是逐渐增大的，即如图 4.3 所示状态点 1 对应的熵 $S_1$ 大于状态点 0 对应的熵 $S_0$，$S_1 > S_0$；因此我们可以预测：从初始状态点 0 出发的等熵曲线应该在 Hugoniot 曲线的下方；这个结论我们可以利用熵型状态方程证明之。

熵型状态方程可写为

$$f_S(p, v, S) = 0 \Leftrightarrow p = p(v, S) \tag{4.75}$$

上式对比容 $v$ 求导，可以得到

$$\frac{\mathrm{d}p}{\mathrm{d}v} = \left.\frac{\partial p}{\partial v}\right|_S + \left.\frac{\partial p}{\partial S}\right|_v \frac{\mathrm{d}S}{\mathrm{d}v} \tag{4.76}$$

即

$$\frac{\mathrm{d}p}{\mathrm{d}v} - \left.\frac{\partial p}{\partial v}\right|_S = \left.\frac{\partial p}{\partial S}\right|_v \frac{\mathrm{d}S}{\mathrm{d}v} \tag{4.77}$$

我们可以通过求出右端项的符号给出 Hugoniot 曲线与等熵线之间的关系。对式 (4.75) 两端微分，有

$$\mathrm{d}p = \left.\frac{\partial p}{\partial S}\right|_v \mathrm{d}S + \left.\frac{\partial p}{\partial v}\right|_S \mathrm{d}v \tag{4.78}$$

我们考虑等压过程，此时即有 $\mathrm{d}p = 0$，上式可写为

$$\left.\frac{\partial p}{\partial S}\right|_v = -\left.\frac{\partial p}{\partial v}\right|_S \left.\frac{\mathrm{d}v}{\mathrm{d}S}\right|_p = -v\left.\frac{\partial p}{\partial v}\right|_S \frac{1}{v}\left.\frac{\mathrm{d}v}{\mathrm{d}S}\right|_p = -V\left.\frac{\partial p}{\partial V}\right|_S \frac{1}{V}\left.\frac{\mathrm{d}V}{\mathrm{d}S}\right|_p \tag{4.79}$$

根据等熵体积模量和熵膨胀系数的定义可知：

$$\begin{cases} k_S = -V\left.\frac{\partial p}{\partial V}\right|_S > 0 \\ \alpha_S = \frac{1}{V}\left.\frac{\mathrm{d}V}{\mathrm{d}S}\right|_p > 0 \end{cases} \tag{4.80}$$

因此，我们可以知道：

$$\frac{\partial p}{\partial S}\Big|_v = -V\frac{\partial p}{\partial V}\Big|_S \frac{1}{V}\frac{\mathrm{d}V}{\mathrm{d}S}\Big|_p > 0 \tag{4.81}$$

同时，根据式 (4.74)，我们容易知道：

$$\mathrm{sgn}\left(\frac{\mathrm{d}p}{\mathrm{d}v}\right) = \mathrm{sgn}\left(\frac{\mathrm{d}S}{\mathrm{d}v}\right) = -1 \tag{4.82}$$

根据上两式我们可以看出：

$$\frac{\mathrm{d}p}{\mathrm{d}v} - \frac{\partial p}{\partial v}\Big|_S = \frac{\partial p}{\partial S}\Big|_v \frac{\mathrm{d}S}{\mathrm{d}v} < 0 \Rightarrow \frac{\mathrm{d}p}{\mathrm{d}v} < \frac{\partial p}{\partial v}\Big|_S \tag{4.83}$$

或

$$\frac{\mathrm{d}p}{\mathrm{d}v} - \frac{\partial p}{\partial v}\Big|_S = \frac{\partial p}{\partial S}\Big|_v \frac{\mathrm{d}S}{\mathrm{d}v} < 0 \Rightarrow \left|\frac{\mathrm{d}p}{\mathrm{d}v}\right| > \left|\frac{\partial p}{\partial v}\Big|_S\right| \tag{4.84}$$

上式意味着，在 $p\text{-}v$ 状态平面上，从相同初始状态点 $A$ 出发的 Hugoniot 曲线 $AB$ 在等熵曲线 $AC$ 的上方，反之，从相同最终状态点 $B$ 出发的 Hugoniot 曲线 $BA$ 在等熵曲线 $BD$ 的下方，如图 4.4 所示。根据式 (4.72) 可知，图中 Hugoniot 曲线的下方面积 $BEA$ 代表等熵过程中可恢复的内能变化；而 Rayleigh 线下方 Hugoniot 曲线上方的面积 $BE$ 代表冲击突跃过程中不可逆的能量耗散。

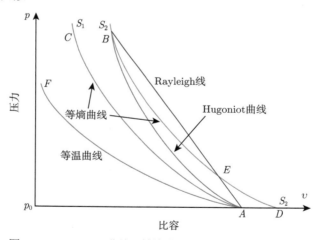

图 4.4　Hugoniot 曲线、等熵曲线与等温曲线的空间关系

在图中初始状态点 $A$ 处，有 $v = v_0$，根据式 (4.72) 可知，在此状态点有

$$\mathrm{d}S|_A = 0 \Rightarrow \frac{\mathrm{d}S}{\mathrm{d}v}\Big|_A = 0 \tag{4.85}$$

结合上式，根据式 (4.76)，我们可以得到在初始状态 $A$ 处：

$$\frac{\mathrm{d}p}{\mathrm{d}v} = \frac{\partial p}{\partial v}\Big|_S \tag{4.86}$$

上式的物理意义是: 在 $p$-$v$ 状态平面上, 在初始状态点 $A$ 处的 Hugoniot 曲线的斜率与等熵曲线的斜率相等。事实上, 可以进一步证明, 其二次导数也相等, 即两条曲线在初始状态点上也具有相同的曲率。

对于等温曲线与等熵曲线的对比, 我们可以参考温度型状态方程:

$$f_S(p, v, T) = 0 \Leftrightarrow p = p(v, T) \tag{4.87}$$

我们在等熵条件下对上式求导, 可以得到

$$\left.\frac{\partial p}{\partial v}\right|_S = \left.\frac{\partial p}{\partial v}\right|_T + \left.\frac{\partial p}{\partial T}\right|_v \left.\frac{\partial T}{\partial v}\right|_S \tag{4.88}$$

对式 (4.87) 两端微分, 有

$$\mathrm{d}p = \left.\frac{\partial p}{\partial T}\right|_v \mathrm{d}T + \left.\frac{\partial p}{\partial v}\right|_T \mathrm{d}v \tag{4.89}$$

考虑等压过程, 此时即有 $\mathrm{d}p = 0$, 上式可写为

$$\left.\frac{\partial p}{\partial T}\right|_v = - \left.\frac{\partial p}{\partial v}\right|_T \frac{\mathrm{d}v}{\mathrm{d}T}\bigg|_p = -v \left.\frac{\partial p}{\partial v}\right|_T \frac{1}{v} \frac{\mathrm{d}v}{\mathrm{d}T}\bigg|_p = -V \left.\frac{\partial p}{\partial V}\right|_T \frac{1}{V} \frac{\mathrm{d}V}{\mathrm{d}T}\bigg|_p \tag{4.90}$$

根据等温体积模量和热膨胀系数的定义可知:

$$\begin{cases} k_T = -V \left.\dfrac{\partial p}{\partial V}\right|_T > 0 \\[2mm] \alpha_T = \dfrac{1}{V} \left.\dfrac{\mathrm{d}V}{\mathrm{d}T}\right|_p > 0 \end{cases} \tag{4.91}$$

因此, 我们可以知道:

$$\left.\frac{\partial p}{\partial T}\right|_v = -V \left.\frac{\partial p}{\partial V}\right|_T \frac{1}{V} \frac{\mathrm{d}V}{\mathrm{d}T}\bigg|_p > 0 \tag{4.92}$$

而

$$\left.\frac{\partial T}{\partial v}\right|_S = - \left.\frac{\partial p}{\partial s}\right|_v < 0 \tag{4.93}$$

因此, 我们可以得到

$$\left.\frac{\partial p}{\partial v}\right|_S - \left.\frac{\partial p}{\partial v}\right|_T < 0 \Rightarrow \left.\frac{\partial p}{\partial v}\right|_S < \left.\frac{\partial p}{\partial v}\right|_T \Rightarrow \left|\left.\frac{\partial p}{\partial v}\right|_S\right| > \left|\left.\frac{\partial p}{\partial v}\right|_T\right| \tag{4.94}$$

上式意味着, 在 $p$-$v$ 状态平面上, 同初始状态点 $A$ 出发的等熵曲线 $AC$ 在等温曲线 $AF$ 的上方, 如图 4.4 所示。

### 4.1.4 平板正撞击中冲击波的传播

产生冲击波的方法有很多, 例如爆炸、撞击等, 利用两个表面平行的平板进行高速撞击产生一维冲击波是一种最简单也是最易控制、最常用的产生冲击波方法之一。假设有两个平板, 其平面的尺寸远大于其厚度方向尺寸, 因此撞击过程可以视为一维平面应变状态; 其平

面相互平行，因此撞击过程中两个对应面节点同时接触；如图 4.5 所示，设平板 1 的初始入射速度为 $v_0$，其材料的密度为 $\rho_{01}$、声速为 $C_{01}$、Hugoniot 曲线参数为 $S_1$；平板 2 初始处于静止状态，其材料的密度为 $\rho_{02}$、声速为 $C_{02}$、Hugoniot 曲线参数为 $S_2$；当 $t = 0$ 时刻时两个板相撞，在相撞瞬间会从交界面处分别以相反方向向两个板内部方向传播平面冲击波，设向平板 1 和平板 2 内部传播的冲击波波速分别为 $U_{S1}$ 和 $U_{S2}$，容易知道，在两个板内冲击波波阵面前方介质内部粒子速度仍分别是 $U_{01} = v_0$ 和 $U_{02} = 0$，平板 1 和平板 2 中冲击波波阵面后方的粒子速度分别为 $U_{P1}$ 和 $U_{P2}$。

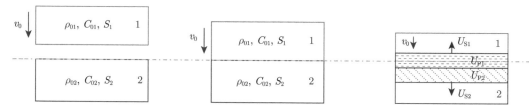

图 4.5　两个平面平行平板高速正撞击

根据连续条件可知：

$$U_{P1} = U_{P2} \tag{4.95}$$

根据应力平衡条件可知两个板内波阵面后方介质内的压力应该相等：

$$p_1 = p_2 \tag{4.96}$$

值得注意的是，平板 1 具有初始速度，为简化分析，我们对平板 1 分析取参考坐标系为动坐标系，即我们站在平板 1 上方同样以速度 $v_0$ 向下运动，同时观察平板 1 的状态变化。此时的平板 1 内波阵面前方粒子相对速度为 $\bar{U}_{P0} = 0$，波阵面后方粒子相对速度的绝对值为 $\bar{U}_{P1} = v_0 - U_{P1}$，冲击波波速的绝对值为 $\bar{U}_{S1} = v_0 - U_{S1}$，因此此时的连续条件式 (4.95) 可写为

$$\bar{U}_{P1} + U_{P2} = v_0 \tag{4.97}$$

根据动量守恒方程，我们可以求出平板 1 中波阵面后方的压力为

$$p_1 = \rho_{01} \bar{U}_{P1} \bar{U}_{S1} \tag{4.98}$$

根据材料 1 中 Hugoniot 方程，有

$$\bar{U}_{S1} = C_{01} + S_1 \bar{U}_{P1} \tag{4.99}$$

将上式代入方程式 (4.98)，可有

$$p_1 = \rho_{01} \bar{U}_{P1} \bar{U}_{S1} = \rho_{01} \bar{U}_{P1} \left( C_{01} + S_1 \bar{U}_{P1} \right) \tag{4.100}$$

对于平板 2，我们不需要参考坐标变换，直接使用绝对坐标系计算，同上我们可以得到波阵面后方的压力为

$$p_2 = \rho_{02} U_{P2} U_{S2} = \rho_{02} U_{P2} \left( C_{02} + S_2 U_{P2} \right) \tag{4.101}$$

因此我们可以得到方程组：

$$\begin{cases} p_1 = p_2 \\ \bar{U}_{P1} + U_{P2} = v_0 \\ p_1 = \rho_{01}\bar{U}_{P1}\bar{U}_{S1} = \rho_{01}\bar{U}_{P1}\left(C_{01} + S_1\bar{U}_{P1}\right) \\ p_2 = \rho_{02}U_{P2}U_{S2} = \rho_{02}U_{P2}\left(C_{02} + S_2U_{P2}\right) \end{cases} \tag{4.102}$$

上述方程组经过简化可得到方程：

$$\rho_{01}\left(v_0 - U_{P2}\right)\left[C_{01} + S_1\left(v_0 - U_{P2}\right)\right] = \rho_{02}U_{P2}\left(C_{02} + S_2U_{P2}\right) \tag{4.103}$$

上式是一个关于未知量 $U_{P2}$ 的一元二次方程，写成标准形式为

$$\left(\rho_{01}S_1 - \rho_{02}S_2\right)U_{P2}^2 - \left(\rho_{01}C_{01} + 2v_0\rho_{01}S_1 + \rho_{02}C_{02}\right)U_{P2} + \left(\rho_{01}C_{01}v_0 + \rho_{01}S_1v_0^2\right) = 0 \tag{4.104}$$

我们可以求出合理根为

$$U_{P2} = \frac{\left[2\rho_{01}\left(C_{01} + v_0S_1\right) - \left(\rho_{01}C_{01} - \rho_{02}C_{02}\right)\right] - \sqrt{\Delta}}{2\left(\rho_{01}S_1 - \rho_{02}S_2\right)} \tag{4.105}$$

式中，

$$\Delta = \left[2\rho_{01}\left(C_{01} + v_0S_1\right) - \left(\rho_{01}C_{01} - \rho_{02}C_{02}\right)\right]^2 - 4\rho_{01}v_0\left(\rho_{01}S_1 - \rho_{02}S_2\right)\left(C_{01} + S_1v_0\right) \tag{4.106}$$

当平板 1 和平板 2 的材料是相同介质时，此时有

$$\begin{cases} \rho_{01}C_{01} = \rho_{02}C_{02} \\ \rho_{01}S_1 = \rho_{02}S_2 \end{cases} \tag{4.107}$$

此时方程式 (4.104) 即可简化为

$$2\rho_{01}\left(C_{01} + v_0S_1\right)U_{P2} - \rho_{01}v_0\left(C_{01} + S_1v_0\right) = 0 \tag{4.108}$$

上式可以直接给出平板 1 和平板 2 中波阵面后方粒子速度为

$$U_{P1} = U_{P2} = \frac{v_0}{2} \tag{4.109}$$

上式的物理意义是：对于平板 1 和平板 2 介质相同时两板平行高速撞击 (一般称为对称撞击)，波阵面后方粒子为撞击速度的一半。在此基础上，我们可以求出撞击后波阵面后方的压力为

$$p_1 = p_2 = \rho_{02}U_{P2}\left(C_{02} + S_2U_{P2}\right) = \frac{\rho_{02}v_0}{2}\left(C_{02} + \frac{S_2v_0}{2}\right) \tag{4.110}$$

以铜平板以入射速度 500m/s 正撞击铜平板为例，已知铜中的声速为 3940m/s，密度为 8.92g/cm$^3$，Hugoniot 方程参数约为 1.49；根据上两式我们可以求出波阵面后方的粒子速度和压力分别为

$$U_P = \frac{v_0}{2} = 250\text{m/s}$$

$$p = \frac{\rho_{02} v_0}{2} \left( C_{02} + \frac{S_2 v_0}{2} \right) = 9.62 \text{GPa}$$

事实上,以上求解过程其实就是两个曲线交点的求解,这点从方程组式 (4.102) 容易看出,因此我们可以通过图解法来实现快速计算,这个方法我们称为阻抗匹配技术。我们先消去方程组中的第一式,设

$$p = p_1 = p_2 \tag{4.111}$$

则式 (4.102) 可写为

$$\begin{cases} U_{P2} = v_0 - \bar{U}_{P1} \\ p = \rho_{01} \bar{U}_{P1} \left( C_{01} + S_1 \bar{U}_{P1} \right) \\ p = \rho_{02} U_{P2} \left( C_{02} + S_2 U_{P2} \right) \end{cases} \tag{4.112}$$

我们先在坐标系中绘制出上述方程组中第三式 (因为该方程即建立在绝对坐标系中,不需要转换),如图 4.6 所示。

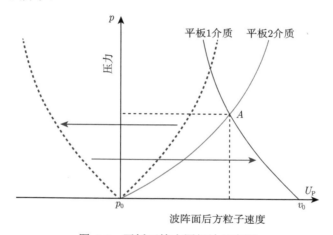

图 4.6　平板正撞击图解法示意图

至于第二式由于其变量是相对坐标系中建立的,因此应该根据第一式进行坐标转换,即 $\bar{U}_{P1} \to -\bar{U}_{P1} \to v_0 - \bar{U}_{P1} \Leftrightarrow U_{P2}$,对应作图分三步:首先,绘制材料 1 对应曲线;其次,将曲线以 $p$ 轴为对称轴进行镜像;第三步,将曲线向右平移 $v_0$。两个曲线的交点 $A$ 对应的横纵坐标 $(U_P, p)$ 即为所求的波阵面后方压力和粒子速度。

## 4.2　Grüneisen 状态方程

从上节的分析可以看出,我们通过四个线性无关的控制方程即可以得到任意两个独立参数之间的函数关系,在控制方程组中,连续方程、运动方程和动能守恒方程中必需的最基本常量为波阵面前方的比容 $v_0$ 或密度 $\rho_0$、初始压力 $p_0$、初始粒子速度 $U_P$,这些量都容易测量到;而最后一个方程即状态方程则较难获取;碰巧的是,我们发现对于大部分金属材料而言,在很大区间的动高压区内,其介质内的冲击波波速与波阵面后方的粒子速度满足线性

关系，而这种关系还相对较容易准确地测量获得；因此，我们可以反向通过冲击绝热方程求解状态方程。

然而，我们必须先确定状态方程的形式或对状态方程的形式做某种限定和假设，才能根据冲击绝热方程反向求解。前面我们提及两个经典的纯力学状态方程：Bridgman 状态方程和 Murnaghan 状态方程，它们分别属于等温型状态方程和等熵型状态方程；而这些 $p$-$V$ 或 $p$-$v$ 关系在动高压的冲击波传播演化过程中是不适用或不准确的。我们希望能够得到在高压状态下的内能型状态方程，在这方面，Mie-Grüneisen 状态方程 (下面简称 Grüneisen 状态方程) 是相对合理和适用的，特别地，其在确定冲击和残余温度以及预测多孔材料的冲击响应方面非常重要。

### 4.2.1 状态方程的统计力学分析

我们知道，热力学是着眼于宏观，而统计力学则不同，它关注微观问题。在统计力学中，我们把原子视为量子化的振子，这与第 1 章中对应力波微观机制的分析类似，每个原子都有三个振动方向。根据量子理论，量子化振子的基级能量为 $h\nu/2$，第 $n$ 级量子化振子的能量为 $nh\nu$，其中，$h$ 表示 Planck(普朗克) 常数，$\nu$ 表示振动频率。因此晶体中 $N$ 个原子微粒的总振动能 (不含基级能量) 为

$$\bar{E} = \sum_{j=1}^{3N} n_j h \nu_j = \sum_{j=1}^{3N} \bar{\varepsilon}_j \tag{4.113}$$

式中，$\bar{\varepsilon}_j = n_j h \nu_j$ 表示系统平均能量。

对于能级为 $\varepsilon_i$ 的系统而言，考虑到处于相同能级的振子有几个不同的微观形态 (称为该能级的简并度) 为 $g$，其在第 $i$ 个能级出现的相对概率为

$$P_i' = g_i \exp\left(-\varepsilon_i/kT\right) \tag{4.114}$$

式中，$k$ 是 Boltzmann 常数。

因此，我们可以得到绝对概率为

$$P_i = \frac{g_i \exp\left(-\varepsilon_i/kT\right)}{\sum\limits_{j=1}^{\infty} g_j \exp\left(-\varepsilon_j/kT\right)} \tag{4.115}$$

因此，我们可以求出系统的平均能量为

$$\bar{\varepsilon} = \sum_{i=1}^{\infty} P_i \varepsilon_i = \frac{\sum\limits_{i=1}^{\infty} \varepsilon_i g_i \exp\left(-\varepsilon_i/kT\right)}{\sum\limits_{j=1}^{\infty} g_j \exp\left(-\varepsilon_j/kT\right)} \tag{4.116}$$

如果我们假设中间变量：

$$\begin{cases} \chi = \sum\limits_{i=1}^{\infty} g_i \exp\left(\kappa \varepsilon_i\right) \\ \kappa = -1/kT \end{cases} \tag{4.117}$$

则有

$$\frac{\mathrm{d}\chi}{\mathrm{d}\kappa} = \sum_{i=1}^{\infty} \varepsilon_i g_i \exp\left(\kappa\varepsilon_i\right) \tag{4.118}$$

将上两式代入式 (4.116)，则可以得到

$$\bar{\varepsilon} = \sum_{i=1}^{\infty} P_i\varepsilon_i = \frac{\dfrac{\mathrm{d}\chi}{\mathrm{d}\kappa}}{\chi} = \frac{\mathrm{d}\ln\chi}{\mathrm{d}\kappa} \tag{4.119}$$

根据量子理论，能级能量为

$$\varepsilon = nh\nu \tag{4.120}$$

式中，$n$ 取所有整数；而且能级在此种情况下不简并，即 $g_i = 1$。此时有

$$\chi = \sum_{i=1}^{\infty} g_i \exp\left(-\varepsilon_i/kT\right) = \sum_{n=1}^{\infty} \exp\left(-nh\nu/kT\right) = \sum_{n=1}^{\infty} \left[\exp\left(-h\nu/kT\right)\right]^n \tag{4.121}$$

上式收敛于

$$\chi = \frac{1}{1 - \exp\left(-h\nu/kT\right)} \tag{4.122}$$

因此，式 (4.116) 所示系统平均能量简化为

$$\bar{\varepsilon} = \frac{\mathrm{d}\ln\dfrac{1}{1-\exp\left(\kappa h\nu\right)}}{\mathrm{d}\kappa} = \frac{h\nu}{\exp\left(-\kappa h\nu\right) - 1} = \frac{h\nu}{\exp\left(h\nu/kT\right) - 1} \tag{4.123}$$

因此，晶体的总振动能 (包含基级能量) 为

$$E = \sum_{j=1}^{3N} \left[\frac{1}{2}h\nu_j + \frac{h\nu_j}{\exp\left(h\nu_j/kT\right) - 1}\right] \tag{4.124}$$

因此，我们可以得到原子的总能量即势能 $\phi\left(\nu\right)$ 与振动能 $\bar{E}$ 之和为

$$E_{\text{total}} = \phi\left(\nu\right) + \sum_{j=1}^{3N} \left[\frac{1}{2}h\nu_j + \frac{h\nu_j}{\exp\left(h\nu_j/kT\right) - 1}\right] \tag{4.125}$$

上式建立了微观的统计力学与宏观的热力学之间的联系。根据热力学关系，我们可以求出定容比热为

$$C_V = \left.\frac{\partial E_{\text{total}}}{\partial T}\right|_V = \sum_{j=1}^{3N} \left\{\frac{(h\nu_j)^2 \exp\left(h\nu_j/kT\right)}{\left[\exp\left(h\nu_j/kT\right) - 1\right]^2 kT^2}\right\} \tag{4.126}$$

根据定容比热与熵之间的关系有

$$C_V = T\left.\frac{\partial S}{\partial T}\right|_V \Rightarrow \left.\frac{\partial S}{\partial T}\right|_V = \frac{C_V}{T} = \sum_{j=1}^{3N} \left\{\frac{(h\nu_j)^2 \exp\left(h\nu_j/kT\right)}{\left[\exp\left(h\nu_j/kT\right) - 1\right]^2 kT^3}\right\} \tag{4.127}$$

积分后有

$$S = \sum_{j=1}^{3N} \left\{ \frac{\exp\left(h\nu_j/kT\right)}{\exp\left(h\nu_j/kT\right) - 1} \frac{h\nu_j}{T} - k \ln\left[\exp\left(h\nu_j/kT\right) - 1\right] \right\} \tag{4.128}$$

根据热力学理论，我们可以给出原子的 Helmholtz 自由能 $A$ 为

$$A = E_{\text{total}} - TS \tag{4.129}$$

将式 (4.125) 和式 (4.128) 代入上式后，可以得到

$$A = \phi\left(\nu\right) + \sum_{j=1}^{3N} \left(\frac{1}{2} h\nu_j\right) + kT \sum_{j=1}^{3N} \ln\left[1 - \exp\left(-h\nu_j/kT\right)\right] \tag{4.130}$$

根据热力学关系，我们对 Helmholtz 自由能在等温条件下对体积或比容微分，即可以得到压力为 (以比容为例)

$$p = -\left.\frac{\partial A}{\partial v}\right|_T = -\frac{\mathrm{d}\phi}{\mathrm{d}v} - \sum_{j=1}^{3N} h \frac{\partial \nu_j}{\partial v} \left\{ \frac{1}{2} + \frac{1}{\exp\left(h\nu_j/kT\right) - 1} \right\} \tag{4.131}$$

为了方便与振动能对比分析，上式参考振动能的形式并简化后可写为

$$p = -\frac{\mathrm{d}\phi}{\mathrm{d}v} - \frac{1}{v} \sum_{j=1}^{3N} \frac{\partial \ln \nu_j}{\partial \ln v} \left\{ \frac{1}{2} h\nu_j + \frac{h\nu_j}{\exp\left(h\nu_j/kT\right) - 1} \right\} \tag{4.132}$$

### 4.2.2　Grüneisen 状态方程与 Grüneisen 常数

我们定义一个量，使得其为

$$\gamma_j = -\left.\frac{\partial \ln \nu_j}{\partial \ln v}\right|_T \tag{4.133}$$

上式定义的量称为第 $j$ 个振子的 Grüneisen 系数。

此时，式 (4.132) 可进一步简化为

$$p = -\frac{\mathrm{d}\phi}{\mathrm{d}v} + \frac{1}{v} \sum_{j=1}^{3N} \gamma_j \left\{ \frac{1}{2} h\nu_j + \frac{h\nu_j}{\exp\left(h\nu_j/kT\right) - 1} \right\} \tag{4.134}$$

如果我们假定所有振子的 Grüneisen 系数 $\gamma_j$ 都相同，即 $\gamma_j \equiv \gamma$，我们称 $\gamma$ 为 Grüneisen 常数。需要注意的是，在此 Grüneisen 常数 $\gamma$ 近似为体积 $V$ 或比容 $v$ 的函数，即 $\gamma \approx \gamma\left(V\right)$ 或 $\gamma \approx \gamma\left(v\right)$。此时上式可更进一步简化，并将式 (4.124) 代入，上式即可写为

$$p = -\frac{\mathrm{d}\phi}{\mathrm{d}v} + \frac{\gamma}{v} \sum_{j=1}^{3N} \left\{ \frac{1}{2} h\nu_j + \frac{h\nu_j}{\exp\left(h\nu_j/kT\right) - 1} \right\} = -\frac{\mathrm{d}\phi}{\mathrm{d}v} + \frac{\gamma}{v} E \tag{4.135}$$

当温度为绝对零度时，利用上式可以得到

$$p_0 = -\frac{\mathrm{d}\phi}{\mathrm{d}v} + \frac{\gamma}{v_0} E_0 \tag{4.136}$$

式中，$p_0$、$v_0$ 和 $E_0$ 分别表示温度为绝对零度时的压力、比容和能量。当然这个初始状态点也可以写为其他状态，如 Hugoniot 曲线上的状态点 $(p_H, v_H, E_H)$，可以写为

$$p_H = -\frac{\mathrm{d}\phi}{\mathrm{d}v} + \frac{\gamma}{v_H}E_H \tag{4.137}$$

我们姑且皆以 $p_0$、$v_0$ 和 $E_0$ 表示。将式 (4.138) 减去式 (4.136)，我们可以得到

$$p - p_0 = \frac{\gamma}{v}E - \frac{\gamma}{v_0}E_0 \tag{4.138}$$

如果我们假设这一过程是一个等容过程，即在变化过程中体积是恒定的，此时上式即可写为

$$p - p_0 = \frac{\gamma}{v}(E - E_0) \tag{4.139}$$

上式即为 Grüneisen 状态方程，其中我们将 $E_0$ 和 $E$ 分别称为冷能和热能，$p_0$ 和 $p$ 分别称为冷压和热压。该状态方程的关键参数即为 Grüneisen 常数。表 4.3 列出一些常用材料的 Hugoniot 方程参数和 Grüneisen 常数。

由于我们假设体积或比容是不变量，我们对上式两端微分后可以得到

$$\mathrm{d}p = \frac{\gamma}{v}\mathrm{d}E \tag{4.140}$$

即

$$\frac{\gamma}{v} = \frac{\mathrm{d}p}{\mathrm{d}E}\bigg|_v = \frac{\mathrm{d}p}{\mathrm{d}T}\bigg|_v \frac{\mathrm{d}T}{\mathrm{d}E}\bigg|_v = \frac{1}{C_v}\frac{\mathrm{d}p}{\mathrm{d}T}\bigg|_v \tag{4.141}$$

式中，

$$\frac{\mathrm{d}p}{\mathrm{d}T}\bigg|_v = -\frac{\mathrm{d}p}{\mathrm{d}V}\bigg|_T \frac{\mathrm{d}V}{\mathrm{d}T}\bigg|_p = -V\frac{\mathrm{d}p}{\mathrm{d}V}\bigg|_T \frac{1}{V}\frac{\mathrm{d}V}{\mathrm{d}T}\bigg|_p \tag{4.142}$$

根据等温体积模量和热膨胀系数的定义可知：

$$\begin{cases} k_T = -V\dfrac{\partial p}{\partial V}\bigg|_T \\ \alpha_T = \dfrac{1}{V}\dfrac{\mathrm{d}V}{\mathrm{d}T}\bigg|_p \end{cases} \tag{4.143}$$

因此，式 (4.141) 可写为

$$\frac{\gamma}{v} = \frac{\mathrm{d}p}{\mathrm{d}E}\bigg|_v = \frac{\mathrm{d}p}{\mathrm{d}T}\bigg|_v \frac{\mathrm{d}T}{\mathrm{d}E}\bigg|_v = \frac{\alpha_T k_T}{C_v} \tag{4.144}$$

根据上式，我们即可以计算出

$$\gamma_0 = v_0\frac{\alpha_T k_T}{C_v} \quad \text{或} \quad \gamma_0 = V_0\frac{\alpha_T k_T}{C_V} \tag{4.145}$$

以常用的 Al 元素为例，其摩尔体积 $V_0 = 10.0 \times 10^{-6}\mathrm{m}^3/\mathrm{mol}$，热膨胀系数 $\alpha_T = 67.8 \times 10^{-6}°\mathrm{C}^{-1}$，等温体积模量的倒数 $k_T^{-1} = 1.37 \times 10^{-11}\mathrm{m}^2/\mathrm{N}$，定容比热 $C_V = 22.8\mathrm{J}/(\mathrm{mol}·°\mathrm{C})$，根据上式有

$$\gamma_0 = V_0\frac{\alpha_T k_T}{C_V} = 2.17$$

表 4.3 一些常用材料的 Hugoniot 方程参数和 Grüneisen 常数

| 材料 | 初始密度 $\rho_0$/(g/cm$^3$) | 声速 $C_0$/(km/s) | 线性系数 $S$ | Grüneisen 常数 $\gamma$ |
|---|---|---|---|---|
| Ag | 10.49 | 3.23 | 1.60 | 2.5 |
| Au | 19.24 | 3.06 | 1.57 | 3.1 |
| Be | 1.85 | 8.00 | 1.12 | 1.2 |
| Bi | 9.84 | 1.83 | 1.47 | 1.1 |
| Ca | 1.55 | 3.60 | 0.95 | 1.1 |
| Cr | 7.12 | 5.17 | 1.47 | 1.5 |
| Cs | 1.83 | 1.05 | 1.04 | 1.5 |
| Cu | 8.93 | 3.94 | 1.49 | 2.0 |
| Fe | 7.85 | 3.57 | 1.92 | 1.8 |
| Hg | 13.54 | 1.49 | 2.05 | 3.0 |
| K | 0.86 | 1.97 | 1.18 | 1.4 |
| Li | 0.53 | 4.65 | 1.13 | 0.9 |
| Mg | 1.74 | 4.49 | 1.24 | 1.6 |
| Mo | 10.21 | 5.12 | 1.23 | 1.7 |
| Na | 0.97 | 2.58 | 1.24 | 1.3 |
| Nb | 8.59 | 4.44 | 1.21 | 1.7 |
| Ni | 8.87 | 4.60 | 1.44 | 2.0 |
| Pb | 11.35 | 2.05 | 1.46 | 2.8 |
| Pd | 11.99 | 3.95 | 1.59 | 2.5 |
| Pt | 21.42 | 3.60 | 1.54 | 2.9 |
| Rb | 1.53 | 1.13 | 1.27 | 1.9 |
| Sn | 7.29 | 2.61 | 1.49 | 2.3 |
| Ta | 16.65 | 3.41 | 1.20 | 1.8 |
| U | 18.95 | 2.49 | 2.20 | 2.1 |
| W | 19.22 | 4.03 | 1.24 | 1.8 |
| Zn | 7.14 | 3.01 | 1.58 | 2.1 |
| KCl | 1.99 | 2.15 | 1.54 | 1.3 |
| LiF | 2.64 | 5.15 | 1.35 | 2.0 |
| NaCl | 2.16 | 3.53 | 1.34 | 1.6 |
| 2024Al | 2.79 | 5.33 | 1.34 | 2.0 |
| 6061Al | 2.70 | 5.35 | 1.34 | 2.0 |
| 304SS | 7.90 | 4.57 | 1.49 | 2.2 |
| PMMA | 1.19 | 2.60 | 1.52 | 1.0 |
| PE | 0.92 | 2.90 | 1.48 | 1.6 |
| PS | 1.04 | 2.75 | 1.32 | 1.2 |
| 黄铜 | 8.45 | 3.73 | 1.43 | 2.0 |
| 水 | 1.00 | 1.65 | 1.92 | 0.1 |
| 聚四氟乙烯 | 2.15 | 1.84 | 1.71 | 0.6 |

对于离子晶体也同样可以按照相同的方法计算。如对于 NaCl 晶体而言，其摩尔体积 $V_0 = 27.1 \times 10^{-6}$m$^3$/mol，热膨胀系数 $\alpha_T = 121 \times 10^{-6}$℃$^{-1}$，等温体积模量的倒数 $k_T^{-1} = 4.2 \times 10^{-11}$m$^2$/N，定容比热 $C_V = 47.6$J/(mol·℃)，根据式 (4.145) 有

$$\gamma_0 = V_0 \frac{\alpha_T k_T}{C_V} = 1.64$$

一些常用元素和离子晶体的热力学参数和通过式 (4.145) 计算出来的 Grüneisen 常数 $\gamma_0$ 如表 4.4 所示。

表 4.4　一些常用元素和离子晶体的热力学参数与 Grüneisen 常数 $\gamma_0$

| 材料 | 分子量 | $\rho_0/(\mathrm{g/cm^3})$ | $V_0/(\times10^{-6}\mathrm{m^3/mol})$ | $\alpha_T/(\times10^{-6}\mathrm{°C^{-1}})$ | $k_T^{-1}/(\times10^{-11}\mathrm{m^2/N})$ | $C_V/[\mathrm{J/(mol\cdot°C)}]$ | $\gamma_0$ |
|---|---|---|---|---|---|---|---|
| Li | 6.94 | 0.546 | 12.7 | 180.0 | 8.9 | 22.0 | 1.17 |
| Na | 23.00 | 0.971 | 23.7 | 216.0 | 15.8 | 26.0 | 1.25 |
| K | 39.10 | 0.862 | 45.5 | 250.0 | 33.0 | 25.8 | 1.34 |
| Rb | 85.50 | 1.530 | 56.0 | 270.0 | 40.0 | 25.6 | 1.48 |
| Cs | 132.80 | 1.87 | 71.0 | 290.0 | 61.0 | 26.2 | 1.29 |
| Cu | 63.57 | 8.92 | 7.1 | 49.2 | 0.75 | 23.7 | 1.97 |
| Ag | 107.88 | 10.49 | 10.27 | 57.0 | 1.01 | 24.2 | 2.40 |
| Au | 197.20 | 19.2 | 10.3 | 43.2 | 0.59 | 24.9 | 3.03 |
| Al | 26.97 | 2.70 | 10.0 | 67.8 | 1.37 | 22.8 | 2.17 |
| C | 12.00 | 3.51 | 3.42 | 2.91 | 0.16 | 5.66 | 1.10 |
| Pb | 207.20 | 11.35 | 18.2 | 86.4 | 2.30 | 25.0 | 2.73 |
| P | 31.04 | 1.83 | 17.0 | 370.0 | 20.5 | 24.0 | 1.28 |
| Ta | 181.50 | 16.7 | 10.9 | 19.2 | 0.49 | 24.4 | 1.75 |
| Mo | 96.00 | 10.2 | 9.5 | 15.0 | 0.36 | 25.2 | 1.57 |
| W | 184.00 | 19.2 | 9.6 | 13.0 | 0.30 | 25.8 | 1.61 |
| Mn | 54.93 | 7.37 | 7.7 | 63.0 | 0.84 | 23.8 | 2.43 |
| Fe | 55.84 | 7.85 | 7.1 | 33.6 | 0.60 | 24.8 | 1.60 |
| Co | 58.97 | 8.8 | 6.7 | 37.2 | 0.55 | 24.2 | 1.87 |
| Ni | 58.68 | 8.7 | 6.7 | 38.1 | 0.54 | 25.2 | 1.88 |
| Pd | 106.70 | 12.0 | 8.9 | 34.5 | 0.54 | 25.6 | 2.22 |
| Pt | 195.20 | 21.3 | 9.2 | 26.7 | 0.38 | 25.5 | 2.53 |
| NaCl | 58.46 | 2.16 | 27.1 | 121.0 | 4.2 | 47.6 | 1.64 |
| KCl | 74.6 | 1.99 | 37.5 | 114.0 | 5.6 | 47.4 | 1.61 |
| KBr | 119.0 | 2.75 | 43.3 | 126.0 | 6.7 | 48.4 | 1.68 |
| KI | 166.0 | 3.12 | 53.2 | 128.0 | 8.6 | 48.7 | 1.63 |
| AgCl | 143.3 | 5.55 | 25.8 | 99.0 | 2.4 | 50.2 | 2.12 |
| AgBr | 187.8 | 6.32 | 29.7 | 104.0 | 2.7 | 50.1 | 2.28 |
| CaF$_2$ | 78.1 | 3.18 | 24.6 | 56.4 | 1.24 | 65.8 | 1.70 |
| FeS$_2$ | 120.0 | 4.98 | 24.1 | 26.2 | 0.71 | 59.9 | 1.48 |
| PbS | 239.3 | 7.55 | 31.7 | 60.0 | 1.96 | 50.0 | 1.94 |

在工程中实际应用中，我们经常假设：

$$\frac{\gamma}{v}=\frac{\gamma_0}{v_0}=\mathrm{const}\tag{4.146}$$

或者更进一步假设

$$\gamma=\gamma_0=\mathrm{const}\tag{4.147}$$

而在工程实际应用中，也发现下列关系近似成立：

$$\gamma_0\approx 2S-1\tag{4.148}$$

Grüneisen 状态方程是冲击波传播研究中最常用的状态方程，原因之一是它与冲击突跃条件变量统一，属于内能型状态方程；其二，该状态方程中参数能够通过实验结果推导出来。

式 (4.146) 所示简化模型在高达几百吉帕的压力下对一般固体和初始密度在 1/3 以上的多孔材料也是适用的。

### 4.2.3 介质在冲击波作用下的温升

当材料受到冲击压缩时，材料的温度会上升，如图 4.7 所示，设材料的初始状态点为 $0(p_0, v_0, T_0)$，当冲击波传播后，材料中的状态沿着 Rayleigh 线 0~1 从状态点 $0(p_0, v_0, T_0)$ 突跃到状态点 $1(p_1, v_1, T_1)$，状态点 0 和状态点 1 皆在 Hugoniot 曲线上；通常可以假定冲击波波阵面上的热力学过程是绝热的，而且从冲击状态点 1 卸载到初始压力状态的过程是等熵的。

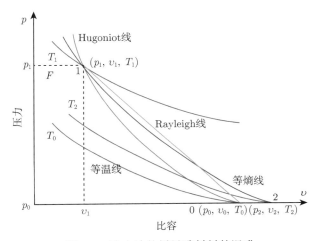

图 4.7  冲击波传播导致材料的温升

设卸载后到达状态点 $2(p_2, v_2, T_2)$，其中 $p_0 = p_2$，根据上节中对等熵曲线和 Hugoniot 曲线关系的分析，两条线并不重合，而且从状态点 1 卸载的稀疏等熵曲线 1~2 在 Hugoniot 曲线的上方，因此，容易知道：

$$v_2 > v_1 \tag{4.149}$$

同时根据上节中对等熵曲线与等温曲线关系的分析可知，有

$$T_1 > T_2 > T_0 \tag{4.150}$$

也就是说，冲击波过后虽然经过等熵稀疏卸载过程，将压力降为初始时的状态，但介质的温度却增加了 $\Delta T = T_2 - T_0 > 0$，即产生了温升现象；根据上节的分析可知，这是因为在冲击波加载后卸载这一不可逆循环过程中，材料中产生了能量损失，这些能量损失使得介质温度升高。

这里我们假设介质满足 Grüneisen 状态方程，结合热力学相关定律，对冲击波波阵面过后介质的温升进行解析分析。如图 4.7 所示，在冲击波加载阶段 0~1 过程中，根据热力学定律有

$$dE = TdS - pdv \tag{4.151}$$

首先对右端第一项进行分析，对 $S = S(T, v)$ 两端微分后有

$$dS = \left.\frac{\partial S}{\partial T}\right|_v dT + \left.\frac{\partial S}{\partial v}\right|_T dv \tag{4.152}$$

即有

$$T dS = T\left.\frac{\partial S}{\partial T}\right|_v dT + T\left.\frac{\partial S}{\partial v}\right|_T dv \tag{4.153}$$

根据热力学知识可知，介质的定容比热为

$$C_v = T\left.\frac{\partial S}{\partial T}\right|_v = \left.\frac{\partial E}{\partial T}\right|_v \tag{4.154}$$

另外，根据热力学特征函数中 Helmholtz 自由能 $A$ 的定义及其与熵和压力之间的关系，可知：

$$\left.\frac{\partial S}{\partial v}\right|_T = -\frac{\partial^2 A}{\partial T \partial v} = \left.\frac{\partial p}{\partial T}\right|_v \tag{4.155}$$

此时，式 (4.153) 即可写为

$$T dS = C_v dT + T\left.\frac{\partial p}{\partial T}\right|_v dv \tag{4.156}$$

根据 Grüneisen 状态方程可知，其中 Grüneisen 常数满足：

$$\frac{\gamma}{v} = \left.\frac{\partial p}{\partial E}\right|_v = \left.\frac{\partial p}{\partial T}\right|_v \left.\frac{\partial T}{\partial E}\right|_v \tag{4.157}$$

结合式 (4.154)，上式可写为

$$\left.\frac{\partial p}{\partial T}\right|_v = C_v \frac{\gamma}{v} \tag{4.158}$$

将上式代入式 (4.156)，即可得到

$$T dS = C_v dT + C_v T \frac{\gamma}{v} dv \tag{4.159}$$

因此，式 (4.151) 可具体写为

$$dE = C_v dT + C_v T \frac{\gamma}{v} dv - p dv = C_v dT + \left(C_v T \frac{\gamma}{v} - p\right) dv \tag{4.160}$$

从初始状态点到 Hugoniot 曲线上的任意一个状态点，冲击波波阵面参数是沿着 Rayleigh 曲线突跃的，且满足：

$$\Delta E = E - E_0 = \frac{1}{2}(p + p_0)(v_0 - v) \tag{4.161}$$

即

$$E = \frac{1}{2}(p + p_0)(v_0 - v) + E_0 \tag{4.162}$$

假设我们考虑 Hugoniot 曲线上两个相邻无限近的状态点突跃时的变化，此时在此微冲击过程中，根据 Hugoniot 曲线上状态参数的内在联系，有

$$dE|_H = \frac{1}{2}dp(v_0 - v) - \frac{1}{2}p dv \tag{4.163}$$

联立式 (4.160) 和式 (4.163)，可以得到微分方程：

$$\left.\frac{\mathrm{d}T}{\mathrm{d}v}\right|_H + \gamma\frac{T}{v} = \frac{1}{2}\left(\left.\frac{\mathrm{d}p}{\mathrm{d}v}\right|_H \frac{v_0 - v}{C_v} + \frac{p}{C_v}\right) \tag{4.164}$$

上式微分方程中，对于特定的介质而言，根据 Hugoniot 方程，$\mathrm{d}p/\mathrm{d}v|_H$ 是已知量，因此上式右端是比容 $v$ 的函数；于是上式成为一个典型的一阶微分方程，其解为

$$T = T_1(v) + T_2(v) + T_3(v) \tag{4.165}$$

式中，

$$T_1(v) = T_0 \exp\left[(v_0 - v)\frac{\gamma_0}{v_0}\right] \tag{4.166}$$

$$T_2(v) = \frac{p(v_0 - v)}{2C_v} \tag{4.167}$$

$$T_3(v) = \frac{1}{2C_v}\exp\left(-\frac{v\gamma_0}{v_0}\right)\int_{v_0}^{v} p\exp\left(\frac{v\gamma_0}{v_0}\right)\left[2 - (v_0 - v)\frac{\gamma_0}{v_0}\right]\mathrm{d}v \tag{4.168}$$

通过以上四式即可以计算出 Hugoniot 曲线上任意一个比容 $v$ 或压力 $p$ 所对应的温度值。由于根据 $p$-$v$ 型 Hugoniot 方程可知，

$$p = \frac{(v_0 - v)C_0^2}{[v_0 - (v_0 - v)S]^2} \tag{4.169}$$

代入式 (4.168) 即可以得到完全以比容 $v$ 为变量的积分表达式，该式不能通过直接积分获得解析表达式，一般可以通过数值计算来求解。

这里我们以 304SS 材料 (304 不锈钢) 为例，我们可以通过以上推导结果给出其在 90GPa 冲击压力下 Hugoniot 曲线上的绝热温升。已知材料中的声速 $C_0 = 4569\mathrm{m/s}$，Hugoniot 冲击参数 $S = 1.49$，初始比容 $v_0 = 0.127 \times 10^{-3}\mathrm{m^3/kg}$，初始 Grüneisen 常数 $\gamma_0 = 2.17$，定容比热 $C_v = 442.0\mathrm{J/(kg \cdot K)}$，初始温度 $T_0 = 300\mathrm{K}$。

根据上节中的推导结论，可知波阵面后方压力与比容之间的关系：

$$v = \frac{C_0^2}{2pS^2}\left[\sqrt{1 + \frac{4Sv_0}{C_0^2}p + \frac{2S(S-1)v_0}{C_0^2}p} - 1\right] = \frac{C_0^2}{2pS^2}\left[\sqrt{1 + \frac{4Sv_0}{C_0^2}p} - 1\right] + \left(1 - \frac{1}{S}\right)v_0 \tag{4.170}$$

因此，可以计算出在 90GPa 下的比容为 $v_1 = 0.097 \times 10^{-3}\mathrm{m^3/kg}$。

根据式 (4.166)，可以计算出

$$T_1(v) = T_0\exp\left[(v_0 - v_1)\frac{\gamma_0}{v_0}\right] \approx 501\mathrm{K}$$

根据式 (4.167)，可以计算出

$$T_2(v) = \frac{p(v_0 - v_1)}{2C_v} \approx 3054\mathrm{K}$$

根据式 (4.168)，可以计算出

$$T_3(v) = \frac{1}{2C_v} \exp\left(-\gamma_0 \frac{v_1}{v_0}\right) \int_{v_0}^{v_1} \frac{\left(1 - \frac{v}{v_0}\right) C_0^2}{\left[1 - \left(1 - \frac{v}{v_0}\right) S\right]^2}$$

$$\cdot \exp\left(\gamma_0 \frac{v}{v_0}\right) \left[2 - \gamma_0 + \gamma_0 \frac{v}{v_0}\right] \mathrm{d}\left(\frac{v}{v_0}\right) \approx -2233\mathrm{K}$$

因此，我们可以计算出状态点 1 对应的温度为

$$T_1 = T_1(v) + T_2(v) + T_3(v) = 501\mathrm{K} + 3054\mathrm{K} - 2233\mathrm{K} = 1322\mathrm{K}$$

进而，我们可以计算出冲击压缩温升为

$$\Delta T_1 = T_1 - T_0 = 1322\mathrm{K} - 300\mathrm{K} = 1022\mathrm{K}$$

从状态点 1 到状态点 2 是一个等熵卸载过程，根据式 (4.159) 可知，对于等熵过程有

$$C_v \mathrm{d}T + C_v T \frac{\gamma}{v} \mathrm{d}v = 0 \tag{4.171}$$

即

$$\frac{\mathrm{d}T}{T} + \frac{\gamma}{v} \mathrm{d}v = 0 \tag{4.172}$$

上式积分并考虑边界条件后有

$$\ln \frac{T_2}{T_1} = -\int_{v_1}^{v_2} \frac{\gamma}{v} \mathrm{d}v \tag{4.173}$$

如令

$$\frac{\gamma}{v} = \frac{\gamma_0}{v_0} = \mathrm{const} \tag{4.174}$$

则式 (4.173) 可简化为

$$\ln \frac{T_2}{T_1} = -\frac{\gamma_0}{v_0} \int_{v_1}^{v_2} \mathrm{d}v = \frac{\gamma_0}{v_0} (v_1 - v_2) \tag{4.175}$$

即

$$T_2 = T_1 \exp\left[\frac{\gamma_0}{v_0} (v_1 - v_2)\right] \tag{4.176}$$

式中，状态点 1 的温度 $T_1$ 和比容 $v_1$ 通过 0~1 过程中的推导可以求出，初始状态 0 对应的 Grüneisen 常数 $\gamma_0$ 和比容 $v_0$ 已知；未知量只有状态 2 的温度 $T_2$ 和比容 $v_2$。根据图 4.7 可以看出，$v_2 > v_0$，如果我们认为它们近似相等，则通过上式即可求出温度：

$$T_2 \approx T_1 \exp\left[\frac{\gamma_0}{v_0} (v_1 - v_0)\right] \tag{4.177}$$

同上，以 304SS 材料为例，我们可以求出

$$T_2 \approx 1322 \exp\left[\frac{2.17}{0.127} \times (0.097 - 0.127)\right] = 792\mathrm{K}$$

因此, 残余温升为

$$\Delta T_2 = T_2 - T_0 = 792\mathrm{K} - 300\mathrm{K} = 492\mathrm{K}$$

如果假设从状态点 0 到状态点 2 有一个虚拟的等压升温过程, 则

$$v_2 = \frac{T_2}{T_0}v_0 = \frac{T_1}{T_0}\frac{T_2}{T_1}v_0 \tag{4.178}$$

此时, 式 (4.175) 写为

$$\ln\frac{T_2}{T_1} = \frac{\gamma_0}{v_0}\left(v_1 - \frac{T_2}{T_0}v_0\right) = \gamma_0\left(\frac{v_1}{v_0} - \frac{T_1}{T_0}\frac{T_2}{T_1}\right) \tag{4.179}$$

以 304SS 材料为例, 我们可以求出

$$\ln\frac{T_2}{T_1} = 2.17 \times \left(0.76378 - 4.40667\frac{T_2}{T_1}\right) \Rightarrow T_2 = 0.299T_1$$

即

$$T_2 \approx 395\mathrm{K}$$

此时, 残余温升为

$$\Delta T_2 = T_2 - T_0 = 395\mathrm{K} - 300\mathrm{K} = 95\mathrm{K}$$

上面两种计算方法皆是近似算法, 实际值应处于两者之间。表 4.5 给出 30GPa、50GPa 和 100GPa 三种压力下铜、铅和钛三种金属材料的冲击温升和残余温升。

表 4.5 三种压力下三种金属材料的冲击温升和残余温升

| 金属 | 温升 | 30GPa | 50GPa | 100GPa |
|---|---|---|---|---|
| Cu | 冲击温升 | 179 | 425 | 1462 |
| | 残余温升 | 67 | 194 | 657 |
| Pb | 冲击温升 | 1050 | 2430 | 8925 |
| | 残余温升 | 307 | 604 | 1520 |
| Ti | 冲击温升 | 242 | 644 | 2095 |
| | 残余温升 | 134 | 389.5 | 1134 |

## 4.3 冲击波的产生与波形特征

开展冲击波相关问题的实验研究, 如固体状态方程、Hugoniot 曲线等, 必须要具备能够产生不同高压范围的实验装置。而且, 利用高压实验技术研究固体高压状态方程或 Hugoniot 方程时, 必须具备两个基本条件: 压力可调和接近一维平面冲击波。前者要求实验技术能够产生不同压力条件的冲击波, 其压力范围比较宽, 能够进行从低压到高压的 Hugoniot 曲线的测量; 后者要求生成的冲击波具有一定的平面度, 能够利用一维理论进行对照分析。

当前, 产生高压的技术主要可以分为两大类: 静高压技术和动高压技术。用静高压技术实现高压的难度较大, 当前所能够达到的最高压力为 100GPa 量级; 动高压技术则相对容易很多, 能够实现不同量级的高压, 在当前得到广泛的应用。

### 4.3.1    冲击波的产生技术

当前,能够产生动高压的技术较多,如化爆高压技术、气炮高压技术、激光高压技术、电炮高压技术、轨道炮高压技术、离子束高压技术、核爆高压技术等,但其中常用的且技术成熟的主要有化爆高压技术和气炮高压技术两种。化学炸药具有很高的化学反应释能和很快的反应速度,是一种最常用的高压冲击能源,早期的实验技术多采用这种化爆技术来生成高压冲击波。利用化爆技术可以产生数吉帕到数十吉帕的高压,其压力可调,满足固体高压状态方程研究实验技术的第一个条件,通过科学的结构设计,形成一种爆炸透镜即平面波发生器结构,能够产生高质量平面度的准平面冲击。如图 4.8 所示,平面波发生器包含雷管、高爆速炸药和低爆速炸药三个部分,通过结构设计将点起爆的爆轰波调整为平面爆轰波。利用平面波发生器可以产生较高质量的高压平面冲击波,因此我们可以直接将样品与炸药接触,这是一种最原始简单的结构,如图 4.9 所示。爆炸产生的平面冲击波在炸药与样品交界面上会发生反射和透射现象,透射到材料中的必定是冲击波,其强度与入射冲击波强度的比值是和两种介质的波阻抗比密切相关的;但反射波根据炸药与材料波阻抗之间的关系可能是冲击波,也可能是稀疏波。表 4.6 为铝、铁和钨三种金属材料与 TNT、RDX、RDX60/TNT40 和 HMX 四种典型炸药直接接触爆炸时产生的冲击压力。

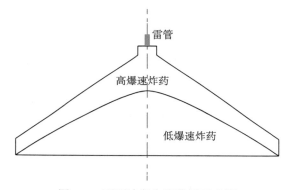

图 4.8    平面波发生器装置示意图

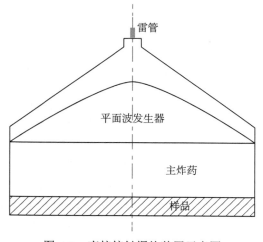

图 4.9    直接接触爆炸装置示意图

表中，铝、铁和钨分别代表了低冲击波波阻抗、中冲击波波阻抗和高冲击波波阻抗材料，容易看出，对于相同的炸药而言，随着波阻抗的增大，其冲击波压力也随之增加。从表中也可以看出，利用这四种典型炸药直接接触爆炸所产生的冲击波压力均没有超过 80GPa。

表 4.6　四种典型炸药与三种金属材料直接接触爆炸冲击压力　　　　　　(单位：GPa)

| 金属 | TNT | RDX | RDX60/TNT40 | HMX |
| --- | --- | --- | --- | --- |
| Al | 26 | 38 | 33 | 42 |
| Fe | 31 | 49 | 43 | 55 |
| W | 38 | 67 | 57 | 76 |

为获取更高的冲击压力，我们可以采用飞片增压技术。从本章第 1 节中平板正撞击章节部分的分析结果可以看出，随着撞击速度的增加，当撞击平板与靶板介质相同时，冲击压力呈二次幂函数增加，因此，我们可以通过调节飞板的撞击速度来调整其冲击压力。

化爆爆炸驱动飞片增压装置示意图如图 4.10 所示，在平面波发生器作用下，飞片被加速飞离，在飞行过程中，爆炸冲击波多次反射加速飞片，当飞片经过长时间飞行并充分吸收爆轰能量后，飞片内部压力基本消失，其速度达到最大值；当高速飞片撞击到样品上，即会在样品中产生高压平面冲击波。

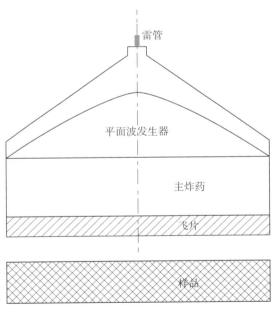

图 4.10　飞片增压装置示意图

上述装置皆以炸药爆炸能为能源来产生高压冲击波，其结构简单、成本低，但其也有暂很难克服的问题：首先，直接接触爆炸产生的压力和飞片增压装置中的飞片速度很难精确控制，这导致冲击波压力幅值很难精确控制；其次，冲击波的平整度也很难精确控制，影响测试精度和参数计算的准确性；再次，冲击波压力范围还是不够，特别是低压部分，其最低压力约 15~20GPa，很难再降低；最后，炸药本身的不稳定性和高能性对于实验的安全性与可靠性都有不可忽视的影响。

为克服这一问题,自 20 世纪 60 年代开始,以高压气体代替炸药来驱动飞片高速飞行开展得到应用,并获得相对理想的结果。与传统的化爆高压实验装置相比,高压气炮装置中飞片的速度可以根据调节气压来精确控制,而且,其飞行平稳,所产生的平面冲击波平整度好,这些都满足研究固体高压状态方程的需要。同时,其实验重复性好,测试准确,对于获得准确的状态方程参数极为有利。在压力范围方面,高压气炮当前有一级气炮能够很准确地产生低压冲击波;二级轻气炮能够将冲击压力提高到与化爆装置相比拟的高压区,而且当前所研制的三级轻气炮能够将压力更进一步地提高;因此,其压力范围比化爆驱动更大。传统的高压气炮装置示意图如图 4.11 所示。

图 4.11 气炮装置示意图

表 4.7 给出了几种典型口径一级气炮和二级轻气炮中飞片的最小和最大速度。

表 4.7 典型口径高压气炮中飞片速度

| 气炮 | 炮管口径/mm | 飞片速度/(m/s) | |
| --- | --- | --- | --- |
| | | 最小值 | 最大值 |
| 一级气炮 | 62.5 | $\sim 100$ | 1500 |
| | 101 | $\sim 100$ | $\sim 1500$ |
| | 152 | $\sim 100$ | $\sim 600$ |
| 二级轻气炮 | 30 | 2000 | 8200 |
| | 50.8 | 1400 | 6500 |
| | 69 | 1000 | 4000 |

### 4.3.2 Hugoniot 弹性极限

由平板撞击产生的冲击波,理论上讲最初应该是矩形的,其宽度由波通过撞击板所需的时间决定;由炸药直接接触爆炸产生的冲击波,其最初应该是三角形的,如图 4.12 所示。

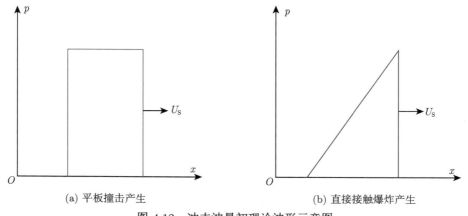

(a) 平板撞击产生      (b) 直接接触爆炸产生

图 4.12 冲击波最初理论波形示意图

　　然而，冲击波在介质中的传播演化与介质的自身物理力学性能和压力状态相互耦合。前面对冲击波的研究是建立在冲击压力远大于材料的屈服强度而忽略材料的流动应力基础上的，事实上，对于大多数金属材料而言，在高压区该假设所推导出的结果相当准确。当我们考虑材料的流动应力时，其弹性阶段的特征也需要考虑，根据前面所讲弹性波传播相关知识可知，在弹性阶段，平板中的应力波以材料在一维应变状态下的声速 $C_0$ 传播，一般来讲，其传播速度大于后方的塑性波，因此一般皆为前驱波 (当然，从理论上讲，根据本章第 1 节的推导可知冲击波波速 $U_S$ 随着压力 $p$ 的增加而增大，因此，当压力足够大时，冲击波波速 $U_S$ 也可超过弹性前驱波波速 $C_0$)。

　　以厚度为 $L_0$ 的平板以入射速度 $v_0$ 正撞击半无限平板为例，设在 $t = 0$ 时刻，两板相撞，此时会同时向入射平板和靶板中传播弹性前驱波和冲击波，同第 1 章，我们以 Lagrange 物理平面图来分析，从本章第 1 节平板撞击章节中的推导可知，此时界面会以速度 $v < v_0$ 向前运动，为了更加清晰地分析冲击波的加卸载特征，我们以动界面为参考轴，并设两板介质相同，此时即可以在物理平面图上绘制应力波传播历程，如图 4.13 所示。

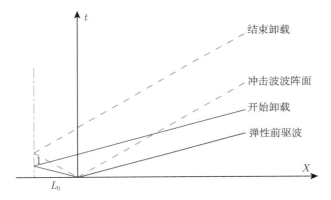

图 4.13　考虑弹性前驱波冲击波传播示意图

　　从图 4.13 中可以看出，随着时间的推移，弹性前驱波与冲击波波阵面距离逐渐变大；同时，卸载波也逐渐追上加载波，考虑到冲击波波速与压力之间的非线性关系，冲击波波形随时间的演化示意图如图 4.14 所示。

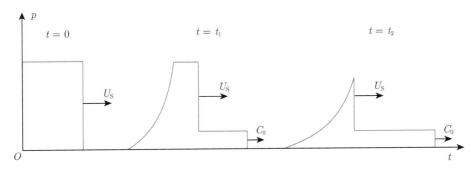

图 4.14　冲击波波形随时间的演化示意图

　　从弹塑性力学角度来看，在高速平板撞击作用下，板材料的流动应力属于一维应变应力,在高压高应变率条件下,其强度值明显大于准静态下的一维应力状态下的屈服强度,我们称这种高压冲击作用下的流动应力为 Hugoniot 弹性极限,常简写为 HEL。对于金属材料而言,其 Hugoniot 弹性极限值相对较小,如 2024 铝的 HEL 约为 0.6GPa,因此,其影响并不重要;而对于陶瓷类材料而言,其 Hugoniot 弹性极限值非常大,如蓝宝石的 HEL 值接近 20GPa。表 4.8 给出几种材料的 Hugoniot 弹性极限值。

表 4.8　几种材料的 Hugoniot 弹性极限值

| 材料 | HEL/GPa | 材料 | HEL/GPa |
|---|---|---|---|
| 蓝宝石 ($Al_2O_3$) | 12~21 | Cu(冷加工) | 0.6 |
| $Al_2O_3$ 多晶体 | 9 | Fe | 1~1.5 |
| 熔态石英 | 9.8 | Ni | 1.0 |
| WC | 4.5 | Ti | 1.9 |
| 2024Al | 0.6 | | |

我们假设冲击波的传播方向为 $x$ 方向,考虑平板撞击情况,此时材料中的应力状态是一个典型的一维应变状态,即有 $\varepsilon_y = \varepsilon_z = 0$,因此材料 $x$ 方向的工程应变为

$$\varepsilon_x = \frac{\Delta L}{L_0} = \frac{\Delta V}{V_0} = 1 - \frac{V}{V_0} = 1 - \frac{v}{v_0} \tag{4.180}$$

材料 $x$ 方向的应力为

$$\sigma_x = 3p - (\sigma_y + \sigma_z) = 3p - 2\sigma_y \tag{4.181}$$

如考虑到材料中的最大剪切应力为

$$\tau_{\max} = \frac{\sigma_x - \sigma_y}{2} \tag{4.182}$$

此时,式 (4.181) 可写为

$$\sigma_x = p + \frac{4}{3}\tau_{\max} \tag{4.183}$$

当不考虑材料的剪切强度,将其作为流体时,上式皆可写为

$$\sigma_x \approx p \tag{4.184}$$

我们可以根据 $p$-$v$ 型 Hugoniot 曲线在 $\sigma_x$-$\varepsilon_x$ 坐标系上绘制 Hugoniot 曲线,如图 4.15 所示。

从图 4.15 中可以看出,由于材料流动应力的存在,材料的实际应力应变曲线偏离 Hugoniot 曲线,当材料是理想塑性材料,则两条曲线相互平行;当材料是塑性应变强化或压力强化材料,两条曲线随着压力或应变的增加逐渐远离;当材料是塑性应变软化或压力软化材料,则两条曲线随着压力或应变的增加而接近。

容易知道,当压力足够大时,即 $p \gg \tau_{\max}$,$\sigma_x \to p$,此时 Hugoniot 弹性极限对 Hugoniot 曲线的影响可以忽略不计。

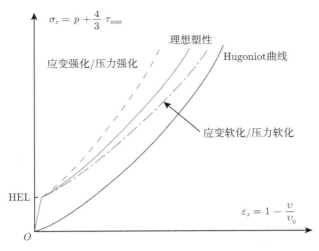

图 4.15 HEL 对冲击响应的影响

### 4.3.3 冲击波的典型波形

综上分析，从理论上讲，由平板撞击产生的冲击波形应该包含弹性前驱波、冲击波、Hugoniot 状态平台段和卸载段 4 个阶段，如图 4.16 所示。

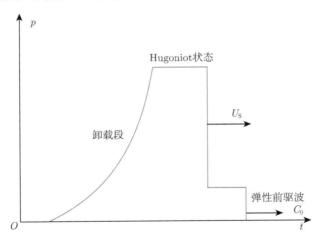

图 4.16 冲击波理论理想波形示意图

在应力达到 Hugoniot 弹性极限之前，材料处于弹性阶段，其弹性波速稳定且基本恒定，其理论结果与实际观察相符。而在塑性冲击波阶段，其粒子速度或压力并不是理论上那样理想，弹塑性波速间断并不像理论上那么绝对，而且存在连续过渡区，但整体来讲两个阶段的区别还是比较明显。实验研究表明，随着加载压力的增加，介质中粒子速度增加的速率明显增大，根据介质的 Hugoniot 方程有

$$U_S = C_0 + SU_P \tag{4.185}$$

方程对时间求导,可以得到

$$\frac{\partial U_{\mathrm{S}}}{\partial t} = S\frac{\partial U_{\mathrm{P}}}{\partial t} \tag{4.186}$$

即说明,此时的冲击波波速随着压力的增加加速增大,这意味着,塑性加载阶段冲击波波速线是一个凹形。当然从这个现象也可以推导出来,随着加载速率的增大,材料的应力也逐渐增大;也就是说,在高压条件下,材料的应力与应变率成正比关系;这个现象在很多材料中都能观测到,大量的进一步研究表明,在平板撞击的高压条件下,材料中的应力与应变率的对数呈线性关系,即

$$\sigma = k\ln\dot{\varepsilon} \tag{4.187}$$

式中,$k$ 表示一个常参数,其量纲为应力乘以时间。上式与材料在中高应变率条件下 SHPB 实验分析结果所得到的规律基本一致。

在卸载阶段,也大致分为两个小阶段:弹性卸载阶段和塑性卸载阶段,此两个阶段一般具有不同的斜率;另外需要注意的是,在平板撞击过程中,冲击波在靶板背面的反射产生的强拉伸应力可能产生层裂现象。

综上分析,我们可以得到非常接近实际观测结果的冲击波波形,在此我们不考虑高压条件下材料的相变,如图 4.17 所示。

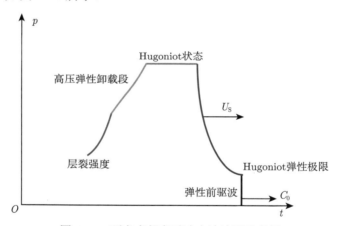

图 4.17 不考虑相变时冲击波波形示意图

### 4.3.4 冲击波传播的衰减

在冲击波的传播过程中,随着时间的推移,根据冲击波 Hugoniot 曲线特征和热力学定律可知,冲击波的能量逐渐衰减。以流体动力学响应为例,我们在此忽略 Hugoniot 弹性极限的影响,假设冲击波加载波速为 $U_{\mathrm{S}}$,材料的声速为 $C$(该声速不是一定等于初始声速 $C_0$,而是压力 $p$ 的函数),波阵面后方粒子速度为 $U_{\mathrm{P}}$,容易看出,脉冲卸载段稀疏波的波速应为

$$U = C + U_{\mathrm{P}} \tag{4.188}$$

一般来讲,如表 4.1 所示,$C > U_{\mathrm{S}}$,因此,$U > U_{\mathrm{S}}$,因此,在传播过程中,卸载稀疏波会逐渐追上加载冲击波并对其进行卸载,如图 4.18 所示。

43t

333

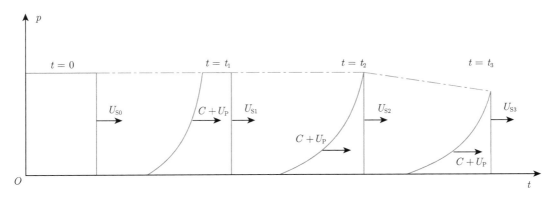

图 4.18　卸载稀疏波对加载冲击波的追赶卸载示意图

从图中可以看出：当 $t \leqslant t_2$ 时，冲击波脉冲的峰值应力保持不变，卸载稀疏波对加载冲击波的追赶效应体现在峰值平台段的不断缩短，也就是说，对于同一种撞击速度和同一种介质而言，平台段越宽 (对应的即撞击平板的厚度越大)，这一时间会越长。在这段时间内，由于峰值压力 $p$ 没有发生变化，根据本章第 1 节中所推导出来的 Hugoniot 曲线上 $U_\text{S}$-$p$ 关系：

$$U_\text{S} = \frac{C_0 \pm \sqrt{C_0^2 + 4v_0 Sp}}{2} \tag{4.189}$$

可知，冲击波波速 $U_\text{S} = U_\text{S}(p)$ 也保持恒定不变。当 $t = t_2$ 时，此时卸载稀疏波正好追上加载冲击波，其平台段宽度为零。当 $t > t_2$ 时，可以看出随着卸载稀疏波对加载冲击波的不断卸载，其峰值应力持续减小，根据以上 Hugoniot 曲线上 $U_\text{S}$-$p$ 关系容易看出，此时冲击波波速也呈下降趋势。

这里，我们还是以平板撞击为例，假设靶板为半无限靶板、两板介质相同、撞击平板和靶板的撞击过程满足流体动力学假设，不考虑弹性前驱波；设平板介质的初始声速为 $C_0$，初始密度为 $\rho_0$，撞击平板厚度为 $L_0$，撞击速度值为 $v_0$(在此说明，为方便分析，此时我们假设速度是一个绝对值)；我们分别以两板中冲击波波阵面前方介质为参考对象，即我们站在冲击波波阵面前方介质上观察撞击现象和观测撞击行为，且均以从波阵面后方向前方这个方向为正方向。容易知道，相同介质两板中粒子相对速度和冲击波相对速度均满足：

$$\bar{U}_\text{S} = C_0 + S\bar{U}_\text{P} \tag{4.190}$$

根据本章第 1 节中的推导可知，撞击后界面两侧的粒子相对速度也为

$$\bar{U}_\text{P} = \frac{v_0}{2} \tag{4.191}$$

因此，其冲击波相对速度为

$$\bar{U}_\text{S} = C_0 + \frac{S}{2} v_0 \tag{4.192}$$

冲击波的峰值压力为

$$p_\text{max} = \rho_0 \bar{U}_\text{P} \bar{U}_\text{S} = \frac{1}{2} \rho_0 v_0 \left( C_0 + \frac{S}{2} v_0 \right) \tag{4.193}$$

我们以撞击方向为正方向，在绝对坐标系中可以绘制出平板撞击过程的物理平面图，如图 4.19 所示。对于平板 2 即靶板而言，设其波阵面前方介质压力和速度均为零，因此其相对量皆等于绝对坐标系中的量，即

$$\begin{cases} U_{S2} = \bar{U}_S \\ U_{P2} = \bar{U}_P \end{cases} \tag{4.194}$$

从图 4.19 可以看出，在 $t = 0$ 时刻两平板发生碰撞，会同时在两个板中产生强间断的冲击加载波，其相对波速皆为 $\bar{U}_S$，当撞击板 1 中冲击波到达左端自由面上，即

$$t = \frac{L_0}{U_S} \tag{4.195}$$

时，冲击波发生自由面反射 (冲击波的透反射行为具体在下节详述)，此时会产生一个向右传播的卸载稀疏波。

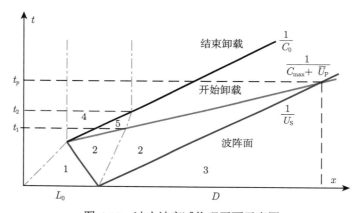

图 4.19　冲击波衰减物理平面示意图

需要注意的是，反射的卸载稀疏波并不只是一个，而是理论上的无数多个。对于反射卸载波而言，其物质波速为瞬时声速 $C$，事实上，瞬时声速是压力的函数：

$$C = C(p) \tag{4.196}$$

随着介质对应压力的增大，其声速变大，如图 4.20 所示。

图 4.20 中相对声速是指瞬时声速与压力为零时声速之比。从图中可以看出，随着压力的增大，材料的声速也变大；而且对于不同材料而言，其声速随压力变化的趋势不同，例如，对于 W 而言，其压力从 0 增加到 40GPa，其声速增加了 15%，而对于 2024Al 而言，压力等量增大时，其声速增加了 46%。因此，当反射卸载波瞬间其声速最大，即图 4.21 中点 $A$ 处，此时粒子速度的衰减不予考虑，我们可以得到瞬时声速为

$$c_{max} = C_{max} + \bar{U}_P = C(p_{max}) + \frac{v_0}{2} \tag{4.197}$$

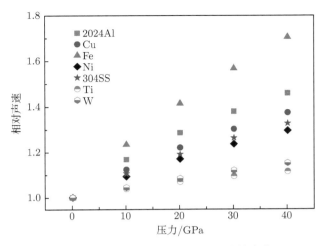

图 4.20 七种金属材料声速随压力的变化

此微卸载波过后，压力也随之出现微减小，进而使得声速也随之减小，二者相互耦合。因此图 4.19 中撞击平板 5 区压力和粒子速度并不恒定，此区包含无数个卸载波，此区间内随着时间的变化其压力和粒子速度是逐渐减小的，直到到达图 4.21 所示 B 点，即图 4.19 中卸载波 5~4，此时撞击平板中波阵面后方压力和粒子速度均为零，即 4 区中介质粒子速度和压力均为零，在物理平面中显示左端自由面横坐标保持不变，此时的声速为

$$c_{\min} = C_0 \tag{4.198}$$

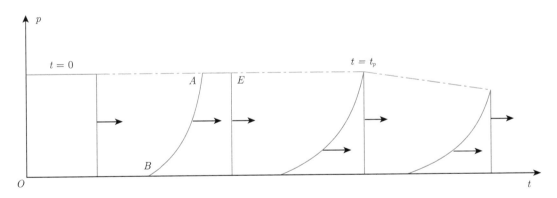

图 4.21 靶板中冲击波峰值的衰减示意图

当卸载稀疏波到达两板交界面上之前，靶板中波阵面后方介质一直处于峰值压力平台阶段，我们可以计算出冲击波峰值应力平台段的持续时间为

$$t_1 = \frac{L_0}{\bar{U}_S} + \frac{L}{C_{\max}} \tag{4.199}$$

式中，$L$ 表示撞击平板在卸载发生前的厚度，根据冲击波波阵面 $v\text{-}p$ 或 $v\text{-}U_P$ 型 Hugoniot 方程可知，随着压力的变化，此时撞击平板的厚度并不等于初始厚度，在图 4.19 中我们也可以

看出这点，为简化分析，我们假设 $L = L_0$，此时上式可以简化为

$$t_1 \approx L_0 \left( \frac{1}{\bar{U}_S} + \frac{1}{C_{max}} \right) = L_0 \left( \frac{2}{2C_0 + Sv_0} + \frac{1}{C_{max}} \right) \tag{4.200}$$

因此，峰值压力平台宽度应为

$$W_p = \bar{U}_S t_1 = \bar{U}_S L_0 \left( \frac{1}{\bar{U}_S} + \frac{1}{C_{max}} \right) = L_0 \left( 1 + \frac{\bar{U}_S}{C_{max}} \right) = L_0 \left( 1 + \frac{2C_0 + Sv_0}{2C_{max}} \right) \tag{4.201}$$

从上式可以看出，平板撞击产生冲击波的峰值压力平台段的宽度与撞击板的厚度 $L_0$、材料的初始声速 $C_0$、材料的 Hugoniot 参数 $S$、撞击速度 $v_0$ 以及在此压力下材料的最大声速 $C_{max}$ 相关。考虑到该最大声速是材料初始声速 $C_0$ 和压力 $p$ 的函数，而压力 $p$ 又是冲击波波速 $\bar{U}_S$ 和粒子速度 $\bar{U}_P$ 的函数，后两者也是撞击速度和 Hugoniot 参数的函数。因此，我们可以认为平板撞击产生冲击波峰值压力平台段宽度的主要影响因素只有撞击板厚度 $L_0$、材料的 Hugoniot 参数 (含初始声速) 和撞击速度 $v_0$ 三个。

根据图 4.19，我们也可以计算出 "最后一道" 反射卸载稀疏波到达靶板的时间为

$$t_2 = \frac{L_0}{\bar{U}_S} + \frac{L}{C_0} \approx L_0 \left( \frac{1}{\bar{U}_S} + \frac{1}{C_0} \right) = L_0 \left( \frac{2}{2C_0 + Sv_0} + \frac{1}{C_0} \right) \tag{4.202}$$

从 "第一道" 卸载稀疏波到达交界面到 "最后一道" 卸载稀疏波到达交界面，卸载持续时间为

$$\Delta t = t_2 - t_1 = L_0 \left( \frac{1}{C_0} - \frac{1}{C_{max}} \right) \tag{4.203}$$

对于一般材料而言，有 $c_{max} > U_{S2}$，因此，随着时间的推移，图 4.21 中 $A$ 点逐渐追上 $E$ 点，即压力峰值平台段逐渐缩短直到消失，如图 4.19 所示加载线与初始卸载线交叉，从图 4.19 中可以看出，此时靶板中冲击波的传播时间 $t_p$ 满足：

$$U_{S2} t_p = c_{max} (t_p - t_1) + U_{P2} t_1 \tag{4.204}$$

将式 (4.194) 和式 (4.197) 代入上式，可有

$$t_p = \frac{C_{max}}{C_{max} + \bar{U}_P - \bar{U}_S} t_1 \tag{4.205}$$

将式 (4.200) 代入上式，进一步可以得到

$$t_p = \frac{L_0}{\bar{U}_S} \frac{C_{max} + \bar{U}_S}{C_{max} + \bar{U}_P - \bar{U}_S} \tag{4.206}$$

此时冲击波在靶板中保持峰值不变状态下传播距离为

$$D = U_{S2} t_p = \bar{U}_S \frac{C_{max}}{C_{max} + \bar{U}_P - \bar{U}_S} t_1 = L_0 \frac{C_{max} + \bar{U}_S}{C_{max} + \bar{U}_P - \bar{U}_S} \tag{4.207}$$

当 $t > t_p$ 时，卸载稀疏波会继续对冲击波峰值进一步地衰减，此时峰值应力将低于其最大峰值应力，即应力波峰值开始衰减，如图 4.21 所示。在衰减过程中，加载冲击波波速也降

低, 同时最大卸载波速度也随着压力的减小而减小, 这些参数相互耦合, 很难给出准确的解析解, 一般可以通过数值计算实现这一目的。

对于炸药与介质直接接触爆炸而言, 由于其初始冲击波波形就没有压力峰值平台段, 因此, 直接接触爆炸产生的冲击波在一般介质中传播一直处于衰减趋势, 这点无论是从流体动力学假设分析结果还是实验观测都得到了证实。

上面利用流体动力学假设我们定性且初步定量地对冲击波在材料中的衰减进行了分析和推导, 其给出的定性结论和规律与实际情况符合得较好, 对冲击波峰值压力的预测以及演化趋势相对准确。然而, 实验观测表明, 实际过程中, 冲击波的衰减较流体动力学假设所推导出的结果更为明显, 其衰减起始时间有时候比流体动力学计算结果低几倍, 其衰减速度也比理论计算结果低。这时候我们需要考虑介质中其他耗散机制, 其涉及材料动力学行为较深知识, 不是本书的主要范围, 在此不作详述, 读者可以参考相关书籍。

## 4.4　冲击波透反射与相互作用

上节的分析表明, 与弹塑性介质中弱间断增量波的传播不同, 强间断冲击波在弹塑性介质中的传播会出现波形改变和峰值应力衰减等现象。然而, 在很多方面它们有非常相似的规律, 例如, 冲击波遇到交界面时可能会产生透射和反射行为。在一些细节和定量分析上, 这种透射和反射行为与弱间断增量波有所不同。

### 4.4.1　冲击波的二次加载和加载−卸载路径

当一个压缩冲击波到达交界面上时, 可能会反射压缩冲击波或卸载稀疏波。需要注意的是, 在反射冲击波为压缩波即产生二次加载和反射冲击波为膨胀波即加载后卸载时, 其路径必须满足:

(1) 反射波为压缩冲击波时, 反射波也必须满足 Hugoniot 方程, 但其初始状态与入射波对应的初始状态不同, 而是对应于入射波波阵面后方的终态点, 如图 4.22 和图 4.23 所示。

以 $p$-$v$ 型 Hugoniot 方程为例。如图 4.22 所示, 入射波冲击波波阵面状态 $(p,v)$ 满足 Hugoniot 曲线 1, 其初始状态为状态点 $0(p_0,v_0)$, 最终状态为状态点 $1(p_1,v_1)$; 而反射压缩冲击波波阵面状态满足 Hugoniot 曲线 2, 其初始状态应为前一个压缩冲击波的终点 $1(p_1,v_1)$, 而不是入射波的初态点 $0(p_0,v_0)$, 其最终状态为状态点 $2(p_2,v_2)$。

假设现在有一个入射波 0∼1 到达交界面, 其状态满足 Hugoniot 曲线 1, 初始状态为状态点 0, 波阵面后方状态为状态点 1; 根据冲击波波阵面上的守恒方程 (其推导过程参考本章第 1 节中相关内容), 我们可知

$$p_1 - p_0 = C_0^2 \frac{v_0 - v_1}{[v_0 - (v_0 - v_1)S]^2} \tag{4.208}$$

当存在第二个压缩冲击波加载, 波阵面后方状态从状态点 1 到状态点 2, 其比容从 $v_1$ 增加到 $v_2$, 其加载突跃过程满足 Hugoniot 曲线 2, 此时可有

$$p_2 - p_1 = C_0^2 \frac{v_1 - v_2}{[v_1 - (v_1 - v_2)S]^2} \tag{4.209}$$

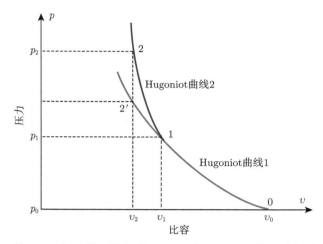

图 4.22　冲击波二次加载 $p - v$ 型 Hugoniot 关系示意图

将式 (4.208) 代入上式，可有

$$p_2 - p_0 = C_0^2 \frac{v_1 - v_2}{[v_1 - (v_1 - v_2)\, S]^2} + C_0^2 \frac{v_0 - v_1}{[v_0 - (v_0 - v_1)\, S]^2} \tag{4.210}$$

如我们还是以入射波初始状态为此二次加载冲击波的初始状态，则有

$$p_{2'} - p_0 = C_0^2 \frac{v_0 - v_2}{[v_0 - (v_0 - v_2)\, S]^2} \tag{4.211}$$

上两式一般计算结果并不相同，因此，我们应该对冲击波前方状态参数的确定加以注意。以上的分析是建立在介质中冲击波波速与粒子速度满足近似线性关系的基础上的，其有一定的局限性，我们也可以利用波阵面上的能量守恒方程和介质的 Grüneisen 状态方程来推导更加普适的方程，具体可以参考《材料动力学》(王礼立等，2017) 相关内容。

以 $p$-$U_{\mathrm{P}}$ 型 Hugoniot 方程为例。对于冲击波的透反射和相互作用问题而言，其基本控制方程为界面上的连续方程和压力平衡方程，其中关键参数即为粒子速度和压力，因此，在这类问题的分析过程中，以 $p$-$U_{\mathrm{P}}$ 型 Hugoniot 方程来分析此类问题更为普遍和简单。如图 4.23 所示。

从初始状态 0 到状态 1，设初始状态 0 对应的粒子速度为零，冲击波波阵面上参数满足 Hugoniot 曲线 1，我们可以得到压力和波阵面后方粒子速度之间的关系为

$$p_1 - p_0 = p_1 = \rho_0 U_{\mathrm{S1}} U_{\mathrm{P1}} = \rho_0\,(C_0 + S U_{\mathrm{P1}})\,U_{\mathrm{P1}} \tag{4.212}$$

同理，当此冲击波到达交界面且反射压缩冲击波时，此时反射冲击波波阵面前方的介质压力和粒子速度分别为 $p_1$ 和 $U_{\mathrm{P1}}$，反射冲击波波阵面后方的介质压力和粒子速度分别为 $p_2$ 和 $U_{\mathrm{P2}}$，容易知道，此时反射冲击波波速 $U_{\mathrm{S2}}$ 与其波阵面前方粒子速度 $U_{\mathrm{P1}}$ 方向相反，类似于本章第 1 节中平板正撞击问题，我们也假设站在反射冲击波波阵面前方介质上随着介质一起运动来观测反射冲击波波阵面上的参数演化，且以反射冲击波传播方向为正方向，则在此坐标系中反射冲击波相对波速和波阵面后方粒子为

$$\begin{cases} \bar{U}_{\mathrm{S2}} = U_{\mathrm{P1}} - U_{\mathrm{S2}} \\ \bar{U}_{\mathrm{P2}} = U_{\mathrm{P1}} - U_{\mathrm{P2}} \end{cases} \tag{4.213}$$

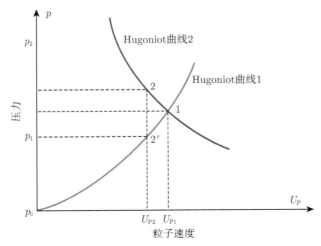

图 4.23 冲击波二次加载 $p$-$U_P$ 型 Hugoniot 关系示意图

同样假设该介质粒子速度与冲击波波速之间满足：

$$\bar{U}_{S2} = C' + S'\bar{U}_{P2} \tag{4.214}$$

由于反射冲击波与入射冲击波皆在同一种介质中传播，我们可以认为 $S' = S$，然而，需要注意的是，此时介质中的声速 $C'$ 不一定等于压力为零时的声速 $C_0$，根据上节的分析和本章第 1 节中相关数据可以知道，声速与介质所受到的静水压力呈近似线性关系，根据边界条件可知，一般而言，压力为零时，介质中波阵面后方粒子速度相对前方的相对速度也为零，此时有

$$U_S|_{p=0} = C|_{p=0} = C_0 \tag{4.215}$$

而当压力为 $p_1 > 0$ 时，且假设波阵面后方粒子速度相对于前方粒子速度为零时，同上，根据边界条件有

$$U_S|_{p=p_1} = C|_{p=p_1} = C' \Rightarrow C' \approx U_S|_{p=p_1} \tag{4.216}$$

对于此反射冲击波而言，其初始压力对应的冲击波波速应为

$$C' \approx U_S|_{p=p_1} = U_{S1} \tag{4.217}$$

因此，反射冲击波 $U_S$-$U_P$ 之间的 Hugoniot 关系可写为

$$\bar{U}_{S2} = U_{S1} + S\bar{U}_{P2} \tag{4.218}$$

因此，我们可以求出冲击波波阵面后方与前方的压力差为

$$p_2 - p_1 = \rho_1 \bar{U}_{S2}\bar{U}_{P2} \tag{4.219}$$

同时根据波阵面上的守恒方程，因此我们可以得到 (从本章第 1 节相关分析容易得到)

$$\rho_1 = \frac{U_{S1}}{U_{S1} - U_{P1}}\rho_0 = \frac{C_0 + SU_{P1}}{C_0 + (S-1)U_{P1}}\rho_0 \tag{4.220}$$

将式 (4.218) 和上式代入式 (4.219)，可以得到

$$p_2 - p_1 = \rho_0 \frac{U_{\mathrm{S1}}}{U_{\mathrm{S1}} - U_{\mathrm{P1}}} \left(U_{\mathrm{S1}} + S\bar{U}_{\mathrm{P2}}\right) \bar{U}_{\mathrm{P2}} \tag{4.221}$$

即

$$p_2 = \rho_0 \frac{U_{\mathrm{S1}}}{U_{\mathrm{S1}} - U_{\mathrm{P1}}} \left(U_{\mathrm{S1}} + S\bar{U}_{\mathrm{P2}}\right) \bar{U}_{\mathrm{P2}} + p_1 \tag{4.222}$$

式中，状态 1 对应的压力 $p_1$、入射冲击波波速 $U_{\mathrm{S1}}$ 和入射波波阵面后方粒子速度 $U_{\mathrm{P1}}$ 均为已知量。

对于反射冲击波而言，其初始状态的压力即为 $p_1$，其初始状态点为 $(p_1, 0)$，也即是说上述方程在 $p\text{-}\bar{U}_{\mathrm{P}}$ 平面上代表一条从点 $(p_1, 0)$ 出发的曲线，如图 4.24 中虚线所示。

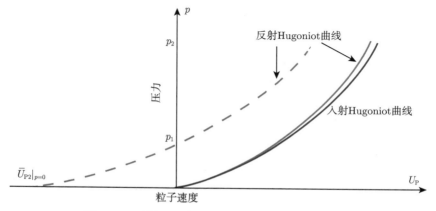

图 4.24　反射冲击波波形与入射冲击波波形对比图

为了与入射冲击波的 Hugoniot 曲线进行对比，我们需要将此曲线延伸至压力为零时的状态后再平移，需要注意的是，对比两条曲线只能沿着横坐标轴平移，必须保证压力相等下对比，看能否与本章第 1 节中平板正撞击问题中两板介质相同情况下同样处理，即将入射冲击波通过沿横坐标平移和镜像来获得反射波。此时我们可以得到当 $p_2 = 0$ 时，有

$$S\bar{U}_{\mathrm{P2}}^2 + U_{\mathrm{S1}}\bar{U}_{\mathrm{P2}} + \frac{p_1}{\rho_0} \frac{U_{\mathrm{S1}} - U_{\mathrm{P1}}}{U_{\mathrm{S1}}} = 0 \tag{4.223}$$

即

$$S\bar{U}_{\mathrm{P2}}^2 + U_{\mathrm{S1}}\bar{U}_{\mathrm{P2}} + U_{\mathrm{P1}}\left(U_{\mathrm{S1}} - U_{\mathrm{P1}}\right) = 0 \tag{4.224}$$

从以上方程可以解得

$$\bar{U}_{\mathrm{P2}}\big|_{p=0} = \frac{-U_{\mathrm{S1}} + \sqrt{U_{\mathrm{S1}}^2 - 4SU_{\mathrm{P1}}\left(U_{\mathrm{S1}} - U_{\mathrm{P1}}\right)}}{2S} \tag{4.225}$$

简化后有

$$\bar{U}_{\mathrm{P2}}\big|_{p=0} = \frac{-U_{\mathrm{S1}} + \sqrt{\left(U_{\mathrm{S1}} - 2SU_{\mathrm{P1}}\right)^2 - 4S\left(S - 1\right)U_{\mathrm{P1}}^2}}{2S} < 0 \tag{4.226}$$

将式 (4.222) 对应的曲线沿着横坐标轴向右平移上式所给出量的绝对值, 我们即可以得到从原点出发的曲线方程为

$$p_2' = \rho_0 \frac{U_{S1}}{U_{S1} - U_{P1}} \left[ S\left(\bar{U}_{P2} + \bar{U}_{P2}|_{p=0}\right)^2 + U_{S1}\left(\bar{U}_{P2} + \bar{U}_{P2}|_{p=0}\right) + U_{P1}\left(U_{S1} - U_{P1}\right) \right] \quad (4.227)$$

将式 (4.224) 代入上式, 可得到

$$p_2' = \rho_0 \frac{U_{S1}}{U_{S1} - U_{P1}} \left( S\bar{U}_{P2}^2 + U_{S1}\bar{U}_{P2} + 2\bar{U}_{P2}\,\bar{U}_{P2}|_{p=0} \right) \quad (4.228)$$

即

$$p_2' = \rho_0\left(C_0 + S\bar{U}_{P2}\right)\bar{U}_{P2} + \rho_0\bar{U}_{P2}\left[ \frac{(S+1)U_{S1} - S\left(U_{P1} - \bar{U}_{P2}\right)}{U_{S1} - U_{P1}} U_{P1} + \frac{2U_{S1}}{U_{S1} - U_{P1}}\bar{U}_{P2}|_{p=0} \right] \quad (4.229)$$

如果对式 (4.226) 取近似值:

$$\bar{U}_{P2}|_{p=0} = \frac{-U_{S1} + \sqrt{\left(U_{S1} - 2SU_{P1}\right)^2 - 4S\left(S-1\right)U_{P1}^2}}{2S} \approx -U_{P1} \quad (4.230)$$

则式 (4.229) 可简化为

$$p_2' \approx \rho_0\left(C_0 + S\bar{U}_{P2}\right)\bar{U}_{P2} + \rho_0\bar{U}_{P2}U_{P1}\left(S - \frac{U_{S1} - S\bar{U}_{P2}}{U_{S1} - U_{P1}}\right) \quad (4.231)$$

上述方程所代表的曲线如图 4.24 所示, 对比两个方程容易看出, 两个曲线比较接近, 但并没有重合. 我们以一个 30GPa 的脉冲从 2024Al 传入 Cu 的过程中, 冲击脉冲到达交界面上时的反射情况为例, 对比反射冲击波 Hugoniot 曲线与入射 Hugoniot 曲线形态. 从本章第 1 节中相关表格可知, 2024Al 材料在 30GPa 脉冲冲击波波阵面上的相关参数分别为

$$\rho_0 = 2.785 \text{g/cm}^3, \quad C_0 = 5.328 \text{km/s}, \quad S = 1.338, \quad U_{P1} = 1.475 \text{km/s}, \quad U_{S1} = 7.302 \text{km/s}$$

将以上参数代入式 (4.225), 可以计算出

$$\bar{U}_{P2}|_{p=0} = \frac{-U_{S1} + \sqrt{U_{S1}^2 - 4SU_{P1}\left(U_{S1} - U_{P1}\right)}}{2S} = -1.718 \text{km/s}$$

再代入式 (4.228) 后可以得到

$$p_2' = \rho_0 \frac{U_{S1}}{U_{S1} - U_{P1}} \left( S\bar{U}_{P2}^2 + U_{S1}\bar{U}_{P2} + 2\bar{U}_{P2}\,\bar{U}_{P2}|_{p=0} \right) = 4.67\bar{U}_{P2}^2 + 13.49\bar{U}_{P2}$$

当介质波阵面前方状态为静止松弛状态时, 入射波 Hugoniot 方程为

$$p_1 = \rho_0\left(SU_{P1}^2 + C_0U_{P1}\right) = 3.73U_{P1}^2 + 14.84U_{P1}$$

容易看出, 此时反射 Hugoniot 曲线在入射 Hugoniot 曲线上方, 即利用反射 Hugoniot 曲线计算出的等相对粒子速度条件下的值大于利用入射 Hugoniot 曲线计算的对应值. 然而, 在

一般情况下为简化计算过程，特别是利用波阻抗匹配法进行图解时，我们假设两个 Hugoniot 曲线一致，也可以通过镜像入射 Hugoniot 曲线来获取反射 Hugoniot 曲线。

将反射 Hugoniot 曲线与入射 Hugoniot 曲线放入同一个坐标系，我们即可以得到在绝对坐标系下，反射 Hugoniot 方程为

$$p_2 = \rho_0 \frac{U_{S1}}{U_{S1} - U_{P1}} \left(U_{S1} + SU_{P1} - SU_{P2}\right) \left(U_{P1} - U_{P2}\right) + \rho_0 U_{S1} U_{P1} \tag{4.232}$$

即

$$p_2 = \rho_0 \frac{U_{S1}}{U_{S1} - U_{P1}} \left[SU_{P2}^2 - (2SU_{P1} + U_{S1}) U_{P2} + 2U_{S1}U_{P1} + (S-1) U_{P1}^2\right] \tag{4.233}$$

而如果我们只考虑最初状态 0 和最终状态 2，而不考虑过程，则计算结果为

$$p_{2'} = \rho_0 \left(C_0 + SU_{P2}\right) U_{P2} \tag{4.234}$$

上两式的计算结果明显不一定相等，因此，冲击波反射而导致的二次加载过程必须考虑历程，特别地，第二次冲击波加载初始状态应为第一个入射冲击波波阵面后方参数，而不能直接用最初状态参数。

(2) 反射波为卸载稀疏波时，则其卸载过程应满足等熵关系，其状态点应在等熵卸载线上，但反射等熵卸载过程的初始状态应为入射冲击加载 Hugoniot 曲线的终点，而不是入射初始状态点，如图 4.24 和图 4.25 所示。

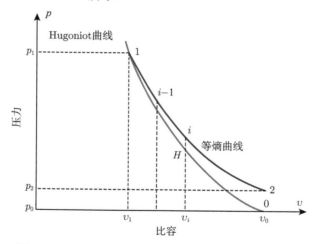

图 4.25　卸载稀疏波对压缩冲击波的迎面卸载示意图

以 $p$-$U_P$ 型 Hugoniot 方程为例。如图 4.25 所示，当反射波为卸载稀疏波时，其波阵面后方状态由状态点 1 沿着等熵曲线 $\mathrm{d}S = 0$ 卸载到状态点 2，此时：

$$\mathrm{d}E = -p\mathrm{d}v \tag{4.235}$$

其可写为差分形式：

$$E_i - E_{i-1} = -\frac{p_i + p_{i-1}}{2}\Delta v \tag{4.236}$$

在加载 Hugoniot 曲线上找出 $v = v_i$ 的点 $H$，状态点 $i$ 和状态点上 $H$ 的参数应该满足 Grüneisen 状态方程，即有

$$E_i - E_H = \frac{p_i - p_H}{\left(\dfrac{\gamma}{v}\right)_i} \tag{4.237}$$

两式相减并整理后有

$$p_i = \frac{(E_{i-1} - E_H)\left(\dfrac{\gamma}{v}\right)_i - p_{i-1}\left(\dfrac{\gamma}{v}\right)_i \dfrac{\Delta v}{2} + p_H}{1 + \left(\dfrac{\gamma}{v}\right)_i \dfrac{\Delta v}{2}} \tag{4.238}$$

上式中，如果我们知道 $i-1$ 点对应的参数 $E_{i-1}$、$p_{i-1}$ 和 $i$ 点处的 $E_i$、$p_i$，我们可以求出状态点 $H$ 对应的压力 $p_H$，进而求出等熵卸载曲线上状态点 $i$ 对应的压力 $p_i$；从而从已知状态点 1 出发，求出曲线上的所有压力值。

以 $p$-$U_P$ 型 Hugoniot 方程为例。如图 4.26 所示，入射冲击波将介质中的状态从 0 上升为 1，在界面上反射后从状态点 1 沿着等熵曲线卸载到状态点 2。对于非多孔固体材料而言，特别是金属材料，在压力在 10GPa 这个量级时，等熵曲线与 Hugoniot 曲线的差别并不大，为了简化计算，我们可以忽略两者之间的差距，而利用 Hugoniot 曲线来等效等熵曲线进行近似计算。

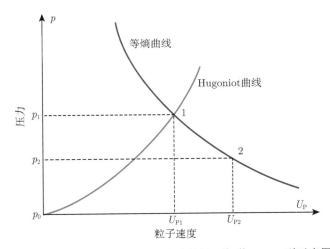

图 4.26　卸载稀疏波对压缩冲击波的迎面卸载 $p$-$U_P$ 型示意图

对于满足 Hugoniot 曲线的冲击加载和满足 Hugoniot 曲线的卸载计算过程，与反射波为冲击加载波二次加载一致，读者可以参考以上内容，在此不做赘述。

### 4.4.2　冲击波的反射与透射

与弱间断的增量波在弹性介质交界面上的透反射行为类似，冲击波在到达两种介质的交界面上 (与第 1 章中弹性波的传播一样，自由面可以视为介质与真空"虚"介质的交界面) 可能会产生反射和"折射"现象。这里，我们也考虑一维情况即平面冲击波传播问题，如图 4.27 所示，设有一个压缩冲击波，其峰值压力、波阵面后方粒子速度和冲击波波速分别为

$p_I$、$U_{PI}$ 和 $U_{SI}$，从介质 A 中以垂直于交界面方向向介质 B 中传播，两个介质中初始压力和粒子速度均为零。设介质 A 和介质 B 的初始声速、Hugoniot 参数、初始密度、初始比容分别为 $C_{0A}$、$S_A$、$\rho_{0A}$、$v_{0A}$ 和 $C_{0B}$、$S_B$、$\rho_{0B}$、$v_{0B}$，在这里我们认为入射波峰值压力平台足够宽，且只考虑交界面附近区域的透反射行为，因此，不考虑冲击波的衰减和后方卸载行为。

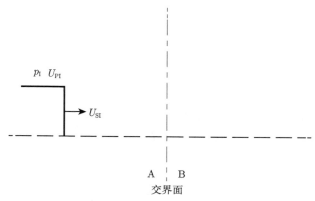

图 4.27　平面冲击波从介质 A 正入射到介质 B 示意图

根据冲击波波阵面上的守恒条件，可知：

$$p_I = \rho_{0A} U_{SI} U_{PI} \tag{4.239}$$

介质 A 中 Hugoniot 关系有

$$U_{SI} = C_{0A} + S_A U_{PI} \tag{4.240}$$

我们可以类似弱间断增量波在弹性交界面上的透反射行为分析，绘出其物理平面示意图，如图 4.28 所示。

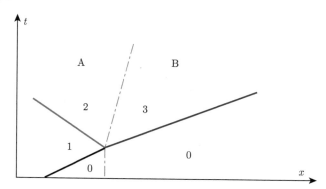

图 4.28　平面冲击波从介质 A 正入射到介质 B 物理平面示意图

当冲击波在介质 A 中传播，其后方的状态由状态 0 突跃至状态 1，此时介质 A 状态 1 的参数分别为

$$\begin{cases} p_1 = p_I \\ U_{P1} = U_{PI} \end{cases} \tag{4.241}$$

当冲击波传播到介质 A 和介质 B 的交界面上瞬间，可能会同时产生反射波 1~2 和透射波 0~3，设这两个波的波后参数分别为 $p_1$、$U_{P1}$、$\rho_1$ 和 $p_2$、$U_{P2}$、$\rho_2$，容易知道，当一个压缩冲击波传播到一个初始状态静止松弛的介质中时，其透射波应该为加载冲击波而非卸载稀疏波。根据介质 B 中波阵面上守恒条件和 Hugoniot 关系可知：

$$\begin{cases} p_3 = \rho_{0B}U_{S3}U_{P3} \\ U_{S3} = C_{0B} + S_B U_{P3} \end{cases} \tag{4.242}$$

即有

$$p_3 = \rho_{0B}\left(C_{0B} + S_B U_{P3}\right)U_{P3} \tag{4.243}$$

而反射波我们暂不能判断是加载冲击波还是卸载稀疏波，但是如同上小节的分析，对于金属材料而言，Hugoniot 曲线与等熵卸载曲线接近，一般可用前者进行近似定量分析，而且利用它们所推导出的结果虽然在定量上有少许差别，但定性结论应该一致，因此，我们可以先利用 Hugoniot 曲线作为定性分析中加载和卸载路径是合理科学的。

根据上小节的分析结论可知，反射波过后，介质 A 中的状态由状态点 1 转变到状态点 2，此时根据式 (4.233)，我们可有

$$p_2 = \rho_{0A}\frac{U_{S1}}{U_{S1} - U_{P1}}\left[S_A U_{P2}^2 - (2S_A U_{P1} + U_{S1})U_{P2} + 2U_{S1}U_{P1} + (S_A - 1)U_{P1}^2\right] \tag{4.244}$$

容易知道，在压缩冲击过程中，两介质保持压缩状态，即应该满足连续条件和压力平衡条件，即

$$\begin{cases} p_2 = p_3 \\ U_{P2} = U_{P3} \end{cases} \tag{4.245}$$

将上式和式 (4.241) 代入式 (4.243) 和式 (4.244)，可以得到

$$k_1 U_{P2}^2 + k_2 U_{P2} + k_3 = 0 \tag{4.246}$$

其中，

$$k_1 = \rho_{0A}S_A U_{SI} - \rho_{0B}S_B U_{SI} + \rho_{0B}S_B U_{PI} \tag{4.247}$$

$$k_2 = -\left[\rho_{0A}U_{SI}(2S_A U_{PI} + U_{SI}) + \rho_{0B}C_{0B}(U_{SI} - U_{PI})\right] \tag{4.248}$$

$$k_3 = \rho_{0A}U_{SI}\left[2U_{SI}U_{PI} + (S_A - 1)U_{PI}^2\right] \tag{4.249}$$

上式的根为

$$U_{P2} = \frac{-k_2 \pm \sqrt{k_2^2 - 4k_1 k_3}}{2k_1} \tag{4.250}$$

当介质 A 和介质 B 是同一种材料时，即 $\rho_0 = \rho_{0A} = \rho_{0B}$、$C_0 = C_{0A} = C_{0B}$、$S = S_A = S_B$，式 (4.247)~式 (4.249) 即可简化为

$$\begin{cases} \dfrac{k_1}{\rho_0} = SU_{PI} \\ \dfrac{k_2}{\rho_0} = \left[(1 - S)U_{SI} - SU_{PI}\right]U_{PI} - 2U_{SI}^2 \\ \dfrac{k_3}{\rho_0} = U_{SI}U_{PI}\left[2U_{SI} + (S - 1)U_{PI}\right] \end{cases} \tag{4.251}$$

因此有

$$\frac{k_2^2 - 4k_1k_3}{\rho_0^2} = \left\{\left[(1-S)\,U_{\mathrm{SI}} - SU_{\mathrm{PI}}\right]U_{\mathrm{PI}} - 2U_{\mathrm{SI}}^2\right\}^2 - 4SU_{\mathrm{PI}}^2 U_{\mathrm{SI}}\left[2U_{\mathrm{SI}} + (S-1)\,U_{\mathrm{PI}}\right] \quad (4.252)$$

简化后有

$$\frac{k_2^2 - 4k_1k_3}{\rho_0^2} = \left\{2U_{\mathrm{SI}}^2 - \left[(1-S)\,U_{\mathrm{SI}} + SU_{\mathrm{PI}}\right]U_{\mathrm{PI}}\right\}^2 \quad (4.253)$$

式 (4.250) 对应的合理根即为

$$U_{\mathrm{P2}} = \frac{-k_2 \pm \sqrt{k_2^2 - 4k_1k_3}}{2k_1} = U_{\mathrm{PI}} \quad (4.254)$$

根据式 (4.241) 和交界面边界条件, 可有

$$p_2 = p_3 = \rho_0\,(C_0 + SU_{\mathrm{PI}})\,U_{\mathrm{PI}} = p_{\mathrm{I}} \quad (4.255)$$

也就是说, 在 $p$-$U_{\mathrm{P}}$ 平面上, 状态点 2 和状态点 3 皆与状态点 1 相同, 其物理意义上, 冲击波完全传播到介质 B 中, 而状态点 1 与状态点 2 并不存在间断, 即反射波并不存在。这与弱间断增量波在两种相同介质交界面上无反射波且透射系数为 1 完全一致。在此说明的是, 以上状态点 1 到状态点 2 的突跃过程计算我们采用 Hugoniot 方程计算。

以上问题用 $p$-$U_{\mathrm{P}}$ 平面上的波阻抗匹配图解法来分析更为简洁直观, 如图 4.29 所示, 我们先在 $p$-$U_{\mathrm{P}}$ 平面上绘制介质 A 和介质 B 中冲击波 Hugoniot 曲线。当冲击波 0~1 过后, 介质 A 中的状态从初始状态 0 突跃至状态 1, 值得注意的是, 状态 1 必定在此 Hugoniot 曲线上, 但突跃过程是沿着两点直线 Rayleigh 线的, 即图中的斜率 $\rho_{0\mathrm{A}}U_{\mathrm{SI}}$ 为直线段 0—1, 我们一般称 $\rho_{0\mathrm{A}}U_{\mathrm{SI}}$ 为冲击阻抗。当冲击波到达交界面上瞬间, 会产生反射波和透射波。如果反射波是压缩冲击波, 则反射冲击波波阵面后方介质状态一定在反射的 Hugoniot 曲线上, 其曲线从状态点 1 上升; 如果反射波是卸载稀疏波, 则反射波波后方的介质状态一定在反射的等熵曲线上, 如图 4.29 中虚线所示, 一般情况下, 我们也有 Hugoniot 曲线近似计算; 这样一来, 问题更为简单, 反射波无论是压缩冲击波还是卸载稀疏波, 其波阵面后方状态点皆在反射 Hugoniot 曲线上。

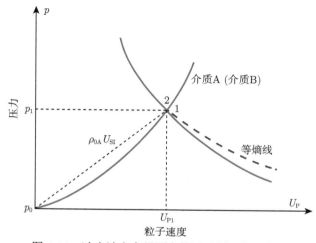

图 4.29　冲击波在交界面上的透反射现象示意图

当介质 A 和介质 B 相同时，即两条加载 Hugoniot 曲线重合，因此状态点 1 和状态点 2 重合，也就是说，反射波上并没有状态变化，即并没有反射波；同时介质 B 中沿着 Rayleigh 线产生一个与入射冲击波一样的压缩冲击波。

当介质 A 和介质 B 不相同时，根据介质 A 中反射波的 Hugoniot 方程和介质 B 中透射波的 Hugoniot 方程，有

$$
\begin{cases}
p_2 = \rho_{0A} \dfrac{U_{S1}}{U_{S1} - U_{P1}} \left[ S_A U_{P2}^2 - (2 S_A U_{P1} + U_{S1}) U_{P2} + 2 U_{S1} U_{P1} + (S_A - 1) U_{P1}^2 \right] \\
p_3 = \rho_{0B} U_{S3} U_{P3}
\end{cases}
\tag{4.256}
$$

再结合交界面上的边界条件，可有

$$
\frac{p_2}{\rho_{0A} U_{S1} U_{PI}} - 1 = \frac{\dfrac{S_A}{U_{PI}} \left( \dfrac{p_2}{\rho_{0B} U_{S3}} \right)^2 - \left( 2 S_A + \dfrac{U_{S1}}{U_{PI}} \right) \left( \dfrac{p_2}{\rho_{0B} U_{S3}} \right) + U_{S1} + S_A U_{P1}}{(U_{S1} - U_{P1})}
\tag{4.257}
$$

我们如定义三个无量纲量：

$$
p^* = \frac{p_2}{\rho_{0A} U_{SI} U_{PI}} - 1
\tag{4.258}
$$

$$
k = \frac{\rho_{0B} U_{S3}}{\rho_{0A} U_{SI}}
\tag{4.259}
$$

$$
n = \frac{U_{SI}}{S_A U_{PI}} = \frac{C_{0A} + S_A U_{PI}}{S_A U_{PI}} = \frac{C_{0A}}{S_A U_{PI}} + 1
\tag{4.260}
$$

式 (4.259) 类似于第 1 章中弹性波在两种介质交界面透反射章节中的波阻抗比，在此即为冲击波波阻抗比。此时，则式 (4.257) 可写为

$$
p^{*2} - \left[ k(2+n) + k^2 \left( n - \frac{1}{S_A} \right) - 2 \right] p^* - k(2+n) + k^2 n + k^2 + 1 = 0
\tag{4.261}
$$

即

$$
p^{*2} - \left[ k(2+n) + k^2 \left( n - \frac{1}{S_A} \right) - 2 \right] p^* + [k(n+1) - 1](k-1) = 0
\tag{4.262}
$$

从上式容易看出，只要 $k - 1 = 0$，上式存在一个合理根为

$$
p^* = 0 \Leftrightarrow p_2 = \rho_{0A} U_{SI} U_{PI} = p_I
\tag{4.263}
$$

上式的物理意义是，只要介质 A 和介质 B 的冲击阻抗相等，则冲击波从一种介质传递到另一种介质过程中，在交界面上不会产生反射波，而只会产生等量透射波。这个结论是两种介质相同时的推广，也就是说，并不一定需要介质 A 和介质 B 是同一种介质，而只需要它们的冲击阻抗相等即可。

另一方面，当两种介质冲击阻抗不相同时，从式 (4.262) 也可以推出，必定同时存在反射波和透射冲击波。此时冲击波在两种介质交界面上透反射现象主要分为两种情况：冲击波从低冲击阻抗介质向高冲击阻抗介质传播和从高冲击阻抗介质向低冲击阻抗介质中传播。下面针对这两种情况进行分析。

**1. 冲击波从低冲击阻抗介质 A 向高冲击阻抗介质 B 中传播**

同上小节说明, 为了简化分析, 我们通常假设反射波 Hugoniot 曲线是入射冲击波 Hugoniot 曲线的镜像, 下文中冲击波的透反射问题和相互作用皆采用此近似方法, 下文不作说明和强调。

求解反射波和透射波的参数一般可以采用两种方法: 波阻抗匹配图解法和解析法; 下面我们分别利用这两种方法求解。首先我们利用波阻抗匹配图解法来分析这一情况下冲击波在交界面上的透反射问题。具体步骤如下:

(1) 先在 $p$-$U_{\mathrm{P}}$ 平面上分别绘制介质 A 和介质 B 的 Hugoniot 曲线, 如图 4.30 所示;

(2) 当入射冲击波波阵面过后, 介质 A 中波阵面后方状态从初始状态原点沿着 Rayleigh 线 (即图中斜率为 $\rho_{0A}U_{SI}$ 的虚线) 突跃到状态点 $1(U_{\mathrm{PI}}, p_{\mathrm{I}})$;

(3) 绘制反射波 Hugoniot 曲线, 过状态点 1 绘制垂直于横坐标轴的直线, 再沿着此垂直线绘制介质 A 中入射冲击波 Hugoniot 曲线的镜像线, 容易知道, 两条曲线形状完全相同, 且同时通过状态点 1;

(4) 根据连续条件和压力平衡条件可知, 反射波后方介质 A 中粒子速度和压力应该与透射冲击波波阵面后方介质 B 中的粒子速度和压力分别相等, 即反射波 Hugoniot 曲线与透射波 Hugoniot 曲线交点 2 即为入射冲击波在交界面上透反射后的状态点。

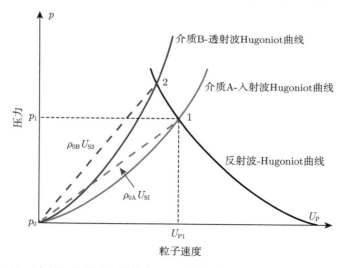

图 4.30 冲击波从低冲击阻抗介质 A 向高冲击阻抗介质 B 传播示意图

以上四个步骤我们较容易地就给出了入射冲击波在交界面上的透反射状态参数。从图中可以看出, 由于

$$k = \frac{\rho_{0B}U_{S3}}{\rho_{0A}U_{SI}} > 1 \tag{4.264}$$

即介质 B 中透射波的 Rayleigh 线斜率大于介质 A 中入射冲击波的 Rayleigh 线的斜率, 因此从图中容易看出, 状态点 2 应该在入射冲击波 Hugoniot 曲线左侧; 再结合反射波 Hugoniot

曲线特征, 容易看出, 此时状态点 2 应该在状态点 1 的左上方, 即

$$
\begin{cases}
p_2 > p_1 = p_{\mathrm{I}} \\
0 < U_{\mathrm{P2}} < U_{\mathrm{P1}} = U_{\mathrm{PI}}
\end{cases}
\tag{4.265}
$$

上式的物理意义是: 当冲击波从低冲击阻抗的介质 A 中传播到与之紧密接触的较高冲击阻抗的介质 B 中时, 到达交界面上瞬间反射波应为方向相反的加载冲击波, 透射波也为加载冲击波但其方向与入射冲击波相同。

当然, 利用解析法也能够给出其透反射波阵面后方状态点参数值。我们先根据入射冲击波 Hugoniot 曲线镜像并平移给出反射波 Hugoniot 曲线方程:

$$
p = -\rho_{0\mathrm{A}}\left[C_{0\mathrm{A}} - S_{\mathrm{A}}\left(U_{\mathrm{P}} - 2U_{\mathrm{PI}}\right)\right]\left(U_{\mathrm{P}} - 2U_{\mathrm{PI}}\right)
\tag{4.266}
$$

简化后有

$$
p = \rho_{0\mathrm{A}}\left[U_{\mathrm{SI}} + S\left(U_{\mathrm{PI}} - U_{\mathrm{P}}\right)\right]\left(2U_{\mathrm{PI}} - U_{\mathrm{P}}\right)
\tag{4.267}
$$

介质 B 中冲击波波阵面 Hugoniot 曲线方程为

$$
p = \rho_{0\mathrm{B}}\left(C_{0\mathrm{B}} + S_{\mathrm{B}}U_{\mathrm{P}}\right)U_{\mathrm{P}}
\tag{4.268}
$$

联立上两式, 我们可以得到

$$
\left(\rho_{0\mathrm{A}}S_{\mathrm{A}} - \rho_{0\mathrm{B}}S_{\mathrm{B}}\right)U_{\mathrm{P}}^2 - \left[\rho_{0\mathrm{A}}\left(C_{0\mathrm{A}} + 4S_{\mathrm{A}}U_{\mathrm{PI}}\right) + \rho_{0\mathrm{B}}C_{0\mathrm{B}}\right]U_{\mathrm{P}} + 2p_{\mathrm{I}} + 2\rho_{0\mathrm{A}}S_{\mathrm{A}}U_{\mathrm{PI}}^2 = 0
\tag{4.269}
$$

由此可以解得

$$
U_{\mathrm{P}} = \frac{\left[\left(\rho_{0\mathrm{A}}C_{0\mathrm{A}} + \rho_{0\mathrm{B}}C_{0\mathrm{B}}\right) + 4\rho_{0\mathrm{A}}S_{\mathrm{A}}U_{\mathrm{PI}}\right] \pm \sqrt{\Delta}}{2\left(\rho_{0\mathrm{A}}S_{\mathrm{A}} - \rho_{0\mathrm{B}}S_{\mathrm{B}}\right)}
\tag{4.270}
$$

式中,

$$
\Delta = \left[\left(\rho_{0\mathrm{A}}C_{0\mathrm{A}} + \rho_{0\mathrm{B}}C_{0\mathrm{B}}\right) + 4\rho_{0\mathrm{A}}S_{\mathrm{A}}U_{\mathrm{PI}}\right]^2 - 4\left(\rho_{0\mathrm{A}}S_{\mathrm{A}} - \rho_{0\mathrm{B}}S_{\mathrm{B}}\right)\left(2p_{\mathrm{I}} + 2\rho_{0\mathrm{A}}S_{\mathrm{A}}U_{\mathrm{PI}}^2\right)
\tag{4.271}
$$

进而, 分析其根的合理性, 确定最终粒子速度值, 并通过式 (4.268) 求出对应的压力值。

我们以一个 30GPa 的脉冲从 2024Al 传入 Cu 过程中, 冲击脉冲到达交界面上时的透反射问题为例。从本章第 1 节中相关表格可知, 30GPa 条件下材料相关参数为

$$
\begin{cases}
\rho_{0\mathrm{A}} = 2.785\mathrm{g/cm^3} \\
C_{0\mathrm{A}} = 5.328\mathrm{km/s}, \\
S_{\mathrm{A}} = 1.338
\end{cases}
\quad
\begin{cases}
\rho_{0\mathrm{B}} = 8.930\mathrm{g/cm^3} \\
C_{0\mathrm{B}} = 3.940\mathrm{km/s}, \\
S_{\mathrm{B}} = 1.487
\end{cases}
\quad
\begin{cases}
U_{\mathrm{PI}} = 1.475\mathrm{km/s} \\
U_{\mathrm{SI}} = 7.302\mathrm{km/s}
\end{cases}
$$

将以上参数代入式 (4.269), 可以给出:

$$
9.55U_{\mathrm{P}}^2 + 72.01U_{\mathrm{P}} - 76.21 = 0
$$

从而可以计算出

$$
U_{\mathrm{P}} = 0.94\mathrm{km/s}
$$

再根据式 (4.268) 即可得到

$$p = \rho_{0B} \left( C_{0B} + S_B U_P \right) U_P = 44.81 \text{GPa}$$

即反射冲击波强度为

$$\Delta p = p - p_I = 14.81 \text{GPa}$$

透射冲击波强度为

$$\Delta p = p - p_0 = 44.81 \text{GPa}$$

同理,利用以上两种方法可以求解类似条件下透反射相关状态参数。

**2. 冲击波从高冲击阻抗介质 A 向低冲击阻抗介质 B 中传播**

对于波阻抗匹配图解法而言,其步骤同上,容易看出,由于

$$k = \frac{\rho_{0B} U_{S3}}{\rho_{0A} U_{SI}} < 1 \tag{4.272}$$

即介质 B 中透射波的 Rayleigh 线斜率小于介质 A 中入射冲击波的 Rayleigh 线的斜率,如图 4.31 所示。从图中容易看出,状态点 2 应该在入射冲击波 Hugoniot 曲线右侧;再结合反射波 Hugoniot 曲线或等熵线特征,容易看出,此时状态点 2 应该在状态点 1 的右下方,即

$$\begin{cases} p_2 < p_1 = p_I \\ U_{P2} > U_{P1} = U_{PI} \end{cases} \tag{4.273}$$

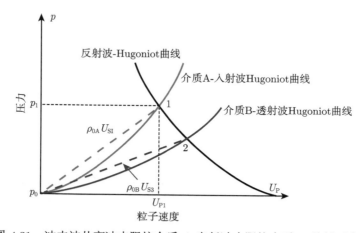

图 4.31　冲击波从高冲击阻抗介质 A 向低冲击阻抗介质 B 传播示意图

上式的物理意义是:当冲击波从高冲击阻抗的介质 A 中传播到与之紧密接触的较低冲击阻抗的介质 B 中时,到达交界面上瞬间反射波应为方向相同的卸载稀疏波,透射波为方向相同的加载冲击波。因此反射波状态线应为等熵线,同上说明,为简化分析,我们同样利用入射冲击波 Hugoniot 曲线的镜像曲线来代替此等熵线分析。

同上步骤,我们也很容易通过波阻抗匹配图解法来给出反射波和透射冲击波后方介质中的状态参数。利用解析法也同样能够给出其透反射波阵面后方状态点参数值。由于我们把

反射冲击波的 Hugoniot 曲线和反射卸载稀疏波的等熵线都近似为入射冲击波 Hugoniot 曲线的镜像曲线, 因此, 其求解方程和过程与上一种情况基本一致, 其方程组为

$$\begin{cases} p = \rho_{0A} \left[ U_{SI} + S \left( U_{PI} - U_P \right) \right] \left( 2U_{PI} - U_P \right) \\ p = \rho_{0B} \left( C_{0B} + S_B U_P \right) U_P \end{cases} \tag{4.274}$$

其解为

$$\begin{cases} U_P = \dfrac{\left[ (\rho_{0A} C_{0A} + \rho_{0B} C_{0B}) + 4\rho_{0A} S_A U_{PI} \right] \pm \sqrt{\Delta}}{2 \left( \rho_{0A} S_A - \rho_{0B} S_B \right)} \\ p = \rho_{0B} \left( C_{0B} + S_B U_P \right) U_P \end{cases} \tag{4.275}$$

我们以一个 30GPa 的脉冲从 Cu 传入 2024Al 过程中, 冲击脉冲到达交界面上时的透反射问题为例。从本章第 1 节中相关表格可知, 30GPa 条件下材料相关参数为

$$\begin{cases} \rho_{0A} = 8.930 \text{g/cm}^3 \\ C_{0A} = 3.940 \text{km/s}, \\ S_A = 1.487 \end{cases} \begin{cases} \rho_{0B} = 2.785 \text{g/cm}^3 \\ C_{0B} = 5.328 \text{km/s}, \\ S_B = 1.338 \end{cases} \begin{cases} U_{PI} = 0.679 \text{km/s} \\ U_{SI} = 4.950 \text{km/s} \end{cases}$$

将以上参数代入式 (4.269), 可以给出

$$9.55 U_P^2 - 86.09 U_P + 72.24 = 0$$

从而可以计算出

$$U_P = 0.94 \text{km/s}$$

再根据式 (4.275) 即可得到

$$p = \rho_{0B} \left( C_{0B} + S_B U_P \right) U_P = 17.24 \text{GPa}$$

即反射冲击波强度为

$$\Delta p = p - p_I = -12.76 \text{GPa}$$

透射冲击波强度为

$$\Delta p = p - p_0 = 17.24 \text{GPa}$$

同理, 利用以上两种方法可以求解类似条件下透反射相关状态参数。

**3. 冲击波在自由面和刚壁边界上的反射**

类似弱间断增量波在交界面上的透反射问题, 冲击波在交界面上的透反射问题也有两个极端条件下的问题: 自由面上的反射问题和刚壁边界上的反射问题。

1) 冲击波在自由面上的反射问题

这个问题本质上讲属于冲击波从高冲击阻抗介质向低冲击阻抗介质传播问题的一个极端现象, 即此时介质 B 的冲击阻抗为零。如图 4.32 所示, 容易看出, 此时反射波波阵面后方的状态点为反射 Hugoniot 曲线与横坐标轴的交点 2, 反射波波阵面后方的介质压力远小于前方, 因此, 此反射波也为卸载稀疏波。

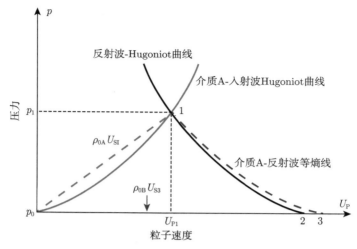

图 4.32    冲击波在自由面上的反射问题示意图

由于在近似计算过程中，我们假设反射曲线近似等于入射冲击波 Hugoniot 曲线的镜像线，两条曲线沿着过状态点 1 的垂线对称，因此此时有

$$\begin{cases} U_{P2} = 2U_{PI} \\ p_2 = 0 \end{cases} \tag{4.276}$$

即

$$\begin{cases} \dfrac{U_{P2} - U_{P1}}{U_{P1} - 0} = 1 \\ \dfrac{p_2 - p_1}{p_1 - p_0} = -1 \end{cases} \tag{4.277}$$

其物理意义是：冲击波在自由面上的反射满足粒子速度加倍和压力取反规律，即反射波强度与入射冲击波强度数值相等、压力符号相反，与第 1 章中弹性波在自由面上的反射镜像特征一致。

利用解析方法我们也可以得到此结论。同时，此时根据位移连续条件和压力平衡条件有

$$S_A U_P^2 - (C_{0A} + 4S_A U_{PI}) U_P + 2(U_{SI} + S_A U_{PI}) U_{PI} = 0 \tag{4.278}$$

其解为

$$U_P = \frac{(C_{0A} + 4S_A U_{PI}) - \sqrt{\Delta}}{2S_A} \tag{4.279}$$

式中，

$$\Delta = (C_{0A} + 4S_A U_{PI})^2 - 8S_A (U_{SI} + S_A U_{PI}) U_{PI} = C_{0A}^2 \tag{4.280}$$

简化后有

$$U_P = \frac{(C_{0A} + 4S_A U_{PI}) - C_{0A}}{2S_A} = 2U_{PI} \tag{4.281}$$

从而有

$$p = \rho_{0A} [U_{SI} + S(U_{PI} - U_P)] (2U_{PI} - U_P) = 0 \tag{4.282}$$

上面的推导结果与图解法所得到的结果一致。这说明，当我们也取反射卸载稀疏波的等熵曲线为材料 Hugoniot 曲线时，冲击波在自由面上的反射问题推导结果与弹性波在自由面上的反射问题一致。然而，事实上，等熵线在 Hugoniot 曲线的上方，因此，实际反射波波阵面后方粒子速度应为状态点 3 对应的值，其大于我们用"镜像"法则所得到的近似解。

2) 冲击波在刚壁边界上的反射问题

这个问题本质上讲属于冲击波从低冲击阻抗介质向高冲击阻抗介质传播问题的一个极端现象，即此时介质 B 的冲击阻抗为无穷大。如图 4.33 所示，容易看出，此时反射波波阵面后方的状态点为反射 Hugoniot 曲线与纵坐标轴的交点 2，反射波波阵面后方的介质压力远大于前方，因此，此反射波也为加载冲击波。

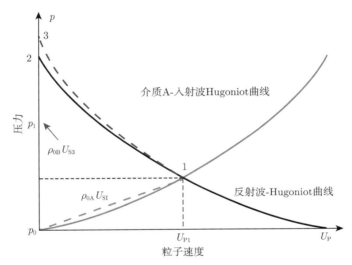

图 4.33　冲击波在刚壁边界上的反射问题示意图

同样，我们也可以通过解析法给出其准确的解析解。根据刚壁上反射特征可知

$$U_{\mathrm{P}} \equiv 0 \tag{4.283}$$

如利用入射冲击波 Hugoniot 曲线镜像近似给出反射 Hugoniot 曲线，此时反射 Hugoniot 方程应为

$$p_2 = 2\rho_{0\mathrm{A}}\left(U_{\mathrm{SI}} + SU_{\mathrm{PI}}\right)U_{\mathrm{PI}} = 2\rho_{0\mathrm{A}}\left(C_{0\mathrm{A}} + 2SU_{\mathrm{PI}}\right)U_{\mathrm{PI}} \tag{4.284}$$

从上式明显可以看出

$$p_2 > 2p_{\mathrm{I}} \tag{4.285}$$

也就是说，反射波为加载冲击波，而且反射冲击波波阵面后方的压力不像弹性介质中应力波在刚壁上的反射一样加倍，而是大于两倍入射冲击波强度。其反射冲击波强度为

$$\Delta p = p_2 - p_1 = \rho_{0\mathrm{A}}\left(C_{0\mathrm{A}} + 3SU_{\mathrm{PI}}\right)U_{\mathrm{PI}} \tag{4.286}$$

事实上，以上还是近似计算的结果，如果准确地直接用反射冲击波 Hugoniot 曲线，可得

$$p_2 = p_{\mathrm{I}}\left(2 + \frac{S+1}{U_{\mathrm{S1}} - U_{\mathrm{P1}}}U_{\mathrm{P1}}\right) > 2p_{\mathrm{I}} \tag{4.287}$$

因此，实际上此时反射冲击波波阵面后方的压力应为上式所示值，从上述和式 (4.284) 都表明，当冲击波入射到刚壁边界上时，反射冲击波后方的介质压力是初始入射冲击波强度的两倍以上，这与弹性介质中应力波在刚壁上的反射不同。

我们以一个 30GPa 的脉冲从 Cu 传入刚壁边界上情况为例，从本章第 1 节中相关表格可知，30GPa 条件下材料相关参数为

$$\begin{cases} \rho_{0A} = 8.930 \text{g/cm}^3 \\ C_{0A} = 3.940 \text{km/s}, \\ S_A = 1.487 \end{cases} \quad \begin{cases} U_{PI} = 0.679 \text{km/s} \\ U_{SI} = 4.950 \text{km/s} \end{cases}$$

根据式 (4.284) 我们可以给出反射冲击波波阵面后方的压力近似值为

$$p_2 = 2\rho_{0A}(C_{0A} + 2SU_{PI})U_{PI} = 72.27 \text{GPa}$$

利用式 (4.287) 我们可以给出反射冲击波波阵面后方的压力准确值为

$$p_2 = p_I\left(2 + \frac{S+1}{U_{S1} - U_{P1}}U_{P1}\right) = 71.86 \text{GPa}$$

以一个 30GPa 的脉冲从 2024Al 传入刚壁边界上情况为例。从本章第 1 节中相关表格可知，30GPa 条件下材料相关参数为

$$\begin{cases} \rho_{0A} = 2.785 \text{g/cm}^3 \\ C_{0A} = 5.328 \text{km/s}, \\ S_A = 1.338 \end{cases} \quad \begin{cases} U_{PI} = 1.475 \text{km/s} \\ U_{SI} = 7.302 \text{km/s} \end{cases}$$

根据式 (4.284) 我们可以给出反射冲击波波阵面后方的压力近似值为

$$p_2 = 2\rho_{0A}(C_{0A} + 2SU_{PI})U_{PI} = 76.20 \text{GPa}$$

利用式 (4.287) 我们可以给出反射冲击波波阵面后方的压力准确值为

$$p_2 = p_I\left(2 + \frac{S+1}{U_{S1} - U_{P1}}U_{P1}\right) = 77.75 \text{GPa}$$

从上两例可以看出，刚壁上的反射冲击波波阵面后方的压力均大于入射冲击波强度的两倍；而且，利用近似计算方法和准确计算方法所计算出的压力值相近，两者没有确定的大小关系。

### 4.4.3 冲击波之间的相互作用

事实上，上面求解反射波强度和性质的时候我们就讨论过冲击波之间的相互作用。对于冲击波之间相互作用，工程上很多时候都是采用波阵面后方粒子速度的线性叠加方法得到压力的近似解。冲击波之间的相互作用一般可分为两类情况：相同方向的追赶和相对方向的叠加，在以上假设的基础上，两种情况的计算方法和过程相同。

如图 4.34 所示，假设在同一个介质中在不同时间从左端分别传播两个冲击波，两个冲击波的强度分别为 $p_1$ 和 $p_2$，波阵面后方粒子速度分别为 $U_{P1}$ 和 $U_{P2}$，其冲击波波速分别为 $U_{S1}$ 和 $U_{S2}$。

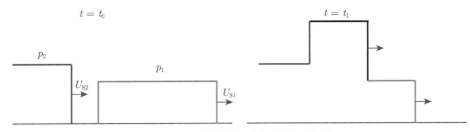

图 4.34 冲击波的追赶叠加示意图

假设后方冲击波在某一时刻追上前一个冲击波且叠加，即后方冲击波波速大于前方冲击波波速，对于同一种介质而言，必有

$$p_2 > p_1 \tag{4.288}$$

其叠加区域粒子速度为

$$U_P = U_{P1} + U_{P2} \tag{4.289}$$

叠加后冲击波波阵面后方的压力为

$$p = \rho_0 \left(C_0 + S U_P\right) U_P = \rho_0 \left(C_0 + S U_{P1} + S U_{P2}\right) \left(U_{P1} + U_{P2}\right) \tag{4.290}$$

简化后有

$$p = p_1 + p_2 + 2\rho_0 S U_{P1} U_{P2} > p_1 + p_2 \tag{4.291}$$

即说明此时虽然波阵面后方粒子速度线性叠加，但其压力由于 Hugoniot 曲线的非线性并不是两个冲击波强度的简单线性叠加。这点从图 4.35 中容易看出。

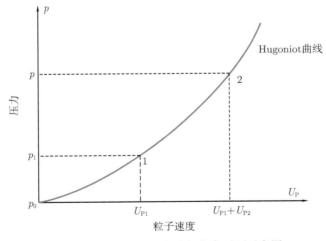

图 4.35 冲击波的追赶叠加状态平面示意图

对于两个冲击波相向运动并叠加的情况，如果同样采用粒子速度线性叠加来计算等效压力的近似方法，则其计算过程与以上基本相同，在此不作详述。

# 第5章　一维爆轰波及其与材料的相互作用

**CHAPTER 5**

　　爆炸是自然界中常见的一种现象。从引起爆炸的过程性质来看，爆炸分为物理爆炸、化学爆炸和核子爆炸三类，我们这里只针对化学爆炸特别是炸药爆炸进行分析讨论。炸药爆炸需要三个要素：反应的放热性、反应的快速性和生成气态产物，三个要素相互关联，缺一不可。工程上，一般将有气体生成的快速化学反应分为燃烧、爆炸和爆轰三种情况；事实上，爆炸与爆轰并没有本质区别，只是前者传播速度是变化的，后者恒定不变；如果我们将爆轰分为稳定爆轰和不稳定爆轰，则爆炸与爆轰都属于爆轰范畴；因此，从本质上讲，应该分为两类：燃烧与爆轰。两者在基本特征上存在区别：首先，从传播过程的机制上看，燃烧时反应区的能量是通过热传导、热辐射及燃烧气体产物的扩散作用传入未反应的原始炸药的，而爆轰的传播则是借助于冲击波对炸药的强烈冲击压缩作用进行的；其次，从波的传播速度上看，燃烧传播速度通常约为数毫米每秒到数米每秒，最大的也只有数百米每秒，即比原始炸药内的声速要低得多，相反，爆轰过程的传播速度总是大于原始炸药的声速，速度一般高达数千米每秒甚至近万米每秒；再次，燃烧过程的传播容易受外界条件的影响，特别是受环境压力条件的影响，如在大气中燃烧进行得很慢，但若将炸药放在密闭或半密闭容器中，燃烧过程的速度急剧加快，压力升高至数兆帕乃至数十兆帕。而爆轰过程的传播速度极快，几乎不受外界条件的影响。对于特定的炸药来说，爆轰速度在一定条件下是一个固定的常数；最后，燃烧过程中燃烧反应区内产物质点运动方向与燃烧波面传播方向相反，燃烧波面内的压力较低，而爆轰时，爆轰反应区内产物质点运动方向与爆轰波传播方向相同，爆轰波区的压力高达数十吉帕。需要说明的是，虽然它们具有这些不同点，但却存在紧密的联系，也可以在合适条件下相互转换。

　　爆轰是能量释放非常快也是非常猛烈的一种化学反应，它具有能量释放速率极高和产物是处于高度压缩状态下的气体的特征。然而，与我们所观察到的表象不同，爆轰所释放的能量其实并不是极高，表 5.1 以油-空气混合物燃烧放热反应所释放的能量为参考，给出了几种典型炸药反应的热熔值。

**表 5.1　典型金属介质在不同压力条件下的冲击波参数**

| 反应物 | 产物 | $H/(\text{kJ/g})$ | 反应物 | 产物 | $H/(\text{kJ/g})$ |
|---|---|---|---|---|---|
| B 炸药 | 气体 | 5.20 | Ni+Al | NiAl(固/液) | 1.38 |
| TNT | 气体 | 4.19 | Ti+B | $\text{TiB}_2$(固/液) | 4.82 |
| PETN | 气体 | 5.87 | 油-空气燃料 | 气体 | 41.90 |
| Datasheet | 气体 | 4.19 | | | |

　　从表 5.1 中我们可以看出，爆轰产生的能量并不是很高，其毁伤效应如此大主要是因为其能量释放速率大且其产生的高压气体膨胀做功。

　　本章针对炸药的爆轰现象、爆轰波的传播与演化行为以及炸药与材料的相互作用特性开展分析, 给出一些典型且简单 (平面一维) 的结论。

## 5.1 爆轰波波阵面上的控制方程

从本质上讲, 爆轰波也是一种强冲击波; 其与上面所分析的通常冲击波不同之处在于: 爆轰波是一种伴有化学反应的冲击波, 其波阵面后方爆炸物受到强烈冲击下形成的高压高温等条件的刺激而进行高速化学反应, 形成高温高压爆轰产物并释放大量的化学反应热能, 这些能量抵消了爆轰波传播过程中的能量损失, 从而使得爆轰波能够稳定地传播下去直到爆炸物反应结束为止。

### 5.1.1 一维爆轰波波阵面上的守恒方程

炸药发生爆轰时的化学反应主要是在一个薄层内迅速完成的, 所形成的可燃性气体则在该薄层内转变成最终产物, 因此, 我们可以认为爆轰过程是一个输入化学反应能量的强间断面传播的流体力学过程。基于爆轰传播过程的这一特征, 1879 年 Chapman 和 1905 年 Jouguet 分别独立提出了关于爆轰波传播的平面一维流体动力学理论, 即著名的 Chapman-Jouguet 理论, 简称 C-J 理论。该理论是基于平面一维假设基础上的, 认为爆轰波是一个有化学反应能量持续支持的冲击波, 该理论简单但能够相对准确地对气相爆轰波参数进行预测。如果我们假设:

(1) 流动是理想的、一维的, 不考虑材料的黏性、扩散、热传导和流动的湍流等性质;

(2) 爆轰波波阵面是一个平面, 其厚度忽略不计, 是一个强间断面, 即冲击波;

(3) 波阵面内的化学反应是瞬间完成的, 其反应速度无限大, 且反应产物处于热化学平衡和热力学平衡状态;

(4) 爆轰波波阵面传播过程是定常的。

如图 5.1 所示, 设爆轰波波速为 $D$, 波阵面前方介质的状态参数为初始压力 $p_0$、密度 $\rho_0$、质点速度 $U_0$、温度 $T_0$、总比内能 $E_0$、比化学能 $Q_0$ 和比内能 $e_0$, 波阵面后方介质的状态参数为压力 $p$、密度 $\rho$、质点速度 $U$、温度 $T$、总比内能 $E$、比化学能 $Q$ 和比内能 $e$。

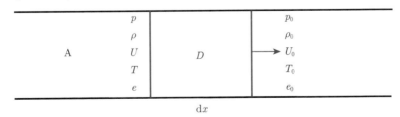

图 5.1  平面一维爆轰波波阵面状态示意图

其中,

$$\begin{cases} E_0 = Q_0 + e_0 \\ E = Q + e \end{cases} \tag{5.1}$$

则波阵面前方状态突跃到后方状态过程中总比内能的变化量为

$$\Delta E = E - E_0 = (Q - Q_0) + (e - e_0) \tag{5.2}$$

式中, $(Q - Q_0)$ 即为爆轰反应释放出的化学能, 即爆轰热, 考虑到爆炸产物中化学能为零这一情况, 上式即可简化为

$$\Delta E = E - E_0 = (e - e_0) - Q_0 \tag{5.3}$$

爆轰波也是一种特殊的冲击波, 其波阵面上的守恒方程与第 4 章中冲击波推导方法基本相同。我们站在稳定运动的波阵面上, 根据质量守恒条件可以得到

$$\rho_0 (D - U_0) = \rho (D - U) \tag{5.4}$$

根据动量守恒条件可以得到

$$p - p_0 = \rho_0 (D - U_0) (U - U_0) \tag{5.5}$$

当波阵面前方介质中的初始粒子速度为零时, 上两式可以分别简化为

$$\rho_0 D = \rho (D - U) \tag{5.6}$$

$$p - p_0 = \rho_0 D U \tag{5.7}$$

根据上两式, 我们可以求出波阵面后方的粒子速度和爆轰波波速:

$$D = v_0 \sqrt{\frac{p - p_0}{v_0 - v}} \tag{5.8}$$

$$U = (v_0 - v) \sqrt{\frac{p - p_0}{v_0 - v}} \tag{5.9}$$

同第 4 章, $v_0$ 和 $v$ 分别表示波阵面前方介质初始比容和波阵面后方介质比容。上式即为爆轰波波速的 Michelson 方程。

根据能量守恒条件可有

$$\rho_0 D (E - E_0) = p U - \frac{1}{2} \rho_0 D U^2 \tag{5.10}$$

将式 (5.8) 和式 (5.9) 代入上式, 可以得到

$$E - E_0 = \frac{1}{2} (p + p_0) (v_0 - v) \tag{5.11}$$

上式即爆轰波在 $p$-$v$ 平面上的 Hugoniot 方程。考虑到式 (5.3), 上式也可进一步写为

$$e - e_0 = \frac{1}{2} (p + p_0) (v_0 - v) + Q_0 \tag{5.12}$$

上式表明, 爆轰波传播过程中由于爆轰反应热 $Q_0$ 的释放, 爆轰产物的比内能进一步升高。上式也称为考虑放热的爆轰波 Hugoniot 方程。

根据以上分析, 我们可以得到波阵面前方介质粒子速度为零时, 爆轰波波阵面上的守恒条件为

$$\begin{cases} \rho_0 D = \rho (D - U) \\ p - p_0 = \rho_0 D U \\ e - e_0 = \dfrac{1}{2} (p + p_0) (v_0 - v) + Q_0 \end{cases} \quad \text{或} \quad \begin{cases} v D = v_0 (D - U) \\ (p - p_0) v_0 = D U \\ e - e_0 = \dfrac{1}{2} (p + p_0) (v_0 - v) + Q_0 \end{cases} \tag{5.13}$$

上式中有 5 个未知量，只有 3 个独立的方程，因此我们还需要 2 个方程才能解出这 5 个参数的确切解。

我们可以把式 (5.8) 写成

$$p - p_0 = -\left(\frac{D}{v_0}\right)^2 (v - v_0) \tag{5.14}$$

上式即为 $p$-$v$ 平面上过点 $(p_0, v_0)$ 的直线，而且随着爆轰波波速不同，其斜率也不同，称之为爆轰波波速线或 Rayleigh 线。从图 5.2 中可以看出，与传统典型冲击波 Hugoniot 曲线不同，考虑放热的爆轰波 Hugoniot 曲线在前者的右上方，而且并不通过初始状态点 $(p_0, v_0)$。当爆轰波波阵面过后且尚未发生化学反应的瞬间，介质中的状态沿着 Rayleigh 线从点 $A(p_0, v_0)$ 突跃到冲击波 Hugoniot 曲线 1 上点 $B(p_B, v_B)$ 处；爆轰反应完成后反应热已放出，此时爆轰波波阵面过后且完成化学反应瞬间其状态点 $C(p_C, v_C)$ 必定在爆轰波 Hugoniot 曲线 2 上，一般应为 Rayleigh 线 $AC$ 与爆轰波 Hugoniot 曲线的交点 (或切点)。

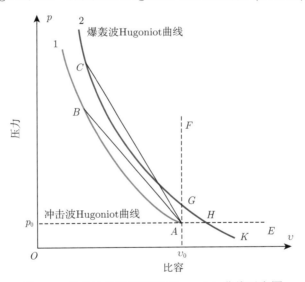

图 5.2 考虑放热的爆轰波 Hugoniot 曲线示意图

需要注意的是，并不是爆轰波 Hugoniot 曲线所有区间都与爆轰过程相对应。我们过状态点 $A(p_0, v_0)$ 分别作一个水平直线 $AE$ 和垂直直线 $AF$，见图 5.2 中两条虚线。容易看出，从物理意义上讲，$AE$ 代表等压过程，$AF$ 代表等容过程。这两条虚线将爆轰波 Hugoniot 曲线分为三大段：$CG$、$GH$ 和 $HK$。

(1) $CG$ 段：此时有

$$p > p_0, \quad v < v_0$$

根据式 (5.8) 和式 (5.9) 容易知道，此时爆轰波波速 $D$ 和波阵面后方的粒子速度 $U$ 皆大于零，其解为合理解，符合爆轰特征，因此我们称之为爆轰段。

(2) $GH$ 段：根据图 5.2 可以看出，此阶段有

$$p > p_0, \quad v > v_0$$

根据式 (5.8) 和式 (5.9) 可以计算出，爆轰波波速 $D$ 和波阵面后方的粒子速度 $U$ 皆为虚数，其意味着与任何稳定的过程皆不对应。

(3) $HK$ 段：此段有

$$p < p_0, \quad \upsilon > \upsilon_0$$

根据式 (5.8) 和式 (5.9) 可以计算出，爆轰波波速 $D$ 大于零，但波阵面后方的粒子速度 $U$ 却小于零。其满足燃烧过程的特征，因此此阶段对应的是燃烧过程。

因此，图 5.2 所示 $CG$ 段才是对应爆轰传播过后爆炸产物的状态点；而 $HK$ 段对应的是燃烧或爆燃后产物的状态点。

### 5.1.2   爆轰波稳定传播条件与 C-J 点

与第 4 章中冲击波一致，当爆轰波波阵面两端的状态沿不同斜率的 Rayleigh 线 $AC$，其最终状态点也不同。根据式 (5.14) 可知，当曲线 $AC$ 与爆轰波 Hugoniot 曲线相切时，对应的爆轰波波速最小，也就是说，爆轰波传播的最小可能波速对应的 Rayleigh 线应为图 5.3 中 $AM$ 所示，其最终爆轰反应产物落在状态点 $M(p_M, \upsilon_M)$ 上，其中 $M$ 为 Rayleigh 线 $AC$ 与 Hugoniot 曲线 2 的切点，其对应的爆轰波传播速度是最小可能速度 $D_M$。

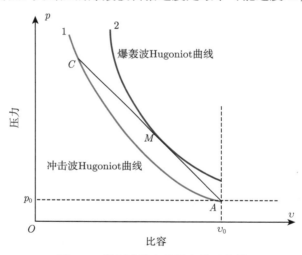

图 5.3   爆轰波稳定传播条件示意图

其他可能 Rayleigh 线的斜率皆大于该线的斜率，也就是说爆轰波传播可能传播速度皆不小于 $D_M$；然而，并不是所有的状态皆满足爆轰波稳定传播的条件。在此方面，Chapman 和 Jouguet 开展了深入系统的工作，并各自独立地提出了相应的结论。

Chapman 认为，爆轰波稳定传播速度应该是所有可能稳定传播的速度中最小的速度。即对应图 5.3 中与 Hugoniot 曲线 2 相切的 Rayleigh 线 $AC$：

$$\frac{\mathrm{d}p}{\mathrm{d}\upsilon} = \frac{p - p_0}{\upsilon - \upsilon_0} \tag{5.15}$$

Jouguet 认为，爆轰波稳定传播的速度相对于爆轰产物的传播速度应等于爆轰产物的声速，即

$$D - U = C \tag{5.16}$$

两者所得到的结论内涵其实是相同的，即爆轰波稳定传播条件为爆轰波 Rayleigh 线 $AC$ 应该与爆轰波 Hugoniot 曲线 2 相切，否则爆轰波不可能稳定传播。切点 $M$ 即为稳定传播爆轰反应产物状态点，一般称为爆轰波传播的 C-J 点。

式 (5.16) 也可以写为

$$C + U = D \tag{5.17}$$

上式左端其实就是介质质点瞬时声速，因此即有

$$c = D \tag{5.18}$$

上式的物理意义是，对于 C-J 点而言，一个重要特征是：在该点应力波的瞬时传播速度恰好等于爆轰波向前推进的速度。所以爆轰波后面的稀疏波就不能传入爆轰波反应区之中，反应区内所释放出来的能量不会有损失，全部被用来支持爆轰波的稳定传播；即波阵面后方的任何扰动相对于波阵面是亚声速的，而波阵面前方的任何扰动相对于波阵面而言是超声速的。

### 5.1.3 爆轰波气态产物的状态方程

对于爆轰波波阵面后方气态产物的状态方程，许多学者都开展了深入的研究，也分别提出了考虑不同情况下不同形式的状态方程，如 JWL 状态方程、BKW 状态方程等。这些状态方程在工程上也得到了广泛的应用。然而，类似描述理想气体等熵膨胀过程的多方气体定律仍然是当前最方便和最简单的状态方程。对于理想气体的等熵过程有

$$pv^\gamma = K \tag{5.19}$$

即

$$\ln p + \gamma \ln v = \text{const} \tag{5.20}$$

上式微分后可以得到

$$\gamma = \frac{\partial \ln p}{\partial \ln v}\bigg|_s = \frac{v}{p}\frac{\partial p}{\partial v}\bigg|_s \tag{5.21}$$

式中，$\gamma$ 表示气体绝热指数；对于绝大多数炸药而言，其取值一般在 1.3~3.0 区间内。

对于等熵过程，根据热力学定律，其内能表达式为

$$de = Tds - pdv = -pdv \tag{5.22}$$

积分后有

$$e = -\int_{v_0}^{v} pdv \tag{5.23}$$

结合式 (5.19)，上式可以进一步写为

$$e = -K\int_{v_0}^{v} v^{-\gamma}dv = -K\frac{v^{-\gamma+1}}{-\gamma+1}\bigg|_{v_0}^{v} = \frac{pv - p_0v_0}{\gamma - 1} \tag{5.24}$$

如考虑初始气体压力 $p_0 = 0$，则上式可简化为

$$e = \frac{pv}{\gamma - 1} \tag{5.25}$$

如再令参考能量 $e_0 = 0$，则爆轰波波阵面上的守恒方程式 (5.13) 可简化为

$$
\begin{cases}
vD = v_0 \left(D - U\right) \\
pv_0 = DU \\
e = \dfrac{1}{2} p \left(v_0 - v\right) + Q_0
\end{cases}
\tag{5.26}
$$

上两式中有 5 个未知数和 4 个独立方程，因此，我们可以给出任意两个参量之间的函数关系。以 $p$-$U$ 关系为例，上式中第一式和第二式代入第三式和式 (5.25)，分别有

$$
e = \frac{1}{2} U^2 + Q_0
\tag{5.27}
$$

$$
e = \frac{pv_0 - U^2}{\gamma - 1}
\tag{5.28}
$$

联立上两式，可以得到

$$
p = \frac{1}{2} \left(\gamma + 1\right) \rho_0 U^2 + \rho_0 Q_0 \left(\gamma - 1\right)
\tag{5.29}
$$

在 $p$-$U$ 平面上，上式即代表一个纵坐标轴上截距为 $\rho_0 Q_0 \left(\gamma - 1\right)$ 的曲线，如图 5.4 所示。

同理我们也可以得到 $D - U$ 之间的关系为

$$
D = \frac{1}{2} U \left(\gamma + 1\right) + \frac{Q_0 \left(\gamma - 1\right)}{U}
\tag{5.30}
$$

根据爆轰波稳定传播条件，其 C-J 点应为方程 (5.29) 对应曲线与 Rayleigh 线

$$
p_{\mathrm{CJ}} = \rho_0 D U_{\mathrm{CJ}}
\tag{5.31}
$$

的切点。其意味着方程式 (5.29) 对应曲线在 C-J 点的切线斜率与上式 Rayleigh 线斜率相等，即

$$
\frac{\mathrm{d}p}{\mathrm{d}U} = \rho_0 D
\tag{5.32}
$$

根据式 (5.29) 和上式，可以得到

$$
D = \left(\gamma + 1\right) U
\tag{5.33}
$$

结合式 (5.30) 和式 (5.31)，我们可以得到

$$
U_{\mathrm{CJ}} = \sqrt{\frac{2 Q_0 \left(\gamma - 1\right)}{\left(\gamma + 1\right)}}
\tag{5.34}
$$

$$
D_{\mathrm{CJ}} = \sqrt{2 Q_0 \left(\gamma^2 - 1\right)}
\tag{5.35}
$$

$$
p_{\mathrm{CJ}} = 2 \rho_0 Q_0 \left(\gamma - 1\right)
\tag{5.36}
$$

同样，利用图解法也很容易给出爆轰波稳定速度、C-J 点状态参数值。如图 5.4 所示，先在 $p$-$U$ 平面上绘制式 (5.29) 对应的曲线；再从原点出发作一条直线与以上曲线相切，其切点即为 C-J 点，对应的参数即为 C-J 状态参数。

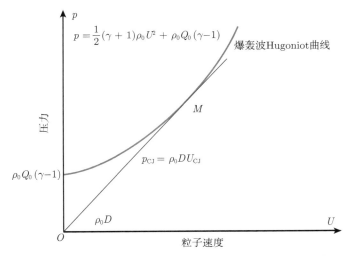

图 5.4 基于理想气体等熵膨胀状态方程 C-J 点的求解示意图

以 RDX 炸药为例，已知其初始密度 $\rho_0 = 1.77\text{g/cm}^3$，炸药的比化学能 $Q_0 = 6.27\text{MJ/kg}$，绝热指数 $\gamma = 3$，求该炸药的稳定爆速及其对应的 C-J 压力。

1) 图解法

先求出式 (5.29) 的具体形式为

$$p = \frac{1}{2}\left(\gamma + 1\right)\rho_0 U^2 + \rho_0 Q_0\left(\gamma - 1\right) = 3.54U^2 + 22.20$$

在 $p$-$U$ 平面上绘制出对应的曲线，再绘制其通过原点的切线，即可给出 C-J 点的坐标。

2) 解析法

利用式 (5.35)，我们可以给出稳定爆速为

$$D_{\text{CJ}} = \sqrt{2Q_0\left(\gamma^2 - 1\right)} = 10.02\text{km/s}$$

利用式 (5.36)，我们可以给出 C-J 压力为

$$p_{\text{CJ}} = 2\rho_0 Q_0\left(\gamma - 1\right) = 44.40\text{GPa}$$

表 5.2 为一些常用炸药的相关参数，表中所用的能量值是 Gurney 能量，而不是确切的化学能。表中，

$$\gamma = \sqrt{\frac{D^2}{2E} + 1} \tag{5.37}$$

由于爆轰波后方的气体处于高度压缩状态，其分子所占据的体积不可忽视，Abel 考虑到这个情况，将气体分子所占据的体积从总体积中排除，对理想气体的状态方程进行了修正：

$$p\left(\upsilon - b\right) = nRT \tag{5.38}$$

式中，$b$ 表示余容，即分子所占的体积分数；此方程中假设余容是一个固定值。上式也可以写为

$$p = \frac{\rho n R T}{1 - b\rho} \tag{5.39}$$

**表 5.2　一些常用炸药的特性参数**

| 炸药 | 密度 $\rho/(\text{g/cm}^3)$ | 爆速 $D/(\text{km/s})$ | 爆热 $E/(\text{kJ/g})$ | $\sqrt{2E}/(\text{km/s})$ | $\gamma$ |
|---|---|---|---|---|---|
| TNT | 1.56 | 6.70 | 4.52 | 3.01 | 2.44 |
| RDX | 1.65 | 8.18 | 5.36 | 3.27 | 2.69 |
| PETN | 1.70 | 8.30 | 5.82 | 3.41 | 2.63 |
| Tetryl(特屈儿) | 1.71 | 7.85 | 4.60 | 3.03 | 2.77 |
| HMX-β | 1.84 | 9.12 | 5.69 | 3.37 | 2.88 |
| 硝化甘油 | 1.60 | 7.70 | 6.70 | 3.66 | 2.33 |
| 硝基胍 | 1.55 | 7.65 | 3.01 | 2.45 | 3.27 |
| 苦味酸 | 1.71 | 7.35 | 4.19 | 2.89 | 2.73 |
| 苦味酸铵 | 1.55 | 6.85 | 3.35 | 2.59 | 2.83 |
| 叠氮化铅 | 2.0 | 4.07 | 1.55 | 1.76 | 2.52 |
| 雷汞 | 8.9 | 3.50 | 1.80 | 1.90 | 2.10 |
| Lead Styphnate | 1.95 | 5.20 | 1.93 | 1.96 | 2.83 |
| B 炸药 | 1.68 | 7.84 | 5.19 | 3.22 | 2.63 |
| C-2 炸药 | 1.57 | 7.66 | 4.69 | 3.06 | 2.69 |
| C-3 炸药 | 1.60 | 7.63 | 4.60 | 3.03 | 2.71 |
| C-4 炸药 | 1.59 | 8.04 | 5.15 | 3.21 | 2.70 |
| Cyclotol | 1.70 | 8.00 | 5.15 | 3.21 | 2.69 |
| Pentolite | 1.66 | 7.47 | 5.11 | 3.20 | 2.54 |
| 硝化纤维 | 1.20 | 7.30 | 4.44 | 2.98 | 2.65 |
| 低速黄色炸药 | 0.9 | 4.40 | 2.62 | 2.29 | 2.17 |
| 大力神 | 1.1 | 6.00 | 3.93 | 2.80 | 2.36 |
| Datasheet C | 1.45 | 7.20 | 4.14 | 2.88 | 2.69 |
| Minol-2 | 1.68 | 5.82 | 6.78 | 3.68 | 1.87 |
| Torpex | 1.81 | 7.50 | 7.53 | 3.88 | 2.18 |
| Tritonol | 1.72 | 6.70 | 7.41 | 3.85 | 2.01 |
| DBX | 1.65 | 6.60 | 7.12 | 3.77 | 2.01 |

利用 Abel 方程计算密度较低的凝聚炸药 (一般炸药密度小于 $0.5\text{g/cm}^3$) 的爆轰参数，其结果与实验值较符合。因为在这种密度下，装药密度对爆速的影响较小。对于一般的军用炸药，其密度一般皆在 $1.0\text{g/cm}^3$ 以上，此时余容不能作为常数，利用 Abel 方程计算的结果与实验数据相差较大，该方程已经不适用。

实验表明，余容是压力和炸药密度 (比容) 的函数：

$$b = b(p, v) \tag{5.40}$$

Cook (1958) 根据此实验结果，假设余容只是炸药密度的函数，而且通过对实验结果的分析和处理发现，许多起爆药和炸药余容与密度之间满足同一规律：

$$b = b(v) = \exp(-0.4/v) \tag{5.41}$$

并对以上状态方程进行了修正：

$$p\left[v - \exp\left(-0.4/v\right)\right] = nRT \tag{5.42}$$

或

$$p = \frac{\rho nRT}{1 - \rho \exp\left(-0.4\rho\right)} \tag{5.43}$$

Jones 假设余容只是压力的函数，且为压力之间满足三次多项式关系：

$$b = b\left(p\right) = c_1 p + c_2 p^2 + c_3 p^3 \tag{5.44}$$

式中，$c_1$、$c_2$ 和 $c_3$ 为与炸药性质相关的常数。

Taylor 在 Maxwell-Boltzmann 对光滑球分子的动力学理论基础上，给出了一种多项式形式的状态方程：

$$p = \rho nRT \left(1 + b\rho + 0.625b^2\rho^2 + 0.287b^3\rho^3 + 0.193b^4\rho^4 + \cdots\right) \tag{5.45}$$

兰道和斯达纽科维奇认为，凝聚炸药爆轰时波阵面上的产物处于高压、高密度状态，因此产物的内能和压力具有固态物质在高压条件下的物理特征，根据固体中原子或分子之间的相互作用和其在平衡位置上振动做功，推导出了一种幂函数形式的状态方程：

$$p = Av^{-n} + \frac{BT}{v} \tag{5.46}$$

式中，$Av^{-n}$ 表示分子间的斥力；$B$ 为压力的函数，压力较大时，其值为常数，而压力较小时，其值可取为 $R$。

当分子热运动体现出来的热压力与弹性强度相比忽略不计时，上式即可简化为

$$p = Av^{-n} \tag{5.47}$$

容易看出，上式与式 (5.19) 形式基本一致。

Jones、Wilkins 和 Lee 提出了一种形式更为复杂的幂函数状态方程，一般称为 JWL 状态方程，其形式为

$$p = A\left(1 - \frac{\omega}{R_1 v}\right)\exp\left(-R_1 v\right) + B\left(1 - \frac{\omega}{R_2 v}\right)\exp\left(-R_2 v\right) + \frac{\omega E}{v} \tag{5.48}$$

其过 C-J 点的等熵方程为

$$p = A\exp\left(-R_1\frac{v}{v_0}\right) + B\exp\left(-R_2\frac{v}{v_0}\right) + C\left(\frac{v}{v_0}\right)^{-(\omega+1)} \tag{5.49}$$

式中，$A$、$B$ 和 $C$ 为线性系数；$R_1$、$R_2$ 和 $\omega$ 为非线性系数；这些参数可以通过圆筒试验标定获得；$E$ 为内能。JWL 状态方程能够精确地描述爆炸加速金属过程中爆轰产物的相关特性。几种常用炸药的 JWL 状态方程参数见表 5.3。

**表 5.3　一些常用炸药的 JWL 状态方程参数**

| 炸药 | 密度 $\rho/(\mathrm{g/cm^3})$ | $A$ | $B$ | $C$ | $R_1$ | $R_2$ | $\omega$ |
|---|---|---|---|---|---|---|---|
| TNT | 1.63 | 3.738 | 0.02747 | 0.00734 | 4.15 | 0.90 | 0.35 |
| TNT | 1.26 | 5.371 | 0.20106 | 0.01267 | 6.00 | 1.80 | 0.28 |
| PETN | 1.50 | 6.253 | 0.23290 | 0.01152 | 5.25 | 1.60 | 0.28 |
| PETN | 1.77 | 6.170 | 0.16926 | 0.00699 | 4.40 | 1.20 | 0.25 |
| HMX | 1.89 | 7.783 | 0.07071 | 0.00643 | 4.20 | 1.00 | 0.30 |
| B 炸药 | 1.72 | 5.242 | 0.07678 | 0.01082 | 4.20 | 1.10 | 0.34 |
| Pentolite | 1.67 | 4.911 | 0.09061 | 0.00876 | 4.40 | 1.10 | 0.30 |
| TNT77/PETN23 | 1.75 | 6.034 | 0.09924 | 0.01075 | 4.30 | 1.10 | 0.35 |
| HMX78/TNT22 | 1.82 | 7.486 | 0.13380 | 0.01167 | 4.50 | 1.20 | 0.38 |

在 1922 年 Becker 提出的稠密气体状态方程:

$$pv = nRT\left[\left(1 + \frac{b}{v}\exp\frac{b}{v}\right) - \frac{a}{v^2} + \frac{h}{v^7}\right] \tag{5.50}$$

的基础上,1941 年 Kistiakowsky 和 Wilson 进行了修正:

$$pv = nRT\left[1 + x\exp\left(\beta x\right)\right] \tag{5.51}$$

其中,

$$x = K\sum\frac{x_i b_i}{v\left(T + \theta\right)^\alpha} \tag{5.52}$$

式中,$\alpha$、$\beta$、$K$ 和 $\theta$ 为常数;$v$ 表示气体爆轰产物的摩尔体积;$x_i$ 表示爆轰产物中第 $i$ 种气体的分子分数;$b_i$ 表示第 $i$ 种气体的余容。

上述状态方程就是常用的 BKW 状态方程。Mader (1963) 成功地将其应用于 TNT 和 RDX 两种炸药,其状态方程参数见表 5.4。

**表 5.4　TNT 和 RDX 两种炸药的 BKW 状态方程参数**

| 炸药 | 密度 $\rho/(\mathrm{g/cm^3})$ | $K$ | $\alpha$ | $\beta$ | $\theta$ |
|---|---|---|---|---|---|
| TNT | 1.64 | 12.69 | 0.5 | 0.09 | 400 |
| RDX | 1.80 | 10.90 | 0.5 | 0.16 | 400 |

### 5.1.4　爆轰波传播的几个影响因素

当前,一般采用起爆药的爆轰所产生的冲击波引爆传爆药柱,然后,传爆药柱进一步实现稳定爆轰产生强冲击波,冲击波冲击主炸药从而起爆炸药,这种引爆顺序常称为传爆序列。理论上讲,如果入射冲击波的压力大于炸药的 C-J 压力,炸药则自动起爆;然而,实验表明,当入射冲击波的持续时间较长时,起爆所需压力逐渐减小,此时即使起爆压力小于 C-J 压力,也能够引爆炸药。

一般来讲,炸药中应同时具有氧化剂和还原剂,可能是均匀混合的形式,如硝酸铵与燃料油的混合物;也可能是化合物的形式;爆轰过程中氧化剂和还原剂产生剧烈反应,此过程并不需要空气中的氧气参与。

对于液态和单晶固体炸药而言,其微观结构是均匀的,因此,在爆轰波波阵面后方存在一个均匀的反应区。而对于大多数固体炸药而言,其基本均为多晶态结构,不满足此条件,在爆轰波传播过程中，由于炸药内部的不均匀性，在爆轰波波阵面上会产生一些"热点"微区域，这些"热点"内的温度比炸药的平均温度高。这些"热点"对于爆轰波的传播有着极大的影响，例如，高度压缩的 TNT 炸药，由于其内部的孔洞被消除，相对于疏松的 TNT 而言，其起爆压力要大很多；反之，如果向乳化炸药中添加微孔薄壁球体，则会降低其发生爆轰的难度。

### 1. 装药直径效应

在前面的研究中，包括理想爆轰波的温度传播理论中，我们是基于平面一维假设前提下进行的，我们认为装药直径无限大，从而可以不予考虑爆轰波传播过程中反应区内气体产物膨胀引起的能量损失。然而，实际应用过程中，装药尺寸都是有限的，而且随着武器的小型化，装药尺寸越来越小，因此装药尺寸特别是装药直径的影响就需要考虑了。

当装药直径相对较小而需要考虑时，由于爆轰波后方反应产物存在侧向膨胀，从而使得反应区的能量密度减小，波阵面的强度降低，所激发的反应速度降低，使得爆轰波的传播速度减小；同时，由于侧向膨胀，反应区变大，而导致爆轰的强度减小。这一不利循环，使得爆轰波的速度持续降低，直到到达一个与该装药直径对应的相对稳定的值，并按照该速度传播下去。而且，随着装药直径的减小，这一稳定爆速逐渐减小，直到装药直径减小为某一临界小量时，在药柱中就不能够形成稳定传播的爆轰波了；这一临界直径我们称之为最小装药直径，也常称为熄爆装药直径或临界直径。反之，当装药直径较小时，随着装药直径的增大，其稳定爆轰波速度也随之增大，到达某一较大直径时，继续增加装药直径，其爆轰波速度却不再增大，这一临界直径我们称之为极限直径。几种典型炸药的临界直径如表 5.5 所示。

表 5.5 几种典型炸药的临界直径

| 炸药 | 密度 $\rho/(g/cm^3)$ | 临界直径/mm | 炸药 | 密度 $\rho/(g/cm^3)$ | 临界直径/mm |
|---|---|---|---|---|---|
| TNT | 0.85 | 11.2 | 2# 岩石炸药 | 1.00 | 20.0 |
| RDX | 1.00 | 1.2 | 注装 TNT | 1.58 | 26.9 |
| PETN | 1.00 | 0.9 | 注装 B 炸药 | 1.70 | 6.2 |
| 苦味酸 | 0.95 | 9.2 | 注装 Cyclotol | 1.72 | 8.1 |
| 硝化甘油 (固) | 1.00 | 2.0 | 注装 Pentolite | 1.65 | 6.7 |
| 阿马托 | 1.00 | 12.0 | 注装 Tritonol | 1.72 | 18.3 |

对于一般工业炸药而言，其临界直径和极限直径皆相对较大；以密度为 $1.00\ g/cm^3$ 的 2# 岩石炸药为例，其临界直径为 20.0mm，极限直径为 100.0mm。在实际使用过程中，药柱的直径常常处于两者之间，其爆轰是非理想的，因此其爆轰波速度是装药直径的函数。

对于军用炸药而言，它们的临界直径和极限直径皆较小；以密度为 $1.00\ g/cm^3$ 的 RDX 炸药为例，其临界直径为 1.2mm，极限直径为 3~4mm。在实际应用过程中，装药直径一般大于其极限直径，因此，爆轰波速度很快达到极限速度，从而产生稳定的理想爆轰。

而且，我们可以根据不同炸药临界直径来挑选不同情况下的适用炸药。如硝酸铵 (AN) 炸药在密度为 0.90~1.00 $g/cm^3$ 时，其临界直径为 100.0mm；而叠氮化铅炸药在密度为 0.90~1.00 $g/cm^3$ 时，其临界直径仅为 0.01~0.02mm；两者临界直径相差 5000~10 000 倍，因此前者不适合作为小直径雷管的起爆药，而后者非常适合。同时，RDX 炸药和 PETN 炸药临界直径远小于 TNT 炸药的临界直径，且前两者的爆速和爆压也明显大于后者，因此非常适合作为雷管的主炸药。

事实上，炸药装药临界直径与极限直径并不是绝对独立量，它与炸药的物理化学性质、装药密度、炸药颗粒度等是相互耦合的。

事实上，炸药装药的临界直径与极限直径是和炸药的化学性质密切相关的。理论上讲临界直径和极限直径与爆轰波阵面后方反应区宽度有着密切的关系，反应区宽则临界直径和极限直径大，反之亦然。而反应区的宽度又与反应物的反应速度密切相关，反应速度又与炸药的物理化学性质相关。实验证明，炸药的物理状态不同，临界直径也会有很大的差别。例如，对于融化为液体的 TNT 炸药而言，其临界直径为 62mm；而冷却注成药柱时，其临界直径为 38mm；而压装药柱的 TNT 炸药临界直径只有 1.8~2.5mm；不同物理状态的 TNT 炸药临界直径相差近 30 倍。其主要原因是，对于液态和注装的 TNT 而言，由于炸药内部结构均匀，爆轰发生的传播机制为均匀传热机制，因此在爆轰传播过程中要使一整层炸药同时激发高速化学反应，就需要爆轰波阵面的压力很高才行。而压装药柱，由于其结构不均匀，在爆轰波的冲击作用下，药柱内部易形成大量"热点"，在这些"热点"处聚集了很高的能量，且具有极高的温度，因而，药柱在受到较低压力的冲击时也能激发高速化学反应。因此，压装 TNT 比注装或液态 TNT 更容易使爆轰波稳定传播。

对于单质炸药及其混合物而言，随着装药密度的增加，反应区内的压力和温度均升高，化学反应加快，其临界直径和极限直径逐渐减小，但是，当装药密度接近结晶密度时，临界直径和极限直径相反，其随着装药密度的增大而增大。也有一些单质炸药，例如氯酸铵炸药、硝基胍炸药、硝酸肼炸药等，由于这些炸药在爆轰波传播过程中以颗粒燃烧为主要特征，装药密度的增大会影响其燃烧的传播，因此其临界直径随着装药密度的增大而增大。对于有氧化剂与可燃剂或由炸药与非炸药组成的工业混合炸药而言，如铵油炸药、阿马托炸药等，其临界直径随着装药密度的增大而加速增大。

一般而言，炸药的颗粒度越小，则临界直径和极限直径越小，且二者之间的差值也越小。这是由于炸药颗粒尺寸越小，其反应速度越快，反应区的宽度越小，这种关系对单质炸药和混合炸药都是相同的。表 5.6 为 TNT 与苦味酸炸药的临界直径、极限直径与颗粒尺寸之间的关系。

表 5.6    TNT、苦味酸炸药的临界直径、极限直径与颗粒尺寸关系

| 炸药 | 密度/$(g/cm^3)$ | 颗粒尺寸/mm | 临界直径/mm | 极限直径/mm |
|---|---|---|---|---|
| TNT | 0.85 | 0.01~0.05 | 5.5 | 9.0 |
| TNT | 0.85 | 0.07~0.2 | 11 | 30.0 |
| 苦味酸 | 0.95 | 0.01~0.05 | 5.5 | 11.0 |
| 苦味酸 | 0.95 | 0.75~0.1 | 9.0 | 17.0 |

同时，若装药有外壳时，由于外壳能够限制侧向膨胀波向化学反应区的传播，减小了径向膨胀引起的能量损失，因此，临界直径和极限直径均减小。例如，将硝酸铵炸药放入壁厚为 20mm 的钢管中，其临界直径从 100mm 降低到 7mm。且外壳阻力越大，临界直径、极限直径就越小。外壳的强度和惯性对临界直径、极限直径均有很大影响，外壳未发生破裂前主要影响因素是强度，外壳发生破裂后主要影响因素则为惯性（材料的密度或质量)，因为惯性能限制膨胀的速度。实验研究表明，对于爆轰压力极大的高能炸药，外壳对临界直径的影响

起主要作用的不是外壳材料强度而是其惯性。密度大的厚壳,爆炸时壳体径向移动困难,因此可以减小径向能量损失。对于混合炸药来说,外壳的影响更为显著。

**2. 炸药物理化学性质对爆轰波传播的影响**

当装药直径大于炸药的极限直径,爆轰波的传播过程处于稳定状态,此时我们可以不考虑装药的尺寸效应。从上小节的分析可知,此时其主要影响因素为炸药的物理化学性质、炸药的装药密度和炸药的爆热,表 5.7 为几种典型炸药的密度、爆热与爆速。

**表 5.7　几种典型炸药的密度、爆热与爆速**

| 炸药 | 密度/(g/cm$^3$) | 爆热/(kJ/kg) | 爆速/(m/s) |
|------|-----------------|---------------|-------------|
| TNT | 1.60 | 4184 | 7000 |
| RDX | 1.60 | 5774 | 8200 |
| PETN | 1.60 | 5858 | 8281 |
| Tetryl | 1.60 | 4561 | 7319 |
| 硝基胍 | 1.66 | 2699 | 7920 |

**3. 装药密度对爆轰波传播的影响**

试验结果表明,装药密度从 $0.50 \text{g/cm}^3$ 到达炸药的结晶密度范围内,炸药的爆速与炸药的密度呈线性正比关系:

$$\frac{D_{\rho_1} - D_{\rho_0}}{\rho_1 - \rho_0} = M \tag{5.53}$$

或

$$D_{\rho_1} = D_{\rho_0} + M\left(\rho_1 - \rho_0\right) \tag{5.54}$$

式中,$D_{\rho_1}$ 和 $D_{\rho_0}$ 分别表示装药密度为 $\rho_1$ 和 $\rho_0$ 时的爆速;$M$ 是与炸药物理化学性质相关的常数。几种常用炸药的相关参数见表 5.8。

**表 5.8　几种常用炸药的装药密度与爆速方程参数**

| 炸药 | 密度 $\rho_0$/(g/cm$^3$) | 爆速 $D_{\rho_0}$/(m/s) | $M$ |
|------|---------------------------|--------------------------|-----|
| TNT | 1.0 | 5010 | 3225 |
| RDX | 1.0 | 6080 | 3530 |
| PETN | 1.0 | 5550 | 3950 |
| Tetryl | 1.0 | 5600 | 3225 |
| B 炸药 | 1.0 | 5690 | 3085 |
| Pentolite | 1.0 | 5480 | 3100 |
| AN50/TNT50 | 1.0 | 5100 | 4150 |
| 苦味酸 | 1.0 | 5255 | 3045 |
| 苦味酸铵 | 1.0 | 4990 | 3435 |
| 乙烯二硝铵 | 1.0 | 5910 | 3275 |
| 叠氮化铅 | 4.0 | 5100 | 560 |
| 雷汞 | 4.0 | 5050 | 890 |

对于单质炸药而言,提高炸药的装药密度是提高其爆速的一个重要途径,研究炸药的分子结构以提高密度是当前合成炸药需要考虑的重要因素之一。以 RDX 和 HMX 为例,两种

炸药是同系炸药, 其分子中原子数的比是相同的, 爆热也是一样的; 但由于分子结构不同和密度不同, 其爆速也有较大差别。

需要注意的是, 对于一些由富氧和缺氧物质组成的混合炸药而言, 其爆速和密度并不满足以上单调关系。在装药直径一定的条件下, 随着装药密度的提高, 其爆速先逐渐提高, 到达某一极限值后, 爆速随着密度的提高反而减小, 再继续提高装药密度, 还可能产生"压死"现象, 不能发生稳定的爆轰。

#### 4. 颗粒尺寸和装药外壳对爆轰波传播的影响

上面我们分析了颗粒尺寸和装药外壳对临界直径和极限直径的影响, 而实验表明, 当装药直径在临界直径和极限直径之间时, 颗粒尺寸和装药外壳对于爆轰波传播的速度也有明显的影响。在此, 需要说明的是, 与装药密度和炸药的物理化学性质不同, 它们不影响炸药的极限爆速, 也就是说, 当装药直径大于极限直径时, 它们对爆速的影响并不明显。表 5.9 以阿马托炸药为例, 显示相同装药密度条件下, 颗粒尺寸与爆速之间的关系。

表 5.9　阿马托炸药颗粒尺寸与爆速之间的关系

| 颗粒尺寸/μm | 密度 $\rho_0$/(g/cm$^3$) | 爆速 $D_{\rho_0}$/(m/s) |
|---|---|---|
| 10 | 1.3 | 5000 |
| 90 | 1.3 | 4600 |
| 140 | 1.3 | 4050 |
| 400 | 1.3 | 2900 |
| 1400 | 1.3 | 熄爆 |

从表 5.9 可以看出, 随着颗粒尺寸的增加, 炸药的爆速逐渐减小, 直到熄爆。然而, 这种趋势并不是一直持续下去, 当颗粒尺寸大于炸药的临界尺寸时, 可能使得爆速增加。例如, 将 PETN 炸药磨细后高压压成直径 4~5mm 的药粒, 然后装入 15mm 的钢管内, 当平均装药密度只有 0.753g/cm$^3$ 时, 其爆速却高达 7924m/s, 而相同密度均匀装药的 PETN 炸药在相同条件下的爆速只有 4740m/s。

对于装药外壳而言, 分单质炸药和混合炸药两类情况, 对于两种炸药而言, 高密度和高强度的外壳皆能够在一定程度上提高炸药的爆速; 然而, 前者表现不是非常明显, 后者却表现非常明显。

## 5.2　炸药与材料的相互作用

炸药爆炸产生的爆轰波与材料的相互作用相对于普通冲击波脉冲在材料界面上入射所引起的材料中应力波传播更为复杂, 它涉及爆轰波、冲击波、膨胀气体以及它们之间的耦合关系等许多问题, 因此, 在近场特别是炸药与材料接触或紧密相邻的材料之间的相互作用极其复杂。我们假设炸药截面足够大, 炸药与材料的相互作用能够简化为一维平面结构; 事实上, 利用一维平面结构所推导出的结论具有重要的代表性, 且能够较准确地定量标定很多多维复杂问题, 同时, 也能够让我们更深刻地掌握两者相互作用的本质演化机制。

### 5.2.1　von Neumann 峰

根据上节相关知识，可得波阵面后方的粒子速度和爆轰波波速：

$$D = v_0 \sqrt{\frac{p - p_0}{v_0 - v}} \Rightarrow p - p_0 = -\left(\frac{D}{v_0}\right)^2 (v - v_0) \tag{5.55}$$

上式即为 $p$-$v$ 平面上的爆轰波波速线或 Rayleigh 线，如图 5.5(a) 所示。同样，我们也可以得到 $p$-$U$ 平面上的 Rayleigh 线，如图 5.5(b) 所示。当爆轰波波阵面过后且尚未发生化学反应的瞬间，介质中的状态沿着 Rayleigh 线从点 $A(p_0, v_0)$ 突跃到未反应炸药的 Hugoniot 曲线 1 上点 $B(p_B, v_B)$ 处；爆轰反应完成后反应热已放出，此时爆轰波波阵面过后且完成化学反应瞬间其状态点 $C(p_C, v_C)$ 必定在爆轰产物的 Hugoniot 曲线 2 上，$C$ 点为 Rayleigh 线 $AC$ 与爆轰波 Hugoniot 曲线的交点 (或切点)。

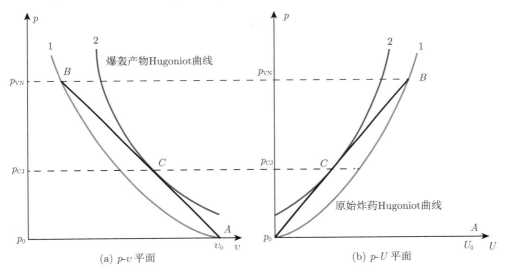

(a) $p$-$v$ 平面　　(b) $p$-$U$ 平面

图 5.5　von Neumann 峰与 C-J 点

从图 5.5 可以看出，爆轰波波阵面后方介质的状态路径为 $A$—$B$—$C$，其中 $C$ 点即为爆轰波稳定传播的 C-J 点，对应的压力 $p_{CJ}$ 为 C-J 压力；但在 C-J 点之前，还存在一个状态点，即状态点 $B$，该状态对应未反应原始炸药冲击波阵面之后反应物之前的区域，其压力 $p_{VN}$ 明显大于 C-J 压力，我们称这个压力峰值为 von Neumann 峰值，其在爆轰波的剖面图上位于 C-J 点之前。从图中可以看出，决定 von Neumann 峰值压力 $p_{VN}$ 的除了炸药材料 Hugoniot 关系与密度之外就是爆速 $D$，而反应速率决定了爆速，因此，反应速率是决定爆轰波波阵面上 von Neumann 峰值压力 $p_{VN}$ 的关键因素之一。

研究发现，当炸药与材料相互作用时，von Neumann 峰值压力 $p_{VN}$ 在材料中衰减非常快；以 B 炸药为例，其 von Neumann 峰值压力为 38.6GPa，C-J 压力为 27.2GPa，当冲击波进入与炸药接触的铝板 1.25mm 处以后，von Neumann 峰就完全消失了；而且，考虑到 von Neumann 峰值压力 $p_{VN}$ 所在反应区厚度相对非常小，因此，在炸药与材料的相互作用分析和计算中，我们一般忽略 von Neumann 峰值压力，而只研究 C-J 压力以及之后的衰减情况。

### 5.2.2 爆轰波在炸药与材料交界面上的透反射

以平面爆轰波对一维材料作用为研究对象，即考虑一维条件下炸药与材料之间的相互作用，下文同样如此，不再做重复说明。现假设某种炸药与材料相接触，从炸药的左端平面引爆，如图 5.6 所示。

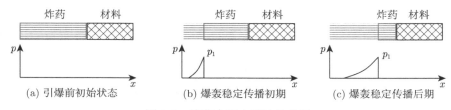

| (a) 引爆前初始状态 | (b) 爆轰稳定传播初期 | (c) 爆轰稳定传播后期 |

图 5.6  炸药中压力脉冲的传播

当爆轰波稳定传播时，其爆速和峰值压力即分别为图 5.5 中所示 Rayleigh 线所对应的速度和 C-J 压力；图 5.6 中即为 C-J 压力 $p_1 = p_{CJ}$，其后方的压力逐渐呈非线性递减直至压力接近于零。随着爆轰波的传播即波阵面的持续右移，爆轰波波阵面左侧的反应产物逐渐增多，因此其衰减时间即脉冲持续时间逐渐增长，如图 5.6(b) 所示。

当爆轰波波阵面传播到炸药与材料的交界面上时，可能会在交界面上产生相互作用，即可能存在透反射问题，其分析方法类似于冲击波在交界面上的透反射问题，也包括解析法和阻抗匹配图解法两种方法。

#### 1. 爆轰波在刚壁上的反射问题

以阻抗匹配图解法为例，对这一极端情况进行分析。如图 5.7 所示，如图前文分析，在此我们不考虑 von Neumann 峰值压力，只考虑 C-J 压力及其之后的压力，因此只需要考虑爆轰反应物的 Hugoniot 关系，如图中曲线 1 所示。类似冲击波在交界面上的透反射分析方法，我们也近似认为反射波 Hugoniot 曲线是入射 Hugoniot 曲线的镜像，容易给出反射波的 Hugoniot 曲线，如图中曲线 2 所示。曲线 2 与纵坐标轴的交点即为反射波波阵面后方的瞬间状态点，对应的压力值 $p_1$ 即为反射波波阵面后方的压力。

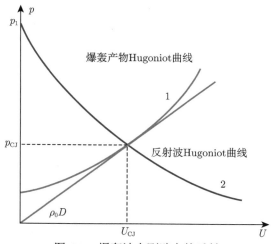

图 5.7  爆轰波在刚壁上的反射

同上节，我们采用指数型类似等熵形式的状态方程，根据上节相关知识，可以知道爆轰产物的 $p\text{-}U$ 型 Hugoniot 方程为

$$p = \frac{1}{2}(\gamma + 1)\rho_0 U^2 + \rho_0 Q_0(\gamma - 1) \tag{5.56}$$

由此可以给出近似反射波的 Hugoniot 方程：

$$p = \frac{1}{2}(\gamma + 1)\rho_0(U - 2U_{\text{CJ}})^2 + \rho_0 Q_0(\gamma - 1) \tag{5.57}$$

当到达刚壁界面上时，有 $U = 0$，即有

$$p_1 = 2(\gamma + 1)\rho_0 U_{\text{CJ}}^2 + \rho_0 Q_0(\gamma - 1) \tag{5.58}$$

结合

$$p_{\text{CJ}} = \frac{1}{2}(\gamma + 1)\rho_0 U_{\text{CJ}}^2 + \rho_0 Q_0(\gamma - 1) \tag{5.59}$$

$$p_{\text{CJ}} = 2\rho_0 Q_0(\gamma - 1) \tag{5.60}$$

则有

$$p_1 = \frac{3}{2}(\gamma + 1)\rho_0 U_{\text{CJ}}^2 + p_{\text{CJ}} = \frac{5}{2}p_{\text{CJ}} \tag{5.61}$$

与一维杆中弹塑性波在刚壁上的反射不同，爆轰波在刚壁上反射后强度大于入射强度的 2 倍，为 2.5 倍。

2. 爆轰波传入低冲击阻抗材料的透反射问题

如图 5.8 所示，爆轰产物 Hugoniot 曲线及其反射 Hugoniot 曲线与上面一种情况相同，当爆轰波传入一种冲击阻抗较低的材料 (即与爆轰 C-J 点等横坐标的点在爆轰产物 Hugoniot 曲线的下方，$\rho_{01}D_1 > \rho_{02}U_S$ 下同)，如图中曲线 3 所示。

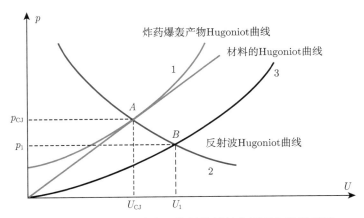

图 5.8　爆轰波传入冲击阻抗低的材料交界面上的透反射

同上，我们采用指数型类似等熵形式的状态方程，已知爆轰产物的 $p\text{-}U$ 型 Hugoniot 方程及其反射波近似 Hugoniot 方程为

$$\begin{cases} p = \frac{1}{2}(\gamma + 1)\rho_{01}U^2 + \rho_{01}Q_0(\gamma - 1) \\ p = \frac{1}{2}(\gamma + 1)\rho_{01}(U - 2U_{\text{CJ}})^2 + \rho_{01}Q_0(\gamma - 1) \end{cases} \tag{5.62}$$

式中，$\rho_{01}$ 表示炸药材料的初始密度；其他参数同上。

且 C-J 点上参数满足：

$$\begin{cases} p_{\mathrm{CJ}} = \dfrac{1}{2}\left(\gamma+1\right)\rho_{01}U_{\mathrm{CJ}}^2 + \rho_{01}Q_0\left(\gamma-1\right) \\ p_{\mathrm{CJ}} = 2\rho_{01}Q_0\left(\gamma-1\right) \end{cases} \tag{5.63}$$

即有

$$\frac{1}{2}\left(\gamma+1\right)\rho_{01}U_{\mathrm{CJ}}^2 = \rho_{01}Q_0\left(\gamma-1\right) \tag{5.64}$$

设材料的 $p\text{-}U$ 型 Hugoniot 方程为

$$p = \rho_{02}\left(C_0 + SU\right)U \tag{5.65}$$

式中，$\rho_{02}$ 表示材料的初始密度；其他参数同第 4 章。

我们可以类似弱间断增量波在弹性交界面上的透反射行为分析，绘出其物理平面示意图，如图 5.9 所示。

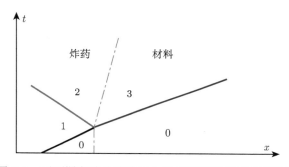

图 5.9　平面爆轰波从炸药正入射到材料物理平面示意图

根据连续条件可知

$$\begin{cases} p_2 = p_3 = p \\ U_2 = U_3 = U \end{cases} \tag{5.66}$$

因此，在交界面上有

$$\frac{1}{2}\left(\gamma+1\right)\rho_{01}\left(U - 2U_{\mathrm{CJ}}\right)^2 + \rho_{01}Q_0\left(\gamma-1\right) = \rho_{02}\left(C_0 + SU\right)U \tag{5.67}$$

将式 (5.64) 代入上式后有

$$\frac{1}{2}\left(\gamma+1\right)\rho_{01}\left(U^2 - 4U_{\mathrm{CJ}}U + 5U_{\mathrm{CJ}}^2\right) = \rho_{02}C_0U + \rho_{02}SU^2 \tag{5.68}$$

简化后有

$$\left(\Lambda - S\right)U^2 - \left(4\Lambda U_{\mathrm{CJ}} + C_0\right)U + 5\Lambda U_{\mathrm{CJ}}^2 = 0 \tag{5.69}$$

式中，

$$\Lambda = \frac{1}{2}\frac{\rho_{01}}{\rho_{02}}\left(\gamma+1\right) \tag{5.70}$$

因此，我们可以解出

$$U_1 = \frac{(4\Lambda U_{CJ} + C_0) \pm \sqrt{(4\Lambda U_{CJ} + C_0)^2 - 4(\Lambda - S)5\Lambda U_{CJ}^2}}{2(\Lambda - S)} \tag{5.71}$$

简化后有

$$U_1 = \frac{(4\Lambda U_{CJ} + C_0) \pm \sqrt{4(5S - \Lambda)\Lambda U_{CJ}^2 + 8\Lambda C_0 U_{CJ} + C_0^2}}{2(\Lambda - S)} \tag{5.72}$$

以 B 炸药与有机玻璃 (PMMA) 的接触爆炸为例。已知 PMMA: $C_0 = 2.60\text{km/s}$, $S = 1.52$, 初始密度 $\rho_{02} = 1.19\text{g/cm}^3$; B 炸药: 初始密度 $\rho_{01} = 1.68\text{g/cm}^3$, $D = 7.84\text{km/s}$, $U_{CJ} = 2.1\text{km/s}$, $\gamma = 2.73$。因此有

$$\Lambda = \frac{1}{2}\frac{\rho_{01}}{\rho_{02}}(\gamma + 1) = 2.633$$

此时方程 (5.69) 可写为

$$1.113U^2 - 24.717U + 58.058 = 0$$

其根为

$$U_1 = 2.67\text{km/s} \approx 1.27U_{CJ}$$

此时交界面上的压力为

$$p_1 = \rho_{02}(C_0 + SU_1)U_1 = 21.16\text{GPa} < p_{CJ} = 27.66\text{GPa}$$

因此，可知爆轰波在交界面上反射的是一个卸载稀疏波。

### 3. 爆轰波传入高冲击阻抗材料的透反射问题

如图 5.10 所示，爆轰产物 Hugoniot 曲线及其反射 Hugoniot 曲线与上面一种情况相同，当爆轰波传入一种冲击阻抗较高的材料 (即与爆轰 C-J 点等横坐标的点在爆轰产物 Hugoniot 曲线的上方，$\rho_{01}D_1 < \rho_{02}U_S$ 下同)，如图 5.10 中曲线 3 所示。

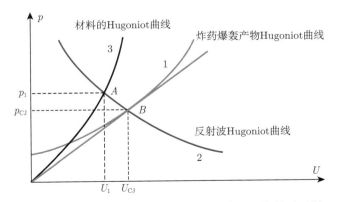

图 5.10　爆轰波传入冲击阻抗高的材料交界面上的透反射

此时解析方程与上一种情况基本相同，在此不再赘述。因此，我们也可以得到两个根，同式 (5.71)。

简化后有

$$U_1 = \frac{(4\Lambda U_{\text{CJ}} + C_0) \pm \sqrt{4\left(5S - \Lambda\right)\Lambda U_{\text{CJ}}^2 + 8\Lambda C_0 U_{\text{CJ}} + C_0^2}}{2\left(\Lambda - S\right)} \tag{5.73}$$

以 B 炸药与铝合金的接触爆炸为例。已知铝合金：$C_0 = 5.328\text{km/s}$，$S = 1.338$，初始密度 $\rho_{02} = 2.785\text{g/cm}^3$；B 炸药：初始密度 $\rho_{01} = 1.68\text{g/cm}^3$，$D = 7.84\text{km/s}$，$U_{\text{CJ}} = 2.1\text{km/s}$，$\gamma = 2.73$。因此有

$$\Lambda = \frac{1}{2}\frac{\rho_{01}}{\rho_{02}}\left(\gamma + 1\right) = 1.125$$

此时方程式 (5.69) 可写为

$$0.213U^2 + 14.778U - 24.806 = 0$$

其根为

$$U_1 = 1.64\text{km/s} < U_{\text{CJ}} = 2.1\text{km/s}$$

此时交界面上的压力为

$$p_1 = \rho_{02}\left(C_0 + SU_1\right)U_1 = 34.36\text{GPa} > p_{\text{CJ}} = 27.66\text{GPa}$$

因此，可知爆轰波在交界面上反射的是一个加载波。

### 5.2.3　爆轰波对材料的加速抛掷

设材料厚度为 $L_0$，设爆轰波到达材料–爆炸反应物交界面 (后文简称交界面) 且向材料内部传播强度为 $p_1$、质点速度为 $U_1$、冲击波速度为 $U_{\text{S1}}$(假设材料足够薄，可以不考虑冲击波在材料中的衰减) 的冲击波瞬间为初始时刻 $t = t_0 = 0$；根据上节中冲击波在自由面上透反射近似计算，可知，冲击波在

$$t_1 = \frac{L_0}{U_{\text{S1}}} \tag{5.74}$$

时刻到达自由面上并反射后，材料质点速度近似是入射到自由面上时速度的 2 倍：

$$\Delta V_1 = V_1 - V_0 = V_1 \approx 2U_1 \tag{5.75}$$

同时会产生一个强度为 $-p_1$ 的卸载稀疏波，该稀疏波向左端即爆炸反应物方向传播；到达材料–爆炸反应物交界面上瞬间，产生另一个压力相对较小 $p_2$(由于爆轰波强度的衰减，一般有 $p_2 < p_1$) 的加载冲击波并向右端传播，产生的质点速度为 $U_2$(由于爆轰波强度的衰减，一般有 $U_2 < U_1$)，材料内冲击波此时的传播速度为 $U_{\text{S2}}$ (同理，一般有 $U_{\text{S2}} < U_{\text{S1}}$)，在

$$t_2 = t_1 + \frac{2L_0}{U_{\text{S2}}} \tag{5.76}$$

时刻再次到达自由面上并反射后，材料质点速度近似是入射到自由面上时速度的 2 倍：

$$\Delta V_2 = V_2 - V_1 \approx 2U_2 \tag{5.77}$$

同理，当 $t > t_2$ 时，自由面上反射的卸载稀疏波向交界面方向传播，以此类推，我们可以知道，自由面上质点速度呈阶梯状上升形态。

然而，需要注意的是：首先，在 $t_1 \leqslant t \leqslant t_2$ 区间内，由于爆轰波的持续衰减，无数强度极小的卸载波陆续从交界面向自由面方向传播，因此实际上在这段时间内自由面质点速度是递减的；同理，当 $t > t_2$ 时，冲击波从自由面传播到交界面后再次反射传播到自由面区间，自由面质点也是逐渐衰减的，后面的情况也与此相同；其次，冲击波从自由面到交界面再返回到自由面，由于冲击波强度的衰减，即 $U_{S1} > U_{S2} > U_{S3} > \cdots$，因此，其时间间隔

$$\frac{2L_0}{U_{S1}} < \frac{2L_0}{U_{S2}} < \frac{2L_0}{U_{S3}} < \cdots \tag{5.78}$$

越来越长。因此其自由面质点速度呈如图 5.11 所示非规则阶梯状上升，直到到达其最终速度 $V_P$。

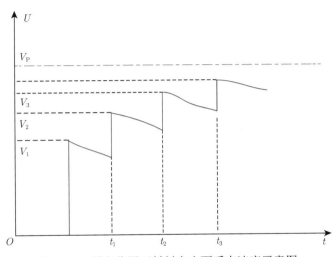

图 5.11　爆轰作用下材料自由面质点速度示意图

从以上的分析和图 5.11 可以知道，冲击波在材料中往返一次所需时间为

$$\Delta t = \frac{L_0}{U_S} \tag{5.79}$$

也就是说，材料厚度 $L_0$ 越小、材料中冲击波波速 $U_S$ 越大，则往返一次所需时间 $\Delta t$ 越少。同时，从上小节爆轰波在交界面上的透反射分析结论可知，材料中冲击波波速是材料参数与炸药参数的函数，当然也是炸药爆轰波波速的函数，且与之成正比关系；也就是说，随着炸药爆轰波波速的增大，其往返一次所需时间也减少了。总体来讲，随着炸药爆轰波波速的提高、材料厚度的减小，破片接近最终稳定速度的时间就越短。

从图 5.11 中也可以看出，在前期随着时间的增加，自由面质点速度增加速率较快；随着时间的推移，其质点加速度逐渐减小。

Aziz 等 (1961) 假设炸药状态方程中系数 $\gamma = 3$，计算出飞板材料最终速度为

$$V_P = \frac{\zeta - 1}{\zeta + 1} \tag{5.80}$$

其中,

$$\zeta = 1 + \frac{32}{37}\frac{M_{\mathrm{g}}}{M} \tag{5.81}$$

式中, $M_{\mathrm{g}}$ 和 $M$ 分别表示炸药质量和飞板材料质量。

### 5.2.4 Gurney 方程

第二次世界大战期间, 美国弹道研究实验室的 Gurney 在大量试验数据的基础上, 对炸弹爆炸形成破片的最大初速度提出了半理论和半经验的工程估算方程。该方程由于其简单与实用性, 至今仍在工程计算上广泛使用, 并且仍不断被新的试验研究结果修正和发展。

Gurney 方程是建立在以下三个基本假设前提下的:

(1) 爆轰波同时到达材料交界面 (板或壳); 在爆轰产物驱动材料到达其最大速度 $V_{\mathrm{P}}$ 时, 从起爆点到材料交界面之间爆轰产物的速度呈线性分布;

(2) 不考虑起爆点对爆轰波形及其传播方向的影响; 不考虑材料中冲击波传播效应;

(3) 不考虑壳体的强度及其破裂所造成的能量损耗; 认为材料同时破裂且同时被加速到最大速度 $V_{\mathrm{P}}$。

#### 1. 平面一维对称板壳装药

如图 5.12 所示, 假设两个面积足够大平行对称的相同平板中间充满炸药, 我们可以假定爆炸后产生的爆轰波和驱动效应是一个平面一维问题。

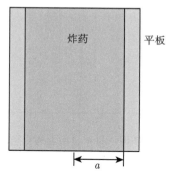

图 5.12　平面一维对称装药对平板的驱动

平板厚度不予考虑, 假设炸药厚度为 $2a$, 以炸药中心面为参考平面, 容易知道, 此时该问题就简化为平面一维对称问题, 我们可以取 1/2 模型进行分析。根据以上基本假设 (1) 可知, 在炸药中距离中心面 $r$ 处的速度为

$$v_{\mathrm{g}} = V_{\mathrm{P}} \cdot \frac{r}{a} \tag{5.82}$$

按照能量守恒定律, 炸药爆炸所释放出来的化学能 $Q_{\mathrm{e}}$, 一部分变成爆炸产物的内能 $E_{\mathrm{i}}$, 另一部分转化为动能 $E_{\mathrm{k}}$:

$$Q_{\mathrm{e}} = E_{\mathrm{i}} + E_{\mathrm{k}} \tag{5.83}$$

即

$$Q_{\mathrm{e}} - E_{\mathrm{i}} = E_{\mathrm{k}} \tag{5.84}$$

式中，左端我们可以写为

$$Q_e - E_i = m(q_e - \bar{e}_i) \equiv mE \tag{5.85}$$

式中，$E$ 表示单位质量炸药中转化为动能的那一部分化学能，称之为 Gurney 能量；它是炸药的化学能与爆轰产物的内能的函数。

总动能 $E_k$ 包括平板 (或平板破裂产生的破片) 的动能与爆轰产物的动能：

$$E_k = \frac{1}{2}\sum m_i v_i{}^2 + \frac{1}{2}\int v_g^2 \mathrm{d}m_g \tag{5.86}$$

式中，$m_i$ 与 $v_i$ 分别表示平板破裂产生的第 $i$ 个破片的质量与速度；$m_g$ 与 $v_g$ 分别表示爆轰产物的质量与速度。根据 Gurney 方程的基本假设 (3)，认为每个破片的速度相等，皆等于 $V_P$；再考虑到式 (5.82)，上式可写为

$$E_k = \frac{1}{2}MV_P^2 + \frac{1}{2}\int_0^a V_P^2 \cdot \left(\frac{r}{a}\right)^2 \rho_g \mathrm{d}r \tag{5.87}$$

式中，$M$ 表示平板的质量，也即破片的总质量；$\rho_g$ 表示爆轰产物的面密度。上式简化后有

$$E_k = \frac{1}{2}MV_P^2 + \frac{1}{6}M_g V_P^2 \tag{5.88}$$

式中，$M_g$ 表示炸药的质量。

将上式和式 (5.85) 代入式 (5.84)，则可以得到

$$M_g E = \frac{1}{2}MV_P^2 + \frac{1}{6}M_g V_P^2 \tag{5.89}$$

由此，我们可以给出平板 (或破片) 的最大速度为

$$\frac{V_P}{\sqrt{2E}} = \left(\frac{M}{M_g} + \frac{1}{3}\right)^{-\frac{1}{2}} \quad \text{或} \quad V_P = \sqrt{2E}\left(\frac{M}{M_g} + \frac{1}{3}\right)^{-\frac{1}{2}} \tag{5.90}$$

上式即为平面一维爆炸驱动平板的 Gurney 方程。式中的 $\sqrt{2E}$ 量纲与速度的量纲相同，常常称之为 Gurney 速度。表 5.10 为几种常用炸药的 Gurney 能量、Gurney 速度等参数。

表 5.10 几种常用炸药 Gurney 参数

| 炸药 | 炸药比化学能/(kJ/g) | Gurney 能量/(kJ/g) | 动能转化比 | Gurney 速度/(km/s) |
|---|---|---|---|---|
| TNT | 4.56 | 2.80 | 0.61 | 2.37 |
| TNT | 4.56 | 2.97 | 0.65 | 2.44 |
| RDX | 6.32 | 4.02 | 0.64 | 2.93 |
| RDX | 6.32 | 4.31 | 0.68 | 2.93 |
| B 炸药 | 5.02 | 3.60 | 0.72 | 2.68 |
| B 炸药 | 5.02 | 3.64 | 0.72 | 2.70 |
| B 炸药 | 5.02 | 3.81 | 0.76 | 2.77 |
| HMX | 6.20 | 4.44 | 0.72 | 2.97 |
| PETN | 6.24 | 4.31 | 0.69 | 2.93 |
| PBX-9404 | 5.73 | 4.23 | 0.74 | 2.90 |
| Tetryl | 4.86 | 3.14 | 0.65 | 2.50 |
| NM | 5.15 | 2.89 | 0.56 | 2.41 |
| TACOT | 4.10 | 2.26 | 0.55 | 2.12 |

**2. 圆柱形轴对称结构装药**

对于圆柱形轴对称装药结构而言，如图 5.13 所示，其能量守恒条件与上一种情况相同。根据以上基本假设 (1) 可知，在炸药中距离中心面 $r$ 处的速度为

$$v_g = V_P \cdot \frac{r}{a} \tag{5.91}$$

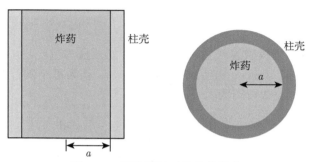

图 5.13　圆柱形轴对称结构装药

此时，系统的总动能 $E_k$ 包括柱壳破裂产生的破片的动能与爆轰产物的动能：

$$E_k = \frac{1}{2}MV_P^2 + \frac{1}{2}\int_0^a V_P^2 \cdot \left(\frac{r}{a}\right)^2 \rho_g 2\pi r \mathrm{d}r \tag{5.92}$$

式中，$\rho_g$ 表示爆轰产物的线密度。上式简化后有

$$E_k = \frac{1}{2}MV_P^2 + \frac{1}{4}M_gV_P^2 \tag{5.93}$$

此时有

$$M_gE = \frac{1}{2}MV_P^2 + \frac{1}{4}M_gV_P^2 \tag{5.94}$$

由此，我们可以给出柱壳破裂后的破片的最大速度为

$$\frac{V_P}{\sqrt{2E}} = \left(\frac{M}{M_g} + \frac{1}{2}\right)^{-\frac{1}{2}} \quad \text{或} \quad V_P = \sqrt{2E}\left(\frac{M}{M_g} + \frac{1}{2}\right)^{-\frac{1}{2}} \tag{5.95}$$

上式即为圆柱形轴对称装药情况下的 Gurney 方程。

**3. 球形中心对称结构装药**

对于球形中心对称装药结构而言，如图 5.14 所示，其能量守恒条件与上面的情况相同。

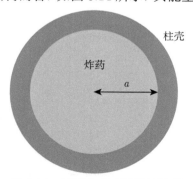

图 5.14　球形中心对称结构装药

根据以上基本假设 (1) 可知, 在炸药中距离中心面 $r$ 处的速度为

$$v_{\text{g}} = V_{\text{P}} \cdot \frac{r}{a} \tag{5.96}$$

此时, 系统的总动能 $E_{\text{k}}$ 包括球壳破裂产生的破片的动能与爆轰产物的动能:

$$E_{\text{k}} = \frac{1}{2}MV_{\text{P}}^2 + \frac{1}{2}\int_0^a V_{\text{P}}^2 \cdot \left(\frac{r}{a}\right)^2 \rho_{\text{g}} 4\pi r^2 \text{d}r \tag{5.97}$$

式中, $\rho_{\text{g}}$ 表示爆轰产物的体密度。上式简化后有

$$E_{\text{k}} = \frac{1}{2}MV_{\text{P}}^2 + \frac{3}{10}M_{\text{g}}V_{\text{P}}^2 \tag{5.98}$$

此时有

$$M_{\text{g}}E = \frac{1}{2}MV_{\text{P}}^2 + \frac{3}{10}M_{\text{g}}V_{\text{P}}^2 \tag{5.99}$$

由此, 我们可以给出球壳破裂后的破片的最大速度为

$$\frac{V_{\text{P}}}{\sqrt{2E}} = \left(\frac{M}{M_{\text{g}}} + \frac{3}{5}\right)^{-\frac{1}{2}} \quad \text{或} \quad V_{\text{P}} = \sqrt{2E}\left(\frac{M}{M_{\text{g}}} + \frac{3}{5}\right)^{-\frac{1}{2}} \tag{5.100}$$

上式即为球形中心对称装药情况下的 Gurney 方程。

从上面三种对称装药结构的推导结果可以看出, Gurney 方程具有同一形式:

$$\frac{V_{\text{P}}}{\sqrt{2E}} = \left(\frac{M}{M_{\text{g}}} + K\right)^{-\frac{1}{2}} \quad \text{或} \quad V_{\text{P}} = \sqrt{2E}\left(\frac{M}{M_{\text{g}}} + K\right)^{-\frac{1}{2}} \tag{5.101}$$

式中, 当装药结构为平面一维对称结构时, $K = 1/3$; 当为圆柱轴对称结构时, $K = 1/2$; 当为球形中心对称结构时, $K = 3/5$。从式中可以看出, 破片的最大速度与 Gurney 速度呈线性正比关系, 与炸药/壳体质量比呈非线性正比关系。

需要注意的是, Gurney 能量并不是炸药的比化学能, 它比后者小, 是比化学能与爆轰产物的比内能之差, 从表 5.10 可以看出, 一般 Gurney 能是炸药比化学能的 70% 左右。

### 4. 非对称开放型夹心结构装药

在实际工程实践过程中, 如冲击硬化、冲击压实、爆炸焊接等工艺过程中, 非对称结构是主要装药形式, 此时, 以上仅仅利用能量守恒方程来推导最大速度的方式已经不适用。以非对称开放型夹心结构为例, 如图 5.15 所示, 其结构为非对称平面一维结构, 炸药的下部与平板紧密接触, 而炸药的上部为自由面。设爆炸后炸药的上自由面爆轰产物的最大速度值为 $V$、速度方向向上为正, 平板的最大速度值为 $V_{\text{P}}$、速度方向向下为负。

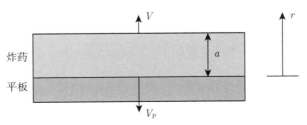

图 5.15　非对称开放型结构装药

在 Gurney 方程的基本假设 (1) 的基础上，根据 Lagrange 插值方法，我们可以给出不同厚度方向上爆轰产物的质点速度为

$$v_{\mathrm{g}} = (V_{\mathrm{P}} + V) \frac{r}{a} - V_{\mathrm{P}} \tag{5.102}$$

则能量守恒方程为

$$M_{\mathrm{g}} E = \frac{1}{2} M V_{\mathrm{P}}^2 + \frac{1}{2} \int_0^a \left[ (V_{\mathrm{P}} + V) \frac{r}{a} - V_{\mathrm{P}} \right]^2 \rho_{\mathrm{g}} \mathrm{d}r \tag{5.103}$$

式中，$\rho_{\mathrm{g}}$ 表示爆轰产物的面密度；其他参数同上。上式简化后有

$$2E = \left( \frac{M}{M_{\mathrm{g}}} + \frac{1}{3} \right) V_{\mathrm{P}}^2 + \frac{1}{3} V^2 - \frac{1}{3} V V_{\mathrm{P}} \tag{5.104}$$

根据动量守恒条件有

$$0 = -M V_{\mathrm{P}} + \int_0^a \left[ (V_{\mathrm{P}} + V) \frac{r}{a} - V_{\mathrm{P}} \right] \rho_{\mathrm{g}} \mathrm{d}r \tag{5.105}$$

简化后有

$$V_{\mathrm{P}} = \frac{M_{\mathrm{g}}}{M} \left[ \frac{1}{2} (V_{\mathrm{P}} + V) - V_{\mathrm{P}} \right] \tag{5.106}$$

上式进一步处理后，可以得到

$$V = \left( 1 + 2 \frac{M}{M_{\mathrm{g}}} \right) V_{\mathrm{P}} \tag{5.107}$$

将式 (5.107) 代入式 (5.104)，即可以得到

$$\frac{V_{\mathrm{P}}}{\sqrt{2E}} = \left[ \frac{4 \left( \dfrac{M}{M_{\mathrm{g}}} \right)^2 + 5 \left( \dfrac{M}{M_{\mathrm{g}}} \right) + 1}{3} \right]^{-\frac{1}{2}} \tag{5.108}$$

或

$$V_{\mathrm{P}} = \sqrt{2E} \left[ \frac{4 \left( \dfrac{M}{M_{\mathrm{g}}} \right)^2 + 5 \left( \dfrac{M}{M_{\mathrm{g}}} \right) + 1}{3} \right]^{-\frac{1}{2}} \tag{5.109}$$

以 3.2mm 厚度平面钢板上放置 25.4mm 厚度 PBX-9404 炸药为例，设炸药平面起爆满足平面一维假设。已知 PBX-9404 炸药参数如下：密度为 $1.84\mathrm{g/cm}^3$，Gurney 速度为 $2.90\mathrm{km/s}$；钢的密度为 $7.89\mathrm{g/cm}^3$。

可以计算出钢板与炸药的质量比为

$$\frac{M}{M_{\mathrm{g}}} = 0.54$$

根据式 (5.109) 即可求出破片的最大速度为

$$V_{\mathrm{P}} = \sqrt{2E} \left( \frac{4 \left( \dfrac{M}{M_{\mathrm{g}}} \right)^2 + 5 \left( \dfrac{M}{M_{\mathrm{g}}} \right) + 1}{3} \right)^{-\frac{1}{2}} = 2.28\mathrm{km/s}$$

同理，我们可以利用类似的方法求出非对称封闭型夹心结构在爆轰驱动下的破片最大速度。

# R参 考 文 献
## EFERENCES

郝志坚, 王琪, 杜世云. 2015. 炸药理论 [M]. 北京: 北京理工大学出版社.

李永池. 2015. 波动力学 [M]. 合肥: 中国科学技术大学出版社.

李永池. 2016. 张量初步和近代连续介质力学概论 [M]. 2 版. 合肥: 中国科学技术大学出版社.

王礼立. 2005. 应力波基础 [M]. 2 版. 北京: 国防工业出版社.

王礼立, 胡时胜, 杨黎明, 等. 2017. 材料动力学 [M]. 合肥: 中国科学技术大学出版社.

张宝平, 张庆明, 黄风雷. 2009. 爆轰物理学 [M]. 北京: 兵器工业出版社.

H. 考尔斯基. 1958. 固体中的应力波 [M]. 北京: 科学出版社.

Meyers M A. 2006. 材料的动力学行为 [M]. 张庆明, 刘彦, 黄风雷, 等译. 北京: 国防工业出版社.

Aziz A K, Hurwitz H, Sternberg H M. 1961. Energy transfer to a rigid piston under detonation loading[J]. The Physics of Fluids, 4(3): 380-384.

Becker R. 1922. Stoßwelle und Detonation[J]. Zeitschrift für Physik A Hadrons and Nuclei, 8(1): 321-362.

Cook M A. 1958. The Science of High Explosives[M]. New York: Reinhold.

Kistiakowsky G B, Wilson E B. 1941. The Hydrodynamic Theory of Detonation and Shock Waves[R]. Reprot No. 114, OSRD.

Kolsky H. 1954. Stress waves in solids[J]. Nature, 1(1): 88-110.

Lennardjones J E, Devonshire A F. 1937. The Interaction of Atoms and Molecules with Solid Surfaces. VI. The Behaviour of Adsorbed Helium at Low Temperatures[J]. Proceedings of the Royal Society of London, 158(894): 242-252.

Mader C L. 1963. Detonation Properties of Condensed Explosives Using the BKW Equation of State[R]. Report No. LA-2900, Los Alamos Scientific Laboratory.

Mcqueen R G, Marsh S P. 1960. Equation of state for nineteen metallic elements from shock-wave measurements to two megabars[J]. Journal of Applied Physics, 31(7): 1253-1269.

Taylor J. 1952. Detonation in Condensed Explosives[M]. Oxford: Clarendon.

Tuler F R, Butcher B M. 1968. A criterion for the time dependence of dynamic fracture[J]. International Journal of Fracture Mechanics, 4(4): 431-437.